Foundations and Applications of XAFS

XAFSの
基礎と応用

日本XAFS研究会 [編]
The Japanese XAFS Society

講談社

執筆者一覧
（カッコ内は担当箇所）

編集委員

太田　俊明　　立命館大学　総合科学技術研究機構　SRセンター
　　　　　　　　　　　　　　　　　　　　（1章，3.4.2項，3.4.3項，4.1節）
朝倉　清髙　　北海道大学　触媒科学研究所　　（3.1節，4.7.1項）
阿部　　仁　　高エネルギー加速器研究機構　物質構造科学研究所　　（4.3.1項）
稲田　康宏　　立命館大学　生命科学部　応用化学科　　（4.2節，4.3節，4.5.2項）
横山　利彦　　自然科学研究機構　分子科学研究所　　（2.1節，2.4節，2.5節）

執筆者（50音順）

足立　伸一　　高エネルギー加速器研究機構　物質構造科学研究所　　（4.5.3項）
雨宮　健太　　高エネルギー加速器研究機構　物質構造科学研究所
　　　　　　　　　　　　　　　　　　　　　　　　　　（4.6.4項，5.1節）
石松　直樹　　広島大学　大学院理学研究科　物理科学専攻　　（4.7.2項）
上村　洋平　　自然科学研究機構　分子科学研究所　　（3.3節）
宇留賀　朋哉　高輝度光科学研究センター　利用研究促進部門（4.5.1項，4.6.5項）
片山　真祥　　立命館大学　生命科学部　応用化学科　　（4.7.5項）
河口　智也　　アルゴンヌ国立研究所　材料科学部門　　（5.4節）
北島　義典　　高エネルギー加速器研究機構　物質構造科学研究所　　（4.3.3項）
近藤　　寛　　慶應義塾大学　理工学部　化学科　　（5.5節，5.6節）
桜井　健次　　物質・材料研究機構　先端材料解析研究拠点　光・量子ビーム応
　　　　　　　用分野　　（4.6.3項）
高草木　達　　北海道大学　触媒科学研究所　　（4.7.1項）
谷田　　肇　　（株）日産アーク　デバイス解析部　　（4.7.3項）
為則　雄祐　　高輝度光科学研究センター　利用研究促進部門　　（4.4節）
田　　旺帝　　国際基督教大学　教養学部　アーツ・サイエンス学科　　（3.2節）
寺田　靖子　　高輝度光科学研究センター　利用研究促進部門（4.6.1項，4.6.2項）
仁谷　浩明　　高エネルギー加速器研究機構　物質構造科学研究所　　（4.3.2項）

執筆者一覧

丹羽　尉博	高エネルギー加速器研究機構　物質構造科学研究所	(4.3.2 項)
野澤　俊介	高エネルギー加速器研究機構　物質構造科学研究所	(4.5.3 項)
野村　昌治	高エネルギー加速器研究機構　物質構造科学研究所	(4.2 節)
畑田　圭介	ルートヴィヒ・マクシミリアン大学ミュンヘン　化学科	(2.2 節)
林　久史	日本女子大学　理学部　物質生物科学科	(5.3 節)
阪東　恭子	産業技術総合研究所　ナノ材料研究部門　ナノ界面計測グループ	(4.7.6 項)
福田　勝利	京都大学　産官学連携本部	(5.4 節)
松原　英一郎	京都大学　大学院工学研究科　材料工学専攻	(5.4 節)
松村　大樹	日本原子力研究開発機構　物質科学センター	(5.1 節)
水牧　仁一朗	高輝度光科学研究センター　利用研究促進部門	(5.2 節)
溝口　照康	東京大学　生産技術研究所	(2.3 節)
矢野　淳子	ローレンス・バークレー国立研究所　物理生命科学部門	(4.7.4 項)
山本　孝	徳島大学　大学院社会産業理工学研究部	(3.4.1 項)
吉田　朋子	大阪市立大学　複合先端研究機構	(5.7 節)

まえがき

　X線吸収微細構造(X-ray absorption fine structure, XAFS)分光法は，物質を構成する特定元素のまわりの局所的な構造を調べる有効な手法として幅広く用いられているが，光源である放射光の進化と相まって，測定法が高度化・多様化し，応用範囲が広がり，XAFS分光法を利用する研究者が増えてきた．それと同時に，XAFSという解析手法がブラックボックス化してしまい，結果から間違った情報を引き出したり，逆に，十分有効に情報を引き出せないままで終わったりする事態も増えてきた．やはり，XAFSの実験をしようとする研究者は，まず「XAFSとはどういうものか？」，そして「XAFSからどこまで言えるか？」という根本的なことを知ってほしい．

　2002年に『X線吸収分光法―XAFSとその応用』(太田俊明 編，アイピーシー刊：以下，旧版と称す)というXAFS解説書を出版してから15年の歳月が流れた．旧版がすでに絶版になっていることもあり，2012年頃から日本XAFS研究会を中心にして改訂版を出版しようという動きがでてきた．朝倉清高氏を中心に，横山利彦氏，稲田康宏氏，阿部 仁氏と太田が集まって協議し，旧版刊行後の進歩も取り入れた改訂版，すなわち最新のXAFS解説書の出版作業に取り掛かった．旬な執筆者も新たに取り込んで，さまざまな分野の最先端で活躍している研究者に執筆を担当していただき，できあがったのが本書である．取り掛かってから5年の歳月が流れてしまったが，朝倉氏の粘り強いご尽力によりようやく発刊まで漕ぎつけた．限られたページ数のため十分とは言えないが，XAFSの初心者にも，また，ある程度経験を積んだ研究者にも役立つように，基礎から応用，さらに関連手法まで網羅している．

　本書では，まず「第1章 序論」でXAFS研究，およびその関連研究分野がどのように発展してきたかを概説した．「第2章 XAFSの理論」では，EXAFSの理論について詳述しただけでなく，最近ますますその需要が増してきたXANESの理論を新たに付け加えた．「第3章 XAFSの解析」では，一般的な解析法の説明に加え，解析法における諸問題をFAQの形で説明し，さらにXAFS解析に便利なソフトについての解説を加えた．また，実験家の立場からXANESの具体的な解釈についても新たに付け加えた．「第4章 XAFS実験」では，放射光源，ビームライン，測定手法といった基盤技術に加えて，時間分解手法，空間分解手法，さらに，さまざまな分野への応用展開技術が最先端をいく研究者によって解説されている．旧版から最も大きく様変わりした章といえよう．「第5章 関連手法」では，XAFSに関連するさまざまな手法が紹介さ

まえがき

れている．XAFSはX線の吸収に起因する現象であるが，その中にはX線の散乱や干渉効果が含まれており，それは形を変えて非弾性散乱やDAFS (diffraction anomalous fine structure) などの現象としても現れる．これらも構造情報，電子状態の情報を含んでおり，XAFSと相補的な関係にあると言えよう．読者諸氏には，XAFSの「殻」の中に閉じこもらないで，いろいろな関連手法にも挑戦してもらいたい．

我が国のXAFS研究者人口は，世界的に見ても非常に多い．日本XAFS研究会が発足したのは2000年であるが，以降毎年XAFS討論会が開催されている．本書はXAFS研究会のメンバーを中心にした方々の協力によってできたものであり，我が国におけるXAFS研究のアクティビティの高さや，XAFSの応用・関連手法への広がりを示しているとも言えよう．この場を借りてご協力してくださった執筆者の方々に厚く感謝したい．

諸事情から出版社を新たに探す必要があり，出版社をどこにするかで二転三転したが，幸い講談社が引き受けてくださることに決まった．超多忙な所長職にありながら講談社との折衝を一手に引き受けてくださった朝倉氏には頭が下がる思いである．また，原稿を集める段階で，朝倉研究室秘書の川嶋真弓さんにもお世話になった．そして，今回，本XAFS解説書の出版をご快諾いただいた講談社と，編集を担当して細かいところまでチェックしてくださった五味研二氏に感謝の意を表したい．旧版は素人の編集であったため，読みにくいところやタイプミスも多々あった．しかし今回は，プロの編集者に手を入れていただいた．それによって，いかにわかりやすく，かつ，読みやすい解説書に変貌していったか，プロとアマの違いをまざまざと見せつけられた感がある．是非とも，新しく生まれ変わったXAFSの解説書を一読していただきたい．

2017年6月
編集委員を代表して
太田　俊明

目　次

第1章　序論 ………………………………………………………………… 1
  1.1　物質と電磁波の相互作用 ……………………………………………… 1
  1.2　X線吸収分光の歴史 …………………………………………………… 4

第2章　XAFSの理論 ……………………………………………………… 9
  2.1　一回散乱EXAFS ……………………………………………………… 10
    2.1.1　フェルミの黄金律と双極子近似 ………………………………… 11
    2.1.2　EXAFSの主要因 ………………………………………………… 12
    2.1.3　付加的な因子 ……………………………………………………… 19
    2.1.4　L_3, L_2吸収端EXAFS ………………………………………… 21
  2.2　多重散乱理論 …………………………………………………………… 23
    2.2.1　系の分割 …………………………………………………………… 23
    2.2.2　表面積分恒等式と角運動量展開 ………………………………… 25
    2.2.3　恒等式の角運動量展開 …………………………………………… 28
    2.2.4　球関数のサイトシフト演算 ……………………………………… 29
    2.2.5　表面積分の展開による多重散乱方程式の導出 ………………… 30
    2.2.6　多重散乱グリーン関数 …………………………………………… 36
    2.2.7　光学ポテンシャル ………………………………………………… 38
    2.2.8　Full Potential Multiple Scattering (FPMS)プログラム ……… 39
    2.2.9　XANESへの応用 ………………………………………………… 40
    補遺　実球面調和関数 …………………………………………………… 44
  2.3　XANESの電子状態理論 ……………………………………………… 44
    2.3.1　電子状態理論の概略 ……………………………………………… 45
    2.3.2　XANESの理論計算 ……………………………………………… 47
    2.3.3　DFT-LDA, GGAの限界 ………………………………………… 53
  2.4　EXAFSにおける温度因子 …………………………………………… 56
    2.4.1　動径分布関数の非対称性とキュムラント展開 ………………… 57
    2.4.2　調和近似のアインシュタインモデル …………………………… 58

- 2.4.3 デバイモデル 59
- 2.4.4 モースポテンシャルにおけるデバイ・ワラー因子 61
- 2.4.5 摂動的な非調和振動子におけるデバイ・ワラー因子 63
- 2.4.6 経路積分法によるデバイ・ワラー因子 65
- 2.5 おわりに 69

第3章 XAFSの解析 75
- 3.1 EXAFSの解析 75
  - 3.1.1 解析の流れ 77
  - 3.1.2 位相シフトと後方散乱強度の求め方 84
  - 3.1.3 フィッティングの信頼性・誤差 86
  - 3.1.4 Ratio法 89
  - 3.1.5 原子の非対称分布と無秩序の影響 90
  - 3.1.6 EXAFS解析におけるQ&A 91
- 3.2 REXを用いたXAFS解析 97
  - 3.2.1 EXAFSデータの読み込み 98
  - 3.2.2 EXAFS振動の抽出 98
  - 3.2.3 フーリエ変換(FT) 99
  - 3.2.4 カーブフィッティング(CF) 100
- 3.3 Athena–Artemisを用いたXAFS解析 103
  - 3.3.1 Athena 103
  - 3.3.2 Artemis 106
- 3.4 XANES 108
  - 3.4.1 硬X線XANES 108
  - 3.4.2 軟X線XANES 115
  - 3.4.3 おわりに 124

第4章 XAFS実験 129
- 4.1 放射光光源 129
  - 4.1.1 偏向電磁石からの放射光 130
  - 4.1.2 アンジュレータからの放射光 131
  - 4.1.3 X線自由電子レーザー(XFEL) 133
- 4.2 ビームライン光学系 134
  - 4.2.1 分光素子 135

	4.2.2	ミラー	140
4.3	基盤技術		143
	4.3.1	透過法	143
	4.3.2	蛍光収量法	150
	4.3.3	電子収量法	160
4.4	軟X線技術		166
	4.4.1	軟X線を利用する際の注意点	166
	4.4.2	内殻電子励起およびそれに続く過程の分析	168
	4.4.3	軟X線領域におけるXAFS測定の例	171
4.5	時間分解測定		175
	4.5.1	QXAFS法	175
	4.5.2	DXAFS法	179
	4.5.3	ポンプ・プローブ法	183
4.6	空間分解測定		186
	4.6.1	微小ビームによる空間分解測定	186
	4.6.2	ナノビーム集光光学系	190
	4.6.3	非走査型イメージング	195
	4.6.4	深さ分解XAFS	200
	4.6.5	ラミノグラフィXAFS	205
4.7	発展的技術		208
	4.7.1	全反射XAFS	209
	4.7.2	高圧下のXAFS測定	214
	4.7.3	界面	217
	4.7.4	生体試料	223
	4.7.5	電気化学的技術	227
	4.7.6	触媒の *in situ* 測定	231

第5章　関連手法　　247

5.1	軟X線磁気円二色性，線二色性		247
	5.1.1	理論：総和則	248
	5.1.2	実験方法	253
	5.1.3	測定例	254
5.2	硬X線磁気円二色性		259
	5.2.1	理論：総和則	259

目 次

  5.2.2 実験方法 ･･･ 262
  5.2.3 測定例 ･･･ 263
 5.3 2光子過程を利用したXAFS測定 ･････････････････････ 267
  5.3.1 理論 ･･ 267
  5.3.2 実験方法 ･･･ 272
  5.3.3 測定例 ･･･ 275
 5.4 X線異常散乱 ･･･ 285
  5.4.1 AXS法 ･･･ 285
  5.4.2 DAFS法 ･･･ 289
 5.5 X線定在波法 ･･･ 293
  5.5.1 理論 ･･ 294
  5.5.2 実験方法および解析法 ･････････････････････････････ 297
  5.5.3 測定例 ･･･ 299
 5.6 Core-hole clock 分光法 ････････････････････････････････ 302
  5.6.1 原理 ･･ 303
  5.6.2 実験方法および解析法 ･････････････････････････････ 305
  5.6.3 測定例 ･･･ 309
 5.7 電子エネルギー損失分光法 ･･･････････････････････････ 312
  5.7.1 測定例 ･･･ 312
  5.7.2 おわりに ･･･ 318

付録A(1) 特性X線のエネルギー ･･･････････････････････ 327
付録A(2) X線吸収端エネルギー ･･･････････････････････ 330
付録B(1) 主なK吸収端に関するブラッグ角の計算値 ･････････ 333
付録B(2) 主なL_3吸収端に関するブラッグ角の計算値 ･････････ 334
付録B(3) 主なL_2吸収端に関するブラッグ角の計算値 ･････････ 336
付録B(4) 主なL_1吸収端に関するブラッグ角の計算値 ･････････ 337

以下の付録は講談社サイエンティフィクのホームページ
(http://www.kspub.co.jp/book/detail/1532953.html)で公開しています.
付録C 吸収強度見積もりのためのVictoreenの式の係数の表
付録D REX2000：FEFF計算結果でカーブフィッティングする方法

また，上記URLからFPMSプログラム(2.2.8項参照)に関するサポートページへリンクしています.

第1章 序論

1.1 ■ 物質と電磁波の相互作用

　X線は可視光やマイクロ波と同じ電磁波の1つである．電磁波はその波長によって物質との相互作用が異なり，いろいろな名称で呼ばれている．X線はその波長が0.01 nm～10 nmの領域の電磁波であり，原子，分子サイズに相当する．正と負の電荷をもつ原子核と電子からなる原子にX線が当たると，電磁波(X線)の電場によって電子の強制振動が引き起こされる．その振動により電磁波(X線)がそのまま周囲に伝播していく現象は**X線弾性散乱**あるいは**トムソン散乱**と呼ばれる．もし，物質が結晶のように規則正しく並んだ原子の配列であると，それぞれの原子からの散乱X線が干渉し，その結果，回折現象が起こって，特定の方向にX線が集中する．これが，X線回折の原理であり，**ブラッグの回折条件**として知られる次式を用いて，原子間距離dが回折角θから求められる．

$$2d \sin \theta = n\lambda \tag{1.1.1}$$

ここで，nは回折の次数，λはX線の波長である．3次元の規則的な格子からなる結晶では，一般に回折X線がスポットとして観測され，これを解析することによって結晶の構造を知ることができる．完全な結晶からなる物質は稀であり，静的な格子の乱れや熱振動によって回折スポットが広がり，かつ，弱められる．このような物質の平均構造からの乱れによる回折X線の変化は，**散漫散乱**と呼ばれている．

　一方，入射したX線が原子の中のさまざまな電子の励起にエネルギーを使われてエネルギーを損失したX線も同時に発生する．この現象は**X線非弾性散乱**と呼ばれている．束縛エネルギーの小さい電子による非弾性散乱が**コンプトン散乱**であり，散乱の角度分布から物質中での伝導電子の運動量分布が求められる．内殻電子を励起させてエネルギーを損失する現象は**X線ラマン散乱**と呼ばれ，基本的には吸収分光に対応する．

　X線は波長の長い可視光や紫外線に比べて物質との相互作用が小さく，その結果，透過力が大きくなる．物質を透過したX線の強度損失は，X線がどれだけ物質中の原子の電子励起に使われたか，あるいは，散乱したかの尺度となる．X線散乱の程度は

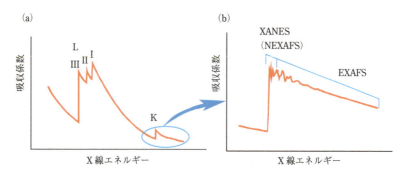

図1.1.1 (a) X線吸収スペクトルの模式図および (b) K吸収端の拡大図

エネルギーによって大きく変わらないと考えられるので，X線吸収スペクトルは専ら内殻電子が空いた軌道やバンドへ遷移する確率に対応している．その遷移確率$\sigma_{i\to f}$は，可視，紫外吸収の場合と同様に，電気双極子遷移の確率を表す**フェルミの黄金律**によって与えられる．

$$\sigma_{i\to f} \propto \left| \int \psi_f \hat{\mathbf{e}} \cdot \mathbf{r} \psi_i d\tau \right|^2 \tag{1.1.2}$$

ここで，ψ_f, ψ_iは終状態，始状態の波動関数，$\hat{\mathbf{e}}$はX線の偏光ベクトル，$\mathbf{r}$は位置ベクトルである．可視，紫外吸収と異なるのは始状態が原子の核近傍に局在した内殻準位であることであり，その結果，近似的に原子の遷移選択則(双極子近似)，$l \to l \pm 1$（lは軌道角運動量）が成り立つ．すなわち，s軌道からはp軌道のみ，p軌道からはd軌道あるいはs軌道への遷移のみが可能になる．また，電場ベクトルと遷移モーメントの方向がそろったとき遷移強度が最大になる．

X線吸収分光(X-ray absorption spectroscopy, **XAS**)は上述のような内殻電子励起の分光である．X線吸収スペクトルには，図1.1.1(a)に示すように，X線エネルギーが内殻準位に一致したところで急峻な立ち上がりがあり，エネルギーとともに緩やかに減衰していく．このスペクトルを拡大すると，図1.1.1(b)に示すように，吸収端付近に大きく波打つ構造があり，エネルギーの高い領域にも小さいながら緩やかな波打ち構造がある．前者を**X線吸収端近傍構造**(X-ray absorption near edge structure, **XANES**)，そして後者を**広域X線吸収微細構造**(extended X-ray absorption fine structure, **EXAFS**)と呼び，両者をまとめて**X線吸収微細構造**(X-ray absorption fine structure, **XAFS**)と総称する．一方，歴史的な経緯から有機分子のXANESは**NEXAFS**(near-edge X-ray absorption fine structure)とも呼ばれていたが，最近ではXANESが同義で幅広く用いられるようになった．

XANESスペクトルは内殻準位から空いた軌道(バンド)，連続状態への遷移に対応

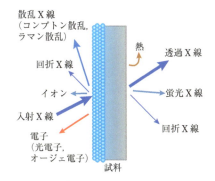
図1.1.2　X線の吸収によって引き起こされるさまざまな現象

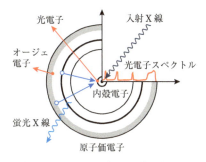
図1.1.3　1個の原子内でのX線吸収現象

するから，空の状態の状態密度を反映することになる．ただし，絶縁体や半導体では空孔ができた内殻に外側の軌道が引き込まれ，その結果，スペクトルが状態密度から大きく変わってしまうことには注意を要する．一方，EXAFSの波打ち構造はX線によって飛び出す電子と，周囲の原子によって散乱される電子との干渉効果によって起こる現象であり，分光に回折現象が入り込んだものと考えることができる．

このX線吸収分光, XAFSが本書での本題であるが，ここでもう少し, X線吸収によって何が起こるかを考えてみよう．**図1.1.2**にX線の吸収によって引き起こされる現象を模式的に示した．まず第一の現象はX線のエネルギーより束縛エネルギーの小さい電子の放出である．X線はエネルギーが高いので一般に内殻電子も含めた電子を叩き出すことができる．一定のエネルギーをもったX線によって飛び出す電子の運動エネルギー分布を調べると，エネルギー保存則からそれぞれの電子の束縛(結合)エネルギーを求めることができる(**図1.1.3**)．この手法は，光電子分光法，特にX線を光源にした場合，**X線光電子分光**(X-ray photoelectron spectroscopy, **XPS**)と呼ばれ，幅広く用いられている．X線の吸収によって内殻準位に空孔ができるが，これは非常に不安定な状態であり，外側の電子によって直ちに埋められる．これは結合エネルギーの小さい外殻電子が結合エネルギーの大きい内殻準位へ遷移することに相当し，その余分なエネルギーを何らかの形で放出しなければならない．輻射的なエネルギー放出が**蛍光X線**の発生であり，無輻射的な放出が電子を放出する**オージェ過程**である．K吸収の場合，原子番号30のZnでこれらの過程が半々の確率で起こり，それより小さい原子番号ではオージェ過程が，大きい原子番号では蛍光X線放出過程が支配的になる．これらの現象はX線吸収の後に起こる過程であり，X線吸収を一次過程とすれば，二次過程ということになる．ただし，入射するX線と飛び出す蛍光X線のエネルギーが近いとこれらは独立した過程ではなくなり，一種の共鳴現象が起こる．これを**共鳴X**

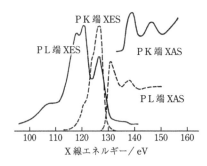

図1.1.4 赤リンのXESおよびXASスペクトル. K端XES, L端XESは占有されたp軌道, s(d)軌道の状態密度を示し, K端XAS, L端XASは空いたp軌道, s(d)軌道の状態密度を反映する[1].

線散乱, 共鳴ラマン散乱と呼び, 物質の電子状態や内殻空孔の緩和過程を調べる新しい方法として注目されている.

蛍光X線のエネルギーは内殻準位の結合エネルギーと外側の準位の結合エネルギーとのエネルギー差にほぼ等しいが, これは原子によって大きく異なる. このことを利用すると蛍光X線のエネルギー分析から元素分析が可能となる. **蛍光X線分析**(X-ray fluorescence Analysis, **XFA, XRF**)は今では代表的な非破壊微量元素分析法となっている. 同じことはオージェ過程によって飛び出す, いわゆるオージェ電子のエネルギー分析にも当てはまる. ただ, 電子は物質との相互作用がX線に比べてはるかに大きいので, ごく表面からしか脱出できない. したがって, **オージェ電子分光**(Auger electron spectroscopy, **AES**)は表面元素分析手段として用いられている.

一方, 蛍光X線のエネルギー分布を測定する**発光X線分光**(X-ray emission spectroscopy, **XES**)において, 価電子帯から内殻空孔への遷移によるものは, 価電子の状態密度を反映する. 基本的にX線吸収と同じ双極子遷移則が成り立つので, K殻へはp準位からしか遷移せず, L殻の場合, d準位とわずかなs準位からしか遷移しない. X線吸収が空準位の状態密度を観ているのと相補的な関係にある. **図1.1.4**には赤リンのXESとXASスペクトルを示した[1]. また, 光電子分光で観測する価電子スペクトルが全状態密度を反映するのに対し, 蛍光X線分光で測定する価電子スペクトルは特定の元素の部分状態密度(K殻の分光ではp軌道の状態)を与える.

1.2 ■ X線吸収分光の歴史

1895年にRöntgenがX線を発見して以来, X線はさまざまな用途に利用されてきた. X線分光も初期の段階から原子構造の解明に大きな役割を果たし, 20世紀初頭に誕生

1.2 X線吸収分光の歴史

図1.2.1 左からStern, Sayers, Lytle（1998年のシカゴXAFS国際会議）[3]

した量子力学の発展に貢献をした．一方，X線吸収に見られる微細な構造，いわゆるEXAFSは1920年頃から知られており，いろいろな解釈がされていたが，最初に本格的な理論解析を行ったのはR. de L. Kronigである．1931年に発表されたKronig理論[2]によると，試料が結晶の場合，規則的に配列した原子による周期的ポテンシャルを生じ，電子の波数kがブリュアンゾーンの境界でブラッグ反射を受けて，エネルギーギャップ（禁制帯）ができる．そして，この境界領域近傍で連続状態密度に極大，極小ができ，これが波打ち構造の原因になるというものである．この理論は，固体試料のほとんどのスペクトル構造を何とか説明することができた．これは，**長距離秩序理論**とも呼ばれる．一方，気相分子に現れる波打ち構造はこれでは説明できない．彼は，気体分子ではX線の吸収によって放出された電子のド・ブロイ波を平面波と考え，この波が分子内の他の原子によって散乱され，散乱波と出射波の重ね合わせがX線吸収による電子遷移の終状態を表すとして遷移確率を求めた．これは**短距離秩序理論**の出発点というべきものであるが，実際に実験スペクトルと比較されることはなく，Kronig自身は，固体試料に対しての長距離秩序理論は正しいと信じていたようで，その後40年近くあまり大きな進展がなかった．実際，1970年までの40年間に*Physical Review*誌に発表された論文の2%がX線吸収に関するものであるが，その大部分はKronig理論の検証とその拡張であった[3]．

理論解析の面での画期的な進歩はStern, Lytle, Sayersらによって1970年代前半に成し遂げられた（**図1.2.1**）[4,5]．彼らは，複雑すぎるKronigの近距離秩序理論をいかに簡略化するかに腐心した．そして，X線吸収によって飛び出す電子を平面波で近似し，散乱原子を点として扱い，一回しか散乱しないという大胆な仮定をした．さらに結晶構造解析で一般的に用いられるフーリエ変換法を導入し，吸収原子のまわりの動径分布関数を求める，という方法を提案した．これによって解析が驚くほど簡単化し，構

造解析手法として注目されるようになった．これが契機となって，XANESも含めて理論研究が活発に行われるようになり，近似の程度も高度化した．現在では局所構造解析法としてのEXAFSはほぼ確立したといえよう．

一方,実験面の飛躍的な進歩は**シンクロトロン放射光**(略して,放射光)の出現によって成し遂げられた．1970年頃からStanfordやHamburgの加速器施設で硬X線領域の放射光が利用できるようになり，X線分光研究が新しいフェイズに入った．

放射光はその強度がX線管に比べて桁違いに大きいだけでなく，ユニークな特性(幅広いエネルギー分布，指向性，偏光特性，パルス特性)をもっている．特に，幅広いエネルギー分布をもつことは，EXAFSのような吸収分光にとっては理想的である．強度が大きいことはスペクトルの測定時間を大幅に短縮し，これまで不可能であった実験手法を可能にした．今日のXAFS研究の隆盛は放射光に負っているといっても過言ではないであろう．

放射光の利用はXAFS実験法に改革をもたらした．ある特定のエネルギーのX線に対する蛍光X線の収量や飛び出す電子の収量は，どれだけ内殻に空孔ができたかを反映している．X線が侵入する領域内でXAFS信号を与える原子の個数が十分少ないとき，近似的にこれらの収量はX線吸収係数に比例する．したがって，透過X線の強度を測定する代わりに，蛍光X線収量や電子収量を測定することによってもX線吸収スペクトルを得ることができる．現在，軽元素中に含まれる微量の重元素不純物のX線吸収スペクトル測定には蛍光X線収量法が有効に用いられ，表面近傍の原子からのX線吸収スペクトルを得たいときには電子収量法が用いられる．これは，前述したようにX線は透過性が高いのに対して，電子は物質との相互作用が大きく，その結果，ごく表面からしか電子が出てこられないからである．これらの表面敏感な手法は**表面XAFS**と呼ばれ，放射光の利用によって初めて可能になった．

放射光の偏光特性(電子軌道面では直線偏光，軌道の上下方向では楕円偏光)もX線吸収分光の手法の展開に大きな役割を果たした．X線吸収分光では，式(1.1.2)から明らかなように電場ベクトルと遷移モーメントが一致する方向で遷移強度が最大になる．このことを利用すれば直線偏光を光源にしたXANES(NEXAFS)から配向した物質の配向情報が得られる．一方，K吸収端EXAFSにおいて，直線偏光したX線を用いれば，電子は電場ベクトルの方向に向いたp型(角運動量$l=1$)連続状態へ飛び出すので，散乱原子の方向が特定される．したがって，本来1次元的な情報しか与えないEXAFSも，直線偏光を光源に用いることによって，吸収原子から特定の方向にある原子との間の構造情報を与える．

円偏光X線は電場が回転しながら進行する電磁波であり，原子の角運動量成分に作用するので新たな遷移の選択則が加わる．すなわち，右回り(左回り)円偏光X線の吸収によって磁気量子数$\Delta m = \pm 1$の遷移を起こす．強磁性物質では価電子帯でup spin

とdown spinに偏りがあり，そのことが$\Delta m = +1$遷移の吸収と$\Delta m = -1$遷移の吸収の強度に差を生じさせる．したがって，強磁性物質では内殻吸収に円二色性が現れ，これから磁気的性質(軌道磁気モーメント，スピン磁気モーメント)に関する情報が得られる．これは**X線磁気円二色性**(X-ray magnetic circular dichroism, **XMCD**)と呼ばれ，元素選択的な磁性の研究に有効利用されている．

さらに，XAFSと同様な，あるいは，相補的な構造情報を調べる手法がさまざまに開発された．エネルギーを変えながら特定のX線回折スポットの強度変化を追跡すると，回折スポットに寄与する原子の構造や電子状態に関する情報が得られる．これは**DAFS**(diffraction anomalous fine structure)法と呼ばれ，回折と分光を組み合わせた新しい方法といえよう．

このような放射光の利用によるXAFS分光の発展にあわせて，1981年に第1回の英国のDaresburyで開催されて以来，XAFSの国際会議が2年ごとに世界各地で開催されてきた[注1]．我が国では第7回(1992年)を神戸で，また第11回(2000年)を赤穂で開催した．この会議ではXAFSの実験手法，解析法の開発やそれらのさまざまな物質系への応用が議論されている．なお，このようなXAFS法に関しては，これまでにも多くのすぐれた解説書が出版されている[6]．

現在，放射光源はアンジュレータを主体にした高輝度光源の世代になり，実験手法もますます高度化してきた．高輝度化は顕微法を非常に有利にし，数十ナノメートルサイズの微小空間の観測を可能にしている．これをXAFSと組み合わせると微小空間における局所構造の解析が可能になる．また，XMCDと組み合わせると磁区のドメイン構造が観測できる．一方，時間変化を追跡する手段としては，レーザー分光に比べて大きな遅れをとっている．しかし，レーザーと組み合わせたポンプ・プローブ法などによる研究が始められてきており，今後，ナノ秒オーダーでのXAFSスペクトルの時間変化の追跡も進展が期待される．

さらに，究極の光源としてX線自由電子レーザー(XFEL)が2009年にStanford大学で(LCLS)，そして2012年にSPring-8で(SACLA)実用化された．これは100%コヒーレントで，フェムト秒の幅をもった超強力なパルスX線であり，さまざまな利用研究が開始されている．XAFS分野では，超高速時間分解XAFSが可能であり，ワンショットでのナノ領域の構造解析が可能になるのも時間の問題であろう．

[注1] 英国のDaresburyでのXAFS国際会議を皮切りに隔年で欧米，アジアでXAFSの国際会議が開催されてきた．2000年，赤穂での第11回以後，3年ごとの開催になり，2015年カールスルーエで第16回を迎えた．2018年にはポーランドで開催された．この会議では毎回プロシーディングズを発行しており，最新の情報が得られる．

第1章参考文献

1) A. Meisel, G. Leonhardt, R. Szargan, E. Källne, *X-ray Spectra and Chemical Binding*, Springer-Verlag, Berlin (1989).
2) R. d. Kronig, *Z. Phys.*, **70** (1931) 317; R. d. Kronig, *Z. Phys.*, **75** (1932) 468.
3) F. Lytle, *J. Synchrotron Rad.*, **6** (1999) 123.
4) D. E. Sayers, E. A. Stern, F. W. Lytle, *Phys. Rev. Lett.*, **27** (1971) 1204.
5) F. W. Lytle, D. E. Sayers, E. A. Stern, *Phys. Rev. B*, **11** (1975) 4825.
6) P. A. Lee, P. M. Citrin, P. Eisenberger, and B. M. Kincaid, *Rev. Mod. Phys.*, **53** (1981) 769; D. C. Koningsberger and R. Prins eds., *X-ray Absorption: Principles, Applications, Techniques of EXAFS*, John Wiley & Sons, New York (1988); B. K. Teo, *EXAFS: Basic Principles and Data Analysis*, Springer-Verlag, Berlin (1986); J. Stöhr, *NEXAFS Spectroscopy*, Springer-Verlag, Berlin (1991); Y. Iwasawa ed., *X-ray Absorption Fine Structure for Catalysis and Surfaces*, World Scientific, Singapore (1996); G. Bunker, *Introduction to XAFS: A Practical Guide to X-ray Absorption Fine Structure Spectroscopy*, Cambridge University Press, Cambridge (2010); S. Calvin, *XAFS for Everyone*, CRC Press, Boca Raton (2013)；邦文の解説書としては，宇田川康夫 編，X線吸収微細構造―XAFSの測定と解析，学会出版センター (1993)；石井忠夫，EXAFSの基礎―広域X線吸収微細構造，裳華房 (1994)；太田俊明 編，X線吸収分光法―XAFSとその応用，アイピーシー (2002)．

第2章 XAFSの理論

XAFSは，内殻電子がX線を吸収し離散的・連続的な終状態に遷移する過程を反映する．遷移確率は他の吸収分光と同様に**フェルミの黄金律**によって規定されるので，XAFSを解釈するには始状態と終状態の波動関数に関する知見が必要である．一電子近似においては，始状態は内殻電子の波動関数ψ_i，終状態は離散的または連続的な空準位ψ_fと考えてよい．内殻電子のψ_iは原子固有のもので，ある程度既知であるから，XAFSを解釈するためには終状態ψ_fを評価すればよいことになる．ψ_fは一電子軌道であるから，一般論としてこれを求めるには量子力学的電子状態計算を行えばよい．しかしながら，XAFS特にEXAFSの解釈においては，ψ_fを非常に大きな運動エネルギーをもつ光電子の波動関数として取り扱う必要があり，この場合は量子力学的電子状態計算に必要な基底関数が膨大なものとなり現実的ではない．したがって，量子力学的電子状態計算によるXAFSの解釈は，吸収端近傍の構造に限られる．

ψ_fを評価するもう1つの方法は，放出された光電子が周囲の原子に散乱されることに基づくものである(散乱理論)．この方法も，すべての散乱経路を考慮すれば量子力学的電子状態計算と等価なはずで，基底関数のとり方が異なるだけである．しかし，散乱経路を取捨選択することで，光電子のエネルギーが大きいときは，はるかに容易に実験結果と対応するψ_fが得られる．光電子のエネルギーが小さいときについては，電子状態計算と散乱理論に基づく方法のいずれの方法も最近飛躍的に発展している．XAFS分光法ユーザーが，ルーチン的にXANESの数値シミュレーションを行って，実験データと計算結果を定量的に一致させたり，有用な情報を引き出したりすることが可能になりつつある．

光電子のエネルギーが大きい場合の多重散乱理論は十分なレベルで完成の域に達している．以前は散乱振幅や位相シフトといった理論パラメータが不正確であるためにEXAFSスペクトルの解析において問題が生じることが多々あったが，最近の著名なXAFS理論計算ソフトFEFF[1]などは，少なくとも高エネルギー領域において，実験家が十分満足できる程度に正確な計算が可能となっている[注1]．この進歩は理論自体の発展によるものであり，コンピュータの高性能化は補助的な要因にすぎない．理論の発

[注1] FEFFは有効散乱振幅f_eff[式(2.4.1)参照]などを計算するプログラムであることを意味している．電子の平面波が原子によって散乱される振幅fに対して，球面波が原子によって散乱される振幅をf_effで示す．

展は，しかしながら，XAFS解析のブラックボックス化を助長しているように思われる．20年以上前，筆者はEXAFSの解析においてほとんど第一近接のみを解析していた．このときは理論として一回散乱だけを理解していれば十分であった．デバイ・ワラー因子も記述が平易なものであった．しかし，XAFS理論計算ソフトが利用できるようになり，第二近接以遠も第一近接と同程度に当たり前のように解析している現在では，多重散乱理論を理解する必要が生じている．

本章ではこのような観点からXAFSの理論を概説したい．EXAFSの理論に関してはすぐれた日本語の教科書[2]がある．非常にわかりやすく懇切ていねいに書かれてあり，是非読まれることをお薦めする．この教科書は1994年に発行されており，多重散乱理論はDurhamのもの[3]が用いられている．一方，日本ではXAFS理論計算ソフトとしてRehrらのFEFFが主に用いられてきた．これらの理論にはマッフィンティン近似という原子ポテンシャルを球対称とする近似が導入されているが，ごく最近，球対称を仮定しない一般化された散乱理論が提唱された[4~6]．本章では，この一般化された多重散乱理論を概説することにする．また，量子力学的電子状態理論計算に関しても，WIEN2k[7]などの使いやすいソフトがあるので，これらを用いたXANESスペクトルの解析について述べる．

まず，2.1節でK吸収端の一回散乱EXAFSを概説する．これは決して目新しいものではないが，EXAFSを感覚的に理解するのに役立ち，多重散乱を理解するうえで最低限必要な原理であるから，敢えてページを割いて掲載した．これはStöhrによるNEXAFSの教科書[8]をもとに記述しており，上記の教科書[2]と少し違った見方でEXAFSを理解できるものと思う．続いて2.2節で本章の主題である多重散乱理論を概説する．しかし，ページ数の制約から式の導出は不完全であり，詳細は原著論文[4~6]を参照されたい．2.3節では，量子力学的電子状態計算によるXANESの理解について概説し，多体効果の重要性に関しても言及する．また，2.4節では，EXAFSにおける熱振動の取り扱いを，非調和振動を含めて述べる．最後の2.5節でそれまでに述べきれなかったことについて補足する．

2.1 ■ 一回散乱 EXAFS

この節は一回散乱・平面波近似によるEXAFSを理解することを目的とする．現象のきちんとした理解には散乱の量子論が必要であるが，量子論に関しては量子力学の教科書[9]に譲り，天下り的に結果を用いている．また，その他の量子力学の基礎的な事項もかなり割愛してある．ここでは式の物理的な意味を説明してEXAFSの理解を深めることを目的とする．

2.1.1 ■ フェルミの黄金律と双極子近似

ここでは，フェルミの黄金律と双極子近似について述べる．これは一回散乱EXAFSやXAFSに限った話ではなく，吸収分光一般に良く成立する理論である．

A. 一電子近似

XAFSスペクトルはX線の吸収スペクトルであり，時間に依存した摂動理論により記述される．まず，X線との相互作用を含まない系のハミルトニアンを$\mathcal{H}$とすると，定常状態のシュレーディンガー方程式は$\mathcal{H}\psi_j = E_j\psi_j$と書ける．ここで，系の原子核の運動は電子に比べて十分遅いとするBorn–Oppenheimer近似を導入すると，ハミルトニアン$\mathcal{H}$は全電子ハミルトニアン，固有関数ψ_jは全電子波動関数とみなすことができる．時間に依存した摂動理論によると，X線と系との相互作用ハミルトニアンを$\mathcal{H}'$として，X線吸収係数μはフェルミの黄金律により

$$\mu \propto \sum_f |\langle \psi_f | \mathcal{H}' | \psi_i \rangle|^2 \delta(E_f - E_i - \hbar\omega) \tag{2.1.1}$$

で与えられる．ここで，ψ_i, ψ_fはそれぞれ始状態(エネルギーE_i)と終状態(エネルギーE_f)の波動関数であり，$\hbar\omega$はX線のエネルギー($\hbar$はディラック定数：$\hbar = h/2\pi$，ωは角振動数)，δはデルタ関数である．いま，X線と系との相互作用が弱いとすると，

$$\mathcal{H}' = -\frac{e}{mc}\mathbf{A}(\mathbf{r}) \cdot \mathbf{p} \tag{2.1.2}$$

と書ける．ただし，mは電子の静止質量，eは電気素量，cは光速，$\mathbf{p}$は電子系の運動量，$\mathbf{A}(\mathbf{r})$は座標$\mathbf{r}$におけるX線のベクトルポテンシャルである．この近似は一光子吸収に対応している．さらに，1つの内殻電子がX線を吸収し，基底状態では占有されていなかった軌道へ遷移し，遷移に関与しなかった電子はまったく状態を変えない傍観者であったとすると，$\psi_i, \psi_f, \mathbf{p}$はそれぞれ内殻・励起準位の一電子軌道，励起される電子の運動量とみなすことができる．これを**一電子近似**という．傍観者である他の電子による影響を**多体効果**(多電子効果)という．多体効果は無視できるものでないが，この話は後で簡単に補正するだけにして，ひとまず先に進む．

B. 双極子近似

X線の波長は原子の大きさと同程度であり，内殻電子の波動関数の広がりに比べて十分大きいので，$\mathbf{A}(\mathbf{r}) = \hat{\mathbf{e}} A_0 e^{i\mathbf{k}_X \cdot \mathbf{r}}$ ($\mathbf{k}_X$はX線の波数ベクトル，$\hat{\mathbf{e}}$はX線の偏光方向の単位ベクトル，$\mathbf{r}$は励起される電子の座標)において，概ね$e^{i\mathbf{k}_X \cdot \mathbf{r}} \cong 1$とみなしてよい．すると，交換関係$[\mathbf{r}, \mathcal{H}] = (i\hbar/m)\mathbf{p}$，波動関数の完備性$\sum_j |\psi_j\rangle\langle\psi_j| = 1$ (単位演算子)，直交性$\langle\psi_j|\psi_k\rangle = \delta_{jk}$などから

第2章 XAFSの理論

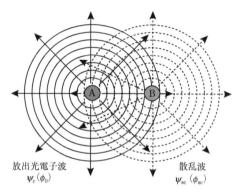

図2.1.1 X線吸収原子Aからの放出光電子波ψ_c（またはϕ_0）と周囲の原子Bによる散乱波ψ_{sc}（またはϕ_{sc}）との干渉

$$\langle \psi_f | \hat{\mathbf{e}} \cdot \mathbf{p} | \psi_i \rangle = -\frac{im}{\hbar} \hat{\mathbf{e}} \cdot \langle \psi_f | [\mathbf{r}, \mathcal{H}] | \psi_i \rangle = \frac{im}{\hbar} (E_f - E_i) \langle \psi_f | \hat{\mathbf{e}} \cdot \mathbf{r} | \psi_i \rangle \quad (2.1.3)$$

が得られ，フェルミの黄金律は

$$\mu \propto \sum_f \left| \langle \psi_f | \hat{\mathbf{e}} \cdot \mathbf{r} | \psi_i \rangle \right|^2 \delta(E_f - E_i - \hbar\omega) \quad (2.1.4)$$

の形となる．これを**双極子近似**という．式(2.1.4)が量子力学的電子状態計算，散乱理論（一回散乱，多重散乱）を問わずXAFSの理論の出発点となる．

2.1.2 ■ EXAFSの主要因

ここでは，K吸収端一回散乱・平面波近似のEXAFSの主要因について述べる．X線を吸収して飛び出す光電子が周囲の原子に散乱されることが，どのように吸収係数に反映されるかを示す．

EXAFSの定式化のポイントは終状態の一電子関数ψ_fを記述することにある．EXAFSでは，X線のエネルギーが内殻電子の結合エネルギーより十分大きく，励起された電子はある程度高い運動エネルギーをもった光電子として吸収原子から飛び出していく．このとき，光電子の波動関数ψ_fは，吸収原子から生じる外向きに広がっていく光電子波ψ_c（cは中心原子の意味）と，これが周囲の原子のポテンシャルに散乱されることによって生じる散乱波ψ_{sc}の重ね合わせで，式(2.1.5)のように記述できる（**図2.1.1**）．

$$\psi_f = \psi_c + \psi_{sc} \quad (2.1.5)$$

以下順を追ってK吸収端一回散乱・平面波近似のEXAFS表式を導出する．

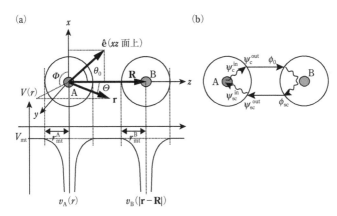

図2.1.2 (a) 吸収原子Aと散乱原子Bの座標系の定義およびマッフィンティン・ポテンシャル. (b) 本文における伝播する波の関数記号.

(1) 条件設定

簡単のため，二原子系A, B (Aが吸収原子，Bが散乱原子) を考え，**図2.1.2**に示すように，Aを原点，Bをz軸上の$\mathbf{R}=(0,0,R)$の位置に置き，X線の電場ベクトルの方向$\hat{\mathbf{e}}$ (単位ベクトル) をxz面内 (極角θ_0，方位角$\phi_0=0$)，吸収原子からの電子の位置ベクトルを$\mathbf{r}$とする．また，原子Bによる散乱が十分弱いとして，1回だけ散乱される過程のみを考慮するものとする．

ψ_fを計算する前に，上記以外に必要なものを準備しておく．まず，内殻電子の (始状態の) 波動関数ψ_iを動径部分$R_{l_0}(r)$と角度部分$\Omega_{l_0}(\hat{\mathbf{r}})$に分けて

$$\psi_i = R_{l_0}(r)\Omega_{l_0}(\hat{\mathbf{r}}) \tag{2.1.6}$$

と記述する．ただし，$r=|\mathbf{r}|$, $\hat{\mathbf{r}}=\mathbf{r}/r$ (以下，他のベクトルの大きさと方向も同様に定義する) であり，角度部分はK吸収 ($l_0=0$) においては$\Omega_{l_0}(\hat{\mathbf{r}})=1/\sqrt{4\pi}$である．また，$\hat{\mathbf{e}}\cdot\mathbf{r}$は式(2.1.7)のように球面調和関数$Y_{lm}(\hat{\mathbf{r}})$を用いて記述できる．

$$\hat{\mathbf{e}}\cdot\mathbf{r} = r\left[\sqrt{\frac{2\pi}{3}}\sin\theta_0\{Y_{1-1}(\hat{\mathbf{r}})-Y_{11}(\hat{\mathbf{r}})\}+\sqrt{\frac{4\pi}{3}}\cos\theta_0 Y_{10}(\hat{\mathbf{r}})\right] \tag{2.1.7}$$

ただし，Y_{lm}は，Θ,Φを$\hat{\mathbf{r}}$の極角，方位角として，次式のように与えられる．

$$Y_{10}=\sqrt{\frac{3}{4\pi}}\cos\Theta,\quad Y_{11}=-\sqrt{\frac{3}{8\pi}}\sin\Theta\, e^{i\Phi},\quad Y_{1-1}=\sqrt{\frac{3}{8\pi}}\sin\Theta\, e^{-i\Phi} \tag{2.1.8}$$

(2) 吸収原子Aによるポテンシャルの内側での波動関数 ψ_c^{in}

まず，吸収原子Aからの光電子の波動関数ψ_cを考える．この際，原子A, Bによる

ポテンシャルは，それぞれの原子核位置A, Bを中心とした半径r_{mt}^A, r_{mt}^Bより内側で定義される球対称ポテンシャル$v_A(r)$, $v_B(|\mathbf{r}-\mathbf{R}|)$であるとし，半径$r_{mt}^A$, r_{mt}^Bより外の中間領域では一定のポテンシャル(V_{mt} = 一定)を形成していると近似する(図2.1.2参照)．これを**マッフィンティン近似**という．吸収原子から飛び出そうとする光電子の波動関数ψ_cは，一電子シュレーディンガー方程式(2.1.9)の解である．

$$\left\{-\frac{\hbar^2}{2m}\nabla^2 + v_A(r)\right\}\psi_c = E\psi_c \qquad (2.1.9)$$

Aによる球対称ポテンシャルの内側での解$\psi_c^{in}(\mathbf{r})$ ($r < r_{mt}^A$)は，Aによるポテンシャルが球対称であるから，やはり，動径部分と角度部分が分離された

$$\psi_c^{in}(\mathbf{r}) = R_l(r)\Omega_l(\hat{\mathbf{r}}) \quad (r < r_{mt}^A) \qquad (2.1.10)$$

という形で書ける．K吸収端では，ψ_iの方位量子数は$l_0 = 0$であるから，フェルミの黄金律(式(2.1.4))が0とならない，つまり双極子遷移許容のψ_c^{in}の方位量子数は$l = 1$に限られる．また，自由原子の吸収強度$|\langle\psi_c|\hat{\mathbf{e}}\cdot\mathbf{r}|\psi_i\rangle|^2$はX線の電場ベクトル方向$\hat{\mathbf{e}}$に依存しないように選ばれるべきである．すると式(2.1.7)との対応から，角度部分は

$$\Omega_l(\hat{\mathbf{r}}) = \frac{i}{2}\{Y_{1-1}(\hat{\mathbf{r}}) - Y_{11}(\hat{\mathbf{r}})\} + \frac{1}{\sqrt{2}}Y_{10}(\hat{\mathbf{r}}) \qquad (2.1.11)$$

で与えられることが確かめられる．実際には式(2.1.10), (2.1.11)において$l = 1$であるが，混乱を避けるため以下では概ねlと記したままとする．一方，動径部分の関数$R_l(r)$はAによるポテンシャル自体に依存するわけであるが，EXAFSを理解するうえでこの具体的な表式は必要ないので，$R_l(r)$のまま話を進める．ただし，式(2.1.4)の計算で必要なψ_cはこのψ_c^{in}であり，次に考えるAによるポテンシャルの外側でのψ_c^{out}ではないことに注意する．これは，ψ_iが原子核Aの位置に局在した内殻軌道であり，式(2.1.4)の積分が実質0でない値をとるのは原子核Aの近傍のみだからである．なお，内殻電子の波動関数ψ_iも式(2.1.9)のシュレーディンガー方程式の解と考えられるが，いま考えているポテンシャルv_Aは内殻が空孔である状態のものであり，基底状態ではv_Aが異なることを断っておく．

(3) 吸収原子Aによるポテンシャルの外側での波動関数ψ_c^{out}

一電子シュレーディンガー方程式(2.1.9)において，Aによるポテンシャルv_Aの外側における解$\psi_c^{out}(\mathbf{r})$は，散乱の量子論よりその形が規定される．すなわち，散乱の量子論ではv_Aの内側の解ψ_c^{in}とv_Aの外側の解ψ_c^{out}が$r = r_{mt}^A$で連続かつ微分可能という条件で接続されることから，ψ_c^{out}はψ_c^{in}と位相シフトというパラメータで関連づけられる．ここでは，完全に天下り的であるが，ポテンシャルの外側で外向きに進む波はポテンシャル内部の波ψ_c^{in}に比べてその位相が位相シフトδ_l^Aだけ進み，また，逆に，ポテンシャルの外側で内向きに進む波はポテンシャル内部の波ψ_c^{in}に比べてその位相

が位相シフト δ_l^A だけ遅れるとする(添え字Aは吸収原子, lは方位量子数を表す). すると, ψ_c^{out} は式(2.1.10)の ψ_c^{in} との比較から

$$\psi_c^{\text{out}}(\mathbf{r}) = C\,[h_l(kr)e^{i\delta_l^A} + h_l^*(kr)e^{-i\delta_l^A}]\Omega_l(\hat{\mathbf{r}}) \quad (r < r_{\text{mt}}^A) \tag{2.1.12}$$

と書ける. ただし, C は規格化因子, $h_l(kr)$, $h_l^*(kr)$ は第1種, 第2種 Hankel 関数で, それぞれ, $r=0$ を中心とした外向き波, 内向き波を表す. k は光電子の波数 $k = \sqrt{2m(E-V_{\text{mt}})}/\hbar$ ($E-V_{\text{mt}}$ はマフィンティンゼロ V_{mt} を基準とした光電子の運動エネルギー)である. $h_l(kr)$ と $h_l^*(kr)$ の線形結合は, 式(2.1.9)で $v_A = 0$ としたときの一般解である. 後で用いるが, Hankel 関数の $kr \gg 1$ での漸近形は

$$h_l(kr) \xrightarrow{kr \gg 1} (-\text{i})^{l+1} \frac{e^{ikr}}{kr} \tag{2.1.13}$$

である. また, $\Omega_l(\hat{\mathbf{r}})$ は v_A の内外で変化しない. 式(2.1.12)の ψ_c^{out} は式(2.1.10)の ψ_c^{in} に比べて, より具体的に表されているように見えるが, 位相シフト δ_l^A は未知パラメータであり, これを求めるには v_A を具体的に記述する必要がある.

(4) 散乱原子Bへの入射波 ϕ_0

さて, v_A の外側での波動関数 ψ_c^{out} で興味があるのは, 原子Bにたどり着き, 原子Bにより散乱される波である. 式(2.1.12)のうち $h_l^*(kr)$ は, v_A の外側から内向きに v_A 内に戻っていく波を示しており, 原子Bまで到達しない. 逆に, $h_l(kr)$ は外側に広がっていく波であり, 原子Bにより散乱される入射波とみなせる. すなわち, これを入射波という意味で ϕ_0 と書くと,

$$\phi_0(\mathbf{r}) = Ch_l(kr)e^{i\delta_l^A}\Omega_l(\hat{\mathbf{r}}) \tag{2.1.14}$$

という波となる.

ここで, **平面波近似**を導入する. これは入射波 $\phi_0(\mathbf{r})$ を原子Bの位置 $\mathbf{R}$ において近似的に平面波とみなすもので, $kR \gg 1$ の極限になっている. このとき, 散乱原子Bの方向に向かい, 散乱原子Bにたどり着いた電子だけを取り出すため, 式(2.1.11), (2.1.8) に $\Theta = 0, \Phi = 0$ ($\hat{\mathbf{r}} \parallel z$)を代入して $\Omega_l(\hat{\mathbf{r}})$ を計算することで,

$$\phi_0(\mathbf{r} \sim \mathbf{R}) = \sqrt{\frac{3}{8\pi}} Ce^{i\delta_l^A} h_l(kR)e^{i\mathbf{k}\cdot\mathbf{r}_B} \tag{2.1.15}$$

と書ける. このうち $e^{i\mathbf{k}\cdot\mathbf{r}_B}$ が平面波を示し($\mathbf{k}$ は光電子の波数ベクトル, また $\mathbf{r}_B = \mathbf{r} - \mathbf{R}$ とおいた), これは平面波展開公式

$$e^{i\mathbf{k}\cdot\mathbf{r}_B} = \sum_{l''}^{\infty}(2l''+1)\,\text{i}^{l''} j_{l''}(kr_B)P_{l''}(\cos\theta) \tag{2.1.16}$$

に従って, 角運動量 l'' ごとの和で記述できる. ここで, $j_{l''}(kr_B)$ は球 Bessel 関数,

$P_{l''}(\cos\theta)$ はLegendre多項式，θ は$\mathbf{k}$ と $\mathbf{r}_\mathrm{B}$ のなす角で，後述の散乱角である．原子B への入射波は，この式からわかるように，いろいろな角運動量 l'' をもっている．また，球Bessel関数の定義から

$$j_{l''}(kr_\mathrm{B}) = \frac{1}{2}\left\{h_{l''}(kr_\mathrm{B}) + h_{l''}^*(kr_\mathrm{B})\right\} \tag{2.1.17}$$

であり，Legendre多項式は球面調和関数と

$$P_{l''}(\cos\theta) = \frac{4\pi}{2l''+1}\sum_{m''=-l''}^{l''} Y_{l''m''}(\hat{\mathbf{k}}) Y_{l''m''}^*(\hat{\mathbf{r}}_\mathrm{B}) \tag{2.1.18}$$

の関係がある．

(5) 散乱原子Bによる散乱波 ϕ_sc

散乱原子Bにたどり着いた ϕ_0 はBにより散乱される．原子Bへの入射波と原子Bからの散乱波の合成波は外向き波と内向き波の和で記述できるが，先に述べたとおり，Bによるポテンシャル v_B によって散乱が生じると，v_B の外側にある外向き波は，v_B の内部の波に比べて，位相が $\delta_{l''}^\mathrm{B}$ だけ進み，逆に，内向き波は位相が $\delta_{l''}^\mathrm{B}$ だけ遅れる．このことから，いまの場合，外向き波 $h_{l''}(kr_\mathrm{B})$ の位相が，入射波 $j_{l'}(kr_\mathrm{B})$ に比べて $2\delta_{l''}^\mathrm{B}$ だけ進むとすればよいことになる．結局，入射波と散乱波の合成波は，v_B の外側において

$$\frac{1}{2}\left\{h_{l''}(kr_\mathrm{B})e^{2\mathrm{i}\delta_{l''}^\mathrm{B}} + h_{l''}^*(kr_\mathrm{B})\right\} \tag{2.1.19}$$

の形でなければならない．この合成波から入射波 (2.1.17) を差し引くと散乱波が得られるので，方位量子数 l'' をもつ散乱波は

$$\frac{1}{2}h_{l''}(kr_\mathrm{B})(e^{2\mathrm{i}\delta_{l''}^\mathrm{B}} - 1) \tag{2.1.20}$$

で与えられる．原子Bによる散乱波 ϕ_sc は式 (2.1.16) の $j_{l'}(kr_\mathrm{B})$ をこれで置き換え，式 (2.1.15) に代入することで得られる．すなわち，ϕ_sc は v_B の外側で

$$\phi_\mathrm{sc}(\mathbf{r}) = \sqrt{\frac{3}{8\pi}} C e^{\mathrm{i}\delta_l^\Lambda} h_l(kR) \sum_{l''}(2l''+1)\tilde{t}_{l''}^\mathrm{B} P_{l''}(\cos\theta)\mathrm{i}^{l''+1} h_{l''}(kr_\mathrm{B}) \tag{2.1.21}$$

$$\tilde{t}_{l''}^\mathrm{B} = \frac{1}{2\mathrm{i}}(e^{2\mathrm{i}\delta_{l''}^\mathrm{B}} - 1) = e^{\mathrm{i}\delta_{l''}^\mathrm{B}} \sin\delta_{l''}^\mathrm{B} \tag{2.1.22}$$

と書ける．散乱波 ϕ_sc は，いろいろな方位量子数 l'' ($2l''+1$ は縮重度) をもつ波の重ね合わせで記述され，その振幅は原子B位置での入射波の強度に比例した形で表される．それぞれの l'' の散乱事象は $\tilde{t}_{l''}^\mathrm{B}$ で記述される．これは散乱の (無次元) $\tilde{t}$ 行列 (T 行列) と呼ばれる対角行列で後にも重要であるので記憶されたい．散乱事象はさらにLegendre多項式 $P_{l''}(\cos\theta)$ を通して散乱角 θ の関数になっているが，方位角依存性はない．

2.1 一回散乱 EXAFS

(6) 散乱波 ϕ_{sc} の吸収原子 A への伝播

ところが，先にも述べたとおり，式(2.1.4)には始状態にある内殻電子の波動関数 ψ_i が含まれているので，式(2.1.4)の積分が実質的に0でないのは $\mathbf{r}=\mathbf{0}$ 付近のみである．つまり，ψ_{sc} は $\mathbf{r}=\mathbf{0}$ 付近のみ記述すれば十分で，EXAFSでは最終的に吸収原子に戻ってくる散乱波(散乱角 $\theta = \pi$)のみを考えればよいことになる．また，$\mathbf{r}=\mathbf{0}$ 付近では再び $kr_B = k|\mathbf{r}-\mathbf{R}| \gg 1$ が成立するとして，式(2.1.13)の $h_{l''}(kr_B)$ に関する漸近形を使う．これにより，

$$\phi_{sc}(\mathbf{r} \sim \mathbf{0}) = \sqrt{\frac{3}{8\pi}} Ce^{i\delta_l^A} h_l(kR) \frac{e^{ikr_B}}{r_B} f_B(\pi) \tag{2.1.23}$$

となる．ここで，$f_B(\pi)$ は後方散乱振幅であり，

$$f_B(\pi) = \frac{1}{k}\sum_{l''=0}^{\infty}(2l''+1)\tilde{t}_{l''}^B P_{l''}(\cos\pi) = \frac{1}{2ik}\sum_{l''=0}^{\infty}(2l''+1)\left\{\exp(2i\delta_{l''}^B)-1\right\}(-1)^{l''} \tag{2.1.24}$$

で与えられる．式(2.1.21)から式(2.1.23)への $h_{l''}(kr_B)$ に関する漸近近似は，EXAFSの実用上本質的で重要な近似であり，後で詳細に述べる．

さて，吸収原子に戻ってくる散乱波 ϕ_{sc} は，式(2.1.24)，(2.1.23)で見るように原子Bを原点としていろいろな角運動量 l'' をもって広がる波である．しかし，今度は角運動量の評価を，吸収原子Aを原点として行うべきであるから，式(2.1.23)を原点基準(原子Aを中心にしたときの球座標)として

$$\phi_{sc}(\mathbf{r}) = \sum_{l'}\sum_{m'=-l'}^{l'} \alpha_{l'm'} 2j_{l'}(kr) Y_{l'm'}(\hat{\mathbf{r}}) \tag{2.1.25}$$

と書き直す．そして係数 $\alpha_{l''m'}$ を決定するために，球面波 e^{ikr_B}/r_B に関する展開公式

$$\frac{e^{ikr_B}}{r_B} = \frac{e^{ik|\mathbf{r}-\mathbf{R}|}}{|\mathbf{r}-\mathbf{R}|} = 4\pi ik\sum_{l'}\sum_{m'=-l'}^{l'} j_{l'}(kr)h_{l'}(kR)Y_{l'm'}(\hat{\mathbf{r}})Y_{l'm'}^*(\hat{\mathbf{R}}) \quad (r<R) \tag{2.1.26}$$

を用い，これを式(2.1.23)に代入した式と式(2.1.25)を比較すればよい．ところが，EXAFSを与える，つまり，式(2.1.25)が0にならないような角運動量 l' は，原子Aを原点として，放出された光電子の波動関数 ψ_c と同じくK吸収端では $l'=1$ のみである．したがって，この目的のためには $l'=1, m'=-1,0,1$ の場合のみを求めるだけでよい．式(2.1.8)の球面調和関数の表式を参照し，式(2.1.26)の $Y_{l'm'}^*(\hat{\mathbf{R}})$ に $\hat{\mathbf{R}}=(0,0,1)$ を代入することで

$$\alpha_{11} = \alpha_{1-1} = 0$$

$$\alpha_{10} = \frac{3}{2\sqrt{2}} ikCe^{i\delta_l^A}[h_l(kR)]^2 f_B(\pi) \tag{2.1.27}$$

が得られる．

(7) 散乱波 ψ_{sc}

ここまでくると，最終的な散乱波 ψ_{sc} が記述できる．同様に，v_A の外側での外向き波はポテンシャル内部の波に比べて位相が $e^{i\delta_l^A}$ 進み，内向き波は位相が $e^{i\delta_l^A}$ 遅れている．すなわち，式(2.1.25)の $2j_{l'}(kr)$ を $h_{l'}(kr) + h_{l'}^*(kr)$ と書き直すことで

$$\psi_{sc}^{out}(\mathbf{r}) = \alpha_{10}\left\{h_{l'}(kr)e^{2i\delta_l^A} + h_{l'}^*(kr)\right\}Y_{10}(\hat{\mathbf{r}}) \tag{2.1.28}$$

と表される．式(2.1.10)と式(2.1.12)の関係から，v_A の外側での散乱波が式(2.1.28)で記述できるような波は，v_A の内側において

$$\psi_{sc}^{in}(\mathbf{r}) = \alpha_{10} e^{i\delta_l^A} R_{l'}(r) Y_{10}(\hat{\mathbf{r}}) \tag{2.1.29}$$

で与えられる．ここで，$R_{l'}(r)$ はその具体的な形が明らかではないものの，もちろん式(2.1.10)と同じものである．

以上で，はじめに飛び出す光電子の外向き波 ψ_c が式(2.1.10)，散乱波 ψ_{sc} が式(2.1.29)として表された．ゆえに，式(2.1.5)より，終状態の波動関数 ψ_f は

$$\psi_f(\mathbf{r}) = R_{l'}(r)\{\Omega_l(\hat{\mathbf{r}}) + XY_{1,0}(\hat{\mathbf{r}})\} \tag{2.1.30}$$

$$X = \alpha_{1,0} e^{i\delta_l^A} \xrightarrow{kR \gg 1} \frac{3}{2\sqrt{2}} i(-1)^{l'+1} \frac{e^{2ikR}}{kR^2} f_B(\pi) e^{i(\delta_l^A + \delta_{l'}^A)}$$

である．

(8) EXAFS 関数 $\chi(k)$

内殻電子の波動関数 ψ_i の式(2.1.6)，$\hat{\mathbf{e}} \cdot \mathbf{r}$ の表式(2.1.7)，および終状態の波動関数 ψ_f の式(2.1.30)，(2.1.11)を，双極子近似のフェルミの黄金律(式(2.1.4))に代入して，角度部分の計算を行うと

$$\mu = \mu_0[1 + 2\sqrt{2}\cos^2\theta_0 \operatorname{Re} X] \tag{2.1.31}$$

$$\mu_0 \propto |\langle \psi_c | \hat{\mathbf{e}} \cdot \mathbf{r} | \psi_i \rangle|^2$$

$$= \left| \int_0^\infty R_l^*(kr) R_{l_0}(kr) r^3 dr \int_0^{2\pi} \int_0^\pi \Omega_l^*(\hat{\mathbf{r}}) \hat{\mathbf{e}} \cdot \hat{\mathbf{r}} \Omega_{l_0}(\hat{\mathbf{r}}) \sin\theta d\theta d\phi \right|^2 \tag{2.1.32}$$

$$= \frac{1}{6} \left| \int_0^\infty R_l^*(kr) R_{l_0}(kr) r^3 dr \right|^2$$

を得る．ただし，μ_0 は孤立原子の吸収係数であり，また式(2.1.31)に現れるべき X^2 の項は小さいとして無視した(一回散乱近似)．XAFS関数 $\chi(k)$ は $\chi(k) = (\mu - \mu_0)/\mu_0$ で定義されるので，最終的に，K吸収端一回散乱のEXAFSの基本式は

$$\chi(k) = 2\sqrt{2}\cos^2\theta_0 \operatorname{Re} X$$
$$= -\frac{3\cos^2\theta_0}{kR^2}\operatorname{Im}\left[f_B(\pi)e^{2ikR+2i\delta_1^A}\right] \quad (2.1.33)$$

と求められる.ここで,$\operatorname{Re} X$はXの実部を表す.分子ABの配向がランダムであるときは,$\cos^2\theta_0$は空間積分平均をとる必要があるが,このときは$\int 3\cos^2\theta_0 d\hat{\mathbf{r}} = 1$とすればよい.以上からK吸収端一回散乱のEXAFSの基本式が導出できた.

一回散乱のEXAFSの表式がこのように簡単なものであることが,EXAFSを構造解析の手段として利用することを可能にしている.簡単化された主要因は,式(2.1.21)から式(2.1.23)への近似にある.すなわち,式(2.1.21)ではl''の和の中に$\mathbf{r}_B = \mathbf{r} - \mathbf{R}$に依存する$h_{l''}(kr_B)$という関数が含まれているが,式(2.1.23)ではl''の和が散乱振幅$f_B(\pi)$にまとめられており,$f_B(\pi)$は$\mathbf{R}$に依存しない.原子間距離RはEXAFSの解析で求めるべき構造パラメータであり,これがl''に関する無限和の中に含まれていては不便極まりなく実用に耐えないので,式(2.1.23)で$\mathbf{R}$に依存する因子がl''に関する無限和から分離できたことの意義は本質的に甚大である.

2.1.3 ■ 付加的な因子

2.1.2項で,空間に静止した二原子系における一回散乱のEXAFSの式が導出されたが,一回散乱に限っても実際の解析で用いるにはさらに拡張すべき点がある.具体的には

(i) 多種原子の配位
(ii) 多体効果の補正
(iii) 電子の非弾性散乱
(iv) 原子の熱振動などによる無秩序(disorder)

などである.

(i)は容易で,単純に式(2.1.33)右辺を周囲の原子分だけ加算していけばよい.

(ii)の多体効果とは,内殻電子の励起にともない傍観者の電子もあわせて励起される効果を示す.この場合,放出される光電子のエネルギーは傍観者の電子を励起するのに必要なエネルギーの分だけ小さくなるので,一電子励起の場合より小さい,いろいろな波数の光電子が放出されることになる.この多電子励起は当然μ_0に寄与する.しかし,いろいろな波数の光電子は同じ波数同士で干渉してやはりEXAFSを生じるものの,連続的に異なる波数をもつ光電子同士のEXAFS振動の位相はランダムであるためすべてを加算するとお互いにキャンセルし合って,結局,全体としてはEXAFSには寄与しないと考えるのが妥当である.つまり,多体効果はEXAFS振動の振幅を弱める効果だけをもつと考える.一電子励起が生じる確率は

$$S_0{}^2 = \left|\left\langle \Psi_i^{N-1} \middle| \Psi_f^{N-1} \right\rangle\right|^2 \tag{2.1.34}$$

で与えられる．ここで，Ψ_i^{N-1}, Ψ_f^{N-1} は，それぞれ始状態および終状態のN電子系の全波動関数から，励起される内殻一電子関数および励起された光電子の波動関数を取り去った傍観者の$(N-1)$電子系の波動関数である．これを考慮したEXAFS振動の振幅を求めるには式(2.1.33)右辺に式(2.1.34)を乗じればよい．S_0^2のエネルギー依存性は通常考慮されない．この仮定は少なくとも光電子のエネルギーが大きければ妥当であろう．この多体効果による振幅の減衰は，光電子の放出時点で生じ，散乱過程以前の問題であることから，**intrinsic loss**と呼ばれている．

(iii)は，光電子が散乱される過程で散乱原子により非弾性散乱を受けることに対応している．非弾性散乱を受けた電子の波数は減少し，やはりいろいろな波数に変化する．したがって，(ii)と同様に，非弾性散乱はEXAFSの振幅を弱める効果をもつ．以前は現象論的に導入された電子の平均自由行程$\lambda(k)$（光電子が非弾性散乱を受けるまでに進む平均距離）が用いられていた．これによると，EXAFS振幅は式(2.1.33)右辺に$e^{-2R/\lambda(k)}$を乗じたものになる．しかし，電子の平均自由行程はユニバーサルカーブとして知られているものの，EXAFSにそのまま適用できるかは疑問である．また，$\lambda(k)$がkに比例するとして比例定数をフィッティングパラメータに加えることも行われてきたが，$\lambda(k)$自体を知りたいことは少なく，未知数を増やすだけで利点はない．多重散乱理論（FEFF）においては非弾性散乱を計算で求めるようにしている．散乱ポテンシャルを光電子の運動エネルギーに依存した複素（光学）ポテンシャルとすることで，非弾性散乱を取り入れられる．つまり，散乱振幅に非弾性散乱の寄与が含まれており，新たにこの因子をあらわに導入する必要がない．この効果は散乱過程で生じるので，(ii)と対比させて**extrinsic loss**と呼ばれる．

(iv)は，熱振動により距離Rが必ずしも一定ではなく，Rの近傍に分布をもつことを示すものである．これにより位相因子e^{2ikR}がぼやけるので，これも振幅を弱める効果をもつと推定できる．ここでは簡単のため，AB間距離rの分布関数$\rho(r)$がガウス関数であるとする．

$$\rho(r) = \frac{1}{\sqrt{2\pi}\sigma} \exp\left[-\frac{(r-R)^2}{2\sigma^2}\right] \tag{2.1.35}$$

σ^2は分散（デバイ・ワラー因子，平均二乗相対変位）である．式(2.1.33)のRをrに置き換えると，距離rに依存する因子として$1/r^2$とe^{2ikr}がある．分布関数の分散σ^2がr^2に比べて十分小さい場合は$1/r^2$の$1/R^2$からの差は無視でき，位相部分e^{2ikr}のみを考慮すればよい．式(2.1.33)を式(2.1.35)で畳み込んで熱平均$\langle \chi(k) \rangle$

を求めると，

$$\langle \chi(k) \rangle = -\frac{3\cos^2\theta_0}{kR^2}\operatorname{Im} f_B(\pi)e^{2i\delta_1^A}\langle e^{2ikr}\rangle \tag{2.1.36}$$

$$\langle e^{2ikr}\rangle = \frac{1}{\sqrt{2\pi}\sigma}\int_0^\infty \exp\left[2ikr - \frac{(r-R)^2}{2\sigma^2}\right]dr \cong e^{2ikR}e^{-2\sigma^2 k^2} \tag{2.1.37}$$

となる．結局，ガウス分布の分散σ^2によりEXAFS振幅には$e^{-2\sigma^2 k^2}$という減衰因子がかかることがわかる．この取り扱いでは原子(核)の運動を古典的に考えており，実際には振動が量子化されているので不備があるように思えるが，熱平衡状態の量子力学的な調和振動子の分布関数はやはりガウス関数なのでこれでも同じ結果を与える．また，ここでは分布が熱振動に由来していることを念頭に置いたが，分布がガウス関数である限り，静的なdisorderであってもこの式が成立する．分布関数がガウス関数でない場合については後述する．

以上の(i)～(iv)の事項から，K吸収端一回散乱EXAFSの表式は，非配向試料の場合

$$\chi(k) = -S_0^2 \sum_j \frac{N_j}{kR_j^2} F_j(k) e^{-2\sigma_j^2 k^2} \sin[2kR_j + 2\delta_1^A(k) + \phi_j(k)] \tag{2.1.38}$$

となる．ただし，jは原子の種類を表し，距離が等価なものは同じjに属し，同じ元素でも距離が非等価なものは異なるjに含めるものとする．N_jは配位数である．複素数である後方散乱振幅$f_j(\pi)$は$f_j(\pi) = F_j(k)e^{i\phi_j(k)}$で置き換えた．電子の非弾性散乱の効果$\lambda$は後方散乱強度$F_j(k)$，位相シフト($\phi_j(k)$, $\delta_1^A(k)$)に含まれるものとする．配向試料のK吸収端EXAFSの場合は，N_jを有効配位数N_j^*で置き換えればよい．

$$N_j^* = 3\sum_{i=1}^{N_j}\cos^2\theta_i \tag{2.1.39}$$

ただし，θ_iは原子iの位置ベクトル$\mathbf{R}_i$(吸収原子が原点)とX線の電場振幅方向$\hat{\mathbf{e}}$とのなす角である．

2.1.4 ■ L_3, L_2 吸収端 EXAFS

L_3, L_2吸収端EXAFSもK吸収端と同様に2.1.1項で述べたように計算できるが，やや面倒となるうえ，実験で用いる場合に注意すべき点がある．すなわち，内殻ψ_iがp軌道($l_i=1$)であるから，飛び出す光電子波ψ_cに関する双極子許容遷移は$l=0, 2$の2通りとなり，さらに周囲の原子に散乱されて戻り最後に吸収原子に散乱される光電子波ψ_{sc}も$l'=0, 2$の2通りある．結局，$(l, l') = (0, 0), (0, 2), (2, 2)$の3つの組み合わせ[(0, 2)

と(2, 0)は等価]を考慮する必要があり複雑である．結果のみを与えるが，式(2.1.33)のK吸収端EXAFSの式に対応する配向試料のL$_3$, L$_2$吸収端EXAFSの式は

$$\chi(k) = \frac{1}{|M_{10}|^2 + 2|M_{12}|^2} \frac{1}{kR^2} \times \mathrm{Im}\Big[f_\mathrm{B}(\pi)e^{2\mathrm{i}kR} \Big\{ |M_{10}|^2 e^{2\mathrm{i}\delta_0^\mathrm{A}}$$
$$+ (M_{10}M_{12}^* + M_{10}^*M_{12})(1 - 3\cos^2\theta_0)e^{\mathrm{i}(\delta_0^\mathrm{A}+\delta_2^\mathrm{A})} + |M_{12}|^2(1 + 3\cos^2\theta_0)e^{2\mathrm{i}\delta_2^\mathrm{A}} \Big\} \Big] \tag{2.1.40}$$

となる．ただし，式中下付きの0や2はl, l'に対応し，{ }内第1項が$(l, l') = (0, 0)$，第2項が$(0, 2)$と$(2, 0)$，第3項が$(2, 2)$の寄与である．M_{10}, M_{12}はそれぞれ$(l_i, l) = (1, 0)$ (p→s), $(1, 2)$ (p→d)遷移の遷移モーメントで，θ_0は式(2.1.33)と同様にX線の電場方向$\hat{e}$とAB分子軸のなす角である．

しかし，幸いなことに，$|M_{10}|^2$は$2|M_{12}|^2$に比べてはるかに小さい(数%以下)．したがって，式(2.1.40)の分母の$|M_{10}|^2$と{ }内第1項は通常無視してよい．さらに，非配向試料では，$\cos^2\theta_0$の空間積分平均をとると1/3となるので，第2項も厳密にキャンセルされる．結局，第3項のみを考慮すればよく，また$1 + 3\cos^2\theta_0$が2となるので，K吸収端と振幅の大きさも同じ単一波の式

$$\chi(k) = \frac{1}{kR^2} \mathrm{Im}\Big[f_\mathrm{B}(\pi)e^{2\mathrm{i}kR + 2\mathrm{i}\delta_2^\mathrm{A}} \Big] \tag{2.1.41}$$

で書けるようになる．式(2.1.38)に対応する式は

$$\chi(k) = S_0^2 \sum_j \frac{N_j}{kR_j^2} F_j(k) e^{-2\sigma_j^2 k^2} \sin[2kR_j + 2\delta_2^\mathrm{A}(k) + \phi_j(k)] \tag{2.1.42}$$

である．ただし，K吸収端の表式(2.1.33), (2.1.38)の右辺には負号があるが，L$_3$, L$_2$吸収端の表式(2.1.41), (2.1.42)には負号がないことに注意する必要がある．

一方，配向試料では，式(2.1.40)の{ }内第1項は無視できるものの，有効配位数N^*はK吸収端の式(2.1.39)と同様のものが

$$N^* = \frac{1}{2}\sum_{i=1}^N \big\{ c(1 - 3\cos^2\theta_i) + (1 + 3\cos^2\theta_i) \big\} \tag{2.1.43}$$

$$c = (M_{10}M_{12}^* + M_{10}^*M_{12})/|M_{12}|^2$$

という形になり，強度比cを仮定する(例えば～0.2あるいは無理に～0とする)必要があるうえに，K吸収端の式に比べて偏光依存性が顕著でなくなる．K吸収端では$N = 1$のとき偏光に依存してN^*が0～3の範囲で変化するが，L$_3$, L$_2$吸収端では$c \sim 0$としても0.5～2.0の範囲でしか変化しない．配向試料のEXAFSを測定する場合は，多少高エネルギーでもK吸収端を利用するのがよい場合も多いことに留意したい．

2.2 ■ 多重散乱理論

　多重散乱理論の詳細な議論を進める前にその方法の基本的な部分について述べる．多重散乱法には2つの重要な性質がある．第一は対象とする系を小さなセルに分割するということである．これらのセルは多重散乱理論では，散乱サイトという名前で呼ばれる．後に見るように，多重散乱理論では波動関数をセル内においてセルの中心を基準として球面調和関数で展開するが，その収束を得るために原子核は必ずセルの中心に配置する．第二は，各セルを別々に計算し基底関数にはその数値解を用いるということである．多くの第一原理計算では，既知の解析的な関数，例えば平面波，ガウス基底，ウェーブレット，三角関数，Wannier関数などを，対象とする系またはエネルギーに応じて使い分けることにより計算を非常に効率良く行う．しかし，同時にそれぞれの方法はある条件に非常に特化されているので，異なる条件下では効率が悪くなったり計算ができなくなったりする．また，第一原理計算は，基底状態と束縛状態に焦点を当てているので，XAFSで重要な終状態，すなわち内殻空孔の存在する連続状態を計算するには限界がある．一方，多重散乱法は，非常に一般的な方法であり，用いる数値解基底はどのような系においてもほぼ同様に収束し，かつ，収束の仕方を予測することも可能である．また，連続状態も問題なく扱うことができ，グリーン関数(伝播関数)を用いることにより，(1)原子位置の幾何情報や，(2)光電子の運動エネルギーと散乱体のポテンシャルの強さの相関について非常に見通しの良い情報を提供してくれる．さらに，散乱理論を用いることにより，EXAFSの一回散乱理論と直接的につながるのも非常に魅力的である．EXAFSにおいて考慮すべき，原子位置の揺らぎやフーリエ変換の際の位相シフトによる原子間位置のずれなどの情報はXANESにもまったく同様に含まれており，理論計算の方法を変えることによるさまざまな解釈の問題がなくなるという長所を有しているといえる．これらがXAFSの理論に多重散乱法が用いられている主たる理由である．本節における多重散乱理論についての解説は主に参考文献[4～6]に沿っており，より詳細は原著を参照されたい．

2.2.1 ■ 系の分割

　多重散乱理論を用いるにはまず対象の系を小さなN個のセルに分ける必要がある．図2.2.1(a)のような従来から幅広く用いられているマッフィンティン近似(球近似)では，球形のセルを用いセル内のポテンシャルは球平均されている($V_{\mathrm{mt}}(r) = \int V(\mathbf{r}) d\hat{\mathbf{r}}/4\pi$)．さらに，隙間領域(interstitial region)ではポテンシャルV_0で一定としている．球近似を超えたものに「一般的導出」があり，この場合は図2.2.1(b)のようなボロノイ多面体または切り取った球のような任意の形状のセルを用い

(a) 球近似(マッフィンティン近似)　　(b) 非球形フルポテンシャル

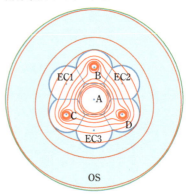

図2.2.1 (a) 球近似モデル．各散乱サイトは球形で，等高線で示されたように内部のポテンシャルは球平均されている．隙間領域では一定値V_0である．(b) フルポテンシャルモデル．各サイトは任意の形状で，無原子セル(empty cell, EC)を配置することにより隙間をなくしている．ECは原子核を内包せず電子のみをもつ．状況に応じてクラスターの外側の領域には外側球(outer sphere, OS)を用いる．ポテンシャルの異方性についての近似は一切導入されていない．

る．セル内のポテンシャルは等高線のように完全に異方的で，ポテンシャルの形状に一切の近似は用いられない．このようなモデルは球近似に対して**フルポテンシャル**と呼ばれる．隙間領域をなくすためにセル同士は互いに面を接し合い，無原子セル(empty cell, EC)を空いた領域に配置する．無原子セルはその中に原子核をもたず，電子密度のみをもつ．これにより原子セルのポテンシャル間から不連続なステップを消すことができる．ステップは散乱体としては水素原子よりも弱いが，その影響は無視できず，対称性が低くポテンシャルが開いた系でははっきりとその効果が見られる．外側球(outer sphere, OS)も同じ理由でセルで形作られたクラスターの外側の領域にあるポテンシャルを考慮するために用いられる．

まず，セルiの中心を起点とした位置ベクトルならびにセルi, j間のベクトルを，**図2.2.2**のように

$$\mathbf{r}_i = \mathbf{r} - \mathbf{R}_i \tag{2.2.1}$$

$$\mathbf{R}_{ij} = \mathbf{R}_i - \mathbf{R}_j \tag{2.2.2}$$

と定義しておく．$\mathbf{R}_i$はセルiの中心を示すベクトル，$\mathbf{r}_i$はセルi内にある任意のベクトル$\mathbf{r}$のセルiの中心を起点としたベクトル，$\mathbf{R}_{ij}$はセルi, j間のベクトルである．

多重散乱法におけるセルの分割は以下の2つの条件に従って行う．

(1) 全ポテンシャル$V(\mathbf{r})$は$V(\mathbf{r}) = \sum_{j=1}^{N} v_j(\mathbf{r}_j)$という形で$N$個のセルに分割されており，

2.2 多重散乱理論

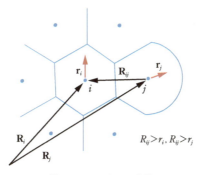

図2.2.2 ベクトルの定義

セルjのポテンシャル$v_j(\mathbf{r}_j)$はそれぞれのセル内でのみ作用する．すなわち$v_j(\mathbf{r}_j)$はセルj内ではポテンシャル$V(\mathbf{r})$そのものであり，セル外では0である．異なったセルをまたぐ非局所相互作用は考慮しない．

(2) 外向波の境界条件を満たす自由伝播関数すなわちグリーン関数G_0^+の球面調和関数展開からの要請により，最近接セルの中心間距離R_{ij}は各セルのサイズよりも大きいとする．すなわち$R_{ij}>r_i$かつ$R_{ij}>r_j$である．

多重散乱理論はもともとバンド計算（KKR法[10,11]）や分子軌道計算[12]などの束縛状態に用いられてきたが，本節では，束縛状態ではなくXAFSで必要な散乱状態に関する多重散乱理論について話を進めていく．ここでは求めるシュレーディンガー方程式の解である波動関数は，それ自身と一次微分が全空間で連続であり，さらに次の散乱状態の漸近形をもつという境界条件を仮定する[注2]．

$$\Psi(\mathbf{r},\mathbf{k}) \approx \left(\frac{k}{16\pi^3}\right)^2 \left[e^{i\mathbf{k}\cdot\mathbf{r}} + f(\hat{\mathbf{r}},\mathbf{k})\frac{e^{ikr}}{r}\right] \quad (2.2.3)$$

ここで，$\mathbf{k}$は光電子の波数ベクトル，$f(\hat{\mathbf{r}},\mathbf{k})$は散乱振幅である．$(k/16\pi^3)^{1/2}$は散乱状態をリュードベリ状態に規格化する因子である．

2.2.2 ■ 表面積分恒等式と角運動量展開[13〜15]

多重散乱方程式は，以上の条件を加味したうえで，次の表面積分恒等式を展開することにより得られる．

[注2] この節では，リュードベリ原子単位を用いる．電子の電荷$e=1$，電子の質量$m=1$，$\hbar=1$である．なお，長さの単位は1 bohr = 1 atomic unit = 0.529 Å，エネルギー単位は1 hartree = 2 Ry = 13.6×2 eV ≒ 27.2 eV．

$$\sum_{j=1}^{N} \int_{S_j} \left[G_0^+(\mathbf{r}'-\mathbf{r};\kappa)\nabla\psi(\mathbf{r};k) - \psi(\mathbf{r};\kappa)\nabla G_0^+(\mathbf{r}'-\mathbf{r};\kappa) \right] \cdot \mathbf{n}_j d\sigma_j$$
$$= \int_{S_o} \left[G_0^+(\mathbf{r}'-\mathbf{r};\kappa)\nabla\psi(\mathbf{r};k) - \psi(\mathbf{r};\kappa)\nabla G_0^+(\mathbf{r}'-\mathbf{r};\kappa) \right] \cdot \mathbf{n}_o d\sigma_o \quad (2.2.4)$$

ここで,表面積分は各セルの表面 S_j または外側球OSの境界面 S_o に関する積分であり,$d\hat{\mathbf{r}}_j = d\sigma_j$,$\mathbf{n}_j$ はセル j 表面の法線方向の単位ベクトルである.左辺の和はすべてのセルに対して行われ,右辺は後述の外側球のみについて行われる.セル j の体積は Ω_j であり,$\Omega_o = \sum_{j=1}^{N} \Omega_j$ が成り立つ.$G_0^+(\mathbf{r}'-\mathbf{r};\kappa)$ は自由グリーン関数または伝播関数と呼ばれ,κ は後で示すように外側球内の波数であり,運動エネルギー $|\kappa|^2$ をもって伝わる外向波(+)の境界条件をもつ.このグリーン関数は

$$(\nabla^2 + \kappa^2)G_0^+(\mathbf{r}'-\mathbf{r};\kappa) = \delta(\mathbf{r}'-\mathbf{r}) \quad (2.2.5)$$

を満たす.ここで,$|\kappa|^2 = E - V_0$ であり,V_0 はセル外(外側球内)のポテンシャルを表す定数である.隙間のない非球形多重散乱理論の場合,V_0 は任意定数であり,計算結果は V_0 に依存しないが,数値計算の精度から,セルの境界においてなるべくポテンシャルの飛びが小さくなるよう V_0 としてすべてのセルの表面におけるポテンシャルの平均を用いる.一方,従来のマッフィンティン近似の場合は,$\kappa = \sqrt{E-V_0}$ の条件から,V_0 は束縛状態($E<V_0$)と連続状態($E>V_0$)のエネルギーの境界になる.そのためにマッフィンティン近似によるXANESの計算結果はパラメータ V_0 に依存し,特にピーク幅に影響する.V_0 を低く設定するほど共鳴状態のエネルギーは相対的に高くなり,それにともない寿命が短くなるので,結果としてピーク幅は広がる.式(2.2.4)において $\mathbf{r}'$ が各セルの原点近傍にあるとき,被積分関数とその微分はセル間でなめらかになり,恒等式が成り立つ.以降の議論では,2つの波数ベクトル $k = \sqrt{E}$ と $\kappa = \sqrt{E-V_0}$ を使う.後者は自由グリーン関数 $G_0^+(\mathbf{r}'-\mathbf{r};\kappa)$ の伝播を記述する引数として現れる.

式(2.2.4)は $V_0 = 0$ のとき,散乱状態に対する次のLippmann-Schwinger方程式から求めることができる[9].

$$\psi(\mathbf{r}';\mathbf{k}) = e^{i\mathbf{k}\cdot\mathbf{r}'} + \int d\mathbf{r}\, G_0^+(\mathbf{r}'-\mathbf{r};k)V(\mathbf{r})\psi(\mathbf{r};\mathbf{k}) \quad (2.2.6)$$

しかし今回の導出においては,V_0 の任意性を保つために,より一般的な恒等式(2.2.4)を用いる.

A. 自由グリーン関数の角運動量展開

必要な種々の関数の球面調和関数による角運動量展開をまとめておく.Lippmann-Schwinger方程式の自由解である平面波すなわち式(2.2.6)の右辺第1項($V(r)=0$ に対

応)の展開公式は

$$e^{i\mathbf{k}\cdot\mathbf{r}} = 4\pi \sum_L i^l Y_L(k) J_L(\mathbf{r};k) \tag{2.2.7}$$

である．また，自由グリーン関数は，

$$G_0^+(\mathbf{r}'-\mathbf{r};\kappa) = -\frac{1}{\pi}\frac{e^{i\kappa|\mathbf{r}'-\mathbf{r}|}}{|\mathbf{r}'-\mathbf{r}|} = G_0^+(\mathbf{r}'_i-\mathbf{r}_i;\kappa)$$

$$\begin{cases} = \sum_L J_L(\mathbf{r}'_i;\kappa)\hat{H}_L^+(\mathbf{r}_i;\kappa) & (r'_i < r_i) \\ = \sum_L J_L(\mathbf{r}_i;\kappa)\,\hat{H}_L^+(\mathbf{r}'_i;\kappa) & (r'_i > r_i) \end{cases} \tag{2.2.8}$$

となる．ここで，和の引数Lは$L \equiv (l,m)$であり，和は$\sum_L \equiv \sum_{l=0}^{\infty}\sum_{m=-l}^{l}$を意味する．$Y_L$は球面調和関数(2.2節補遺)で，計算の高速化とメモリの節約のため実数になるように位相を選ぶものとする．これにより多重散乱行列が対称になり計算の効率に寄与する．また，球Bessel関数j_lや球Hankel関数h_l^+と球面調和関数Y_Lの積は，それぞれ$J_L(\mathbf{r};\kappa) \equiv j_l(\kappa r)Y_L(\hat{\mathbf{r}})$，$\tilde{H}_L^+(\mathbf{r};\kappa) \equiv -i\kappa h_l^+(\kappa r)Y_L(\hat{\mathbf{r}})$と定義されている．式(2.2.4)において$\mathbf{r}'$が各セルの原点近傍にあると仮定したのは，自由グリーン関数の角運動量展開を$r'_i < r_i$に制限するためである．$\kappa=0$のとき，$J_L(\mathbf{r};0) = r^l Y_L(\hat{\mathbf{r}})/(2l+1)$，$\tilde{H}_L^+(\mathbf{r};0) = -r^{-l-1}Y_L(\hat{\mathbf{r}})$となり，式(2.2.8)からよく知られる展開式

$$\frac{1}{|\mathbf{r}'-\mathbf{r}|} = \sum_L \frac{4\pi}{2l+1}\frac{r_<^l}{r_>^{l+1}}Y_L(\hat{\mathbf{r}})Y_L(\hat{\mathbf{r}}') \tag{2.2.9}$$

が得られる．ここで，$r_<$はrとr'のうちの小さい方で，$r_>$は大きい方である．

B. セル内の基底関数

多重散乱法では，図2.2.3のように各セル内において波動関数(またはグリーン関数)を局所的なシュレーディンガー方程式の数値解で展開する．セルjにおけるポテンシャル$v_j(\mathbf{r}_j)$をもつ局所シュレーディンガー方程式の解のうち原点近傍で$J_L(\mathbf{r}_j;\kappa)$のようにふるまう局所解を$\Phi_L(\mathbf{r}_j;k)$とする．この基底は完全基底であり，通常のアプローチでは原点から外向きに解く．多重散乱法ではこの数値局所解を基底関数として全空間散乱波動関数ψを次のように展開する．

$$\psi(\mathbf{r}_j;\mathbf{k}) = \sum_L A_L^j(\mathbf{k})\Phi_L(\mathbf{r}_j;k) \tag{2.2.10}$$

原理的には，$A_L^j(\mathbf{k})$がすべてのセルの境界において全空間波動関数とその一次微分がなめらかにつながるという条件を満たすようにこの代数行列方程式を解くことにより，全空間波動関数ならびにグリーン関数が求められる．式(2.2.10)のセル内波動関数と自由グリーン関数の角運動量展開により，解くべき恒等式(2.2.4)の左辺の寄与は

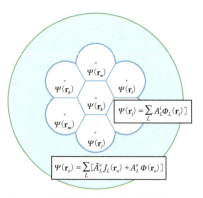

図2.2.3 波動関数は各セル内で展開される．

求められる．

C. Outer sphere（外側球）内の基底関数

次に，恒等式(2.2.4)の右辺に現れる外側球内の波動関数について考える．ここで外側球というのはセルの集合体のクラスターを包み散乱波の漸近形となる境界条件を与える大きな球で(図2.2.3の緑色で表された大きな球)，その外側球とクラスターの間の領域(図2.2.3の水色の領域)の波動関数について考える．この波動関数は式(2.2.1)のように散乱状態の境界条件を満たした漸近形をもつので，

$$\psi(\mathbf{r}_o;\mathbf{k}) = \sum_L \left[\tilde{A}_L^o(\mathbf{k}) J_L(\mathbf{r}_o;k) + A_L^o(\mathbf{k}) \Phi_L(\mathbf{r}_o;k) \right] \quad (2.2.11)$$

の形になる．第1項は平面波の寄与であり，$\tilde{A}_L^o(\mathbf{k}) = (k/\pi)^{1/2} i^l Y_L(\hat{\mathbf{k}})$ である．ここで，基底関数 $\Phi_L(\mathbf{r}_o;k)$ は，外側球の中心近傍で r^{-l-1} に従って発散する解であり，外側球表面から原点に向かって計算することにより求める．分子の内殻励起の場合は空孔による正のポテンシャルが周囲の電子により完全には遮蔽されず，分子から少し離れた空間においてもポテンシャルが尾を引いている．そこで，外側球の外側で漸近的にふるまう有効クーロンポテンシャルを見積もり，そのポテンシャルに対するシュレーディンガー方程式の解を外側球表面の解としてこれを境界条件として用いる．式(2.2.10)の基底関数の動径関数はポテンシャルが実数のときは実関数になるが，外側球の基底関数の動径関数は常に複素関数になる．

2.2.3 ■ 恒等式の角運動量展開

係数 $A_L^j(\mathbf{k})$ と $A_L^o(\mathbf{k})$ を決定するための第1の式を得るため，恒等式(2.2.4)において，$\mathbf{r}'$ がセル i 内の原点近傍，$\mathbf{r}$ がセル j 内の任意の点にあるとする．この条件の下，式(2.2.8)，(2.2.10)，(2.2.11)を式(2.2.4)に代入すると

$$\sum_L J_L(\mathbf{r}_i') \left\{ \sum_{j=1}^N \sum_{L'} A_{L'}^j(\mathbf{k}) \int_{S_j} \left[\tilde{H}_0^+(\mathbf{r}_i;\kappa) \nabla \Phi_{L'}(\mathbf{r}_j;k) - \Phi_{L'}(\mathbf{r}_j;k) \nabla \tilde{H}_0^+(\mathbf{r}_i;\kappa) \right] \mathbf{n}_j \cdot d\boldsymbol{\sigma}_j \right\}$$

$$= \sum_L J_L(\mathbf{r}_i') \left\{ \sum_{j=1}^N \sum_{L'} \tilde{A}_{L'}^o(\mathbf{k}) \int_{S_o} \left[\tilde{H}_0^+(\mathbf{r}_i;\kappa) \nabla J_{L'}(\mathbf{r}_o;k) - J_{L'}(\mathbf{r}_o;k) \nabla \tilde{H}_0^+(\mathbf{r}_i;\kappa) \right] \mathbf{n}_o \cdot d\boldsymbol{\sigma}_o \right\}$$

$$+ \sum_L J_L(\mathbf{r}_i') \left\{ \sum_{L'} A_{L'}^o(\mathbf{k}) \int_{S_o} \left[\tilde{H}_0^+(\mathbf{r}_i;\kappa) \nabla \Phi_{L'}(\mathbf{r}_o;k) - \Phi_{L'}(\mathbf{r}_o;k) \nabla \tilde{H}_0^+(\mathbf{r}_i;\kappa) \right] \mathbf{n}_o \cdot d\boldsymbol{\sigma}_o \right\}$$

(2.2.12)

となり，$J_L(\mathbf{r}_i')$ は線形独立なので，その係数をゼロとする以下の式が成り立つ．

$$\sum_{jL'} H_{LL'}^{ij} A_{L'}^j(\mathbf{k}) = \sum_{L'} \left[M_{LL'}^{io} \tilde{A}_{L'}^o(\mathbf{k}) + N_{LL'}^{io} A_{L'}^o(\mathbf{k}) \right] \quad (2.2.13)$$

$$H_{LL'}^{ij} = \int_{S_j} \left[\tilde{H}_L^+(\mathbf{r}_i;\kappa) \nabla \Phi_{L'}(\mathbf{r}_j;k) - \Phi_{L'}(\mathbf{r}_j;k) \nabla \tilde{H}_L^+(\mathbf{r}_i;\kappa) \right] \mathbf{n}_j \cdot d\boldsymbol{\sigma}_j$$

$$M_{LL'}^{io} = \int_{S_o} \left[\tilde{H}_L^+(\mathbf{r}_i;\kappa) \nabla J_{L'}(\mathbf{r}_o;k) - J_{L'}(\mathbf{r}_o;k) \nabla \tilde{H}_L^+(\mathbf{r}_i;\kappa) \right] \mathbf{n}_o \cdot d\boldsymbol{\sigma}_o$$

$$N_{LL'}^{io} = \int_{S_o} \left[\tilde{H}_L^+(\mathbf{r}_i;\kappa) \nabla \Phi_{L'}(\mathbf{r}_o;k) - \Phi_{L'}(\mathbf{r}_o;k) \nabla \tilde{H}_L^+(\mathbf{r}_i;\kappa) \right] \mathbf{n}_o \cdot d\boldsymbol{\sigma}_o$$

同様に，$\mathbf{r}'$ が外側球領域内にあり，$r_o > r_o'$ を満たしているとき，次の第2式が得られる．

$$\sum_{jL'} K_{LL'}^{oj} A_{L'}^j(\mathbf{k}) = \sum_{L'} \left[\tilde{M}_{LL'}^{oo} \tilde{A}_{L'}^o(\mathbf{k}) + \tilde{N}_{LL'}^{io} A_{L'}^o(\mathbf{k}) \right] \quad (2.2.14)$$

$$K_{LL'}^{ij} = \int_{S_j} \left[J_L(\mathbf{r}_o;\kappa) \nabla \Phi_{L'}(\mathbf{r}_j;k) - \Phi_{L'}(\mathbf{r}_j;k) \nabla J_L(\mathbf{r}_o;\kappa) \right] \mathbf{n}_j \cdot d\boldsymbol{\sigma}_j$$

$$\tilde{M}_{LL'}^{oo} = \delta_{LL'} \int_{S_o} \left[J_L(\mathbf{r}_o;\kappa) \nabla J_{L'}(\mathbf{r}_o;k) - J_{L'}(\mathbf{r}_o;k) \nabla J_L(\mathbf{r}_o;\kappa) \right] \mathbf{n}_o \cdot d\boldsymbol{\sigma}_o$$

$$\tilde{N}_{LL'}^{oo} = \int_{S_o} \left[J_L(\mathbf{r}_o;\kappa) \nabla \Phi_{L'}(\mathbf{r}_o;k) - \Phi_{L'}(\mathbf{r}_o;k) \nabla J_L(\mathbf{r}_o;\kappa) \right] \mathbf{n}_o \cdot d\boldsymbol{\sigma}_o$$

この2式により係数 $A_L^j(\mathbf{k})$ と $A_L^o(\mathbf{k})$ が決定される．もとの恒等式が定数 V_0 の選び方に依存しないので，これらの式も V_0 に依存しない．ただし，L の収束性が V_0 の選び方に依存するので，収束しやすい値，例えば先述したようにセルの表面上のポテンシャルの平均などを用いる．しかし，このままでは表面積分を求めるのが容易ではないので，次のサイトシフトを用いる．

2.2.4 ■ 球関数のサイトシフト演算

次に，多重散乱理論においてよく用いられる球関数のサイトシフトについて考える．$\tilde{H}_L^+(\mathbf{r}_i;\kappa)$ と $J_L(\mathbf{r}_o;\kappa)$ の散乱サイト j と外側球 o における展開は[16,17]

$$\tilde{H}_L^+(\mathbf{r}_i;\kappa) = \sum_{L'} G_{LL'}^{ij} J_{L'}(\mathbf{r}_j;\kappa) \qquad (R_{ij} > r_j) \quad (2.2.15)$$

のように行う．ここで，$G_{LL'}^{ij}$ はサイト間自由伝播演算子で（KKR法ではこの構造由来の演算子をKKR構造因子[10,11]と呼ぶ）

$$J_L(\mathbf{r}_o;\kappa) = \sum_{L'} J_{LL'}^{oj} J_{L'}(\mathbf{r}_j;\kappa) \qquad (\text{常に成立}) \qquad (2.2.16)$$

$$\tilde{H}_L^+(\mathbf{r}_i;\kappa) = \sum_{L'} J_{LL'}^{io} \tilde{H}_{L'}^+(\mathbf{r}_o;\kappa) \qquad (r_o > R_{io}) \qquad (2.2.17)$$

$$G_{LL'}^{ij} = 4\pi \sum_{L''} C(L,L';L'') \mathrm{i}^{l-l'+l''} \tilde{H}_{L''}^+(\mathbf{R}_{ij};\kappa) \qquad (2.2.18)$$

と書ける．また，並進演算子 $J_{LL'}^{ij}$ は

$$J_{LL'}^{ij} = 4\pi \sum_{L''} C(L,L';L'') \mathrm{i}^{l-l'+l''} J_{L''}(\mathbf{R}_{ij};\kappa) \qquad (2.2.19)$$

であり，これは $G_{LL'}^{ij}$ の $\tilde{H}_L^+$ における球Bessel関数の寄与である．展開は図2.2.4のようにサイトを平面波または球面波でシフトして，新しいサイト上で部分波の和をとることで行う．$C(L,L';L'')$ は実球面調和関数に対するGaunt積分で

$$C(L,L';L'') = \int Y_L(\hat{\mathbf{r}}) Y_{L'}(\hat{\mathbf{r}}) Y_{L''}(\hat{\mathbf{r}}) d\hat{\mathbf{r}} \qquad (2.2.20)$$

で与えられる．また，$G_{LL'}^{ij}$ の $\tilde{H}_L^+$ における球Neumann関数の寄与 $N_{LL'}^{ij}$ は

$$N_{LL'}^{ij} = 4\pi \sum_{L''} C(L,L';L'') \mathrm{i}^{l-l'+l''} N_{L''}(\mathbf{R}_{ij};\kappa) \qquad (2.2.21)$$

と定義される．式(2.2.15)～(2.2.17)の展開により多重散乱方程式はコンパクトになるが，同時に新たな展開に対する和 L' の収束性を確認する必要がある．この問題は非球形セル多重散乱理論の収束性に対してもたれていた問題の1つであったが，一様に収束し問題のないことが確認されている．詳細は原著[4]を参照されたい．

2.2.5 ■ 表面積分の展開による多重散乱方程式の導出

この節では，式(2.2.13)，(2.2.14)で現れた表面積分の関係式(2.2.15)～(2.2.17)による展開について検討する．まず任意の形状の表面積分を球上の表面積分に置き換える．サイト j のセルの表面積分 $H_{LL'}^{ij}$ はグリーンの定理より

$$\begin{aligned} H_{LL'}^{ij} &= \int_{S_j} \left[\tilde{H}_L^+(\mathbf{r}_i;\kappa) \nabla \Phi_{L'}(\mathbf{r}_j;k) - \Phi_{L'}(\mathbf{r}_j;k) \nabla \tilde{H}_L^+(\mathbf{r}_i;\kappa) \right] \cdot \mathbf{n}_j d\sigma_j \\ &= \int_{V_j} \left[\tilde{H}_L^+(\mathbf{r}_i;\kappa) \nabla^2 \Phi_{L'}(\mathbf{r}_j;k) - \Phi_{L'}(\mathbf{r}_j;k) \nabla^2 \tilde{H}_L^+(\mathbf{r}_i;\kappa) \right] dr_j \end{aligned} \qquad (2.2.22)$$

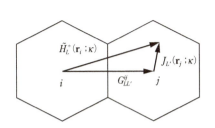
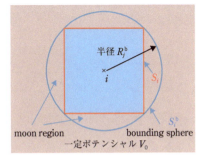

図2.2.4 特殊関数の原点シフト   図2.2.5 多面体セルに対するbounding sphere

となる．ポテンシャルV_0にはセル外の領域において一様に広がっているという条件があるので，図2.2.5のようにセルを囲む球（bounding sphere）を仮定した場合，その隙間（moon region）の領域$C\Omega_j$において局所解$\Phi_{L'}(\mathbf{r}_j;k)$には

$$(\nabla^2 + \kappa^2)\Phi_{L'}(\mathbf{r}_j;k) = 0$$

$$(\nabla^2 + \kappa^2)\tilde{H}_L^+(\mathbf{r}_i;\kappa) = 0$$

というHelmholtz様の式が成り立つ．これから

$$\int_{C\Omega_j}\left[\tilde{H}_L^+(\mathbf{r}_i;\kappa)\nabla^2\Phi_{L'}(\mathbf{r}_j;k) - \Phi_{L'}(\mathbf{r}_j;k)\nabla^2\tilde{H}_L^+(\mathbf{r}_i;\kappa)\right]d\mathbf{r}_j = 0 \quad (2.2.23)$$

となるので，$H_{LL'}^{ij}$の体積積分は半径R_j^bのbounding sphereまで拡張できる．ここでもう一度グリーンの定理を用いることにより，$H_{LL'}^{ij}$はbounding sphere S_j^b上の表面積分に置き換えられる．同様のことが式(2.2.13), (2.2.14)で現れた表面積分すべてに対して成り立つ．これにより単に2つの実球面調和関数の角度積分を行えばよいことになる．

局所解$\Phi_{L'}(\mathbf{r}_j;k)$を球面調和関数で展開すると，

$$\Phi_{L'}(\mathbf{r}_j;k) = \sum_{L''} R_{L''L'}^j(r_j)Y_{L''}(\hat{\mathbf{r}}_j) \quad (2.2.24)$$

となる．マッフィンティン近似の場合は$R_{L''L'}^j(r_j) = \delta_{L''L'}R_{l'}^j$である．式(2.2.15)と式(2.2.24)を式(2.2.22)に代入することにより，$H_{LL'}^{ij}$のbounding sphere上の表面積分は，$i \neq j$のとき

$$\begin{aligned}
H_{LL'}^{ij} &= \int_{S_j^b} \left[\tilde{H}_L^+(\mathbf{r}_i;\kappa)\nabla\Phi_{L'}(\mathbf{r}_j;k) - \Phi_{L'}(\mathbf{r}_j;k)\nabla\tilde{H}_L^+(\mathbf{r}_i;\kappa) \right] \cdot \mathbf{n}_j d\sigma_j \\
&= \sum_{L''} G_{LL''}^{ij} \int_{S_j^b} \left[J_{L''}(\mathbf{r}_j;\kappa)\nabla\Phi_{L'}(\mathbf{r}_j;k) - \Phi_{L'}(\mathbf{r}_j;k)\nabla J_{L''}(\mathbf{r}_j;\kappa) \right] \cdot \mathbf{n}_j d\sigma_j \\
&= (R_j^b)^2 \sum_{L''} G_{LL''}^{ij} \sum_{L_1} \left[j_{l''}(\kappa r_j)\frac{d}{dr_j}R_{L_1L'}(r_j) - R_{L_1L'}(r_j)\frac{d}{dr_j}j_{l''}(\kappa r_j) \right]_{r_j=R_j^b} \int Y_{L''}(\hat{\mathbf{r}}_j)Y_{L_1}(\hat{\mathbf{r}}_j)d\hat{\mathbf{r}}_j \\
&= (R_j^b)^2 \sum_{L''} G_{LL''}^{ij} W\left[j_{l''}(\kappa r_j), R_{L_1L'}(r_j) \right]_{r_j=R_j^b} \\
&= \sum_{L''} G_{LL''}^{ij} S_{L''L'}^{j}
\end{aligned}$$

(2.2.25)

となる．ここで

$$S_{L''L'}^j \equiv (R_j^b)^2 W\left[j_{l''}(\kappa r_j), R_{L_1L'}(r_j) \right]_{r_j=R_j^b} \tag{2.2.26}$$

で，$W[f,g] = fg' - f'g$ は Wronskian である．上式の途中で実球面調和関数の直交性を用いた(2.2節補遺)．同様に $i=j$ のときは

$$\begin{aligned}
H_{LL'}^{ij} &= \int_{S_j^b} \left[\tilde{H}_L^+(\mathbf{r}_i;\kappa)\nabla\Phi_{L'}(\mathbf{r}_j;k) - \Phi_{L'}(\mathbf{r}_j;k)\nabla\tilde{H}_L^+(\mathbf{r}_i;\kappa) \right] \cdot \mathbf{n}_j d\sigma_j \\
&= (R_j^b)^2 W\left[-i\kappa h_l^+(\kappa r_j), R_{L_1L'}(r_j) \right]_{r_j=R_j^b} \\
&= E_{LL'}^j
\end{aligned} \tag{2.2.27}$$

$$E_{LL'}^j \equiv (R_j^b)^2 W\left[-i\kappa h_l^+(\kappa r_j), R_{L_1L'}(r_j) \right]_{r_j=R_j^b} \tag{2.2.28}$$

となり，他の外側球に関する係数は

$$M_{LL'}^{io} = J_{LL'}^{io} M_{L'L'}^{oo} \tag{2.2.29}$$

$$N_{LL'}^{io} = \sum_{L''} J_{LL''}^{io} E_{L''L'}^{o} \tag{2.2.30}$$

となる．同様に，式(2.2.14)についても同じ操作をすることにより，関係式

$$K_{LL'}^{oj} = \sum_{L''} J_{LL''}^{oj} S_{L''L'}^{j} \tag{2.2.31}$$

$$\tilde{N}_{LL'}^{oo} = S_{LL'}^{o} \tag{2.2.32}$$

が得られる．ここで，$S_{LL'}^o$，$E_{LL'}^o$ は外側球表面より小さな球の表面において計算されるので，$R_0^b < r_0$ である．

以上で得られた係数を式(2.2.13)，(2.2.14)に代入することにより，以下の連立方程

式が得られる．

$$\sum_{L'} E^i_{LL'} A^i_{L'}(\mathbf{k}) + \sum_{j \neq i} \sum_{L'L''} G^{ij}_{LL''} S^j_{L''L'} A^j_{L'}(\mathbf{k}) = \sum_{L'} J^{io}_{LL'} \left[M^{oo}_{L'L'} \tilde{A}^o_{L'}(\mathbf{k}) + \sum_{L''} E^o_{L'L''} A^o_{L''}(\mathbf{k}) \right] \quad (2.2.33)$$

$$\sum_{j} \sum_{L'L''} J^{oj}_{LL''} S^j_{L''L'} A^j_{L'}(\mathbf{k}) = M^{oo}_{LL} \tilde{A}^o_L(\mathbf{k}) + \sum_{L'} S^o_{LL'} A^o_{L'}(\mathbf{k}) \quad (2.2.34)$$

この非球形セルに対する方程式は，(1) 外側球をもつ，(2) 隙間 (interstitial region) がないために V_0 が任意になり，その領域を移動する自由グリーン関数の運動エネルギー $|\kappa|^2$ に依存しない，(3) 行列間の和が一様収束する，という特徴をもつ．

この方程式には収束パラメータとして角運動量がある．その上限 $l_{\max}$ には
(1) 波動関数の基底関数の収束を表す $A^i_{L'}$, $S^j_{LL'}$, $E^j_{LL'}$ などの内部和
(2) $S^j_{LL'}$, $E^j_{LL'}$ などの左のインデックスに現れる基底関数の異方性に関する球面調和関数展開
(3) サイトシフト演算のための内部和 ($G^{ij}_{LL'}$, $J^{io}_{LL'}$)

の3種類がある．

(1) は，式 (2.2.10) の展開から，$\psi(\mathbf{r}_j; \mathbf{k}) = \sum_L A^j_L(\mathbf{k}) \Phi_L(\mathbf{r}_j; k)$ の局所基底 $\Phi_L(\mathbf{r}_j; k)$ がいくつ必要かということと関係している．この基底関数は原点付近で $J_L(\mathbf{r}_j; k)$ のようにふるまうので，ポテンシャルは同じ角運動量をもつ遠心斥力ポテンシャル $l(l+1)/r^2$ が支配的になる．図 2.2.6 には動径方向の有効ポテンシャル $V_{\text{eff}}(r) \equiv l(l+1)/r^2 + V(r)$ とエネルギー E を示した．座標原点近傍で $V_{\text{eff}}(r) \gg E$ が成り立つとき，遠心力斥力ポテンシャル $l(l+1)/r^2$ が支配的になり，$V(r)$ が無視でき，局所解はほぼ自由解である球 Bessel 関数のようにふるまい ($\Phi_L(r_j; k) \approx J_L(r_j; k)$)，同時にポテンシャルの壁が大きくなるため，その値は小さくなる．$l(l+1)/r^2$ はセルの境界 $r = R_b$ で最も小さいので，$l(l+1)/R_b^2 + V(R_b) \approx E$ が成り立てば，XANES および EXAFS の非束縛状

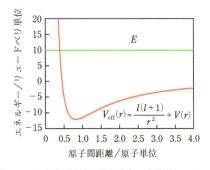

図 2.2.6 遠心力項を含む動径方向の有効ポテンシャル

態である連続状態のエネルギー範囲ではセル内の全領域で解が球Bessel関数とほぼ等しくなる(これはEXAFSでは位相シフトδ_lがゼロになることに相当する).このことは後に出てくるT行列が0になることに対応する.T行列や位相シフトが0になるということは,その部分波は散乱波を記述するのに不要で,全波動関数$\psi(\mathbf{r}_j; \mathbf{k})$を局所的に展開するのに部分波基底関数はこれ以上必要ないということを意味する.よってこのときのlの値を$l_{\max} \approx kR_b$として用いる.

　(2)については,ポテンシャルの異方性が大きければ,それに応じて多くの球面調和関数が必要となり収束は遅くなる.特に電子の運動エネルギーが小さければポテンシャルの影響は大きいので,基底関数も異方性が大きくなる.これが,低エネルギー($\lesssim 20$ eV)でのマッフィンティン近似が不十分である理由である.また,セルの形状による基底関数の人為的な異方性もこの$l_{\max}$に影響を与える.(1)で見たように,セル内で$l(l+1)/r^2 > E - V(r)$が成り立つようなlをとればポテンシャルがほぼ球対称になり,基底関数$\Phi_L(\mathbf{r}_j; k)$も遠心力ポテンシャル解である球Bessel関数となり球対称である.そのため,式(2.2.26),(2.2.28)において,$l' \approx l'_{\max} < kR_b$であれば$R_{LL'}^j$は対角的になり,$l$も$l \approx l'_{\max} < kR_b$となる.よって,(1)の$l_{\max}$をとれば収束させることができる.

　(3)については,$G_{LL'}^{ij}$,$J_{LL'}^{io}$などのサイトシフト行列とWronskian行列$S_{LL'}^j$,$E_{LL'}^j$などの和は一様に収束するので[4],Wronskian行列が(1)および(2)の条件により収束すれば和も自動的に収束する.

　マッフィンティン近似の場合,ポテンシャルは球平均されているので,基底関数に異方性はなく,$S_{LL'}^j$,$E_{LL'}^j$が対角行列になるので,$l_{\max}$は(1)の条件のみで決まる.ボロノイ多面体を用いることにより生じる非球形ポテンシャルにおける角運動量展開の非収束性(Gibbs現象)が根本的な問題であるが,本手法ではポテンシャルを展開せず,波動関数のみを展開しているので関数とその1次微分は収束する[4,5].

　内殻励起および励起を反映するXANESでは,セル内の波動関数の情報のみがわかればよいので,式(2.2.33),(2.2.34)から外側球の項を除いてよく,式(2.2.34)は以下のようになる.

$$\sum_{j \neq i} \sum_{L'} \left[\delta_{ij} E_{LL'}^i + (1 - \delta_{ij}) \sum_{L''} G_{LL'}^{ij} \cdot S_{L'L''}^j + \sum_{\Lambda\Lambda'L''} J_{L\Lambda}^{io} \bar{T}_{\Lambda\Lambda'}^o J_{\Lambda'L''}^{io} S_{L''L'}^j \right] A_{L'}^j(\mathbf{k})$$
$$= \sum_{L'} J_{LL'}^{io}(\boldsymbol{\kappa}) \sum_{L''} \left[\delta_{L'L''} M_{L'L''}^{\infty} + \bar{T}_{L'L''}^o M_{L'L''}^{\infty} \right] \tilde{A}_{L'}^o(\mathbf{k}) \tag{2.2.35}$$

ここでは,セルと外側球のT行列$T_{\Lambda\Lambda'}^i$,$\bar{T}_{\Lambda\Lambda'}^o$を

$$T_{\Lambda\Lambda'}^i = -\sum_{L''} S_{L\Lambda}^i (E^i)_{L\Lambda'}^{-1} \tag{2.2.36}$$

$$\bar{T}_{\Lambda\Lambda'}^o = -\sum_{L''} E_{\Lambda L}^o (S^o)_{L\Lambda'}^{-1} \tag{2.2.37}$$

2.2 多重散乱理論

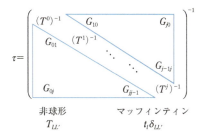

図2.2.7 多重散乱行列．対角項はT行列，非対角項はKKR構造因子$-G$行列．

と定義する．ここで，S, Eは正方行列である．また$\det S \neq 0$を仮定し，振幅係数

$$B_L^i(\mathbf{k}) = \sum_{L'} S_{LL'}^i A_{L'}^i(\mathbf{k}) \tag{2.2.38}$$

を定義する．振幅係数が$A_L^i(\mathbf{k})$から$B_L^i(\mathbf{k})$に変わったことにより，基底関数も規格化され

$$\bar{\Phi}_L^j(\mathbf{r}_j;\mathbf{k}) = \sum_{L'} ({}^t S^j)^{-1}_{LL'} \Phi_{L'}^j(\mathbf{r}_j;\mathbf{k}) \tag{2.2.39}$$

となる（^{t}は転置を表す）．この新しい振幅係数$B_L^i(\mathbf{k})$を導入することにより

$$\sum_j \sum_{L'} \left[\delta_{ij} (T^i)^{-1}_{LL'} - (1-\delta_{ij}) G_{LL'}^{ij} - \sum_{\Lambda\Lambda'} J_{L\Lambda}^{io} \bar{T}_{\Lambda\Lambda'}^o J_{\Lambda'L'}^{oj} \right] B_{L'}^j(\mathbf{k}) = \tilde{I}_L^i(\mathbf{k}) \tag{2.2.40}$$

$$\tilde{I}_L^i(\mathbf{k}) \equiv \sum_{L'} J_{LL'}^{io}(\boldsymbol{\kappa}) \sum_{L''} \left[\delta_{L'L''} M_{L'L''}^{oo} + \bar{T}_{L'L''}^o \tilde{M}_{L'L''}^{oo} \right] \tilde{A}_{L''}^o(\mathbf{k}) \tag{2.2.41}$$

が得られる．これにより振幅係数は，

$$B_L^i(\boldsymbol{\kappa}) = \sum_{jL'} \tau_{LL'}^{ij} \tilde{I}_{L'}^j(\boldsymbol{\kappa}) \tag{2.2.42}$$

となる．τは多重散乱逆行列であり，行列表示では

$$\tau = (T^{-1} - G - J\bar{T}^o J)^{-1} \tag{2.2.43}$$

と書ける．実球面調和関数を用いた場合，τは対称行列となる．行列の形は**図2.2.7**のようになり，ポテンシャルの情報を含むTが対角ブロックに，分子構造を記述するKKR構造因子Gが非対角ブロックに配置される．最後の項は外側球の補正項で，全ブロックに加算される．

A. 外側球がない場合

式(2.2.35)において外側球がない場合，$\bar{T}_{\Lambda\Lambda'}^o = 0$となる．interstitial領域は無限に広がるので，外側球内であった領域すなわちセル外にはポテンシャルV_0が存在し，そ

こでは波数が k から κ になる．これにより

$$M_{LL'}^{oo} = \int_{S_o} \left[\tilde{H}_L^+(\mathbf{r}_o;\kappa) \nabla J_L(\mathbf{r}_j;\kappa) - J_L(\mathbf{r}_o;\kappa) \nabla \tilde{H}_L^+(\mathbf{r}_o;\kappa) \right] \cdot \mathbf{n}_o d\sigma_o = -\delta_{LL'} \quad (2.2.44)$$

さらに

$$\sum_{L'} \tilde{A}_{LL'}^o(\boldsymbol{\kappa}) J_{LL'}^{io}(\boldsymbol{\kappa}) = i^l Y_L(\hat{\boldsymbol{\kappa}}) e^{i\boldsymbol{\kappa}\cdot\mathbf{R}_{io}} \sqrt{\frac{k}{\pi}} \equiv I_L^i(\boldsymbol{\kappa}) \quad (2.2.45)$$

が成り立つ．ここでは，式(2.2.19)と関係式

$$\sum_{L'} C(L,L';L'') Y_L(\Omega) = Y_L(\Omega) Y_{L''}(\Omega)$$

を用いた．以上により，外側球のない多重散乱方程式は次のようになる．

$$\sum_j \sum_{L'} \left\{ \delta_{ij} (T^i)^{-1}_{LL'} - (1-\delta_{ij}) G_{LL'}^{ij} \right\} B_{L'}^j(\boldsymbol{\kappa}) = I_L^i(\boldsymbol{\kappa}) \quad (2.2.46)$$

B. $V_0 = 0$ の場合

XANESの連続状態に対する多重散乱計算では，多くの場合 $V_0 = 0$ とされる．この場合 $\tilde{M}_{L'L''}^{oo} = 0$，$M_{L'L''}^{oo} = -1$ となるので，κ は k に置き換えられ，多重散乱方程式は次式のようになる．

$$\sum_j \sum_{L'} \left[\delta_{ij}(T^i)^{-1}_{LL'} - (1-\delta_{ij}) G_{LL'}^{ij} - \sum_{\Lambda\Lambda'} J_{L\Lambda}^{io} \bar{T}_{\Lambda\Lambda'}^o J_{\Lambda'L'}^{oj} \right] B_{L'}^j(\mathbf{k}) = I_L^i(\mathbf{k}) \quad (2.2.47)$$

2.2.6 ■ 多重散乱グリーン関数

グリーン関数はシュレーディンガー方程式

$$\left\{ \nabla^2 + E - V(\mathbf{r}) \right\} G(\mathbf{r},\mathbf{r}';E) = \delta(\mathbf{r}-\mathbf{r}') \quad (2.2.48)$$

の解である．多重散乱理論では，このグリーン関数は

$$G(\mathbf{r}_i,\mathbf{r}_j';E) = \langle \bar{\Phi}(\mathbf{r}_i) | (\tau^{ij} - \delta_{ij} T^i) | \bar{\Phi}(\mathbf{r}_j') \rangle + \delta_{ij} \langle \bar{\Phi}(\mathbf{r}_<) | T^i | \Psi(\mathbf{r}_>') \rangle \quad (2.2.49)$$

のようになる[4,5]．ここで，$\mathbf{r}_<(\mathbf{r}_>)$ は $\mathbf{r}_i, \mathbf{r}_j'$ のうちの小さい（大きい）方である．$\Psi(\mathbf{r})$ は非正則解で，bounding sphere 上で $H_L^+(\mathbf{r})$ になる．これ以降は簡便のためにブラケット表記を用い，角運動量展開の和を

$$\langle \bar{\Phi}(\mathbf{r}_i) | \tau^{ij} | \bar{\Phi}(\mathbf{r}_j') \rangle = \sum_{LL'} \langle \bar{\Phi}(\mathbf{r}_i) | \tau^{ij}_{LL'} | \bar{\Phi}(\mathbf{r}_j') \rangle \quad (2.2.50)$$

の要領で省略することとする．また，簡便のため，外側球は導入せず，空セル（empty cell：原子核のない電子密度のみが存在するセル）を，対象とするクラスターの散乱状態波動関数の漸近形をほぼ再現する T 行列 $\bar{T}^o$ が得られる領域 Ω_o を網羅するように配

置する.

　ポテンシャルが実数であるとき，式(2.2.49)のグリーン関数の虚部は右辺第2項と第3項で打ち消し合うので，第1項の多重散乱行列の項のみを考えればよい．そのためサイトiの空状態密度(empty density of states)は

$$\rho^i(E) = -\frac{1}{\pi}\int_{\Omega_i} G(\mathbf{r},\mathbf{r};E)d\mathbf{r} = -\sum_L \tau_{LL}^{ii}(E)\int_{\Omega_i} \bar{\Phi}_L(\mathbf{r})\bar{\Phi}_{L'}(\mathbf{r})d\mathbf{r} \quad (2.2.51)$$

となる．式(2.2.49)は，式(2.2.43)のT行列の逆数と式(2.2.50)のS行列の逆数をもつが，ともにl_{max}が大きくなると0になるため，数値計算の精度に問題を生じる場合がある．一方，簡単な計算により，基底関数が規格化因子を含まない形

$$G(\mathbf{r}_i,\mathbf{r}'_j;E) = -\langle \Phi(\mathbf{r}_i) | ([{}^tSE + {}^tSGS]^{-1})^{ij} - \delta_{ij}([{}^tSE]^{-1})^{ii} | \Phi(\mathbf{r}'_j)\rangle - \delta_{ij}\langle \Phi(\mathbf{r}_<)|(E^i)^{-1}|\Psi(\mathbf{r}'_>)\rangle \quad (2.2.52)$$

に変形できる．この式では右辺第1項の多重散乱行列が対称であり，数値計算において有効である．ただし，熱因子を考慮しようとすると，式(2.2.49)，(2.2.52)ともに，中心原子による相殺効果を数値的に計算しなければならず，さまざまな部分で高い精度の計算が要求されるので計算が困難である．しかし，X線吸収の計算では，光電子放出とは異なり，吸収原子のグリーン関数のみが必要である．そのため，吸収原子の行列成分のみを解けばよく，コストの高い逆行列の計算が避けられる．一方，

$$G(\mathbf{r}_i,\mathbf{r}'_j;E) = \langle \tilde{\Phi}(\mathbf{r}_i)|([I-GT]^{-1}G)^{ij}|\tilde{\Phi}(\mathbf{r}'_j)\rangle - \delta_{ij}\langle \Phi(\mathbf{r}_<)|\Psi(\mathbf{r}'_>)\rangle \quad (2.2.53)$$

$$\tilde{\Phi}(\mathbf{r}_j)_L = \sum_{L'} ({}^tE^j)^{-1}_{LL'}\Phi_{L'}(\mathbf{r}_j;\mathbf{k}) \quad (2.2.54)$$

の形式は，多重散乱行列からすでにサイトiの孤立項が消されているので，右辺は2項のみとなる．これにより上にあげた数値的な相殺誤差が避けられるので都合が良い．また，対角項に単位行列Iに由来する1が含まれ，対角項が0になることによる数値エラーももたない非常に安定な形である．ただし，行列は対称行列でなくなり，さらに右側のG行列との行列積により$I-GT$の逆行列の計算が必要となるため計算コストは最も大きくなる．$[I-GT]^{-1}$はGTのスペクトル半径$\rho(GT)$が1より小さいとき，標準的なテイラー展開が適用でき[15]，

$$[I-GT]^{-1} = I + GT + (GT)^2 + \cdots \quad (2.2.55)$$

というよく知られた関係式が得られる．光電子の運動エネルギーが100 eV以上のEXAFSや光電子回折ではこの関係を使うことができる．ポテンシャルが実数であれば，左からTを乗じたものがEXAFSのシグナルに対応する．大きなクラスターにおける多重散乱行列の計算には，他にもさまざまな有用な展開手法がある[15]．

2.2.7 ■ 光学ポテンシャル

これまでの議論では固体中もしくは分子内で光電子が散乱している状況を取り扱ってきた．その際，一電子近似を超えた多体効果を導入することが必要である．通常，この効果は**光学ポテンシャル**によって記述される．光学ポテンシャルとは，光学模型と同じく，入射粒子がターゲットの粒子によって散乱または吸収される効果をポテンシャルの実部と虚部で記述し，半古典的な解釈を与えるものである．光学ポテンシャル Σ^{opt} は非局所的なので，シュレーディンガー方程式は，

$$\left[\nabla^2 + k^2 - V_{\text{Hartree}}(\mathbf{r})\right]\psi(\mathbf{r}) = \int \Sigma^{\text{opt}}(\mathbf{r},\mathbf{r}';\hbar\omega)\psi(\mathbf{r}')d\mathbf{r}' \quad (2.2.56)$$

となる．多重散乱理論ではこれを各セル内で解く．

固体の光学ポテンシャルを求めるのは困難なので，通常，自己エネルギー Σ^{self} で近似する[16]．さらに Hedin の GW 近似[17]を導入し，

$$\Sigma^{\text{opt}} \approx \Sigma^{\text{self}} \approx \Sigma_{\text{GW}} = V_{\text{HF}} + V_{\text{sex}} + V_{\text{ch}} \quad (2.2.57)$$

とする．GW 近似では，遮蔽されたクーロンポテンシャル $W = \varepsilon^{-1} v$ で自己エネルギー Σ^{self} を摂動展開し1次の項で近似する．G はグリーン関数，ε は誘電関数，v はクーロンポテンシャルである．V_{HF} は Hartree-Fock (HF) 交換ポテンシャル，V_{sex} は交換ポテンシャルの遮蔽項，V_{ch} はクーロンホールで，2つの電子が同一の場所に存在することを阻む相関効果が含まれている．この式は自己無撞着に解かれなければならないが，そのままでは計算コストが高いので，通常は次の3つの近似を導入する．(1) まず局所密度近似 (local density approximation, LDA) を導入し積分微分方程式から積分を消去する．

$$\int \Sigma^{\text{opt}}(\mathbf{r},\mathbf{r}';E)\Psi(\mathbf{r}')d\mathbf{r}' \approx \Sigma_{\text{h}}\{\rho(\mathbf{r}), E - V_{\text{Hartree}}(\mathbf{r}); \rho(\mathbf{r})\}\Psi(\mathbf{r}) \quad (2.2.58)$$

(2) 次に誘電関数の逆数の虚部からエキシトンなどの寄与を除き，1つのプラズモンだけの寄与をデルタ関数として近似する[単一プラズモンポール (plasmon pole, pp) 近似]．(3) 最後にグリーン関数を自由グリーン関数とする．このようにすることで Hedin-Lundqvist (HL) ポテンシャル $\Sigma_{\text{HL}} \equiv \Sigma^{\text{opt}} \approx G_0 W_0^{\text{pp}}$ が得られる．以上より，HL ポテンシャルは次のようになる．

$$\Sigma_{\text{HL}} = V_{\text{DH}} + V_{\text{sex}}^{\text{pp}} + V_{\text{ch}}^{\text{pp}} \quad (2.2.59)$$

V_{DH} は Dirac-Hara (DH) ポテンシャルで，交換ポテンシャルの局所密度近似に対応する．Σ_{HL} の虚部は解析的に求められ，実部は1次元積分を除き解析的に求められる．ただし，被積分関数に極があり数値計算は長くなる[6]ので，多くのプログラム[18]では

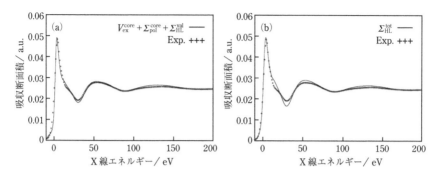

図2.2.8 Ni(OH$_2$)$_6$のNi K吸収端XANESスペクトル．(a) Fujikawa–Hedinポテンシャル，(b) Hedin–Lundqvistポテンシャル[a]．

近似的に求めるか，データベースを用いた補間により計算している．

Σ_{HL}はエネルギーに依存し虚部をもつので，光電子の減衰による平均自由行程が自動的に取り込めるという利点がある．しかし，さまざまな近似により，エネルギー依存性に問題が生じ，ピークの位置がずれたり，減衰が大きくなりピークが広がりすぎたりすることがある[19]．これらを解決するため，さまざまな理論的研究がなされている．局所密度近似は価電子のようにほぼ一様な系では有効な近似であるが，電子密度が急激に変わる内殻電子に対しては十分でない．そこで，Σ_{GW}を内殻電子部分と価電子部分に分けたFujikawa–Hedinポテンシャル[20]

$$\Sigma_{FH} = V_{ex}^{c} + \Sigma_{pol}^{c} + \Sigma_{HL}^{v} \tag{2.2.60}$$

が用いられる．つまり，内殻電子に対しては非局所なHFポテンシャルV_{ex}^{c}と分極ポテンシャルΣ_{pol}^{c}，価電子にはHLポテンシャルΣ_{HL}^{v}を用い，自己無撞着に計算される．図2.2.8はNi(OH$_2$)$_6$のNi K吸収端XANESへの応用であり，広いエネルギー領域で改善が得られている[21]．他にもEXAFSとX線光電子回折(X-ray photoelectron diffraction, XRD)へ応用されている[22]．また，HLポテンシャルのPP近似を超える目的で，多重極子を導入した理論の研究も行われている[23]．

2.2.8 ■ Full Potential Multiple Scattering（FPMS）プログラム

ここまで紹介した理論をもとに，FPMSプログラムが開発されている．プログラムはMac OSX, Linux, Unix, Windows上で動く．Fortran90をもとに書かれており，配列は動的なので計算サイズに応じて再コンパイルする必要はない．エネルギーポイントに対して並列化されており，MPI並列ライブラリを用いることにより並列計算可能である．点群を指定することにより，対称性のある系では計算効率が飛躍的に向上する．

またOpenGL (Open Graphics Library)[24]とリンクしたGUI (Graphical User Interface)により，構築したクラスターのサイト形状を見ることができる．プログラムは，シュレーディンガー方程式の計算，多重散乱行列の計算をはじめ，至るところでの高速化のために，BLAS (Basic Linear Algebra Subprograms)[25]を使うように書かれている．したがって，MKL[26]，ACML[27]，GOTOBLAS2[28]，Veclib[29]などのCPUアーキテクチャに最適化されたBLASライブラリを用いることで計算は高速化できる．また，FPMSはXANESフィッティング分子構造最適化プログラム「MXAN（エムクサン）」[30]，「MsSpec（エムエス スペック）」[31]にも内蔵されている．web上にプログラム，計算例，マニュアルを公開している．

2.2.9 ■ XANESへの応用

電子双極子遷移近似のXANESの式は

$$\sigma_{tot}(\omega) = -8\pi\alpha\hbar\omega \sum_{m_c} \int \langle \phi_{L_c}^c | \hat{\boldsymbol{\varepsilon}} \cdot \mathbf{r} | \text{Im}\, G(\mathbf{r},\mathbf{r}';E) | \hat{\boldsymbol{\varepsilon}} \cdot \mathbf{r}' | \phi_{L_c}^c \rangle d\mathbf{r}d\mathbf{r}' \quad (2.2.61)$$

のようになる．ここで，$\alpha = e^2/4\pi\varepsilon_0 \hbar c = 1/137$は微細構造定数，$\phi_{L_c}^c$, $L_c = (l_c, m_c)$はそれぞれ内殻電子の波動関数とその角運動量，$\hat{\boldsymbol{\varepsilon}}$は入射X線の偏光ベクトルである．これにより，連続状態の非占有状態すなわちIm $G(\mathbf{r}, \mathbf{r}', E)$が求められればXANESスペクトルが計算できる．式(2.2.49)をこれに代入することにより

$$\sigma_{tot}(\omega) = -8\pi\alpha\hbar\omega\, \text{Im} \sum_{m_c LL'} M_{L_c L}^{c*}(\omega)(\tau^{OO} - T^O)M_{L_c L}^c(\omega) + \sigma_{at}(\omega) \quad (2.2.62)$$

$$\sigma_{at}(\omega) = -8\pi\alpha\hbar\omega\, \text{Im} \sum_{m_c LL'} T_{LL'}^O \int \phi_{L_c}^c \hat{\boldsymbol{\varepsilon}} \cdot \mathbf{r}\, \bar{\Phi}_L(\mathbf{r}_<) \Psi_{L'}(\mathbf{r}'_>) \hat{\boldsymbol{\varepsilon}} \cdot \mathbf{r}' \phi_{L_c}^c \rangle d\mathbf{r}d\mathbf{r}' \quad (2.2.63)$$

$$M_{L_c L}^c(\omega) = \int d\mathbf{r} \phi_{L_c}^c(\mathbf{r}) \hat{\boldsymbol{\varepsilon}} \cdot \mathbf{r}\, \bar{\Phi}_L(\mathbf{r}) \quad (2.2.64)$$

が得られる．ここで，Oは吸収原子のサイトを表している．ポテンシャル，エネルギーともに実数であるとき，式(2.2.62)のT^Oの項と原子吸収項σ_{at}は打ち消し合う．Extrinsicな多体効果を取り入れた光学ポテンシャルを用いるとポテンシャルは複素数になる．内殻空孔状態の寿命τによるローレンツ型広がりはエネルギーの虚部に$\Gamma \approx \hbar/\tau$を導入することにより自動的に取り込める．これらの場合は，実数ポテンシャルを用いたときに起こる原子吸収項の相殺効果は起こらない．σ_{at}は原子吸収項と呼ばれるが，固体もしくは分子内における原子サイトにおける吸収項なので，無限に広がる自由原子の吸収項とは異なる．このように固体もしくは分子内における原子範囲の定義，すなわち原子の切り出しの影響はXANESスペクトルに現れる．これは次に述べるようにMT近似の場合でも同様である．

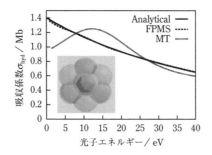

図2.2.9 Li^{2+}のXANESスペクトル．厳密解（Analytical）およびFPMS計算，マッフィンティン（MT）計算の結果．

A. 一電子原子 Li^{2+} の厳密解

Li^{2+}は原子番号3，電子数1なので，原子番号$Z(=3)$に対する水素原子型モデルの厳密解[32]を用いて，XANESは

$$\sigma_{\mathrm{Hyd}}(\omega) = 4\pi^2\alpha \frac{2^7}{3}\frac{1}{Z^2}\left\{1+\left(\frac{k}{Z}\right)^2\right\}^{-4}\frac{\exp[-4(Z/k)\tan^{-1}(k/Z)]}{1-\exp[-2\pi(Z/k)]} \quad (2.2.65)$$

で記述される．図2.2.9は式(2.2.65)の厳密解（Analytical）およびFPMS計算，マッフィンティン（MT）計算の結果である[33]．FPMS計算では，4.55 Åの球内領域を，1個の原子サイト，14個の無原子セル，15個の2.2 Åのbounding sphereで図のように分割してある．球同士が重なった領域は切り落とされているので，隙間なく散乱サイトが配置される．クーロンポテンシャルは長距離まで働くので，クラスターの外側には外側球を用いている．MT計算では同じ半径の孤立原子が用いられている．FPMSは球原子を15個の非対称なサイトに分割しているにもかかわらず，厳密解をきわめて良く再現している．一方，MT計算では，球内部と外部でのポテンシャルの不連続さのため，XANESに本来ないはずの構造が生じている．

B. $GeCl_4$ の Ge K 吸収端

図2.2.10は，$GeCl_4$分子のGe K吸収端について，FPMS, MTの計算結果と実験結果[34]を比較したものである[33]．どちらの計算でもポテンシャルは原子ポテンシャルの重ね合わせであり，自己無撞着場（self-consistent field, SCF）解が使われているわけではない．また光学ポテンシャルとしてはパラメータ化した交換ポテンシャルである$X\alpha$ポテンシャル[35]が用いられている．FPMS計算では，図2.2.10 (c)のように，Ge＋4×Cl＋38×無原子セルの43個のサイトに分割され，分子は完全に無原子セルで囲まれている．クラスターの外側ではポテンシャルは無視できるほど小さいので，外側球は用いられていない．MT近似では実験結果の第2ピークが土ピークと重なって

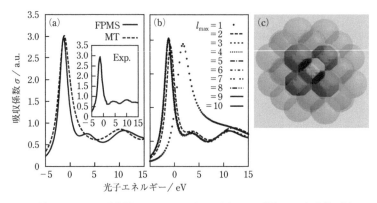

図2.2.10 (a) $GeCl_4$のGe K吸収端XANESスペクトル，(b) FPMS計算のl_{max}収束性，(c) FPMS計算で用いたモデル(43個のサイトに分割).

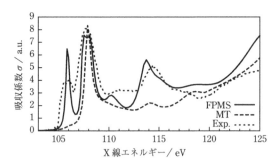

図2.2.11 SiO_2(α-石英)のSi L_2, L_3吸収端ELNESスペクトル

消えてしまう．一方，FPMSではそのようなことはなく，実験結果と非常に良い一致が得られている．MT近似が正四面体構造において大きな問題をもつことは早くから指摘されており[36]，その近似をなくすだけで結果は大きく改善される．図2.2.10 (b)はFPMS計算のl_{max}収束性について示した図である．$l=2$でほぼ収束し，収束性は問題ないことがわかる．

C.　SiO_2(α-石英)のSi L_2, L_3吸収端

図2.2.11はSiO_2(α-石英，α-quartz)のSi L_2, L_3吸収端電子エネルギー損失吸収端近傍構造(energy loss near edge structure, ELNES)の計算結果[5]および実験結果[37]である．この系も吸収原子近辺でほぼ正四面体構造をとり，MT近似が不十分な例である．計算には5Åのクラスターを用い，ポテンシャルには原子ポテンシャルの重ね合わせ，光学ポテンシャルは複素Hedin-Lundqvist型が用いられている．原子サイト数は49，無原子セル数は22である．第1ピークはMT近似では現れず，他の構造も主ピーク以

2.2 多重散乱理論

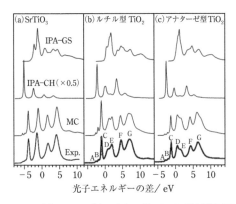

図2.2.12 (a) SrTiO$_3$, TiO$_2$の(b)ルチル，(c)アナターゼのL$_2$, L$_3$吸収端XANESスペクトル．原子多重項由来の多体効果を考慮した多重チャンネル多重散乱計算の結果[40]．

外あまり一致がよくない．一方，FPMSプログラムでは非常に良い一致が得られている．エネルギーが高くなると，FPMSとMTの差はなくなる．FPMS計算では，117点のエネルギーを計算した場合，Intel Core 7 (2.3 GHz)でユーザーCPU時間として13分程度かかっている．

以上の結果からわかるように，MT近似の破れは低エネルギー領域(吸収端から20～25 eV)で顕著に見られる．特に正四面体構造についてはMT近似では不十分である．一般に，線形の分子，表面，層状構造などの隙間が多く異方性の大きい系でMT近似は不十分である[4,5]．SCFポテンシャルの効果は，XANESでは，(1)内殻空孔の幅広化，(2)extrinsic lossによる減衰，(3)光電子の運動エネルギーの影響がSCF解の効果に比べ相対的に大きいこと，などによって陰に隠れてしまう．一方，MT近似においては，原子サイトとその外に生じるポテンシャルの段差が多重散乱過程で大きな干渉効果をもち，その影響は光電子の運動エネルギーが20～25 eVまでのXANESスペクトルに視認される．しかし，正八面体構造のように隙間が少なく異方性が小さい系ではこの影響も小さく，主ピークのすぐ横に小さな肩として現れる程度である．異方性の小さな最密充填固体の計算ではMT近似で十分な場合が多い．

Intrinsicな局所的多体効果が強く効く酸化物におけるL$_2$-L$_3$強度比は，extrinsicな多体効果のみしか考慮していない理論では再現できない．多重散乱理論の枠組み内で多体効果(特に多重項)を取り込んだ多重チャンネル多重散乱理論は，すでにいくつかの系で成功を収めている[38,39]．図2.2.12は(a) SrTiO$_3$, TiO$_2$の(b)ルチル，(c)アナターゼのL$_2$, L$_3$吸収端の原子多重項を考慮した多重チャンネル多重散乱理論による計算の結果である[40]．一電子近似であるIPA-GA(基底状態の一電子近似)およびIPA-CH(コアホールを半分入れた一電子近似)ではL$_2$：L$_3$は統計比である2：1になる．一方MC

(コアホールを半分入れた多重チャンネル多重散乱計算)ではほぼ1:1になり,実験結果を良く再現できている.これは多体効果に由来する終状態の2p-3dのクーロン相互作用ならびに交換相互作用によるL$_2$-L$_3$吸収端の重なりに起因している.強度比自体は原子多体計算により良く再現されるが,多重散乱理論を組み合わせることにより周囲原子の影響(固体効果)が大きな系においても厳密に取り入れることが可能となる.今後はさらに複雑な相関を非球形ポテンシャルとともに取り込む研究が進むと思われる[41]$.

合金などの原子化学種における乱雑さ(静的無秩序),アモルファスなどの原子位置の静的無秩序,デバイ・ワラー因子(動的無秩序)も,多重散乱理論の枠組みの中でcoherent potential approximation (CPA)法により効率良く扱うことができる[42].

補遺　実球面調和関数

球面調和関数が実数になるような位相を選んだ実球面調和関数 $Y_{lm}(\hat{\mathbf{r}})$ は,複素球面調和関数 $\mathcal{Y}_{lm'}(\hat{\mathbf{r}})$ のユニタリー変換で得られ[43,44],

$$Y_{lm}(\hat{\mathbf{r}}) = \sum_{m'} A^{l}_{mm'} \mathcal{Y}_{lm'}(\hat{\mathbf{r}}) \tag{2.2.66}$$

と表される.ゼロでない係数は$(m>0)$

$$A^{(l)}_{m-m} = \frac{(-1)^m}{\sqrt{2}}, \quad A^{(l)}_{mm} = \frac{1}{\sqrt{2}}, \quad A^{(l)}_{00} = \frac{1}{\sqrt{2}}, \quad A^{(l)}_{-mm} = \frac{1}{\mathrm{i}\sqrt{2}}, \quad A^{(l)}_{m-m} = \frac{(-1)^m}{\mathrm{i}\sqrt{2}} \tag{2.2.67}$$

である.この球面調和関数は以下の正規直交条件を満たす.

$$\int Y_L(\hat{\mathbf{r}}) Y_{L'}(\hat{\mathbf{r}}) d\hat{\mathbf{r}} = \delta_{LL'} \tag{2.2.68}$$

2.3 ■ XANES の電子状態理論

本節では電子状態理論に基づくXANESの理論計算法を概説する.XANESの形状は伝導帯の電子構造を反映しており,伝導帯の電子構造を適切に計算することができれば対応するXANESも計算できるはずである.一方で物質の電子状態を計算する一般的な「第一原理計算」は多くの近似の下で計算が行われている.近年ではGUIを備えた第一原理計算のプログラムコードも開発され,実験を主とする研究者でも比較的容易にXANESスペクトルを計算することが可能になりつつある.我々はその近似の中身を理解し,第一原理計算で得られる結果を適切に使用する必要がある.第一原理計算の詳細な原理や数式は専門書[45]を参考にしていただくとして,本節では理論の簡単な概略を述べ,電子状態計算に基づくXANES理論計算法に関する解説を行う.

2.3.1 ■ 電子状態理論の概略

物質の電子状態を計算するためには考慮すべき粒子(原子核や電子など)のハミルトニアン $\mathcal{H}$, 波動関数 Φ, 系の全エネルギー E を用いて表される波動方程式

$$\mathcal{H}\Phi = E\Phi \tag{2.3.1}$$

を解く必要がある。物質が原子核と電子から構成されていると考えるとハミルトニアン $\mathcal{H}$ は次のように書ける.

$$\mathcal{H} = T_\text{e} + T_\text{n} + V_\text{ee} + V_\text{nn} + V_\text{en} \tag{2.3.2}$$

ここで, T_e, T_n はそれぞれ電子と原子核の運動エネルギー, V_ee, V_nn, V_en は電子−電子間, 核−核間, 電子−核間のポテンシャルエネルギーである. このままでは解くことが困難なため, 原子核系に対する電子系の断熱的な寄与を無視する**断熱近似**(Born-Oppenheimer近似)が一般的に用いられる. この断熱近似はほぼすべての第一原理電子状態計算で用いられている近似法である.

A. Hartree 近似と Hartree-Fock 近似

式(2.3.1)を解くために波動関数 Φ を規定する方法について述べる. まず上述の断熱近似によって多粒子波動関数 Φ の代わりに電子の波動関数 Φ_e を考えればよいことになる. ここで Φ_e は系を構成するすべての電子, つまり全電子の波動関数である. n 電子系の波動関数 Φ_e の表し方の1つに, 波動関数 Φ_e を電子 i の一電子波動関数 $\phi_i(\mathbf{r}_i)$ の積

$$\Phi_\text{e} = \phi_1(\mathbf{r}_1)\phi_2(\mathbf{r}_2)\cdots\phi_i(\mathbf{r}_i)\cdots\phi_n(\mathbf{r}_n) \tag{2.3.3}$$

で表す**Hartree近似**がある. ここで, 電子 i の位置 $\mathbf{r}_i$ にはスピン変数も含まれるとする. しかしながらこのHartree近似では単純な積を用いているため電子の交換(つまり積内の項の交換)に対して符号が反転しない. つまり, 波動関数が電子の交換に対して反対称であるというパウリの原理を満たさない. またHartree近似では電子間の位置の相関関係がまったく無視されており, 電子 i の電子密度 $|\phi_i(\mathbf{r}_i)|^2$ はその他の電子とは無関係に決まる. つまりHartree近似では n 個の電子が同じ固有値をもつことが可能となり, ボース粒子のようにふるまってしまう(電子はフェルミ粒子).

Hartree近似を発展させたのが**Hartree-Fock近似**である. Hartree-Fock近似では以下のような行列式を波動関数 Φ_e として用いる.

$$\Phi_\text{e} = \frac{1}{\sqrt{n!}} \begin{vmatrix} \phi_1(\mathbf{r}_1) & \phi_1(\mathbf{r}_2) & \cdots & \phi_1(\mathbf{r}_n) \\ \phi_2(\mathbf{r}_1) & \phi_2(\mathbf{r}_2) & \cdots & \phi_2(\mathbf{r}_n) \\ \vdots & \vdots & \ddots & \vdots \\ \phi_n(\mathbf{r}_1) & \phi_n(\mathbf{r}_2) & \cdots & \phi_n(\mathbf{r}_n) \end{vmatrix} \tag{2.3.4}$$

行列式を用いることにより電子iとjの交換(つまりi列目とj列目を交換)で符号が変わり，波動関数が反対称性をもつことになる．式(2.3.4)の行列式を **Slater行列式** という．式(2.3.1)の波動方程式を解くためには，式(2.3.4)のSlater行列式を用いた波動関数Φ_eに関するエネルギー汎関数の最小値を求めればよい．その際，一電子軌道に関する極値(つまり一電子波動関数$\phi_i(\mathbf{r}_i)$に関する偏微分)を規格直交条件の下で求めることで，Hartree-Fock近似における一電子方程式を得ることができる．ここでHartree-Fock近似におけるエネルギー汎関数には，電子の交換に対する反対称性を考慮することにともなってポテンシャル項が現れる．Hartree近似では現れなかったこのポテンシャル項が**交換ポテンシャル**項である．Hartree-Fock近似はこの電子の交換ポテンシャルを正確に計算できる手法である．

一方でHartree-Fock近似では電子が占有している軌道($1 \sim n$番目まで)のみを考えており，波動関数をSlater行列式1つのみで表現している．しかしながら，電子はある確率で励起状態をとることができ，励起状態の自由度を考慮することで系のエネルギーは下がるはずである．Hartree-Fock近似ではそのような自由度を許してないため，系の全エネルギーやバンドギャップを過大評価する傾向がある．Hartree-Fock近似で考慮されていないこの効果のことを**相関ポテンシャル**という．交換ポテンシャルと相関ポテンシャルの両方を正確に計算するためには，励起状態を取り入れたSlater行列式の線形結合によって波動関数を表現すればよい．そのようなSlater行列式の線形結合を波動関数Φ_eとして用いる手法は**配置間相互作用**(configuration interaction, CI)法という．CI法は交換ポテンシャルも相関ポテンシャルも正確に計算することのできる最も正確な計算法である．CI法は計算コストのかかる大変な計算であるが，後述のように遷移金属のL_2, L_3端やランタノイドのM_4, M_5端といった通称ホワイトラインとよばれるXANESを理論計算するうえで不可欠である[46)]．

B. 密度汎関数法

A.項では厳密なハミルトニアンに対して，近似した波動関数Φ_eを仮定して波動方程式を解いた．一方で，固体の第一原理計算で広く用いられている**密度汎関数**(density functional theory, DFT)法では，波動関数を直接的に扱うことなく電子密度を基本変数として計算を行っている．DFT法はHohenbergとKohnが証明した以下の2つの定理が基礎となっている[47)]．

定理①：基底状態の波動関数と電子-原子核間ポテンシャル(外場ポテンシャル)は
電子密度で一意的に決まる．
定理②：基底状態の電子密度であるときにエネルギー汎関数が最小値をとる．

つまり，DFT法は波動関数のことは直接的には考えず，全エネルギーを最小にするような電子密度を求めればよいとして計算を行う方法である．

しかしながら，Hohenberg-Kohnの定理に基づいて作成されるエネルギー汎関数は多体効果を含んでいる．そこで，KohnとShamは，相互作用のない参照系の運動エネルギー汎関数を用いることにより，複雑な多体効果を**交換相関ポテンシャル**と称される項に押し込み，さらにその交換相関ポテンシャルを局所的な電子密度で近似することにより一電子方程式を導いた[48]．この一電子方程式が**Kohn-Sham方程式**である．ここでいう交換相関ポテンシャルとは，上述のHartree-Fock近似で正確に計算できる交換ポテンシャルと，Hartree-Fock近似で無視されている相関ポテンシャルをひとまとめにした項である．

この交換相関ポテンシャルを局所的な電子密度で表す近似のことを**局所密度近似**(local density approximation, **LDA**)，さらに電子密度の勾配も含めて近似することを**一般化勾配法**(generalized gradient approximation, **GGA**)という．LDA/GGAにおいても大胆な近似が行われている．上述のように交換相関ポテンシャルは多体効果を含んでおり正確に計算するのは困難である．そのためLDA/GGAでは相互作用のない一様電子モデルを仮定して交換相関ポテンシャルを計算している．つまり，DFTにおけるLDA/GGAでは複雑な多体効果を交換相関ポテンシャルに押し込んだ後，一様電子モデルを仮定して交換相関ポテンシャルを近似的に計算している．LDA/GGA計算が物質のバンドギャップを過小評価するのはこの一様電子モデルを仮定していることが主な原因である．

Kohn-Sham方程式を解くためには基本変数となる電子密度を求める必要があるが，電子密度を決めるポテンシャル(Kohn-Shamポテンシャルという)自身も電子密度の汎関数で与えられる．そのため**自己無撞着**(self-consistent field, SCF)計算を行う．具体的には

①電子密度(i)を与える
②Kohn-Shamポテンシャルを求める
③Kohn-Sham方程式から一電子波動関数ϕ_iを求める
④ϕ_iの二乗から電子密度($i+1$)を求める
⑤電子密度(i)と電子密度($i+1$)との一致具合を判断する．一致ならば終了で，不一致ならば改良した電子密度を用いて①からやり直す

というような反復計算を行っている．ここで，iは反復の回数を示す．また，電子密度から原子に働く力(Hellmann-Feynman力とPulay力)を計算することも可能であり，構造緩和や動力学計算にも用いられている．

2.3.2 ■ XANESの理論計算

以上の節では波動方程式の解法について説明してきた．Hartree-Fock近似とDFT法は異なる原理で波動方程式を解いているが，ともに波動関数やエネルギーを計算す

ることができる．XANESは内殻軌道から伝導帯への電子遷移を反映しており，電子遷移の確率Iはフェルミの黄金律により与えられる．

式(2.1.4)で与えられる双極子近似における遷移の選択則は，内殻軌道と遷移励起先の軌道の方位量子数の違いΔlが$\Delta l = \pm 1$となることである．つまり，K端では内殻1s($l=0$)軌道から伝導帯のp($l=1$)軌道への遷移を反映し，L_2, L_3端では内殻2p($l=1$)軌道から伝導帯のs, d($l=0, 2$)軌道への遷移を反映している．また，2.1.1項の双極子遷移ではexponential項を1と近似したが，より高次の項を考慮することで四重極子の効果が現れる．この式の中で内殻軌道の一電子波動関数ϕ_iは空間的，エネルギー的に局在している．そのためにXANESの形状は主に終状態における伝導帯の波動関数ϕ_fに依存する．XANESが伝導帯の部分状態密度(PDOS)を反映するといわれるのはこのためである．Hartree–Fock計算やDFT計算で一電子波動関数ϕ_i, ϕ_fを求め，上述のように遷移確率を計算すれば計算スペクトルを得ることができる．

A. FEFFによる理論計算

これまでXANESの理論計算にはEXAFSで使う散乱計算と同様に多重散乱法が広く用いられてきた．ここでは多重散乱法の中でも広く普及しているFEFFコードを用いた計算結果を示す．FEFFでは多重散乱を考慮する領域の半径(r_{MS})とSCF計算を行う半径(r_{SCF})が主たる入力変数となっている[49]．図2.3.1(a)にはFEFFコードを用いて計算した酸化マグネシウム(MgO)のMg K吸収端についての結果を示す．MgOのMg K吸収端の場合は多重散乱を考慮する領域を57原子程度まで増やせば実験のスペクトルを比較的良く再現することがわかる．しかしながら，図2.3.1(b)のように石英(SiO_2)のSi L_2, L_3吸収端の場合は103原子まで考慮してSCF計算を行っても実験との対応はあまりよくない．一方で，第一原理バンド計算を用いることによりそれらのスペクトルを再現することができる．FEFFは第一原理計算法であるが，2.2節で述べたように散乱方程式を解く際のポテンシャルを球対称近似(マッフィンテイン近似)している．上の結果はそのような近似が最密充填構造を有するMgOには適切であるが，SiO_2のような複雑な構造を有する物質には問題があることを示している．球対称近似を用いないフルポテンシャルの多重散乱計算も近年行われており，フルポテンシャル多重散乱理論であればSiO_2のスペクトルも再現できることがわかっている(2.2節参照)[5]．

B. 第一原理バンド計算法を用いた理論計算：内殻空孔効果

第一原理バンド計算法によりXANESを理論計算することで電子状態の情報を直接的に抽出することができる．具体的には第一原理バンド計算によって一電子波動関数ϕ_i, ϕ_fを求め，遷移確率を計算する．第一原理バンド計算では構造単位(スーパーセル)を無限に広げて結晶の電子状態を再現している(周期的境界条件)．基底状態の電子状態計算であれば，数原子程度の結晶基本単位胞(unit cellやprimitive cell)を用いるこ

2.3 XANES の電子状態理論

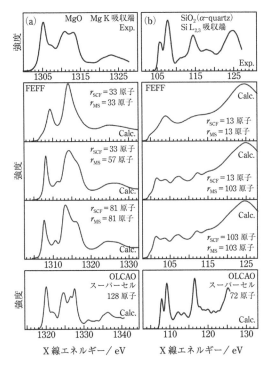

図 2.3.1 多重散乱法 (FEFF) と第一原理バンド計算 (OLCAO コード) による MgO の Mg K 吸収端と SiO$_2$ の Si L$_2$, L$_3$ 吸収端の計算および実験スペクトル.

とが可能であるが，後述のようにXANES計算では内殻空孔を導入する必要がある．内殻空孔とは内殻電子が伝導帯に遷移した際に内殻に生じるホール (空孔) のことである．結晶基本単位胞からなる小さなスーパーセルに内殻空孔を導入して計算した場合，内殻空孔を導入した原子間の相互作用が大きくなる．XANESの理論計算を行うためには，その相互作用が小さくなるような，大きなスーパーセルを用いる必要がある[50]．

内殻空孔の影響を具体的に示す．図2.3.2は各状態におけるMgOの伝導帯下端の波動関数の二乗を示している．内殻軌道の電子を1個抜いて価電子帯下端に入れた状態でSCF計算することにより内殻空孔効果を考慮した．基底状態 (図2.3.2 (a)) では波動関数はブロッホ関数的に広がっている．一方でMgに内殻空孔を導入すること (図2.3.2 (b), (c)) によって，波動関数は遷移した原子近傍に局在している．Mg 1s軌道に内殻空孔を導入した場合のほうが，Mg 2p軌道に内殻空孔を導入する場合よりもより強く波動関数が局在していることもわかる．小さいスーパーセルを用いた場合 (図2.3.2 (d)) ではそのような波動関数の局在をうまく表現できない．このような内殻空孔の

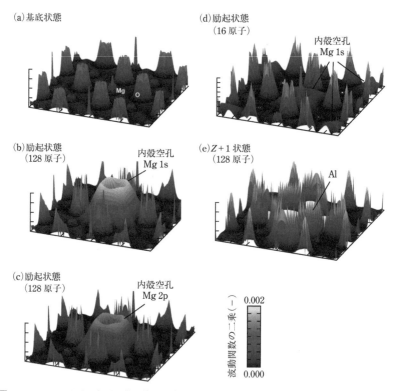

図 2.3.2 MgO における価電子帯下端の波動関数の二乗の (001) 断面図. (a)～(c), (e) は 128 原子のスーパーセルを用いて計算されたもの. (a) 基底状態, (b) Mg 1s 内殻空孔状態, (c) Mg 2p 内殻空孔状態, (d) 16 原子のスーパーセルを用いて計算した Mg 1s 内殻空孔状態, (e) 等価内殻近似 ($Z+1$ 状態).

効果を簡便に記述する方法として等価内殻近似 ($Z+1$ 近似) が知られている. これは内殻空孔状態の波動関数を,原子番号 Z を 1 つ繰り上げた原子のそれに置き換えるもので,例えば Mg の吸収端を計算したい場合は Mg→Al に変えて計算する. $Z+1$ 状態における波動関数を図 2.3.2 (e) に示した. $Z+1$ 状態にすることで波動関数を局在させることはできるが,その局在の程度は正確な内殻空孔状態とは異なっていることがわかる[51].

C. 第一原理バンド計算を用いた XANES の理論計算:応用例

実際の計算スペクトルを図 2.3.3 に示す. 図には MgO の Mg K 吸収端 XANES の計算スペクトルのスーパーセルサイズ依存性を実験スペクトルとあわせて示した. 計算には第一原理 OLCAO (orthogonalized linear combination of atomic orbital) 法を用いた[52]. OLCAO 法は DFT に基づく第一原理バンド法の一種で LDA を用いている. まず

2.3 XANES の電子状態理論

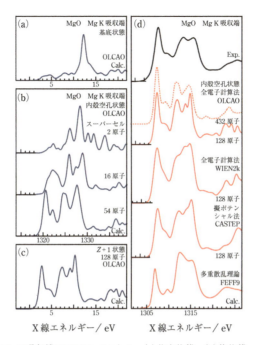

図2.3.3 MgOのMg K吸収端XANESスペクトル．(a)基底状態，(b)終状態，(c) $Z+1$ 状態で得られた計算スペクトルと(d)各種の計算手法で得られた計算および実験スペクトル[52]．

内殻空孔を考慮しない基底状態の計算スペクトル(図2.3.3(a))では実験スペクトルをまったく再現できていないことがわかる．内殻空孔の効果を加味した場合においても，primitive cellを $1\times1\times1$ 倍した2原子およびそれを $2\times2\times2$ 倍した16原子のスーパーセル(図2.3.3(b))では実験スペクトルの形状および遷移エネルギーを再現できていない．この系の場合少なくとも54原子，より良く再現するためには128原子のスーパーセルが必要であることがわかる(図2.3.3(b),(d))．また432原子までスーパーセルを拡張してもあまり改善されない．内殻空孔を導入した原子間を10Å程度離せばよいことがこれまでにわかっている．また，$Z+1$ 近似の計算も比較的良く実験スペクトルを再現している．しかしながら $Z+1$ 状態は正確な内殻空孔状態とは異なった電子構造を有していることに注意すべきである[51]．

図2.3.3(d)には異なるDFT計算コードを用いて計算したMgOのMg K吸収端の計算結果も示している．前述のOLCAOとFEFFコードに加え，補強平面波＋局所軌道(augmented plane wave＋local orbital, APW＋lo)法と平面波基底擬ポテンシャル(plane wave pseudo-potential, PWPP)法を用いた計算結果である．APW＋lo法にはWIEN2kコード[7]を用いた．APW＋lo法は原子核近傍の原子軌道関数と外の平面波基

底関数をうまく接続させた第一原理計算手法である．WIEN2kコードは内殻軌道を取り入れた高精度な全電子計算コードであるためにXANES解析や電子状態解析に広く用いられている．PWPP法の計算にはCASTEPコードが用いられている[52]．PWPP法は内殻軌道をあらわに計算する必要がないように改良したポテンシャル（擬ポテンシャル）を用いた計算法であり，全電子計算と比べて高速である．また平面波を用いることで力の計算においてPulay力の項が消え，Hellmann–Feynman力の項のみを計算すればよくなる．よってPWPP法は構造緩和計算や動力学計算などに広く用いられている．PWPP法では内殻軌道をあらわには計算していないが，内殻空孔を含む終状態の擬ポテンシャルを別途作成し，スペクトルを計算したい原子にその励起擬ポテンシャルを適用することで内殻空孔の効果を取り入れることができる[53]．また，孤立単原子で計算される内殻軌道のエネルギーを用いることで，遷移エネルギーや化学シフトの計算もできる[54]．WIEN2kおよびCASTEPコードによる計算では交換相関ポテンシャルにGGAが用いられている．図2.3.3(d)から，それぞれの計算手法は，原理こそ異なっているものの，すべての手法で実験スペクトルを良く再現できることがわかる．

他の物質のXANESスペクトルを図2.3.4と図2.3.5に示す．図2.3.4(a)にはAl化合物のAl K吸収端の実験および計算スペクトルを示している．計算には第一原理PWPP法（CASTEPコード）を用いた．Al金属 → Al窒化物 → Al酸化物の順でスペクトルが高エネルギー側にシフトしている．計算では基底状態と終状態の全エネルギー差を計算して遷移エネルギーを算出している．実験スペクトルの絶対値はあまり再現できていないが，物質間の化学シフトは定量的に再現できている[55]．同様な計算は全電子計算法であるWIEN2kコードでも行われ，スペクトル形状と化学シフトの両方を定量的に再現できることがわかっている[56]．

このような化学シフトの定量的な計算が必要になるのが，同種類の元素が複数のサイトに存在している物質からのXANESスペクトルを計算する場合である．図2.3.4(b)には有機分子のコロネン（coronene）のC K吸収端の実験および計算スペクトルを比較して示している[57]．計算には第一原理PWPP法（CASTEPコード）を用い，コロネン1分子を大きなスーパーセルに入れて計算を行った．コロネンには3つの炭素サイトC1～C3が存在しており，すべてのサイトからスペクトルを別々に計算し，サイトの数を加味して足し合わせる必要がある．コロネンの場合，C1とC2サイトからのスペクトルがほぼ同じ位置に現れるのに対し，C3サイトのピークは低エネルギー側にシフトしていることがわかる．これはコロネンのC3サイトの電荷の和（イオン性の指標）がC1やC2サイトと比較して小さいために起こる化学シフトである．前述の$Z+1$近似では化学シフトを計算することができないために，このような複数のサイトを含む物質からのXANES計算には適用できない．

図2.3.5にはルチル型TiO_2のO K吸収端とTi K吸収端の実験と計算スペクトルを示

2.3 XANES の電子状態理論

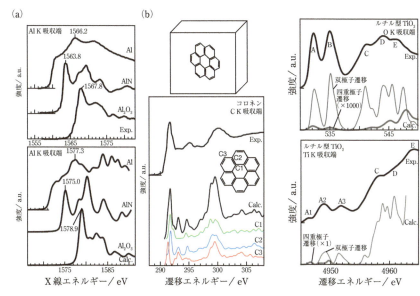

図2.3.4 (a) アルミニウム (Al),窒化アルミニウム (AlN) および酸化アルミニウム (α-Al$_2$O$_3$) の Al K 吸収端の実験および計算スペクトル.(b) コロネンの計算に用いたスーパーセルと C K 吸収端の実験および計算スペクトル.

図2.3.5 ルチル型 TiO$_2$ の O K 吸収端と Ti K 吸収端の実験および計算スペクトル.電気双極子遷移と磁気四重極子遷移の寄与を比較.

す.計算には全電子計算法である WIEN2k コードが用いられる.計算結果は実験結果を良く再現できていることがわかる.ここで注目すべきはスペクトルへの双極子遷移と四重極子遷移の寄与の違いである.O K 吸収端の場合は四重極子遷移がほぼ無視できるぐらいに小さいことがわかる[50].一方で Ti K 吸収端のピーク A1〜A2 については四重極子遷移の寄与が大きい.このピークは Ti 1s 軌道から Ti 3d 軌道への遷移に対応しており,両軌道が空間的に局在しているために四重極子遷移の影響が無視できないことに起因している.同様な四重極子遷移は遷移金属の K 吸収端に比較的よく見られる[58].四重極子遷移に起因したピークを解析することにより,K 吸収端でありながら遷移金属の 3d 軌道の情報を直接得ることが可能になる.

2.3.3 ■ DFT-LDA, GGA の限界

これまで一様電子ガスモデルをもとに Kohn-Sham 方程式から導かれた DFT-LDA や DFT-GGA 法による XANES 計算について述べてきた.一方で軽元素の K 吸収端やホワイトライン(遷移金属の L$_2$, L$_3$ 吸収端,ランタノイドの M$_4$, M$_5$ 吸収端など)ではこのような方法の近似があまり成り立たないことがわかっている.軽元素の K 吸収端で

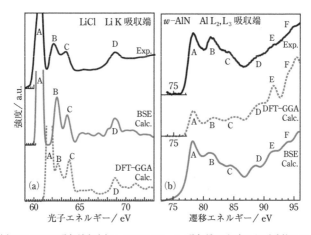

図2.3.6 (a) LiClのLi K吸収端と(b) w-AlNのAl L_2, L_3吸収端の実験および計算スペクトルの比較. 一電子近似に基づく計算(DFT-LDA/GGA)とエキシトンの効果を加味した計算(BSE)を比較.

は内殻空孔と遷移した電子とのエネルギー差が小さく,電子と内殻空孔(ホール)との間の相互作用が無視できない.この電子-ホールペアのことを**エキシトン**といい,軽元素のXANESスペクトルを計算するためにはこのエキシトンの効果を正確に取り入れる必要がある.そのために2粒子ハミルトニアンで構成されるBethe-Salpeter方程式(BSE)を解く[59].

図2.3.6(a)にはLiClのLi K吸収端の実験および計算スペクトルを示す.実験スペクトルでは大きなピークAにピークB, C, Dが続いている.DFT-GGA法(WIEN2kコード)では全体的なスペクトル形状は概ね再現できているものの,ピークAが高エネルギー側に現れ,ピークBとの間隔が狭くなっている.BSE計算によるスペクトルではピーク形状がより良く再現できていることがわかる[60].同様なことはBe K吸収端やB K吸収端でも過去に報告されている.また近年ではMg L_2, L_3吸収端やAl L_2, L_3吸収端でもエキシトン効果が顕著であることが明らかになってきた.図2.3.6(b)にはw-AlNにおけるAl L_2, L_3吸収端の実験および計算スペクトルを示している.DFT-LDA計算(OLCAOコード)ではピークの本数や相対位置を良く再現できているが,低エネルギー側のピーク強度が高エネルギー側のピークに比べて低い.一方で実験スペクトルでは低エネルギー側と高エネルギー側のピーク強度がほぼ同等である.エキシトン効果を取り入れることにより,ピークの本数や位置だけではなく,ピークの相対強度も再現できていることがわかる.同様なことはMg L_2, L_3吸収端でも報告されている.つまり軽元素(H~Cまで)のK吸収端と原子番号の比較的小さな金属元素

2.3 XANESの電子状態理論

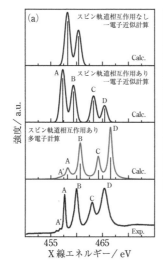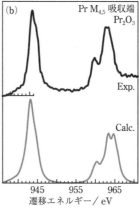

図2.3.7 (a) $SrTiO_3$ のTi L_2, L_3 吸収端の実験および各条件での計算スペクトル，(b) Pr_2O_3 の Pr M_4, M_5 吸収端の実験と計算スペクトル．

（Na～Alまで）の L_2, L_3 吸収端にはエキシトン効果を加味したBSE計算が重要になる[50,61]．

さらにホワイトラインと称される遷移金属の L_2, L_3 吸収端やランタノイドの M_4, M_5 吸収端，アクチノイドの N_4, N_5 吸収端は，終状態の波動関数が空間的に局在している3d軌道や4f軌道であるため，計算においては電子－ホール相互作用に加えて，部分的に占有された3d軌道や4f軌道などに存在する電子との相互作用も正確に考える必要がある．そのような多粒子の交換相関相互作用をすべて加味するためには，上述のCI計算が必要になってくる．

図2.3.7 (a) には $SrTiO_3$ のTi L_2, L_3 吸収端の実験および各種条件での計算スペクトルを示す．実験スペクトルでは計4本のピークが現れ，低エネルギー側の2本(A, B)が L_3 吸収端，高エネルギー側の2本(C, D)が L_2 吸収端に対応している．ピーク強度はピークB, Dの方がピークA, Cよりも大きい．そのような実験スペクトルを再現するためには，スピン軌道相互作用を加味するだけではなくCI計算をする必要があることがわかる[46,62]．同様なことがランタノイドの M_4, M_5 吸収端にもいえる．図2.3.7 (b) には酸化プロセオジウム(Pr_2O_3)のPr M_4, M_5 吸収端を示す．CI計算を行うことによりランタノイドの M_4, M_5 吸収端も再現できていることがわかる[50]．

2.4 ■ EXAFSにおける温度因子

　ここでは，EXAFSにおけるデバイ・ワラー因子の取り扱いを概説する．すでに2.2.2項でX線吸収原子まわりの散乱原子の分布（動径分布）がガウス関数の場合に，因子 $e^{-2\sigma^2 k^2}$ がEXAFSの減衰因子として乗ぜられることを見た．この節では，まず，非対称分布がどのようにEXAFSに反映されるかを解説する．動径分布が非対称の場合，以下に示す補正がないとEXAFSから得られる結合距離が不自然に短くなってしまうが，きちんとした取り扱いをすれば，距離が正しく求められるばかりか，非対称分布の情報も得られることを述べる．特に非対称性が**非調和振動**に起因している場合，固体の熱膨張や非調和ポテンシャルに関する有益な情報を与える．

　EXAFSから与えられるデバイ・ワラー因子と固体内の原子間ポテンシャルの関係を正確に取り扱うのはかなり複雑である．調和近似で扱うことすら面倒であり，非調和項を考えると大変困難になってしまう．原子間ポテンシャルが既知でデバイ・ワラー因子を理論計算で求めたい場合は，古典論の記述が妥当であるような高温極限に対して，**分子動力学**や**モンテカルロ法**に基づいたコンピュータ・シミュレーションを行うのが便利である．これらの手法では，分布が非対称でも問題なく，ポテンシャルとデバイ・ワラー因子との解析的な関係を言及する必要もない．実際，分子動力学やモンテカルロ法は，液体の構造解析に対して，EXAFS，X線回折などと合わせて用いられている．しかし，通常EXAFSの測定は高温極限で行われるわけではないので，古典論では量子力学的不確定性の分だけ小さい値を与えてしまう．量子論の効果を調和近似の範囲で導入する場合は**基準振動解析**を行うことになる．基準振動解析は解析的な手法でありデバイ・ワラー因子と原子間ポテンシャルの関係を明らかにできるが，式の構築が面倒である．さらに量子力学的に非調和振動・非対称分布も考慮したい場合は，**摂動展開計算かFeynmanの経路積分**を実行する必要がある．前者はデバイ・ワラー因子とポテンシャルの関係を解析的に，後者はシミュレーション的に扱う手法である．

　そもそもデバイ・ワラー因子は動径分布関数の高次の情報であるから，XAFSの測定対象となるような原子間距離がわからない系に対して，デバイ・ワラー因子が既知であったり，計算で求められたりすることを期待すべきではない．すなわち，XAFSの解析においてデバイ・ワラー因子は原子間距離と同様に未知数であり，フィッティングパラメータとするべきである．したがって，デバイ・ワラー因子という未知数がEXAFSの理論の精度を落とす最たる原因であることは決して悲観すべきことではない．しかしながら，多重散乱を考慮すると散乱経路の数は独立な原子の数よりもはるかに多くなり，すべてのデバイ・ワラー因子が独立に未知数であると，事実上FEFF

などの理論ソフトを用いたXAFSのシミュレーション解析などができないことになってしまう．FEFFでは，デバイ・ワラー因子の計算に簡便なデバイモデルを用いている．これは調和近似に基づいたものであり，単一のパラメータで第1配位以遠のデバイ・ワラー因子を非常に簡便に記述できる利点がある．もちろんデバイモデルは問題点も多くあまり高い精度は期待できないが，現実には非常に有用なモデルとなっている．

2.4.1項では非対称分布に対するキュムラント展開式を記述する．2.4.2項，2.4.3項では調和近似のデバイ・ワラー因子について述べる．2.4.2項では最も簡単なアインシュタインモデル，2.4.3項はデバイモデルを扱う．2.4.1～2.4.3項は石井の教科書[2)]に詳細に記載されているので，記述は最小限とした．2.4.4項，2.4.5項では量子力学的な非調和振動子を扱い，2.4.4項ではシュレーディンガー方程式が厳密に解けているモースポテンシャル，2.4.5項では多項式の非調和性を摂動的に扱う．固体でも第1配位に関しては半定量的に二体モデルが妥当であり，EXAFSで熱的な性質を調べる目的には実用できる．最後に2.4.6項ではやや専門的になるが，古典モンテカルロ法や経路積分法によるデバイ・ワラー因子の数値計算について概説する．

2.4.1 ■ 動径分布関数の非対称性とキュムラント展開

1979年，EisenbergerとBrown[63)]は動径分布関数に非対称性が存在する場合のEXAFS解析の問題点を指摘した．X線回折においては，温度因子をガウス関数としたまま非調和性の大きい固体を解析しても，非調和性に由来するはずの熱膨張を格子定数として正しく記述できる．しかし，EXAFSでは，非対称分布を示す系をガウス分布で近似して解析すると，原子間距離が異常に短く求められてしまう．熱膨張を正しく記述するどころか原子間距離は温度上昇とともに短縮してしまうことが示唆され，いったんは分布の非対称性が大きい系にEXAFSは適用しにくいと憂慮された．

1983年，G. Bunker[64)]は非対称分布の解析法として**キュムラント展開法**を導入した．これにより平面波近似のEXAFSの理論式は，単一配位に対して

$$\chi(k) = \frac{N}{kR^2} \mathrm{Im}\left[f_{\mathrm{eff}}(k, kR) \exp\left(2\mathrm{i}kR + \sum_{n=2}^{\infty} \frac{(2\mathrm{i}k)^n}{n!} C_n \right)\right]$$

$$= \frac{N}{kR^2} F_{\mathrm{eff}}(k, kR) \exp\left[-2C_2 k^2 + \frac{2}{3} C_4 k^4 - \cdots\right] \sin\left[2kR + \phi_{\mathrm{eff}}(k, kR) - \frac{4}{3} C_3 k^3 + \cdots \right]$$

(2.4.1)

のように補正された．ここで，$f_{\mathrm{eff}}(k, kR)$は球面波効果を考慮した複素有効散乱振幅であり，$f_{\mathrm{eff}}(k, kR) = F_{\mathrm{eff}}(k, kR) \exp[\mathrm{i}\phi_{\mathrm{eff}}(k, kR)]$と表せる．$C_n$は$n$次のキュムラントで，動径分布のモーメントと次のような関係がある．

$$R = \langle r \rangle, \quad C_2 = \langle (r-R)^2 \rangle, \quad C_3 = \langle (r-R)^3 \rangle, \quad C_4 = \langle (r-R)^4 \rangle - 3C_2^2, \quad \cdots \quad (2.4.2)$$

ここで，〈 〉は動径分布に基づいた熱平均を示す．これらの式の導出は石井の教科書[2]に記載されている．1次のキュムラントは平均原子間距離Rで与えられる．C_2は平均二乗相対変位でありガウス分布に現れたσ^2であるが，ここでは2次キュムラントとしてC_2と書き直すことにする．C_3より高次の項はガウス分布からのずれ（非対称性）を表し，ガウス分布の場合C_3より高次の項（C_3を含む）はすべて0となる．なお，ここで与えられたキュムラントは，一般的には，熱的なdisorder（熱振動）と静的なdisorder（構造的な歪み）の和になっている．

C_3が無視できない系で，これを無視して距離Rを求めると，実際には$R-2C_3k^2/3$を求めたことになり，C_3は通常正である（動径分布関数は短距離側で鋭く立ち上がり，長距離側ではなだらかに減少するのが普通である）から，原子間距離は短く求められてしまう．この点は実験家が注意すべき点である．しかし，この表式によりガウス分布近似では本質的に扱えなかった熱膨張などの非調和性を正しく記述できるようになり，問題点とされていた非対称性がむしろ有益な情報となる．モデルに依存しないこのキュムラント展開法は今日までもっとも一般的な解析手法として広く用いられている．欠点は展開であることで，ガウス分布から大きく外れる分布には展開項が多くなり実際上利用できない（経験的には4次が限界で，通常C_4は誤差が非常に大きい）．なお，本節ではキュムラントC_2とデバイ・ワラー因子σ^2を同義として用いることにする．

液体などガウス分布から大きく外れる分布に対してはキュムラント展開法では不十分となり，分布関数$\rho(r)$をモデル化する必要がある．このとき，EXAFS関数$\chi(k)$は古典論的記述で

$$\chi(k) = \frac{1}{k} \text{Im} \left[\int_0^\infty \frac{\rho(r)}{r^2} f_{\text{eff}}(k, kr) e^{2ikr} dr \right] \quad (2.4.3)$$

と書ける．$\rho(r)$を何らかの形のモデル関数として与えることにより$\chi(k)$が数値積分で求められることになる．この際，$f_{\text{eff}}(k, kr)$のr依存性を無視して$r=R$で代用するのが簡便である．実際GNXASコード[65]では$\rho(r)$をモデル関数で記述する手法が用いられている．詳細に$\rho(r)$を決定したい場合は，分子動力学法やモンテカルロ法に基づくコンピュータ・シミュレーションを行うことになる．これらの手法の詳細は専門の教科書に譲る．

2.4.2 ■ 調和近似のアインシュタインモデル

まず，最も簡単な振動モデルであるアインシュタインモデルにおいて，力の定数と熱的なデバイ・ワラー因子の関係を考える．アインシュタインモデルは，系が独立な調和振動子からなるとする二体近似で，二原子分子以外にも多原子分子や固体の第1

配位に対して有効なモデルである．このモデルでは系の原子間ポテンシャルが

$$V(r) = \frac{1}{2}\mu\omega^2(r-r_0)^2 \tag{2.4.4}$$

で与えられる．ここで，μ は換算質量，ω は振動数，r はある瞬間の原子間距離，r_0 は平衡原子間距離である．このとき系のシュレーディンガー方程式は調和振動子として正確に解け，固有関数 $\{|n\rangle\}$，固有値 E_n が厳密に求められる．デバイ・ワラー因子 C_2 は変位 $x = r - r_0$ の二乗の熱平均 $\langle x^2 \rangle$ で与えられる．

$$C_2 = \langle x^2 \rangle = \frac{1}{Z}\mathrm{Tr}\left(x^2 e^{-\beta\mathcal{H}}\right) \tag{2.4.5}$$

ここで，$\mathcal{H} = T + V$ は系のハミルトニアン，Tr はトレースをとることを意味し，Z は分配関数 $Z = \mathrm{Tr}\, e^{-\beta\mathcal{H}}$，$\beta = (k_\mathrm{B}T)^{-1}$（$k_\mathrm{B}$ はボルツマン定数，T は温度）である．トレースには基底関数によらず一定の値となる性質があるが，この場合の基底関数は当然のことながら調和振動子そのものを用いればよい．調和振動子では

$$\langle n|x^2|n\rangle = (2n+1)\sigma_0^2$$
$$\sigma_0^2 = \frac{\hbar}{2\mu\omega}, \quad \langle n|e^{-\beta\mathcal{H}}|n\rangle = e^{-\beta E_n}, \quad E_n = \left(n + \frac{1}{2}\right)\hbar\omega \tag{2.4.6}$$

が成り立つので，これらから容易に

$$C_2 = \frac{\sum_{n=0}^{\infty}\langle n|x^2|n\rangle \exp[-\beta\hbar\omega(n+1/2)]}{\sum_{n=0}^{\infty}\exp[-\beta\hbar\omega(n+1/2)]} = \sigma_0^2 \coth\left(\frac{1}{2}\beta\hbar\omega\right) \tag{2.4.7}$$

と求められる．したがって，ω が与えられれば温度 T での C_2 が計算できる．この関数は温度 T に対して単調に増加する．ただし，$T = 0$ でも有限の値 σ_0^2 をもつ．これは零点振動と呼ばれる量子効果である．また高温極限では T に比例する形 $C_2 \sim k_\mathrm{B}T/(2\mu\omega^2)$ となる．

2.4.3 ■ デバイモデル

アインシュタインモデルでは固体の振動を単一の振動数で記述しており，実際の固体の振動を再現しているとは言い難い．また，アインシュタインモデルでは第1近接の描像は妥当であるが高配位圏が記述できないため，EXAFSのデバイ・ワラー因子として実際の解析に用いるには大きな問題がある．これを簡便に解決するモデルとして**デバイモデル**が多用される．デバイモデルは，アインシュタインモデルの発展形として固体の低温比熱を説明するために導入されたもので，ほとんどの初等熱統計力学の教科書に記載があるので詳細な解説は省略するが，もともとは等方的単原子格子固

体の式である．そのため，多元素を含む実際のEXAFS解析に必ずしも適用できないことに留意すべきある．デバイモデルはアインシュタインモデルと同様に用いるパラメータがただ1つであるという点で有効といえる．

単原子固体では単位格子内の振動の自由度は3であり音響フォノンしか存在しないので，波数 $\mathbf{q}$ のフォノン振動数 $\omega_\mathbf{q}$ が等方的に $\omega_\mathbf{q} = cq$（c は等方的音速）で与えられるとするのは良い近似である．このとき，フォノンの状態密度の和は

$$3\left(\frac{L}{2\pi}\right)^3 \int d^3\mathbf{q} = 3\left(\frac{L}{2\pi}\right)^3 \int 4\pi q^2 dq = \frac{3V}{2\pi^2 c^3}\int \omega^2 d\omega = 3N \quad (2.4.8)$$

と書ける．ただし，$V = L^3$ は固体の体積，N は固体中の原子数で，振動の自由度は $3N$ 個である．デバイモデルでは $\omega = 0$ からある上限 $\omega = \omega_\mathrm{D}$（デバイ振動数）の範囲に $3N$ 個の状態が存在すると仮定している．導出過程は省略するが，一回散乱EXAFSに関して最終的に

$$\begin{aligned}
C_2^j &= \frac{\hbar}{M}\int_0^{\omega_\mathrm{D}} d\omega \frac{3\omega}{\omega_\mathrm{D}^3}\left\{1 - \frac{\sin(R_j\omega/c)}{R_j\omega/c}\right\}\coth\left(\frac{1}{2}\beta\hbar\omega\right) \\
&= \frac{6\hbar}{M\omega_\mathrm{D}}\left[\frac{1}{4} + \left(\frac{T}{\Theta_\mathrm{D}}\right)^2\int_0^{\Theta_\mathrm{D}/T}dx\frac{x}{e^x - 1} - \frac{1 - \cos q_\mathrm{D}R_j}{2(q_\mathrm{D}R_j)^2} - \frac{T}{q_\mathrm{D}R_j\Theta_\mathrm{D}}\int_0^{\Theta_\mathrm{D}/T}dx\frac{\sin[(q_\mathrm{D}R_jT/\Theta_\mathrm{D})x]}{e^x - 1}\right]
\end{aligned}$$
(2.4.9)

が得られる[66]．ただし，M は原子の質量，j は配位の種類，R_j は吸収原子からの原子間距離である．$\Theta_\mathrm{D} = \hbar\omega_\mathrm{D}/k_\mathrm{B}$ はデバイ温度，$q_\mathrm{D} = (6\pi^2 N/V)^{1/3}$ はデバイ波数（N/V は原子数密度）である．

式(2.4.9)において，2番目の等号の右辺[ ]内第1項は吸収原子と散乱原子の平均二乗変位の和である．平均二乗変位はそれぞれの原子の平衡位置からのずれを表し，X線回折で与えられるものと相違ない．[ ]内第2,3項が相対変位を表すもので，いずれも負の値になる．物理的には，化学結合による原子の勝手な動き以外の相関をもった動きに対応しており，第1近接でこれらの絶対値は大きく，遠方になれば次第に0となる．

式(2.4.9)は数値積分を行うことで実用可能である．FEFFではデバイ温度を入力することで第1近接を含めてそれ以遠の C_2^j も計算するようになっている．デバイモデルの例として図2.4.1に面心立方(fcc)構造のCuの第1, 3近接のデバイ・ワラー因子 C_2 の温度変化を示した．デバイ温度 Θ_D を331 Kとした計算値は第1, 3近接の実験値をともに良く再現している．

なお，文献にあるデバイ温度は，通常，極低温比熱における T^3 則から求められたもので，この値が室温付近で妥当かどうかは注意する必要がある．X線回折などで室温付近のデバイ温度が見積もられている場合はそちらを使うのがよい．

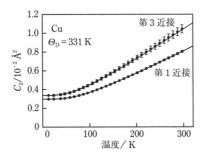

図 2.4.1 Cu の第 1, 3 近接のデバイ・ワラー因子 C_2 の温度変化. 誤差バー付きの点が実験データで, 実線がデバイ温度 Θ_D を 331 K としたデバイモデルによる計算値.

2.4.4 ■ モースポテンシャルにおけるデバイ・ワラー因子

これまでは調和振動子を取り扱ってきたが，実験的に高次のキュムラントが得られれば非調和ポテンシャルに関する有用な情報となるため，以下では非調和振動子を考えよう．非調和振動子のデバイ・ワラー因子を厳密に解析的に与えることは古典論の範囲ですら一般に困難であるが，まずは二体系の原子間ポテンシャルモデルとしてシュレーディンガー方程式が厳密に解ける**モースポテンシャル**[67)]を取り上げる．

モースポテンシャル関数は $V(x) = D_e(e^{-2ax} - 2e^{-ax})$ で与えられる．D_e は古典的解離エネルギー，x は原子間距離の変位 ($x = r - r_0$；r は原子間距離，r_0 はポテンシャルの極小位置)，a は曲率に関係するパラメータである．μ を換算質量として，エネルギー固有値 E_n と固有関数 Ψ_n ($n = 0, 1, 2, \cdots$) は

$$E_n = -D_e + a\hbar\left(n + \frac{1}{2}\right)\sqrt{\frac{2D_e}{\mu}} - \frac{a^2\hbar^2}{2\mu}\left(n + \frac{1}{2}\right)^2 \tag{2.4.10}$$

$$\Psi_n = \sqrt{\frac{a}{N_n}}\, e^{-z/2}\, z^{(k-2n-1)/2}\, L_{k-n-1}^{k-2n-1}(z)$$

ただし，$z = k e^{-a(r-r_0)}$ \hfill (2.4.11)

で与えられる．N_n は規格化定数で

$$\frac{a}{N_n}\int_0^\infty dz\, e^{-z} z^{(k-2n-2)} \left|L_{k-n-1}^{k-2n-1}(z)\right|^2 = \int_{-\infty}^{\infty} dx\, \Psi_n^* \Psi_n = 1, \quad L_{n+b}^b(z) = \frac{d^b}{dz^b}\left\{e^z \frac{d^{n+b}}{dz^{n+b}}(z^{n+b}e^{-z})\right\} \tag{2.4.12}$$

を満たす．$L_{n+b}^b(z)$ は Laguerre の陪多項式である．b は一般に実数であり，非整数階の微分を含むことに注意する．モースポテンシャルの固有値の量子数 n には上限があ

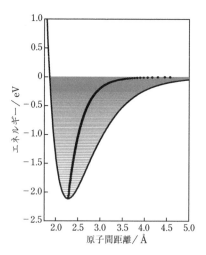

図 2.4.2 モースポテンシャル．平行な細線は量子準位，点は各準位での行列要素 x_{nn}（各固有状態の変位の期待値）を示す．

り，$0 \leq 2n \leq k-1$（$k = 2\sqrt{2\mu D_e}/a\hbar$）である．図 2.4.2 にモースポテンシャル曲線と各量子準位を示した．図は二原子分子である Br_2 を想定したもので，$D_e = 2.11314$ eV，$a = 1.66067$ Å を仮定した計算結果である．

変位 x の行列要素 x_{mn} の積分計算は大変であるが厳密に実行できる[67,68]．結果は

$$x_{mn} = \begin{cases} \dfrac{1}{a}\ln k - \dfrac{1}{a}\dfrac{d\ln \Gamma(k-2n-1)}{dk} & (n = m) \\ -\dfrac{1}{a}\cdot\dfrac{(-1)^{n-m}}{n-m}\cdot\dfrac{\sqrt{(k-2m-1)(k-2n-1)}}{(k-n-m-1)}\sqrt{\dfrac{\Gamma(k-n)\cdot n!}{\Gamma(k-m)\cdot m!}} & (n > m) \end{cases} \quad (2.4.13)$$

となる．$\Gamma(z)$ はガンマ関数（実数や複素数の階乗を定義する関数）で，

$$\Gamma(z) = \int_0^\infty t^{z-1}e^{-t}dt \quad (2.4.14)$$

である．モースポテンシャルではシュレーディンガー方程式の厳密解が得られていて固有関数の数が有限であるため，非束縛状態を考慮に入れないという近似の範囲で，高次の要素 $x_{mn}^2, x_{mn}^3, x_{mn}^4$ も

$$x_{mn}^2 = \sum_{k=0}^{n_{max}} x_{mk}x_{kn} \quad (2.4.15)$$

などの式から直ちに求められ，さらには各次のデバイ・ワラー因子も式 (2.4.5)，(2.4.2) から計算できる．図 2.4.2 には各準位の変位の期待値 x_{nn} も示した．エネルギー準位が高くなるにつれて，x_{nn} が長距離側にずれることがわかる．このことは，温度が上昇

し高い準位の占有率が増えることにより平均原子間距離が増大することを示しており，ポテンシャルの非調和性が熱膨張の生じる物理的起源であることがはっきりと理解できよう．

2.4.5 ■ 摂動的な非調和振動子におけるデバイ・ワラー因子

次に，多項式ポテンシャルで記述される二体系の非調和振動子モデルを用いて，4次までのキュムラントを導出し，非調和ポテンシャルとキュムラントの関係を調べよう．やはり第1近接に対してのみ有効な式ではあるが，固体の熱的性質を局所的に研究する目的には有用であり，多原子分子や固体へも拡張することができる．シュレーディンガー方程式が解けないので，量子統計力学の**摂動展開法**[69]を用いて計算する必要がある．

A. 量子統計力学における摂動展開

まず，量子統計力学の摂動展開法を概説する．量子力学的ハミルトニアン $\mathcal{H}$ が $\mathcal{H} = \mathcal{H}_0 + \mathcal{H}'$（$\mathcal{H}_0$ は無摂動項，$\mathcal{H}'$ は摂動項）で記述され，$\mathcal{H}_0$ の固有値 E_n，固有関数 $|n\rangle$ は既知とする．密度演算子 $e^{-\beta\mathcal{H}}$ を

$$e^{-\beta\mathcal{H}} = e^{-\beta\mathcal{H}_0} f(\beta) \quad (2.4.16)$$

とおくと，$\mathcal{H}_0$ と $\mathcal{H}'$ は一般に可換でないので，$f(\beta)$ を求めるには積分方程式

$$f(\beta) = 1 - \int_0^\beta e^{\beta'\mathcal{H}_0} \mathcal{H}' e^{-\beta'\mathcal{H}_0} f(\beta') d\beta' \quad (2.4.17)$$

を解く必要がある．式(2.4.16)から式(2.4.17)への変形は容易で，式(2.4.16)の両辺を一度 β で微分してまた積分すれば証明できる．$f(\beta)$ がわかれば任意の物理量の熱平均 $\langle \mathcal{M} \rangle$ は

$$\langle \mathcal{M} \rangle = \frac{1}{Z} \text{Tr}\mathcal{M} e^{-\beta\mathcal{H}_0} f(\beta), \quad Z = \text{Tr} \, e^{-\beta\mathcal{H}_0} f(\beta) \quad (2.4.18)$$

により計算できる．$f(\beta)$ の積分方程式(2.4.17)は Born 展開でき，二次摂動展開では $f(\beta)$ は

$$f(\beta) = 1 - \int_0^\beta \tilde{\mathcal{H}}'(t_1) dt_1 + \int_0^\beta \int_0^{t_1} \tilde{\mathcal{H}}'(t_1) dt_1 \tilde{\mathcal{H}}'(t_2) dt_2 dt_1 \quad (2.4.19)$$

で与えられる．ただし，$\tilde{\mathcal{H}}' = e^{\beta\mathcal{H}_0} \mathcal{H}' e^{-\beta\mathcal{H}_0}$（相互作用表示）である．式(2.4.19)の積分は，$\mathcal{H}_0$ の固有関数系 $\{|n\rangle\}$ を用いて解析的に計算できる．これにより任意の物理量が二次摂動の近似で求められる．

B. 非調和アインシュタインモデル

非調和アインシュタインモデルは，先のアインシュタインモデルに変位のべきの非調和項を摂動的に加えたものである．いま，非調和振動ポテンシャル $V(r)$（r はある

瞬間の原子間距離)を

$$V(r) = \frac{1}{2}\kappa_0(r-r_0)^2 - \kappa_3(r-r_0)^3 + \kappa_4(r-r_0)^4 \quad (2.4.20)$$

で与えることとする．式(2.4.20)第1項は調和項で無摂動項$\mathcal{H}_0$(固有関数$\{|n\rangle\}$)となり，非調和項である第2, 3項を摂動項$\mathcal{H}'$とみなす．計算の過程は省略するが，調和振動子の固有関数を基底として，式(2.4.20)の摂動項を式(2.4.19)に代入した積分を解析的に実行することで結果が得られる．分配関数Zは，2次摂動の範囲で

$$Z \cong Z^{(0)} + Z^{(1)} + Z^{(2)} \quad (2.4.21)$$

$$Z^{(0)} = \frac{1}{1-z}, \quad Z^{(1)} = \frac{\kappa_4 \sigma_0^4}{k_B T}\frac{3(1+z)^2}{(1-z)^3}, \quad Z^{(2)} = \frac{\kappa_3^2 \sigma_0^6}{(\hbar\omega)(k_B T)}\frac{11z^2 + 38z + 11}{(1-z)^3}$$

で与えられる．ただし，$z = e^{-\beta\hbar\omega}$であり，$\sigma_0^2$は式(2.4.6)で示されている．1次摂動項は非調和項の偶数次(κ_4)，2次摂動は奇数次(κ_3)の二乗が寄与している．注意したいのは1次摂動と2次摂動の大きさが同程度ということで，σ_0の次数は2次摂動の方が一見大きいが，2次摂動は分母に$\hbar\omega$を有し，実際は同じ次数である．

1次，3次のキュムラントは1次摂動が2次摂動に比べて大きい．1次摂動の結果は

$$R \cong r_0 + \frac{6\kappa_3 \sigma_0^4}{\hbar\omega}\frac{1+z}{1-z} \quad (2.4.22)$$

$$C_3 \cong C_3^{(1)} = \frac{\kappa_3 \sigma_0^6}{\hbar\omega}\frac{4(z^2 + 10z + 1)}{(1-z)^2} \quad (2.4.23)$$

となる[70]．一方，2次，4次のキュムラントは1次摂動と2次摂動がやはり同程度である．すなわち

$$C_2 \cong C_2^{(0)} + C_2^{(1)} + C_2^{(2)} \quad (2.4.24)$$

$$C_2^{(0)} = \sigma_0^2 \frac{1+z}{1-z}, \quad C_2^{(1)} = -\frac{\kappa_4 \sigma_0^6}{\hbar\omega}\frac{12(1+z)^2}{(1-z)^2} - \frac{\kappa_4 \sigma_0^6}{k_B T}\frac{24z(1+z)}{(1-z)^3}$$

$$C_2^{(2)} = \frac{\kappa_3^2 \sigma_0^8}{(\hbar\omega)^2}\frac{4(13z^2 + 58z + 13)}{(1-z)^2} + \frac{\kappa_3^2 \sigma_0^8}{(\hbar\omega)(k_B T)}\frac{120z(1+z)}{(1-z)^3}$$

$$C_4 \cong C_4^{(1)} + C_4^{(2)} \quad (2.4.25)$$

$$C_4^{(1)} = -\frac{\kappa_4 \sigma_0^8}{\hbar\omega}\frac{12(z^3 + 9z^2 + 9z + 1)^2}{(1-z)^3} - \frac{\kappa_4 \sigma_0^8}{k_B T}\frac{144z^2}{(1-z)^3}$$

$$C_4^{(2)} = \frac{\kappa_3^2 \sigma_0^{10}}{(\hbar\omega)^2}\frac{12(5z^3 + 109z^2 + 109z + 5)}{(1-z)^3} + \frac{\kappa_3^2 \sigma_0^{10}}{(\hbar\omega)(k_B T)}\frac{720z^2}{(1-z)^4}$$

と求められる[71]. C_2 や C_4 の1次摂動項 $C_2^{(1)}$, $C_4^{(1)}$ はいずれも負で, 2次摂動項 $C_2^{(2)}$, $C_4^{(2)}$ が正となる. また, $T=0$ でもすべての非調和項は有限の値をとることに注意する. 例えば, 原子間距離に対しては, 熱膨張のない $T=0$ ですら平均距離 R は平衡原子間距離 r_0 より長くなっているのである. 実験的に R, C_2, C_3, C_4 (の温度変化) が求められた場合, これらから力の定数 $\kappa_0, \kappa_3, \kappa_4$ が導出可能である. 固体や多原子分子への摂動展開法の応用は平易ではないが, 1次摂動法の例については文献[72,73]を参照されたい.

C. 高配位の分布の非対称性

図2.4.1のデバイモデルの例で見たように, 第2近接以遠のデバイ・ワラー因子 C_2 は第1近接のものより大きくなっている. これは第1近接では化学結合があって原子対の運動に相関が生じ, 相対変位が小さくなるためである. このことは, 第2近接以遠の高次のデバイ・ワラー因子 $C_n(n>2)$ も第1近接と比べて大きくなることを示しているわけではない. むしろ熱的な非対称分布は, 主として第1近接に対して重要であり, 結合のない第2近接以遠の $C_n(n>2)$ は無視できることも多い. これは, 熱的な非対称分布が非調和ポテンシャルに由来しているためである. 第2近接以遠は化学結合がない(あるいは弱い)のでこの影響が少ない. したがって, その場合の分布は長距離側に裾を引くようなものではなく, 中心極限定理が成り立てばガウス分布となりうる. このことは固体Krで実験的にも確かめられており[74], EXAFSの解析を効果的に簡便化できる知見である.

2.4.6 ■ 経路積分法によるデバイ・ワラー因子

基準振動解析によるデバイ・ワラー因子の計算は調和近似でも複雑な固体になると手間がかかり, 非調和項を導入する必要がある場合はほとんど計算不可能になってしまう. このようなときは, 実空間描像の方がわかりやすく実用的である. 古典論の分子動力学はニュートン方程式を直接解き, モンテカルロ法は系のハミルトニアン, 自由エネルギーを計算するが, いずれも実空間上のシミュレーションである. 量子論では, 普通はエネルギー・波数を基準とした固有状態を基底とした描像を利用するが, 時間や温度に依存する性質を議論したい場合, 必ずしも明快な記述ではない. また, すでに見たとおり, EXAFSは散乱現象によるので多重散乱理論においても実空間描像がわかりやすかった.

固体の非調和振動を量子論的に取り扱う場合, Feynmanの経路積分法[69]が有効である. Feynmanの経路積分理論は, 分子動力学・モンテカルロ法などの古典論的実空間描像に基づいて, 時間や温度発展を量子力学的に記述しようとするものである. 温度発展の場合, 初期状態として温度無限大を仮定し(すなわち実空間における存在確率は均一), そこから目的の温度まで冷却したとき各状態の存在確率を, 全経路にわたるその発展確率の足し合わせにより求める. 一般的な経路積分モンテカルロ計算

を現在のスーパーコンピュータで実行するのはまだまだ限界があるが，以下に概説する有効古典ポテンシャル (path-integral effective classical potential, PI-ECP) 近似[75]のような簡便な近似が適用可能な場合は，パソコンでも十分精度の高い結果が得られる．経路積分法をXAFSのデバイ・ワラー因子へ初めて応用したのはFujikawaら[76]である．また，Br_2，固体Kr, Cu, Ni, FeNiインバー合金あるいはMnNi合金などについてはすでに精度の高い計算が報告されている[77]．ここでは経路積分法の理論的説明は割愛し，結果の式と応用例のみを述べる．

A. 経路積分有効古典ポテンシャル法

Feynmanの経路積分は，シュレーディンガー方程式と同様に，厳密解が得られるのは自由粒子・調和振動子の場合などごく限られている．PI-ECP法は，固体の熱的性質を理解するのによく用いられる方法であるが，調和振動子の解に最適化パラメータを含んだものを試行関数として導入し，変分原理に対応するJensen-Feynman不等式を条件として変分的に解くものである．調和振動子の密度行列 $\rho_0(\bar{\mathbf{X}})$（$\bar{\mathbf{X}}$ は $3N$ 次元の直交座標 $\mathbf{X}$ の平均）は

$$\rho_0(\bar{\mathbf{X}}) = \frac{e^{-\beta w}}{\prod_j M_j^{3/2}} \prod_{\mathbf{q}\mu} \frac{1}{\sqrt{2\pi\hbar^2\beta}} \frac{f_{\mathbf{q}\mu}}{\sinh f_{\mathbf{q}\mu}} \frac{1}{\sqrt{2\pi\alpha_{\mathbf{q}\mu}}} \int_{-\infty}^{\infty} de_{\mathbf{q}\mu} \exp\left[-\frac{(e_{\mathbf{q}\mu} - \bar{e}_{\mathbf{q}\mu})^2}{2\alpha_{\mathbf{q}\mu}}\right]$$

(2.4.26)

で与えられる．ここで，$\prod_j$，$\prod_{\mathbf{q}\mu}$ は，それぞれ系にあるすべての原子数 N，すべての振動自由度 $3N$ に関する積をとることを意味し，$\bar{e}_{\mathbf{q}\mu}$ はモード $\mathbf{q}\mu$ の基準振動の平均位置を示す．また，

$$\alpha_{\mathbf{q}\mu} = \frac{\hbar}{2\omega_{\mathbf{q}\mu}}\left(\coth f_{\mathbf{q}\mu} - \frac{1}{f_{\mathbf{q}\mu}}\right), \quad f_{\mathbf{q}\mu} = \frac{\beta\hbar\omega_{\mathbf{q}\mu}}{2}$$

(2.4.27)

であり，$\alpha_{\mathbf{q}\mu}$ は基準振動 $\mathbf{q}\mu$ の量子力学的な平均二乗振幅と古典力学的な平均二乗振幅平均の差を示している．いま，w と $\omega_{\mathbf{q}\mu}$ を $\bar{\mathbf{X}}$ の関数とし，変分パラメータとして取り扱うと，非調和振動が記述できる．この密度行列を $\rho(\bar{\mathbf{X}})$ と書き改めると，任意の物理量 $\mathcal{M}$ の熱平均は

$$\langle \mathcal{M} \rangle = \frac{1}{Z} \int d\bar{\mathbf{X}} \rho(\bar{\mathbf{X}}) \mathcal{M}(\bar{\mathbf{X}})$$

$$= \frac{1}{Z} \frac{1}{\prod_j M_j^{3/2}} \frac{1}{(2\pi\hbar^2\beta)^{3N/2}} \int d\bar{\mathbf{X}} \mathcal{M}(\bar{\mathbf{X}}) e^{-\beta V_{\text{eff}}(\bar{\mathbf{X}})} \prod_{\mathbf{q}\mu} \frac{1}{\sqrt{2\pi\alpha_{\mathbf{q}\mu}}} \int_{-\infty}^{\infty} de_{\mathbf{q}\mu} e^{-(e_{\mathbf{q}\mu} - \bar{e}_{\mathbf{q}\mu})^2/2\alpha_{\mathbf{q}\mu}}$$

(2.4.28)

で与えられる．ただし，Z は分配関数，$V_{\text{eff}}(\bar{\mathbf{X}})$ は有効古典ポテンシャル

2.4 EXAFSにおける温度因子

$$V_{\text{eff}}(\bar{\mathbf{X}}) = w(\bar{\mathbf{X}}) + \frac{1}{\beta} \sum_{\mathbf{q}\mu} \ln \frac{\sinh f_{\mathbf{q}\mu}}{f_{\mathbf{q}\mu}} \quad (2.4.29)$$

である.この近似により,経路積分は振動の自由度$3N$だけの多重積分に置き換わり,少なくとも小さい分子に関しては数値積分が実行可能となる.PI–ECP法は,高温極限で古典論に一致し,低温極限で量子力学的調和振動子と一致する結果を与える.ただし,摂動論で見たように,低温極限でも非調和性を示す,例えばC_3は有限の値をとるので,低温での量子力学的非調和性を議論したい場合は不適切である.

しかしながら,多次元系では式(2.4.28)の積分が$3N$次元となってしまい,このままでは数値計算が絶望的である.ここでlow coupling近似を導入する.これはwや$\omega_{\mathbf{q}\mu}$が$\bar{\mathbf{X}}$によらないと仮定するもので,さらに調和近似に近づくことになる.原子間ポテンシャルに結合角が含まれない単原子ブラベー格子では,有効古典ポテンシャルが与えられ

$$V_{\text{eff}}(\mathbf{X}) = V_{\text{cl}}(\mathbf{X}) + \sum_{i \neq j} \left\{ [u''(r_{ij}) - u''(R_{ij})] \sigma_{ij}^{(2)L} + \left[\frac{u'(r_{ij})}{r_{ij}} - \frac{u'(R_{ij})}{R_{ij}} \right] \sigma_{ij}^{(2)T} \right\} \quad (2.4.30)$$

となる.ここで,$V_{\text{cl}}(\mathbf{X})$は古典的なポテンシャル,$u(r_{ij})$は原子$i,j$間の距離$r_{ij}$における二体間ポテンシャル($R_{ij}$は平衡距離),$\sigma_{ij}^{(2)L}$,$\sigma_{ij}^{(2)T}$はそれぞれ$\alpha_{\mathbf{q}\mu}$の縦横方向の射影で,

$$\sigma_{ij}^{(2)L} = \frac{2}{NM} \sum_{\mathbf{q},\mu} (1 - \cos \mathbf{q} \cdot \mathbf{R}_{ij})(\hat{\mathbf{R}}_{ij} \cdot \mathbf{e}_{\mathbf{q}\mu})^2 \alpha_{\mathbf{q}\mu} \quad (2.4.31)$$

$$\sigma_{ij}^{(2)T} = \frac{2}{NM} \sum_{\mathbf{q},\mu} (1 - \cos \mathbf{q} \cdot \mathbf{R}_{ij}) \left\{ 1 - (\hat{\mathbf{R}}_{ij} \cdot \mathbf{e}_{\mathbf{q}\mu})^2 \right\} \alpha_{\mathbf{q}\mu} \quad (2.4.32)$$

で表せる(Mは原子の質量).$\sigma_{ij}^{(2)L}$は量子論と古典論におけるEXAFSのデバイ・ワラー因子の差である.式(2.4.30)の第1項は古典的ポテンシャルで,これに第2,3項の量子論的補正が加わったのが有効古典ポテンシャルである.希ガス結晶などは全ポテンシャルエネルギーが二体ポテンシャルの和で記述できる.また,固体金属のポテンシャルとしては多体力が重要であるが,よく用いられるembedded-atom method (EAM,原子挿入法)ではポテンシャルが結合角にはよらない.これらの場合は式(2.4.30)を用いることができる.これに対して共有結合性結晶などポテンシャルが結合角に強く依存する場合は複雑となる.

古典的モンテカルロ計算では,式(2.4.30)の第1項のみを残し,定温・定積あるいは定温・定圧条件下で原子の位置をずらすシミュレーションを多数回行い,最終的に熱平衡状態のエネルギーを求める.そして,熱平衡状態に達してからのシミュレーションにおける原子位置のばらつきを平均することで,キュムラントC_nを計算する.一方,

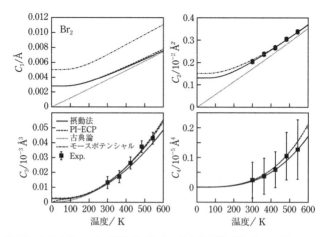

図 2.4.3 気体 Br_2 のデバイ・ワラー因子 C_2, C_3, C_4 の温度変化[77]．黒四角が実験データで，線は計算値．C_1 に関してはモースポテンシャルのみ大きく他と外れているが，ポテンシャル極小位置 r_0 が多項式ポテンシャルと意味が異なるためと考えられる．PI-ECP あるいは古典論計算では多項式ポテンシャルを使って計算している．

PI-ECP 法では，式(2.4.30)をそのまま用いて同様のモンテカルロ・シミュレーションを行い，原子の相対位置についてはシミュレーション結果に量子力学的なばらつき

$$\prod_{q\mu}\frac{1}{\sqrt{2\pi\alpha_{q\mu}}}\int_{-\infty}^{\infty}de_{q\mu}\exp\left[-\frac{(e_{q\mu}-\bar{e}_{q\mu})^2}{2\alpha_{q\mu}}\right] \quad (2.4.33)$$

を後から畳み込めばよい．

B. 応用例（Br_2）

まず，2次摂動展開と PI-ECP 法を比較するため，気体2原子分子 Br_2 の計算を行った例を示す[77]．ポテンシャルは振動分光により精密に決定されている．キュムラントの摂動計算は式(2.4.22)〜(2.4.25)を，PI-ECP 計算は式(2.4.28)などを用いて行った．1次元なので当然ではあるが low coupling 近似を導入する必要はなく，PI-ECP 法の範囲で非調和量子論の取り扱いがなされることになる．図 2.4.3 に気体 Br_2 における Br-Br 間の C_2, C_3, C_4 の温度変化を示した．EXAFS の実験データのほか，PI-ECP 法，摂動法，古典論，モースポテンシャルによる計算結果を示した．概ね計算結果は実験値を良く再現しているといえる．ただし，C_3 に関しては摂動法の高温領域の値が実験値や他の計算結果より小さくなっており，これはより高次の摂動計算が必要であることを意味する．一方，実験データのない低温側では PI-ECP 法は妥当でなくなる．C_2, C_4 では差が見えないが，C_3 に関しては 100 K 以下で PI-ECP 法は曲線が上に凸に転じ

0に漸近するが，摂動法では下に凸のまま緩やかに変化し0Kでも有限値をとる．これは低温での非調和振動の量子効果であり，低温で調和近似に漸近するPI–ECP法は適切ではない．古典論はC_3に関してPI–ECP法よりも高温の200Kあたりで摂動法から外れるので，PI–ECP法が非調和振動の量子効果をまったく考慮していないというわけではない．C_4に関しては古典論とPI–ECP法は完全に一致するが，これは量子効果は重要でなく，むしろ摂動法では高次の項が要求される結果である．

　一般に分子は固体に比べて振動数が高いため量子効果が大きい．このような場合でもPI–ECP法はかなりの広い温度領域で有効であることがわかっている．実験値と計算値の一致が非常によく，その結果EXAFSから定量的に力の定数あるいはモースポテンシャルパラメータが決定できる．

2.5 ■ おわりに

　ある程度高エネルギー領域のXAFS理論は10年以上前に十分な精度で完成しており，低エネルギー領域についてはこの10年で大きく発展したといえる．今後も，多重散乱理論と電子状態理論のさらなる成熟化が期待できる．EXAFSに残された問題はデバイ・ワラー因子であるが，これは基本的には距離と同様未知数であり，実験家が努力すべき問題であろう．

　もう1つ，本章では述べなかった高エネルギー領域の問題点に多電子励起がある．2.2節で多電子励起はかなり平滑化されてEXAFSに寄与しにくいと述べたが，他の内殻電子がちょうど閾値を迎えるエネルギーでは，それ以下のエネルギーでその内殻電子は励起されないため平滑化されずに残ってしまう．例えばKr K吸収では，Krは1s以外にも2s, 2p, 3s, 3p, 3d, 4s, 4p電子を有し，1s電子の励起と同時に例えば3d電子がεd準位へ励起される．つまり，EXAFSの周期構造に，多電子励起による階段関数か共鳴的な吸収が上乗せされることになる．このような多電子励起はある程度元素固有と考えられるので，理論的あるいは実験的にすべての元素に対して多電子励起強度のエネルギー依存性が調べられるべきである．残念ながら現時点では網羅的な検討がなされているとはいえず，徐々にデータが蓄積されつつある段階である．標準的なXAFS解析コードでは多電子励起を差し引くようなルーチンがデフォルトで入っていることは少ない．GNXASコード[61]はこの対応にすぐれているが，もちろん全元素を網羅しているとは到底いえない．現状で実験家としては，少なくとも，多電子励起が特に強いと報告されている元素に対して，原著論文を見逃すことなく適切な対応をとるべきである．本章が読者のXAFSの理解を深めることに貢献できれば幸いである．

第2章参考文献

1) http://www.feffproject.org/index-feffproject.html (2016.5) ; S. Zabinsky, J. Rehr, A. Ankudinov, R. Albers, M. Eller, *Phys. Rev. B*, **52** (1995) 2995 ; J. Rehr, J. Mustre de Leon, S. Zabinsky, R. Albers, *J. Am. Chem. Soc.*, **113** (1991) 5135.
2) 石井忠男, EXAFSの基礎, 裳華房 (1994).
3) P. Durham (D. Koningsberger, R. Prins eds.), *X-Ray Absorption: Principles, Applications, Techniques of EXAFS, SEXAFS, XANES*, John Wiley & Sons, New York (1988), p. 53.
4) K. Hatada, K. Hayakawa, M. Benfatto, C. R. Natoli, *J. Phys.: Condens. Matter*, **21** (2009) 104206.
5) K. Hatada, K. Hayakawa, M. Benfatto, C. R. Natoli, *J. Phys.: Condens. Matter*, **22** (2010) 185501.
6) C. Natoli, M. Benfatto, S. Della Longa, K. Hatada, *J. Synchrotron Rad.*, **10** (2003) 26.
7) P. Blaha, K. Schwarz, G. Madsen, D. Kvasnicka, J. Luitz, *Wien2k -An Augmented Plane Wave + Local Orbitals Program for Calculating Crystal Properties*, Vienna, UT Wien (2001).
8) J. Stöhr, *NEXAFS Spectroscopy*, Springer, Heidelberg (1992).
9) 砂川重信, 散乱の量子論, 岩波書店 (1977).
10) J. Korringa, *Physica*, **13** (1947) 392.
11) W. Kohn, N. Rostoker, *Phys. Rev.*, **94** (1954) 1111.
12) J. C. Slater, K. H. Johnson, *Phys. Rev. B*, **5** (1972) 844.
13) A. Gonis, W. H. Butler, *Multiple Scattering in Solids*, Springer, New York (2000).
14) J. S. Faulkner, G. M. Stocks, *Phys. Rev. B*, **21** (1980) 3222.
15) D. Sébilleau, K. Hatada, H.-F. Zhao, C. Natoli, *e-J. Surf. Sci. Nanotech.*, **10** (2012) 599.
16) T. Fujikawa, L. Hedin, *Phys. Rev. B*, **40** (1989) 11507.
17) L. Hedin, *Phys. Rev.*, **139** (1965) A796 ; L. Hedin, S. Lundqvist, *Solid State Phys.*, **23** (1970) 1.
18) J. M. de Leon, J. Rehr, S. Zabinsky, R. C. Albers, *Phys. Rev. B*, **44** (1991) 4146.
19) K. Hatada, J. Chaboy, *Phys. Rev. B*, **76** (2007) 104411.
20) T. Fujikawa, K. Hatada, L. Hedin, *Phys. Rev. B*, **62** (2000) 5387.
21) K. Hatada, M. Benfatto, C. R. Natoli, *Phys. Scripta*, **2005** (2005) 134 ; K. Hatada, K. Hayakawa, M. Benfatto, C. R. Natoli, *Phys. Rev. B*, **76** (2007) 060102.
22) K. Hatada, H. Tanaka, T. Fujikawa, L. Hedin, *J. Synchrotron Rad.*, **8** (2001) 210.
23) J. Kas, A. Sorini, M. Prange, L. Cambell, J. Soininen, J. Rehr, *Phys. Rev. B*, **76** (2007) 195116.
24) http://www.opengl.org/
25) J. Dongarra, *Int. J. High Perform. Comput. Appl.*, **16** (2002) 1 ; *ibid*, **16** (2002) 115.

26) http://software.intel.com/en-us/intel-mkl
27) https://developer.amd.com/tools-and-sdks/compute__trashed/acml-downloads-resources/
28) http://www.tacc.utexas.edu/tacc-software/gotoblas2
29) http://developer.apple.com/library/mac/documentation/Performance/Conceptual/vecLib/Reference/reference.html
30) K. Hayakawa, K. Hatada, S. D. Longa, P. D'Angelo, M. Benfatto, *X-Ray Absorption Fine Structure -XAFS 13*, **882** (2007) 111 ; M. Benfatto, S. Della Longa, C. Natoli, *J. Synchrotron Rad.*, **10** (2003) 51.
31) D. Sébilleau, C. Natoli, G. M. Gavaza, H. Zhao, F. Da Pieve, K. Hatada, *Comput. Phys. Commun.*, **182** (2011) 2567.
32) H. A. Bethe, E. E. Salpeter, *Quantum Mechanics of One- and Two-electron Atoms*, Prenum/Rosetta, New York (1977), p. 304.
33) K. Hatada, K. Hayakawa, M. Benfatto, C. R. Natoli, *Phys. Rev. B*, **76** (2007) 060102.
34) A. Filipponi, P. D'Angelo, *J. Chem. Phys.*, **109** (1998) 5356.
35) J. C. Slater, *Quantum Theory of Molecules and Solids, Vol.4*, McGraw-Hill, New York (1974).
36) C. Natoli, D. Misemer, S. Doniach, F. Kutzler, *Phys. Rev. A*, **22** (1980) 1104.
37) L. A. Garvie, P. R. Buseck, *Am. Mineral.*, **84** (1999) 946.
38) P. Krüger, *J. Phys. Conf. Ser.*, **190** (2009) 012006.
39) P. Krüger, C. R. Natoli, *Phys. Rev. B*, **70** (2004) 245120 ; P. Krüger, *Phys. Rev. B*, **81** (2010) 125121.
40) F. de Groot, A. Kotani, *Core Level Spectroscopy of Solids*, CRC Press, Boca Raton (2008).
41) C. R. Natoli, P. Krüger, K. Hatada, K. Hayakawa, D. Sébilleau, O. Šipr, *J. Phys.: Condens. Matter*, **24** (2012) 365501.
42) H. Ebert, D. Koedderitzsch, J. Minar, *Rep. Prog. Phys.*, **74** (2011) 096501 ; D. Rowlands, *Rep. Prog. Phys.*, **72** (2009) 086501.
43) C. Brouder, M. R. Lopez, R. Pettifer, M. Benfatto, C. Natoli, *Phys. Rev. B*, **39** (1989) 1488.
44) D. L. Foulis, "The effects of the use of full potentials in the calculation of X-ray absorption near-edge structure by the multiple-scattered-wave X-alpha method", PhD Thesis, University of Warwick (1988).
45) 例えば，小口多美夫，バンド理論，内田老鶴圃(1999)；R. M. Martin著，寺倉清之ほか訳，物質の電子状態(上)，(下)，シュプリンガージャパン(2012)；足立裕彦，量子材料化学入門，三共出版(1993)；小無健司，湊 和生 編，アクチノイド物性研究のための計算科学入門，日本原子力学会(2013)．

46) H. Ikeno, T. Mizoguchi, I. Tanaka, *Phys. Rev. B*, **83** (2011) 155107.
47) P. Hohenberg, W. Kohn, *Phys. Rev.*, **136** (1964) B864.
48) W. Kohn, L. J. Sham, *Phys. Rev.*, **140** (1965) A1133.
49) J. J. Rehr, R. Albers, *Rev. Mod. Phys.*, **72** (2000) 621.
50) T. Mizoguchi, W. Olovsson, H. Ikeno, I. Tanaka, *Micron*, **41** (2010) 695.
51) W.-Y. Ching, P. Rulis, *J. Phys.: Condens. Matter*, **21** (2009) 104202.
52) S. J. Clark, M. D. Segall, C. J. Pickard, P. J. Hasnip, M. I. Probert, K. Refson, M. C. Payne, *Z. Kristallogr.*, **220** (2005) 567.
53) S. J. Clark, M. D. Segall, C. J. Pickard, P. J. Hasnip, M. I. Probert, K. Refson, M. C. Payne, *Z. Kristallogr.*, **220** (2005) 567.
54) T. Mizoguchi, I. Tanaka, S.-P. Gao, C. J. Pickard, *J. Phys.: Condens. Matter*, **21** (2009) 104204.
55) T. Mizoguchi, K. Matsunaga, E. Tochigi, Y. Ikuhara, *Micron*, **43** (2012) 37.
56) M. Mogi, T. Yamamoto, T. Mizoguchi, K. Tatsumi, S. Yoshioka, S. Kameyama, I. Tanaka, H. Adachi, *Mater. Trans.*, **45** (2004) 2031.
57) H. Oji, R. Mitsumoto, E. Ito, H. Ishii, Y. Ouchi, K. Seki, T. Yokoyama, T. Ohta, N. Kosugi, *J. Chem. Phys.*, **109** (1998) 10409.
58) Y. Joly, *Phys. Rev. B*, **63** (2001) 125120 ; Y. Joly, D. Cabaret, H. Renevier, C. R. Natoli, *Phys. Rev. Lett.*, **82** (1999) 2398 ; T. Yamamoto, T. Mizoguchi, I. Tanaka, *Phys. Rev. B*, **71** (2005) 245113.
59) G. Onida, L. Reining, A. Rubio, *Rev. Mod. Phys.*, **74** (2002) 601.
60) W. Olovsson, I. Tanaka, T. Mizoguchi, P. Puschnig, C. Ambrosch-Draxl, *Phys. Rev. B*, **79** (2009) 041102.
61) W. Olovsson, I. Tanaka, T. Mizoguchi, G. Radtke, P. Puschnig, C. Ambrosch-Draxl, *Phys. Rev. B*, **83** (2011) 195206.
62) H. Ikeno, T. Mizoguchi, Y. Koyama, Z. Ogumi, Y. Uchimoto, I. Tanaka, *J. Phys. Chem. C*, **115** (2011) 11871 ; H. Ikeno, T. Mizoguchi, Y. Koyama, Y. Kumagai, I. Tanaka, *Ultramicroscopy*, **106** (2006) 970 ; H. Ikeno, I. Tanaka, Y. Koyama, T. Mizoguchi, K. Ogasawara, *Phys. Rev. B*, **72** (2005) 075123 ; K. Ogasawara, T. Iwata, Y. Koyama, T. Ishii, I. Tanaka, H. Adachi, *Phys. Rev. B*, **64** (2001) 115413.
63) P. Eisenberger, G. S. Brown, *Solid State Commun.*, **29** (1979) 481.
64) G. Bunker, *Nucl. Instrum. Methods*, **207** (1983) 437.
65) http://gnxas.unicam.it/; A. Filipponi, A. Di Cicco, T. Tyson, C. Natoli, *Solid State Commun.*, **78** (1991) 265 ; A. Filipponi, A. Di Cicco, C. R. Natoli, *Phys. Rev. B*, **52** (1995) 15122 ; A. Filipponi, A. Di Cicco, *Phys. Rev. B*, **52** (1995) 15135.
66) G. Beni, P. M. Platzman, *Phys. Rev. B*, **14** (1976) 1514.

67) P. M. Morse, *Phys. Rev.*, **34** (1929) 57.
68) K. Scholz, *Z. Phys.*, **78** (1932) 751.
69) ファインマン統計力学, R. P. Feynman著, 田中 新, 佐藤 仁 訳, シュプリンガー・ジャパン (2009).
70) H. Rabus, Ph. D. Thesis, Department of Physics, Freie Universität Berlin (1991); A. Frenkel, J. Rehr, *Phys. Rev. B*, **48** (1993) 585.
71) T. Yokoyama, *J. Synchrotron Rad.*, **6** (1999) 323.
72) T. Fujikawa, T. Miyanaga, *J. Phys. Soc. Jpn.*, **62** (1993) 4108; T. Miyanaga, T. Fujikawa, *J. Phys. Soc. Jpn.*, **63** (1994) 1036.
73) T. Yokoyama, Y. Yonamoto, T. Ohta, *J. Phys. Soc. Jpn.*, **65** (1996) 3901; T. Yokoyama, Y. Yonamoto, T. Ohta, A. Ugawa, *Phys. Rev. B*, **54** (1996) 6921; T. Yokoyama, K. Kobayashi, T. Ohta, A. Ugawa, *Phys. Rev. B*, **53** (1996) 6111.
74) T. Yokoyama, T. Ohta, H. Sato, *Phys. Rev. B*, **55** (1997) 11320.
75) A. Cuccoli, V. Tognetti, P. Verrucchi, R. Vaia, *Phys. Rev. B*, **46** (1992) 11601; A. Cuccoli, R. Giachetti, V. Tognetti, R. Vaia, P. Verrucchi, *J. Phys.: Condens. Matter*, **7** (1995) 7891; H. Kleinert, *Path Integrals in Quantum Mechanics, Statistics, Polymer Physics, and Financial Markets, 5th Edition*, World Scientific, Singapore (2009).
76) T. Fujikawa, T. Miyanaga, T. Suzuki, *J. Phys. Soc. Jpn.*, **66** (1997) 2897.
77) T. Yokoyama, *e-J. Surf. Sci. Nanotech.*, **10** (2012) 486; T. Yokoyama, K. Eguchi, *Phys. Rev. Lett.*, **110** (2013) 075901; T. Yokoyama, K. Eguchi, *Phys. Rev. Lett.*, **107** (2011) 065901; T. Yokoyama, *J. Synchrotron Rad.*, **8** (2001) 87; T. Yokoyama, *Phys. Rev. B*, **57** (1998) 3423.

第3章 XAFSの解析

本章では，XAFSの解析方法について述べる．3.1節において，高エネルギー側に現れるEXAFSについて，その解析の基本的なところを述べ，3.2節，3.3節では，現在日本で使われているEXAFS解析ソフトの使い方について概説する．3.4節では吸収端付近に現れるXANESの解析について述べる．

3.1 ■ EXAFSの解析

XAFSの形状は基本的に(1)吸収原子と周辺にある散乱原子との結合距離，(2)周辺原子の数，(3)周辺原子の種類，(4)周辺原子の分布の様子，熱振動の程度，(5)周辺原子の角度，(6)電子状態，(7)対称性に関する情報を含んでいる．特に(1)～(5)はEXAFSに，(5)～(7)はXANES（エッジ付近）に含まれている．この節ではEXAFS部分から有用な構造を得る方法とその基本的な考え方の概要を述べたい．最近では多くのEXAFS解析用プログラムが市販され，web上で公開もされている[1]．多くの場合には，マニュアルを片手にプログラムの指示に従って解析を進めることで結果が得られるであろう．しかし，有名なプログラムを使っているからといって，得られた結果が本当に正しいという保証はない．各プログラムにおけるそれぞれの操作の意味や限界，問題点を知っておくことが大切である．多くのプログラムの解析は基本的に同じ流れを踏襲している．本章で述べることがプログラムの中身の理解と得られた結果の客観的な評価につながり，より良い解を得るための助けになれば幸いである．

第2章にあるように，EXAFS振動 $\chi(k)$ は，平面波一回散乱（2.1節参照）により次式で表される．

$$\chi(k) = \frac{\mu(E) - \mu_s(E)}{\mu_0(E)} = S_0^2 \sum_i \frac{N_i F_i(k_i)}{k_i r_i^2} e^{-2k_i^2 \sigma_i^2} \sin[2k_i r_i + \varphi_i(k_i)] \quad (3.1.1)$$

ここで，$\mu(E)$ は吸収係数で，$\mu_s(E)$ はそのうちのなめらかな成分であり，$\mu_0(E)$ は吸収端の大きさ（エッジジャンプ）である．また，添え字の i は配位圏の番号を示す．S_0^2 は intrinsic loss 因子，N_i は配位数，$F_i(k_i)$ は後方散乱強度，k_i は i 番目の配位圏の波数，r_i は結合距離，σ_i はデバイ・ワラー因子，$\phi_i(k_i)$ は位相シフト（$\phi_i(k_i) = 2\varphi_j(k) + \delta_1^A(k)$），$E$ は入射X線のエネルギーである．2.1節で述べられているように，$F_i(k_i)$ は通常定義

される後方散乱強度に$e^{-2r_i/\lambda(k_i)}$が乗じられたものとなっている．データ処理の際にエネルギーEから波数kへ変換を行うが，そのときには光電子の1つのエネルギー原点E_0に対して，1つの波数kを定義する．

$$k/\text{Å}^{-1} = \sqrt{\frac{2m}{\hbar^2}(E-E_0)} = \sqrt{0.2625(E-E_0)/\text{eV}} \qquad (3.1.2)$$

さて，解析においては，あらかじめ求めた後方散乱強度$F_i(k_i)$と位相シフト$\phi_i(k_i)$から，配位数N_i，結合距離r_i，デバイ・ワラー因子σ_iを最適化する．標準サンプルなどから後方散乱強度と位相シフトを求めた場合などは，化学的環境がほぼ同じであれば，E_0(未知サンプル) = E_0(標準サンプル)として，未知サンプルと標準サンプルの波数kを等しくおいて差し支えないが，理論的に後方散乱強度と位相シフトを求めた場合にはそれぞれが同じE_0を使っている保証はないので，式(3.1.2)で決めた波数と理論で用いている波数が必ずしも一致するとは限らない．したがって，配位圏ごとの波数k_iを導入し，カーブフィッティングのときに配位圏ごとにE_{i0}を決め，E_0からの差ΔE_{i0}を最適化することで式(3.1.2)で決めた波数と理論で用いている波数を次式のように一致させている．

$$k_i = \sqrt{k^2 - \frac{2m}{\hbar^2}\Delta E_{i0}} = \sqrt{k^2 - 0.2625\Delta E_{i0}} \qquad (3.1.3)$$

さて，より厳密には球面波で近似した式を用いるべきであろうが，一般には球面波を平面波の式で表し，その代わりに後方散乱強度と位相シフトに結合距離依存性を加えた式(3.1.1)を使用して解析を進めている．これにより式が簡単になるだけでなく，フーリエ変換と直接関係づけることができる．式(3.1.1)は，さらに散乱原子が対称ガウス関数分布をしていると仮定している．非対称分布の扱いについては後にふれる．

解析の流れは，図3.1.1に示したとおりである．まずデータを取得し，吸収端のエネルギーE_0を決めて実測したスペクトルから式(3.1.2)を使って波数kを計算し，横軸を波数kに変換する．さらになめらかなバックグラウンドを差し引いてEXAFS振動$\chi(k)$を抽出する．$\chi(k)$は吸収原子1個あたりの振動であるから，エッジジャンプの大小に関係なく同じサンプルであれば等しいが，エッジジャンプで規格化する必要がある．こうして求められた$\chi(k)$にデバイ・ワラー因子などによる高波数側の減衰を補償するため，適当なk^nの重みをかける(通常は$n=3$)．$k^n\chi(k)$はsin関数であるから，フーリエ変換することで，結合距離に対応する位置にピークをもつ動径分布に対応する関数が得られる．フーリエ変換後のピーク位置は位相シフトの分だけ実際の結合距離と異なるので，位相シフトを補正して実際の結合距離や配位数を求める必要がある．通常はフーリエ変換した結果またはピークごとに逆フーリエ変換した結果と，適当なモデルからフーリエ変換または逆フーリエ変換により計算された結果とを比較し，非線形カーブフィッティングすることで結合距離や配位数などを求める．後方散乱強度

3.1 EXAFSの解析

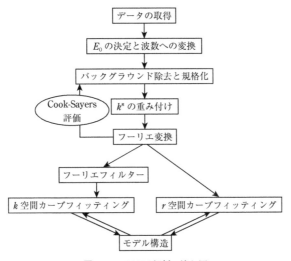

図3.1.1　EXAFS解析の流れ図

と位相シフトは，標準サンプルから経験的にあるいはFEFFなどのプログラムを使って理論計算により求める．以下，解析の流れを詳細に述べる．

3.1.1 ■ 解析の流れ

A. 吸収端の決定と波数への変換

図3.1.2にX線吸収スペクトルを示した．○で囲んだところが吸収端である．光電子のエネルギー原点E_0としては，エッジの立ち上がり，中点，変曲点，直上の吸収係数が最大となる点などの中からいずれかの位置のエネルギーが選ばれる．どれが良いという一般論はないが，変曲点を用いる場合が多く，一連の解析ではどの点をE_0とするのかを決めておく必要がある．E_0（厳密にはE_{i0}）は最終的にカーブフィッティングを行う際に最適化する．また，先にも述べたとおり，標準サンプルから経験的に位相シフトや後方散乱強度を決めた場合には，同じE_0に固定して解析することでかなり良好な結果が得られるだけでなく，フィッティングパラメータの数を減らせるという利点がある．

B. バックグラウンドの除去

式(3.1.4)に示すように，バックグラウンドの吸収係数(μ_s)は吸収端前の当該吸収端に関係しない吸収部分(μ_{pre})と吸収端後のなめらかに減少する部分(μ_{post})の2つに分けて求める．本質的には，後者(μ_{post})を除去するだけで十分であるが，前者(μ_{pre})はエッジジャンプ(μ_0)を求めて規格化する際に必要になる．

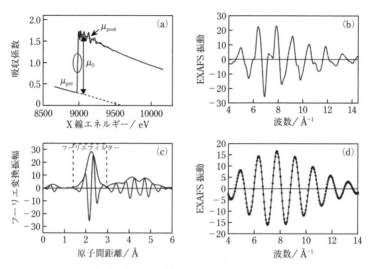

図3.1.2 各EXAFS解析過程. (a)生データ, (b)バックグラウンド除去・規格化後(k^3の重みがかかっている), (c)フーリエ変換後, (d)第1ピークにフィルターをかけ, 逆フーリエ変換し, カーブフィッティングを行った図.

$$\chi(k) = \frac{\mu - \mu_s}{\mu_0} = \frac{(\mu - \mu_{pre}) - \mu_{post}}{\mu_0} \quad (3.1.4)$$

ただし, $\mu_s = \mu_{pre} + \mu_{post}$

吸収端前の吸収係数μ_{pre}は, Victoreenの式(3.1.5)で最小二乗近似し, 吸収端より高エネルギー側に外挿することで求められる.

$$\mu(\lambda) = C\lambda^3 - D\lambda^4 \quad (3.1.5)$$

しかし, 放射光実験のように異なる検出器でI_0とIを検出している場合には検出効率が異なるため, 式(3.1.5)が必ずしも成り立たない. このときは, 式(3.1.5)に定数項を加えた次式がよく用いられる.

$$\mu(\lambda) = A + C\lambda^3 - D\lambda^4 \quad (3.1.6)$$

吸収端後のなめらかなバックグラウンドμ_{post}に関しては, 「余計なものを何も足さない. 何も引かない.」という原則がある. バックグラウンドの引き方によっては, EXAFS振動が本来小さいはずの高波数側に新たな振動を生んだり, EXAFS振動に追随して本来のEXAFS振動を除いてしまうおそれがあり, こうしたことのないように十分に注意する. 吸収端後のバックグラウンド除去法としては,

(1) 移動平均法
(2) 多項式フィッティング法
(3) 区分キュービックスプライン(cubic spline)法
(4) スムージングスプライン(smoothing spline)法

がよく使用されている．ここでは，区分キュービックスプライン法とスムージングスプライン法について詳述し，CookとSayersの提案したバックグラウンド除去の成否の判別法を紹介する[2]．

(1) 区分キュービックスプライン法[3,4]

区分キュービックスプライン法は，スペクトルを3〜5個の区間に分け，区間ごとに最小二乗法でなめらかな曲線を引き，区間の端点で二次微分までが連続になるようにつなげる方法である．区間のとり方やkの重みにより曲線の形が変わる場合があるので，フーリエ変換時には低周波成分を限りなく小さくし，かつEXAFS振動に追随しないように注意深く区間を決める．一般に，幅$\Delta k = 4$ Å^{-1}程度で3〜5区間に分けるとよい．高波数側で新たな振動が生まれる場合には，大きな振動が現れる低波数側ではあまり細かく区切らず，2〜3個の山が入るくらいで区間を切り，振動が小さくなる高波数側で逆に少し区間を短くして(1〜2個程度)できるだけ振動の中心を通すように工夫をするとよい．また，減衰が大きい場合にはkの重みを大きめに(k^3)して高波数側の振動を増強するとなめらかな曲線がうまく引ける場合がある．

(2) スムージングスプライン法[2,5]

この方法は，「極端に(危険なくらい！)自在に曲がる関数でスムージングする方法」と言われる方法であり[6]，次のような条件式でなめらかな曲線μ_sを引く．

$$\int_{k_{min}}^{k_{max}} (\mu(k) - \mu_s(k))/W(k))^2 dk \leq \text{SM} \text{ の下 } \int_{k_{min}}^{k_{max}} [\mu_s''(k)]^2 dk \text{ を最小にする} \quad (3.1.7)$$

すなわち，すべてのデータ点を上記のスプラインの区切り点として使うので直線からデータの完全補完まで自由にできてしまう．上式のμ, μ_s, μ_s'', Wはそれぞれ，EXAFSデータ，なめらかなバックグラウンドおよびその二次微分と重みである．またSMはスムーズさの度合いを表すパラメータであり，SM = 0とは，バックグラウンドが完全にデータに追随することに対応する．またSMが増えていくとだんだんとまっすぐになり最終的には直線となる．したがって，SMを変化させて，式(3.1.7)の条件式の下μ_s''の積分が最小になるようなμ_sを探す(**図3.1.3**)．

非常に強力にバックグラウンドが決定できる反面，先にも述べたように関数が危険なぐらい自由に変わりうるので，最悪の場合EXAFS信号まで取り除いてしまう．そこで，次のようなバックグラウンド除去の成否の判別法が提案されている．

(3) Cook and Sayers法[2]

最後にバックグラウンドの引き方に対する1つの指標を述べる．これはCookと

第3章 XAFSの解析

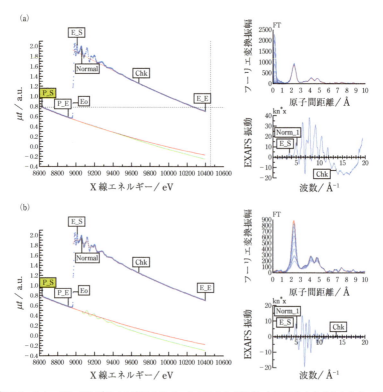

図3.1.3 スムージングスプライン法によるバックグラウンド除去．(a)SMを大きくしたとき，バックグラウンドは直線に近づき，フーリエ変換の0〜1Åの領域が増える．(b)SMを小さくしたとき，バックグラウンドは信号に追随し，メインピークが減少する．SMがちょうどいいときに図3.1.2の(c)が得られる．

Sayersが提唱し，AthenaやREX2000などのXAFS解析ソフトに採用されている考え方であり，1つの指標として考察に値する．

まず，H_R，H_N，H_Mという3つのパラメータを用意する．H_Rはバックグラウンドで除ききれなかった成分の量で，フーリエ変換後のスペクトルの0.0〜0.25Å領域の振幅の平均値で表す．H_Nはノイズの量を表すもので，フーリエ変換後のスペクトルの9〜10Åの領域の平均値とする．H_Mは信号成分でありメインピークの最大値とする．Cookらは以下の条件を式(3.1.7)によるバックグラウンド除去の成否の指標と考えている．

$$H_R - H_N \geq 0.05 H_M \tag{3.1.8}$$

もし，$H_N > 0.1 H_M$のような雑音の多いデータでは

$$H_R > 0.1 H_M \tag{3.1.9}$$

を停止条件とする.

　すなわち,データへの追随が大きくなりすぎて信号を除去し始めてしまう前に止めるというものである.0.05という値は決して決まっているものではなく,場合によっては増やす必要がある.何度かスムージングスプラインを計算し,フーリエ変換のメインピークが減らないところでバックグラウンド除去を止めることが必要である.

C. 規格化

　バックグラウンドを除去した後は1原子あたりのEXAFS振動とするために,μ_0(エッジジャンプ)で割り,規格化する.一般にはエッジ付近にある適当なエネルギー(40～100 eV程度)における$\mu_{post} - \mu_{pre}$をエッジジャンプとし,そのエネルギー依存性をVictoreenの式で表すことがよく行われている.このとき,式(3.1.5)のC, Dには *International Tables for Crystallography* に吸収原子ごとに与えられている値を用いる[7].また,Victoreenの式の代わりにMcMasterの式を用いることもできる[8].

D. フーリエ変換

　こうして得られたEXAFS振動$\chi(k)$は,通常高波数側にいくに従い減衰するので,k^1ないしはk^3の重みを付ける.$\chi(k)$はsin曲線の形をもつので,フーリエ変換することで原子位置に対応するところにピークを得ることができる.したがって,およそどの程度の結合距離にいくつの原子が存在するのかを調べるときおよび結合距離の異なる配位圏ごとに解析するときにはフーリエ変換を行うと便利である.

$$FT = \int_{k_{min}}^{k_{max}} k^n \chi(k) w(k) e^{2ikr} dk \tag{3.1.10}$$

フーリエ変換の積分範囲はk_{min}が小さいと多重散乱やエッジの影響を受けるので,通常,$k_{min} = 2～3\,\text{Å}^{-1}$にする.また,$k_{max}$もあまりに大きすぎるとノイズが大きくなるのでS/N比が1程度になるところで打ち切るべきである.通常は$k_{max} = 12～16\,\text{Å}^{-1}$である.狭い範囲の有限フーリエ変換では近接した2つのピークを分離できない.したがって,サンプルを冷却したり,高波数側の測定時間を延ばしたりして,できるだけkの大きなところまでのデータをとるように努力する.式(3.1.10)からわかるように,これは複素フーリエ変換である.フーリエ変換は一般に実部と虚部の二乗和の平方根として表示することが多いが,いくつかの配位子が重なって存在するときには注意を要する.図3.1.4にCu箔のXAFS振動$\chi(k)$のフーリエ変換の結果を示す.およそsin関数の重ね合わせで表されるから,虚部と絶対値のピーク位置は近い.フーリエ変換は位相部分をもち,実部と虚部は正であったり負であったりすることから,2つのフーリエ変換を重ねて比較するときには絶対値で考えるのではなく,複素数として考えて比較する必要がある.時折,絶対値を使ってピーク分割している論文を見かけるが,

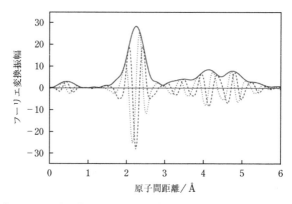

図3.1.4 Cu箔のフーリエ変換後のスペクトル．実線が絶対値，波線が実部，点線が虚部を示す．

これは完全に間違いであり，複素数として扱って分離すべきである．

さて，有限フーリエ変換を行うと打ち切りにともなって余計なピークが出現する．そこで，窓関数$w(k)$をかける．窓関数としては，Hanning関数がよく用いられている．

$$w = \begin{cases} [1-\cos[\pi(k-k_{\min}])/2d] & (k_{\min} < k < k_{\min}+d) \\ 1 & (k_{\min}+d < k < k_{\max}-d) \\ [1-\cos[\pi(k_{\max}-k)]/2d] & (k_{\max}-d < k < k_{\max}) \end{cases} \quad (3.1.11)$$

dが大きいと余計なピークは小さくなるが，主ピークの強度の減少とブロードニングも起こる．通常，フーリエ変換の幅の5～10%程度のウインドウ関数が選ばれる．1種類しか配位子がないときは，位相シフトを補正してフーリエ変換することもある．このとき虚部と絶対値のピーク強度は一致する．一致しないときは，エネルギー原点が異なるためであると考えられるから，一致するように次式に基づいてエネルギー原点をずらす必要がある[9]．

$$FT = \int_{k_{\min}}^{k_{\max}} \frac{k^n \chi(k) w(k)}{F(k)} e^{2ikr + i\varphi(k)} dk \quad (3.1.12)$$

この方法の利点は次のとおりである．
(1) フーリエ変換後のピーク位置が直接結合距離に対応する．
(2) 後で述べるような位相シフトの非線形性によるフーリエピークの分裂を防ぎ，ピークをシャープにすることができる．

一方，欠点は2種類以上の配位子が存在するときには，一方の配位子の位相シフトに合わせると他方の配位子の位相シフトには余計な項を導入することになるので，ピークの形がゆがむことである．

3.1 EXAFSの解析

E. カーブフィッティング

フーリエ変換により動径分布関数が求まるわけであるが，この動径分布関数は真の動径分布関数とは，位相シフトの分だけずれている．また，ピーク強度も散乱原子固有の後方散乱強度を含んでいる．したがって，配位数や結合距離，配位原子種を見積もるときには，単にフーリエ変換後のピークのみから議論できない場合がある．さらに，有限フーリエ変換であるから，異なる結合が分離できずに1本のピークになって現れたり，2つの配位子間の干渉効果でピークが2本に割れたりする．したがって，構造因子を求めるには，あらかじめ求めてある後方散乱強度や位相シフトと式(3.1.1)を使ってEXAFS関数を計算し，実験値に合うように結合距離r，配位数N，デバイ・ワラー因子σ，吸収端エネルギーE_0を非線形最小二乗法(カーブフィッティング)で最適化する．

カーブフィッティングする実験データとしては，以下の3種類が考えられる．
(1) バックグラウンド除去した後のEXAFS振動の生関数
(2) フーリエ変換した特定範囲のr空間の関数
(3) 適当なフーリエピークにフィルターをつけて，逆フーリエ変換したk空間の関数
それぞれの長所および短所は以下のとおりである．

(1) バックグラウンド除去した後のEXAFS振動の生関数
長所：有限フーリエ変換によって生じる歪みがもっとも小さい．
短所：いくつもの配位圏をもつ場合，複雑なEXAFSとなって最適構造を得ることが難しい．

(2) フーリエ変換した適当な範囲のr空間の関数
長所：有限フーリエ変換が1回ですむため，フーリエ変換にともなう歪みが小さい．動径分布という最も直感的なものをフィッティングするので理解しやすい．
短所：EXAFS振動のk依存性が目で見てわかりにくいので，配位原子の種類を直感的に把握しづらい．

(3) 適当なフーリエピークにフィルターをつけて，逆フーリエ変換したk空間の関数
長所：EXAFS振動のk依存性を目で見ることができ，配位原子の情報を視覚的にとらえやすい．注目する特定のピークのみを逆フーリエ変換することで，EXAFS関数を単純化できる．
短所：フーリエ変換を二度するので，歪みがもっとも大きくなる．
　　　r空間を直接見ることができないので，結果があまり直感的でない．
　　　逆フーリエ変換をする範囲が適切でないと正しくない結果を与える．

このようにそれぞれの方法には一長一短がある．そこで，最初に逆フーリエ変換したk空間の関数をフィッティングしてその結果をフーリエ変換し，r空間におけるフィッティングの度合やピークの出方を観測し，物理的，化学的に考えておかしくない結果

であることを確認することが大切である．もちろん，この逆，すなわちr空間でフィッティングして，同時にk空間に戻して，その結果を目で確認しながら，解析を進めてもよい．最終的には，生データとモデル構造からの計算値の比較もあわせて行ったほうがよい．

3.1.2 ■ 位相シフトと後方散乱強度の求め方

前項で述べたようにフィッティングを行うときにまず必要になるのが，位相シフトと後方散乱強度である．これらを求める方法には，(1)標準サンプルを用いる方法と(2)理論計算で求める方法の2通りがある．

A. 標準サンプルを用いる方法

構造がわかっている単純な化合物のEXAFSを測定し，構造モデルに合うように位相シフトおよび後方散乱強度を計算する方法である．この方法の長所としては，(1) EXAFSの位相シフト・後方散乱強度は，価数・構造の違いに対してそれほど敏感でないため，価数・構造が類似した化合物を標準サンプルに選べば，得られた結果の信頼性は高くなること，(2)分解能など測定条件をそろえて解析することができるので，実験や解析に由来する系統誤差を消去できることがあげられる．一方，この方法の短所は，標準サンプルは，構造が既知で，安定であり，高純度で，しかも，結合が他の結合と完全に分離できる物質でないといけないことであり，これらすべての条件を満たす標準サンプルを見つけるのは難しい．

標準サンプルから後方散乱強度と位相シフトを導き出す方法として，後方散乱強度と位相シフトの適当な関数を仮定し，そのパラメータを最小二乗法で求める方法がある．よく用いられるのは，次のようにローレンツ関数の和を後方散乱強度とし，位相シフトを多項式で表すものである．

$$F(k) = \sum_i \frac{A_i}{1 + B_i^2 (k - C_i)^2} \qquad (3.1.13)$$

$$\phi(k) = a_0 + a_1 k + a_2 k^2 + a_3 / k^3 \qquad (3.1.14)$$

最小二乗法を行うときに，標準サンプルのデバイ・ワラー因子σとE_0をあらかじめ知っておく必要があるが，それらの値を決めることは少々面倒である．そこで，標準サンプルに対して，$\sigma = 0.06$ Å，$E_0 = 0$ eVという値を便宜的に与えておく．ここで，σを0としないのは，未知物質のデバイ・ワラー因子が標準サンプルのそれよりも小さくなった場合に備えるためである．すなわち，$\sigma = 0$ Åとすると，式(3.1.1)でσは二乗されてしまうから，標準よりも小さなσ(<0)を求めるにはσを虚数とするしかない．もちろん，使っているプログラムがσではなくσ^2を入力するものであればこれを0にしてよい．

有限フーリエ変換をうまく使うと，1種類の配位子だけによるEXAFS信号を取り出すことができるので，最小二乗法を行わなくても位相シフトと後方散乱強度を求めることができる．すなわち，1種類の配位子からなる物質のEXAFSの振動は次のように表される．

$$\chi(k) = S_0^2 \frac{NF(k)}{kr^2} e^{-2k^2\sigma^2} \sin[2kr + \phi(k)]$$
$$= A(k)\sin\Phi(k) \quad (3.1.15)$$
$$= \frac{1}{2i} A(k)\{e^{i\Phi(k)} - e^{-i\Phi(k)}\}$$

ここで，

$$A(k) = S_0^2 \frac{NF(k)}{kr^2} e^{-2k^2\sigma^2}$$
$$\Phi(k) = 2kr + \phi(k) \quad (3.1.16)$$

式(3.1.15)の第3式{ }内第1項はフーリエ変換するとrの正にピークを与えるものであり，第2項はrの負にピークを与えるものである．したがって，rの正のピークのみの逆フーリエ変換を考えると，

$$\hat{\chi}(k) = \frac{1}{2i} A(k) e^{i\Phi(k)} \quad (3.1.17)$$

となる．$A(k)$と$\Phi(k)$は，逆フーリエ変換の強度$|\hat{\chi}(k)|$と位相$\arg \hat{\chi}(k)$に対して，以下の関係をもつ．

$$A(k) = 2|\hat{\chi}(k)|$$
$$\Phi(k) = \arg \hat{\chi}(k) + \pi/2 \quad (3.1.18)$$

最後の$\pi/2$は式(3.1.17)の最初に現れる虚数iに起因する．したがって，後方散乱強度と位相シフトを$A(k)$と$\Phi(k)$から式(3.1.16)により求め，これらを式(3.1.13)や式(3.1.14)によってパラメータ化するか，スプライン関数のようななめらかな関数で内挿して使えばよい．

B. 理論計算で求める方法

S_0^2を標準サンプルから求めることで，かなり精度良く構造を決定することができる．FEFFやその他の計算方法では，多重散乱効果や球面波効果，光学ポテンシャルを取り入れた計算プログラムが広く普及している[10]．これらのプログラムでは原子座標と原子番号を入れることだけで，必要な計算ができる．また，計算した吸収原子，散乱原子の種類，位相シフトや後方散乱強度が表として与えられ，利用できるようになっている．

3.1.3 ■ フィッティングの信頼性・誤差

フィッティングの結果の信頼性を確かめるためには，フィットの程度を客観的に表す尺度が必要である．一般には式(3.1.19)で表される，残差の大きさを示す信頼度因子 R-factor が用いられる[注1]．

$$R\text{-factor} = \sqrt{\frac{\sum_i \left[k^n \left\{\chi_i^{\text{data}}(k) - \chi_i^{\text{fit}}(k,[\alpha])\right\}\right]^2}{\sum_i \left\{k^n \chi_i^{\text{data}}(k)\right\}^2}} \tag{3.1.19}$$

一方，以下の式(3.1.20),(3.1.21)で定義される $|R|^2$，$|R_\nu|^2$ は χ^2 分布（カイ 2 乗）に従うので統計的に処理できる[11]．

$$|R|^2 = \frac{M}{N} \sum_i \frac{\left\{\chi_i^{\text{data}}(k) - \chi_i^{\text{fit}}(k,[\alpha])\right\}^2}{\varepsilon_i^2} \tag{3.1.20}$$

$$|R_\nu|^2 = \frac{M}{N(M-P)} \sum_i \frac{\left\{\chi_i^{\text{data}}(k) - \chi_i^{\text{fit}}(k,[\alpha])\right\}^2}{\varepsilon_i^2} \tag{3.1.21}$$

ここで，χ_i^{data}，χ_i^{fit} はそれぞれ実測と計算の EXAFS 関数であり，$[\alpha]$ はフィッティングパラメータ，N はフィッティングに使うデータポイントの数，ε_i は各点の誤差の値である．p は使用したパラメータの数，M はナイキストの定理に従い以下の式で与えられる自由度である[12]．

$$M = \frac{2\Delta k \cdot \Delta r}{\pi} + m \tag{3.1.22}$$

ここで，Δk，Δr はそれぞれフーリエ変換の範囲，逆フーリエ変換の範囲である．m は $r=0$ から始まるフーリエ変換および実関数のフーリエ変換という条件から現れる整数で，考え方により $m=2$ が与えられているが，パラメータを安易に増やすべきでないという考えをとる人は $m=0$ を採用している．フィッティングのパラメータの数をこの値（M）以上にすることは許されない．

式(3.1.21)は期待値 1 の χ^2 分布になるので，その大きさはモデルをどのくらいの危険率（信頼水準）で採用できるかの目安になる．すなわち，Σ の中の各項は誤差の範囲で実験値と計算値が一致していれば 1 以下になるわけで，その総和をとると N 以下になるはずであるが，実際は確率分布をする．$p \ll M$ ならば $M/(M-P) \approx 1$ となり，式(3.1.21)の $|R_\nu|^2$ は 1 程度になる．M が有限の値のときは，χ^2 分布で与えられる確率が

[注1] リガク社のソフトでは，信頼度因子 R-factor の定義がここでの定義を二乗しているので注意を要する．

そのモデルの確からしさである．$|R_v|^2$ が1を大きく超えていれば，そのフィッティングはよくないことがわかる．逆に，$|R_v|^2$ が限りなく0に近い値の場合は，確率的にありえないほどよく合っていることを意味しており，解とすべきではない．この点は多くの人は賛同してくれないと思うが，よく考えてほしい．おそらくこの場合は，誤差のとり方が間違っているのか，現実離れしたモデルを使っているのかのどちらかである．

一方，各パラメータの誤差 $\delta\alpha_i$ の見積もりは以下のようにして行う．

(1) フィッティングのときに求まっている共相関行列[C]の要素を使い，$\delta\alpha_i = \sqrt{C_{ii}}$ とする．

(2) 共相関行列[C]が求まっていないときには，$|R_v|^2$ の極小値を求め，誤差を求めたいと思っているパラメータ α_i をその最適値 α_i^{opt} のまわりで変化させ，他のパラメータ $\alpha_i (i \neq j)$ を最適化する．その結果，得られた $|R_v|^2$ が極小値の $|R_v|^2$ より1だけ大きくなったとき，このパラメータの現在の値 α_i と最適の値 α_i^{opt} の差が誤差 $\delta\alpha_i$ となる[13]．なお，このときの信頼水準は63.5％である．

式(3.1.21)はフィッティングパラメータの数が異なる2つのフィッティング結果を比べるときにも参考になる．フィッティングパラメータが増えれば合致の程度が良くなるのは当然であるが，式(3.1.21)を利用することでより客観的な判断を下すことができる．また後で述べるF検定を用いるとより客観的な判定を下すことができる．しかし，式(3.1.21)を用いるときの問題は，各点の誤差 ε_i^2 の見積もりの仕方であり，データのばらつき（偶然誤差）だけでなく，解析や測定にともなう系統誤差をどう見積もるかということに対して一定の処方はない．筆者が行っている手法は，標準サンプルを用いて系統誤差を見積もるというものであるが，時間と労力はかなりかかる．

フィッティングの信頼性に関係のある問題として，フィッティングパラメータ間の相関問題を取り上げる．結合距離―電子の運動エネルギー原点―位相シフト，配位数―デバイ・ワラー因子―後方散乱強度の間には，強い相関が存在し，誤った原子対を選んでも，フィッティングパラメータを調整すれば偶然合ってしまったり，誤った配位数でもデバイ・ワラー因子を変化させることで見かけ上よく合ってしまうことがある．これがフィッティングパラメータ間の相関問題である．こうした場合には，例えば，σ と N をある値に固定し，他のパラメータを最適化して残差を求め，σ と N の組について等高線を書いてみると相関の程度を視覚化できる（**図3.1.5**）．楕円状であればよいが，$|R_v|^2$ が十分に小さい範囲ですでに右肩上がりの開いたものになっているときは要注意である．

さて，各点の誤差がどうしても求まらない場合に，$|R_v|^2$ ではなく，R-factor（式(3.1.19)）だけを使って2つの結果を比べて，結論が妥当なのかを調べる方法（ハミルトン法）がある．詳細は論文に譲り[14]，次の3つの具体例について述べよう．ここでは，

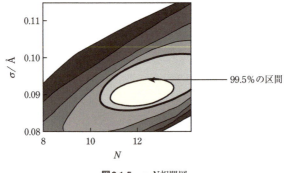

図3.1.5 σ–N相関図

2つのモデルA, Bから求まるR-factorをそれぞれR_A, R_Bとする. $M-P$はモデルAでの自由度であり, bはモデルAにおいてモデルBと比較して増えた自由度である.

$\Re = R_A/R_B$は,

$$(\Re^2 - 1)(M - P) / b = F_{b,(M-P)} \tag{3.1.23}$$

が第1自由度b, 第2自由度$M-P$をもつF分布をする.

(1) あるEXAFSを解析して, O(酸素)でフィッティングしたところ, $R_A = 0.26$であり, 同じくClでフィッティングすると$R_B = 0.3$であった. Oが配位しているといってよいか？ ただし, $k = 3 \sim 13 \text{Å}^{-1}$, $r = 1 \sim 2 \text{Å}^1$で, 4つのパラメータでそれぞれ独立に解析したとする.

この場合には$\Re = R_B/R_A = 1.15$, $M - P = 2 \times (13-3) \times (2-1)/\pi - 4 = 3$である. すると, これは, $F_{4,3}$の分布に従い, 90%近い確率で同等の確からしいモデル（Bが誤ったモデルといえるのは, 10%の確率）となるから, EXAFSでは判定が不能ということになる. 逆にOのフィッティングが0.1となると, 92%近い確率でOの方がよいといえるようになる. さらにkの範囲が$3 \sim 17 \text{Å}^{-1}$となると$M - P = 5$となり, 98%の確率でOの方がよいといえる.

(2) あるEXAFSを解析しているときに, 1種類の配位子があるとしてフィッティングすると$R_A = 0.09$だが, 2種類の配位子でフィッティングしたところ$R_B = 0.03$になった. 2番目の配位はあるといってよいか？ ただし, $k = 3 \sim 15 \text{Å}^{-1}$, $r = 1 \sim 2 \text{Å}^{-1}$で, エネルギーのずれは共通として, 7つのパラメータでそれぞれ独立に解析したとする.

この場合には, $\Re = R_A/R_B = 3$である. $M - P = 1$となる. 最初のフィッティングでは, 3つのパラメータを固定したと考えると式(3.1.23)は$F_{3,1}$の分布に従い, 42%の確率でよくなっているとはいえない. しかし, $3 \sim 19 \text{Å}^{-1}$とすると, $M - P = 3$になり, 94%の確率でよくなっているといえる.

(3) 結合距離が2.00 ÅとなったときのR-factorは0.447であった．2.03 ÅではR-factorは0.49であり，2.04 Åでは0.510であった．誤差はどれくらい許されるのだろうか？ただし，$k = 3 \sim 15$ Å^{-1}，$r = 1 \sim 2$ Åで，4つのパラメータを使って最適化し，さらに距離をそれぞれの値に固定して，他のパラメータを最適化したとする．

$M - P = 4$，$b = 1$であり，式(3.1.23)は$F_{1,4}$の分布に従う．このため，最初のケース(2.03 Å)では0.03 Å違っているが，そのときには58%の確率で違っているにすぎない．これが2.04 Å (0.04 Åの違い)とすると，67%の確率で違うといってよい．したがって，誤差としては，0.03 Åと考えてよい．

このようにF検定により，誤差の範囲を見積もることができる．

3.1.4 ■ Ratio法

1つのフーリエピークに1種類の配位子しか含まない場合には，式(3.1.15)で示したようにフーリエ変換する際に位相部分と振幅部分が完全に分離できる．したがって，次式を用いれば，フィッティングを行わなくても結合距離や配位数を正確に求めることができる．これを**Ratio法**と呼ぶ．

$$\ln[A_i(k)/A_s(k)] = \ln(N_i/N_s) + \ln(r_s^2/r_i^2) - 2(\sigma_i^2 - \sigma_s^2)k^2$$
$$\Phi_i(k) - \Phi_s(k) = 2k(r_i - r_s) \quad (3.1.24)$$

ここで，AやΦの添え字のi, sはそれぞれ，解析対象と標準を表す．標準としては，標準サンプルの実験結果を用いてもよいし，理論計算の標準を用いてもよい．強度部分の対数をk^2に対してプロットすると，切片が配位数の比の対数で，傾きがデバイ・ワラー因子に関係する直線になる（**図3.1.6**）．また位相部分はkに対して原点を通る直線になる．原点を通らない場合は，E_0が異なるためと考えられるので原点を通るように調整する[15]．ところで，k^2 vs ln$A$およびk vs Φプロットが直線にならない場合

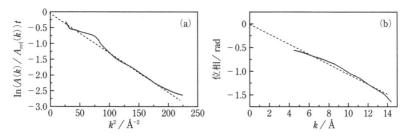

図3.1.6 Ratio法の例．(a)は後方散乱強度，(b)は位相シフトである．(a)では切片が0であるから配位数は標準と等しいことがわかる．また，(b)では-0.104 Åが傾きとなり，標準よりもその分短いことになる．

がある．これは2.4.1項で述べた非対称分布の効果によるもので，次項の式(3.1.27)に示すように，高次のキュムラントを加えてフィッティングすれば，キュムラント係数を求めることができる．

3.1.5 ■ 原子の非対称分布と無秩序の影響

さて，これまで扱ってきた中で，原子の分布は対称的なガウス型をしているものと暗黙に仮定してきた．しかしこの仮定は必ずしも正しくない．結合距離のばらつきが増し，無秩序さが増すとガウス型からずれるようになる．無秩序さの原因としては以下の4つがある．

(1) 熱的揺らぎ
(2) 結合距離の静的揺らぎ (例：MoO_3, V_2O_5, 非晶質)
(3) サイト揺らぎ (例：スピネル構造のFe_3O_4のFe^{3+}とFe^{2+}および四面体サイトと八面体サイト)
(4) 混合物 (例：潮解した$FeCl_3$, $FeCl_4^-$のほか，$FeCl_2(H_2O)_4^+$などが共存する[16])

(3)と(4)に関しては，局所的な構造に無秩序さがあるというよりは，異なる構造が分離できない場合なので，別に取り扱うことにする．(1)と(2)の場合，熱的な揺らぎや静的な揺らぎが大きくなく，原子がガウス型の分布をしているとすれば，デバイ・ワラー因子を用いて表すことができる．それぞれのデバイ・ワラー因子をσ_T^2, σ_s^2とすると，全体のデバイ・ワラー因子は，

$$\sigma^2 = \sigma_T^2 + \sigma_s^2 \tag{3.1.25}$$

と書くことができる．つまりデバイ・ワラー因子の二乗は加算的である．熱的なデバイ・ワラー因子は温度依存性をもつので，これらの2つのデバイ・ワラー因子を区別するには，EXAFSの温度変化を測定すればよい．一方，原子の分布が非対称になり，ガウス分布から外れてくるときは，キュムラント展開法がよく用いられる．3次のキュムラント係数C_3を考慮しないで解析すると，見かけ上，結合距離，配位数がともに減少したような結果を得る．すなわち，

$$\chi(k) = \sum_i S_i \frac{N_i F_i(k)}{k_i r_i^2} \exp(-2k_i^2 \sigma_i^2 + 2/3 C_4 k_i^4) \sin[2k_i r_i + \varphi_i(k) - 4/3 C_3 k^3]$$
$$\tag{3.1.26}$$

として，C_3, C_4をフィッティングで決定する．また，各ピークが分離できる場合には，上述のRatio法を適用することができる．任意温度TにおけるEXAFSと十分低い温度T_0でのEXAFSの比をとれば，次式のように表される．

$$\ln[A_T(k)/A_{T_0}(k)] = \ln(N_T/N_{T_0}) + \ln(r_{T_0}^2/r_T^2) - (\sigma_T^2 - \sigma_{T_0}^2)k^2 + 2/3(C_{4T} - C_{4T_0})k^4$$
$$(\Phi_T(k) - \Phi_{T_0}(k))/k = 2(r_T - r_{T_0}) - 4/3(C_{3T} - C_{3T_0})k^2$$

(3.1.27)

さて,キュムラント展開で問題になるのがフィッティングパラメータの増加とパラメータ間の相関である.rとE_0とC_3およびσとNとC_4の間には強い相関がある.そこで,1種類の配位子しか配位していないときは,C_3, C_4(多くの場合はC_3のみで十分)を含む式(3.1.26)で非線形最小二乗フィッティングするよりも,式(3.1.27)を用いた方が線形フィッティングなので精度が良くなる.一方,2種類以上の配位子があるときには式(3.1.27)を用いることができず,式(3.1.26)も必要なパラメータが増えるため,かなり信頼性が落ちることを覚悟しないといけない.また非対称性が増すと,キュムラント級数の収束性が悪くなることにも注意を要する[27].

近年のコンピュータの発達によって,動力学的手法や分子力場計算による分子の形や振動数の予想が可能になった.こうしたシミュレーションプログラムで構造を予想し,これをもとにEXAFSを計算して実験と比較するという解析法がある.分子動力学計算ではエネルギーが最小となるように分子の形を変えて計算を進めるが,EXAFSと計算結果の残差の二乗和が最小となるように分子の形を変える手法もある.これは逆モンテカルロ法と呼ばれている[17].

3.1.6 ■ EXAFS解析におけるQ & A

(1) 見えないこと＝ないことか？

この質問に対して,[$Rh_2Cl_2(CO)_4$]の低温測定の例を取り上げてみよう[18].このRh錯体はダイマー構造をなし,Rh-Rh結合の距離は3.12Åである[19].したがって,EXAFSでRh-Rh結合が見えてきてもよさそうであるが,室温では見えない[20].低温に下げていくと,このRh-Rh結合が現れてくる.これは,Rh-Rh結合の熱振動によるデバイ・ワラー因子が大きく,室温では見えないためである.一方,近くにいるのに構造的な乱れにより結合距離にばらつきがあるために見えなくなる可能性もある.したがって,EXAFSで見えない＝存在しない,という関係は必ずしも成り立たない.むしろEXAFSで見えない＝その2つの原子の間にはしっかりした結合がない,と考えるべきであろう.また,この例からできるだけ低温で測定してみることが大切であることがわかる.

(2) FEFFは絶対に正しいか？

現在,さまざまな後方散乱強度と位相シフトを計算できるすぐれたプログラムがある.例えば,FEFFである.近年では,非弾性散乱因子やデバイ・ワラー因子も計算できるようになった.また,XANESや門偏光特性も計算可能である.しかし,必ず

第3章 XAFSの解析

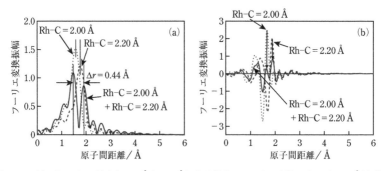

図3.1.7 (a) 2本のRh-C結合が2.00Åと2.20Åにある場合のフーリエ変換. Rh-Cが2.00Å(点線), およびRh-Cが2.20Å(破線)のものもあわせて表示している. (b) その虚部.

しも完璧に実験値を再現できるというわけではない．繰り返しになるが，よく構造のわかった標準サンプルもあわせて測定し，理論により求められたパラメータの精度を確かめながら注意深く解析を進めるのが肝要である．また，後方散乱強度については標準サンプルから得たものとFEFFによるものを組み合わせた方がよいフィッティングになることもある[21]．さらに例えばMoO_3では，各殻ごとに平均自由行程が異なるが，FEFFでは，すべての殻を1つとして扱うマッフィンティン近似を用いているので，必ずしも正しい非弾性散乱因子を与えず，1つ1つの殻ごとに平均自由行程を計算すると良く合う[22]．

(3) フーリエピークの数だけ配位子があるのか? また，ピーク位置は配位子との結合距離に対応しているのか?

この答えもNoである場合が多い．PtやAuなど重原子が配位子である場合，位相シフトの非線形性（Ramsauer-Townsend効果ともいわれる）によりピークが2つに分裂することが知られており，2つのピークが現れるからといってPtに2種類の異なる結合が存在するとするのは誤りである[23]．また，ピークが1本だからといって1種類しかないというのも間違いであり，フーリエ変換の範囲が十分に広くないと2つに分裂しない．Feは体心立方(bcc)構造をもち，8個のFe-Fe結合が2.482Å，4個のFe-Fe結合が2.867Åに存在する．しかし，Fe箔のEXAFSスペクトルでは，20 Kに冷やして$4 \sim 16 Å^{-1}$でフーリエ変換してやっと肩が見える程度である[24]．では，2つ配位子の存在が予想されかつピークが2本現れていたら，それぞれのピークが実際の配位圏と対応するのであろうか? これも必ずしも正しくない．例えばRhC_2という仮想分子について2本のRh-Cの結合距離を少しずつ変化させて計算してみると，図3.1.7 (a)に示すように，その差が0.20Å（一方が2.00Å，もう一方が2.20Å）しか離れていなくても2本に分裂するが，2つのピークの間隔は約0.44Åと異常に大きくなる．これは，

フーリエ変換の結果を絶対値ではなく虚部と実部に分けて考えてみると理解できる．図3.1.7(b)には虚部を示した．(b)では2つの結合が互いに逆位相で重なり合って打ち消し合い，(a)ではピークとなったところが小さくなり，逆に，両端が強調されてピークのようになっている様子がわかる．これは明らかに実際の結合距離とは異なる位置である．しかしよく見ると，矢印で示した虚部の小さいピーク位置は1.68Åと1.95Åとなり，その差は0.27Åである．一般に虚部のピークの方が，絶対値よりは現実値に近い[10]．結論として，複雑な対象になればなるほど，フーリエ変換から求めた動径分布関数は，本当の動径分布関数に等しいとは限らない．特に絶対値はいろいろな要因を受けやすいから，虚部を見ることを勧める．しかし，あくまでフーリエ変換は参考程度にして，予備知識をもとにモデルを考えて，カーブフィッティングで構造を決めていくのがよいということになろう．

これに関連して，20世紀の終わりから21世紀の初頭にかけて，1Å以下に現れるピークをAXAFS(atomic XAFS)とよび，意味あるものと考えられた時期があった．確かに理論的にはありうるようであるが，最近では，ほとんど研究例を見ない．この領域はバックグラウンドと重なる領域であり，スムージングスプライン法では，この領域を最小にするようにプログラムされている．バックグラウンドが引き切れないものが現れる領域であるから，たとえAXAFSが存在したとしてもその位置や強度を議論することは現実問題として難しいことになる．

(4) どこまで遠くが見えるのか？

EXAFSは近いところにある原子との結合が見えやすい．理由は，式(3.1.1)に$1/r^2$の項があり，後方散乱強度$F(k)$には，光電子の平均自由行程λに関係した$e^{-2r/\lambda}$という因子が含まれるからである．また，離れれば，散乱原子と吸収原子との間の相関が減少するから熱的揺らぎも増す．したがって，遠くまで見える条件は，

(1) 長距離秩序がはっきりとあること
(2) 熱的揺らぎが小さいこと
(3) 原子番号や配位数が大きく，干渉し合うような化学種が近くにないこと
(4) 後述するように原子が直線配置などをとり多重散乱効果が強くなる場合(影散乱効果という)

である．こうした条件が満たされると，5Åを超えるような長距離も見える．

EXAFSで遠くの構造まで見えるとよいと思うのだが，そうなると動径分布rの狭い範囲に多重散乱を含めさまざまな散乱経路が存在することになるから，解析が難しくなる．ほどほどに見えていることがEXAFSの解析を楽にしているともいえる．逆に，上の条件を満たしたものだけが見えてくると考えると，たまたま長距離のピークが見えたときに特定しやすい．まず普通に考えて，3Å程度までは確実に見えるとしてよいであろう．

これは私見であるが，2.4Åよりも遠方にある軽元素があたかも観測できたかのような論文を見かける．実際に計算してみるとよいが，2.4Åよりも遠方にあると，軽元素では十分な振動はえられないから，遠方にある軽元素については，注意深く考察すべきと思う．

(5) 多重散乱はどのように効くのか？

多重散乱に関して知っておくと解釈のときに役立つことを述べる．第1点は，多重散乱に起因するピークはフーリエ変換後の関数ではどこに現れるかということである．EXAFSの多重散乱理論を学んだ読者には自明なことではあるが，EXAFSのピークの出現位置は，(電子が通った経路の半分)+(位相シフト)であるから，電子がA–B–C–Aという経路を通ったときは，ピークは$(r_{AB}+r_{BC}+r_{CA})/2$のあたりに出現する．また第1配位圏のフーリエ変換後のピークを解析する際に，このピークだけを切り出して逆フーリエ変換し，k空間でフィッティングした場合には，多重散乱の効果を考慮しなくてよい．なぜなら，三角形の1辺は他の2辺の和より常に小さいからである．第2点は，多重散乱は∠ABCに依存するということである．すなわち，∠ABC=180°ではもっとも大きく(影散乱効果)，∠ABC=90°では多重散乱の効果は無視できる．長距離にあるものを解析するときに，その間に存在する原子の角が180°に近ければ多重散乱の効果を考慮しないといけない．

(6) 配位数の信頼性は？

EXAFS解析により得られる配位数の信頼性は10％程度といわれる．しかし，これはあくまで目安である．もし短距離秩序が十分にあり，良い標準を選んでくれば，もっと良くなる．逆にいろいろな原子の配位があったり，短距離秩序がない場合には信頼性は相当落ちる．読者のみなさんに，一度試してほしいことがある．ある既知サンプルをモデルとして，そこから後方散乱強度と位相シフトを計算し，それを用いて，この既知サンプルをフィッティングし直してみてほしい．どの程度合うだろうか？ また，フーリエ変換やフィッティングをするk, rの範囲，kの重みを適当に変えてみてもらいたい．得られた値は結構，もとと一致しないことに気づかれるであろう．こうしたことからフィッティングパラメータ間の相関により結果がどの程度あいまいになるかを理解してほしい．また，誤差に関してもこうして推定できる．

(7) 原子種はどこまで区別ができるのか？

一般的にいって，周期律表で1周期上下にずれると後方散乱強度のk依存性が相当異なるので，区別をつけることは可能である．また，位相もおよそπ程度ずれる．したがって，解析の結果，第1配位圏において単純な構造が予想されるにもかかわらず，デバイ・ワラー因子があまりにも大きくなったり，小さくなったり，E_0が0 eVから大きくずれるようであれば，配位子の原子種が違うと考えてよい．いずれにせよ，標準サンプルでE_0を見極めておく必要があるだろう．

(8) カーブフィッティングで求まった最適解が構造パラメータであるといってよいか？

　カーブフィッティングの最適解について，カイ二乗検定で誤差を評価したり，2つのフィッティングの結果を比較するときは，ハミルトン法を用いて評価して初めて，カーブフィッティングの結果を信頼性を担保した結果としてよいであろう．しかし，複雑な系ではそうもいかない．最適解，すなわち実験値と計算値との差が小さい解がより正解に近いかというとそれは正しくない．例えば，標準サンプルではR-factorが0.15程度であった．未知サンプルでは，いろんな配位子があり，複雑な構造であるので，いくつかの配位圏を仮定してR-factorが0.01になったとしよう．これは，正しい答えだろうか？　もちろん自由度とパラメータ数の差$M-P$は正の値になっている．標準サンプルではR-factorが0.15であることから，後方散乱強度と位相シフトにはそれなりの誤差（系統誤差）があることがわかる．その誤差を考慮してカイ二乗検定を行うと，未知サンプルでは，R-factorはかなり0に近づくと予想される．カイ二乗検定では，1よりはるかに小さい値になったら確率は0となるから，0.01という結果が出たら，迷わず却下する．すなわち，合いすぎなのである．合いすぎは，おかしい答えと考える．直感と反するが，それが自然界の原理である．

　さて，ここでいつも質問されることがある．それは他の何らかの理由で3つの異なる配位子が配位していることが明らかであるとき，$M-P$が負であっても3つの配位子を使ってフィッティングしないといけないのではないかという質問である．私の答えはNoである．EXAFSでは3つの異なる配位子のパラメータを決める自由度（情報量）が不足していて，フィッティングで決めることができない．2点しかないのに，理論式は5次式だからといって，5次式でフィッティングして，よく合っていましたと言っているようなものである．答えは不定となり，解は定まらない．

　私が推奨したいのは，パラメータを減らして，標準サンプルも一緒に解析し，比較し，相対的に結論を出す方法である．またEXAFSを測定する前に，構造に関して予想されるモデルをある程度絞り込んでおく．また，対立する候補もいくつかあげておく．EXAFSを測定して，その実測とモデルから計算した値を比較してみる．誤差の範囲で一致ということになればモデルを絞り込むことができるし，対立する候補が否定できれば，EXAFSによりこのモデル構造は否定されたという議論ができる．このときにはハミルトン法が役立つだろう．有力なモデルがEXAFSで否定されたときは，その原因をEXAFSに探る．すなわち，rとkの両空間で一体どこの部分が合わなかったかを吟味してみる．これにより新たなモデルが出てきたり，モデルを改造すればよいこともあるだろう．

　これはベイジアン統計的な考え方であり，Krappe-Rossner Bayesian解析を勉強するとよい[25]．

(9) どこまで弱い散乱をみることができるのか？

　主な配位子以外に配位子がついているのかを見たいという願望はよくある．例えば，担体上の金属ナノクラスターと担体との結合や，金属ナノクラスターについた吸着種などである．これらの場合には，金属ナノクラスター内の金属－金属結合が大きく，金属－担体結合や金属吸着種の結合が隠されてしまう．それでもフィッティングにより酸素が見えた場合，これにより酸素があるとしてよいかについては，先に述べたハミルトン法で統計的に評価できる．また，吸着種であれば，吸着前後の差スペクトルを見るとよいであろう．例えば，Ni_2P のナノクラスターへの硫黄Sの吸着では，1/10程度の変化をとらえることができる[26]．このように，軽元素など弱い散乱体をとらえるときは，相当の覚悟と注意深さで実験を計画し，実施し，解析をすべきである．安易にフィッティングで出ましたといったり，論文に書いてある方法をまねてやりましたといったりしてはいけない．

(10) EXAFSの適用に向き，不向きはあるのか？

　EXAFSは非晶質や気体，液体，触媒でも何にでも応用できる有効な方法として流布されてきた．しかし，EXAFSにも向き，不向きがある．EXAFSはX線を吸収する特定原子周辺の構造を調べる手段であるから，他がどんなに複雑でも，X線を吸収する原子のまわりが秩序立った構造をしていれば(例えば生体系など)，EXAFSは有用である．しかし，吸収原子がいろいろな結合状態にある場合には平均的な構造しか得られないために，他がどんなに単純な構造をしていても無力となる．また，試料の化学反応を追跡する場合などで，生成物と原料の中に含まれる数％程度の中間体の構造をEXAFSだけで決定することは難しい．しかし，実際には，EXAFSには不向きだけれども他の手法ではどうにもならないような系を調べたいことも多い．最初からEXAFSの測定を断念することも1つの見識であるが，測定してみると思わぬ糸口が得られることもある．また，(8)で述べたようにモデルを考えて解析を進めることもよいであろうし，思い切って単純化して，既知化合物と比較しながら，ポイント，ポイントを議論していくことも有効であろう．最初は細かいことにとらわれず，特定の結合の寄与だけに絞って議論を進め，精密化していくことも考えられる．例えば，金属－金属結合と金属－配位子結合が共存する系では，金属－金属結合のEXAFSが強いので，金属－金属結合の動きだけを調べていくと新しい知見が得られることもある[27]．また，XANESは微量な変化に対して敏感なことがあるので，その変化から共存物質の組成を求めてEXAFSを解析することも可能であろう[28,29]．

　最初に述べたとおり，EXAFSの解析プログラムをそのマニュアル通りに使って解析しても，正しい答えには到達しない．EXAFSの現れ方を見て，その振動の本質を見極めるとともに，他の物理化学的手法による情報と物理・化学に関する知識を総動員する．絶対構造を決めるというよりは，その物質の構造およびその変化の本質を見

抜くことに重点をおくことが大切である．

3.2 ■ REXを用いたXAFS解析

本節と次節では初心者向けに，代表的なXAFS解析プログラムであるREX2000とifeffit GUI（Athena, Artemis：最新版はLarch）の使い方について述べる．**表3.2.1**にはこれらのプログラムの長所・短所をまとめた．使用者の用途に合わせて両方とも活用できるようになってほしい．

ここではREX2000（以後，REXと略す）による初心者向けのEXAFS解析の基本操作について解説する．なお，各種セットアップや詳細内容などはソフトに付属しているマニュアルをご覧いただきたい．

REXによる解析の大まかな手順は，（1）各種放射光施設（PF, SPring-8, 立命館SR, SAGA Light Sourceなど）で測定したEXAFSデータを読み込み，（2）バックグラウンド処理などのEXAFS振動の抽出を行い，（3）フーリエ変換した後，（4）カーブフィッティ

表3.2.1 代表的なXAFS解析プログラムの比較

項　目	ifeffit GUI (Athena, Artemis)	REX2000
概　要	ifeffit（開発者：Dr. Matt Newville）をGUIで実行できるようにしたXAFSデータ解析プログラム（開発者：Dr. Bruce Ravel）	株式会社リガクにより開発されたXAFSデータ解析プログラム
特徴と長所	・無料 ・対応OSが多い ・FEFFによる解析 ・複数データの同時解析が容易 ・マニュアルやレクチャーが充実 ・ユーザーによる拡張性が高い ・豊富なプラグイン 　（各放射光施設のデータがそのまま使用可能）	・日本語・英語版 ・わかりやすく直感的なGUI ・初期設定のみで解析ができる利便性 ・複数スペクトルの解析に対応 ・速い処理速度（CPUの依存度が低い） ・複数の解析法に対応 　（標準サンプル，Ratio法，FEFF） ・FEFFインターフェースを標準装備 ・シミュレーション機能 ・マニュアルや人的サポートが充実
短　所	・GUIが複雑 ・処理速度が遅い ・プログラムのサポートが終了	・有償 ・Windowsのみ ・FEFF（version 7, 8）は別に費用がかかる 　（FEFF6-Liteは無料） ・複数スペクトルの解析には不向き
備　考	・次世代プログラム 　− Demeter 　− ifeffit2（Larch）	・仮想化ソフトがあればMacOS Xでも使用可能
website	http://cars9.uchicago.edu/ifeffit/	https://www.rigaku.com/ja/products/xrd/software/rex2000（2017年6月時点）

ングを実施する,である.以下ではそれぞれについて説明する.

3.2.1 ■ EXAFS データの読み込み

Windowsの「スタート」ボタンをクリックし,「プログラム」からREX2000 Ver.2.6を選ぶか,デスクトップにあるREXのアイコンをダブルクリックすると,「REX2000起動メニュー」(図3.2.1)が現れる.

EXAFSのツールボタンをクリックするとEXAFS振動抽出のメイン画面が現れる.メニューまたはツールボックスのフロッピーディスクのアイコンで解析したいファイルを開く.ツールボタンなどで読み込めるファイルは拡張子が「*.ex3」または「*.rex」であるものである.前者は各種放射光施設で実施したEXAFSデータ(生データともいう)を付属のデータ変換モジュールにより変換したもので,後者はREXですでに解析を行って保存されたファイルである.解析したいデータファイルが開かれるとダイアログ画面が現れる.

図3.2.1　REX2000起動メニュー

3.2.2 ■ EXAFS 振動の抽出

REXではデータファイルが読み込まれると,自動的に各解析パラメータが設定され,バックグラウンド処理,μ_0の計算,EXAFS振動の抽出が行われ,その結果がEXAFS振動抽出のタブとダイアログに示される.

図3.2.2はCu箔のEXAFSデータ(ex3形式)を読み込んだ直後の画面である.EXAFS振動抽出タブの画面は,①EXAFSデータ表示エリア,②フーリエ変換(FT)データ表示エリア,③EXAFS振動表示エリアで構成されている.①にはEXAFSデータ,バックグラウンド,μ_0,解析条件パラメータのフラグが表示される.オレンジ色のフラグは変更可能状態(アクティブ)を示し,マウスをクリックするか,数値入力で値が変更できる.②には,μ_0の計算方法として,「スムージングスプライン(Cook&Sayers)」(初期設定値)が選択されたときにはFT変換の結果が表示される.③にはEXAFS振動データ$k^n\chi(k)$が表示される.

EXAFS振動抽出のダイアログは,④解析パラメータエリア,⑤解析条件エリア,⑥コマンドボタンから構成されている.解析パラメータの変更は,④にある「Set」ボタンをクリックし,オレンジ色(アクティブ状態)に変更した後,マウスまたは微調整ボタンや数値入力により行う.REXではほとんどの場合,初期値でEXAFS振動の

3.2 REX を用いた XAFS 解析

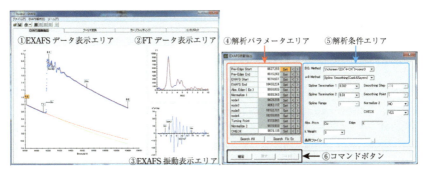

図3.2.2　EXAFS振動抽出のタブ（左）とダイアログ（右）

抽出が可能である．しかし，FT結果のノイズ部分（$R<0.5$ Å, 9 Å$<R<10$ Å）とEXAFS部分（1 Å$<R<5$ Å）の大きさの比率が適切でない場合は，⑤にあるMethodやパラメータを変更するとよい．うまくEXAFS振動が抽出されたら，⑥にある「確定」ボタンを押し，変更した解析パラメータや条件を確定する．

3.2.3 ■ フーリエ変換（FT）

「→FT」ボタンを押すと，図3.2.3に示すように自動的にEXAFS振動データ$k^n\chi(k)$がフーリエ変換され，動径分布関数（radial distribution function, RDF）が得られる．①にはEXAFS振動データ（青），等間隔データ（赤），窓関数（グリーン）が表示される．②にはRDF（青），FTの実部（赤），FTの虚部（グリーン）が表示される．③にはRDF（青），Maximum Entropy Method（MEM）データ（グリーン）がプロットされる．

フーリエ変換のダイアログでは各種パラメータが変更できる．うまくフーリエ変換

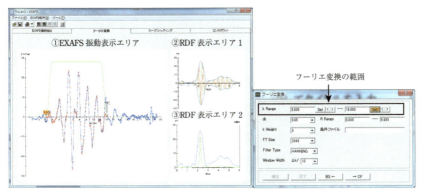

図3.2.3　フーリエ変換のタブ（左）とダイアログ（右）

ができたら，ダイアログ画面にある「確定」ボタンを押し，変更したフーリエ変換パラメータや条件を確定する．

3.2.4 ■ カーブフィッティング（CF）

うまくFTができた後は，RDFの任意のピークを切り出して(Fourier filtering, FF)，逆フーリエ変換(reverse Fourier transform)し，非線形最小二乗法により配位数N，原子間距離Rなどのパラメータを計算する．ここでは，標準サンプルから後方散乱振幅$F(k)$と位相シフト$\phi(k)$を抽出し，カーブフィッティング(CF)を行うところを説明する．FEFF計算の結果によるカーブフィッティングについては付録D(web上に公開)で記述する．

A. 標準サンプルからの後方散乱振幅 $F(k)$ と位相シフト $\phi(k)$ の抽出

解析に適している標準サンプルは，構造が明確に知られており，かつ単一種の結合距離を有する化合物である．まず，REX2000起動メニュー(図3.2.1)から「標準試料」のボタンを押す．図3.2.4のように標準試料のメイン画面が現れたら，FTまで解析された標準サンプルのEXAFSデータ(＊.rexファイル)を読み込む．すると，メイン画面の逆フーリエ変換のタブがアクティブになり，逆フーリエ変換のダイアログ画面が表示される．

図3.2.4は標準試料としてFTまで解析されたCu箔のrexファイルを読み込んだ結果を示す．①にはフーリエ変換後のデータ(RDF:青)と窓関数(グリーン)が表示される．②には①で選んだ範囲を逆フーリエ変換した結果がプロットされる(実部：青，虚部：赤)．逆フーリエ変換ダイアログでRDFの範囲を設定し，「確定」ボタンでパラメータを確定する．次に「→BP」ボタンを押すと，標準試料のメイン画面では後方散乱振幅と位相シフトのタブがアクティブになり，後方散乱振幅と位相シフトダイアログ

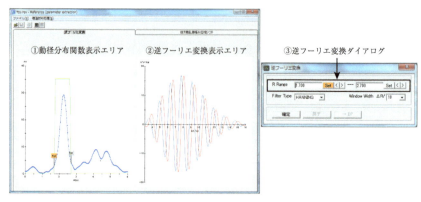

図3.2.4 標準試料処理のタブ(左)とダイアログ(右)

3.2 REXを用いたXAFS解析

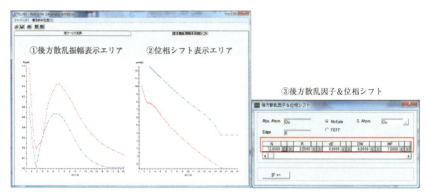

図3.2.5 後方散乱振幅と位相シフトのタブ(左)とダイアログ(右)

(図3.2.5)が表示される.

図3.2.5の①には後方散乱振幅が,②には位相シフトが表示される(青:標準試料のEXAFSから求めた計算値,赤:参照比較のための理論値(ダイアログでMcKaleまたはFEFFテーブルが選べる)).後方散乱振幅と位相シフトのダイアログには標準試料の散乱原子の種類(S. Atom),配位数(N),原子間距離(R),エッジシフト(dE),デバイ・ワラー因子(DW),平均自由行程(MF)を入力する.dEはここで求めたパラメータが基準になるので「0(ZERO)」とする.電子の平均自由行程(MF)は経験的に7Åをデフォルト(初期値)とする.これらのパラメータを設定し終わったら,メニューの「ファイル(F)」にある「名前を付けてファイルの保存(A)」を選択するか,ツールボックスのフロッピーディスクのアイコンで標準サンプルから抽出した後方散乱振幅と位相シフトデータファイルを保存する(例えば,Cu-Cu_1st shell_Cu-foil.ampなどのファイル名).

B. カーブフィッティングパラメータの設定とフィッティング

3.2.3項のフーリエ変換ダイアログ(図3.2.3)で「→CF」ボタンを押すと,カーブフィッティングメイン画面(**図3.2.6**)とダイアログ(**図3.2.7**))が表示される.

図3.2.6の①には解析したいデータのRDF(青),フィッティングデータのRDF(赤),窓関数の範囲(グリーン)が表示される.②には①のRDFを窓関数の範囲で逆フーリエ変換(RFT)した結果がプロットされる.②の青は解析したいデータ,赤はフィッティングデータをそれぞれ逆フーリエ変換した結果で,グリーンは青と赤の残差を表す[注2].

次に,図3.2.7のCFのダイアログにおいては,まず,①で逆フーリエ変換の範囲を

[注2] 標準サンプルから抽出した後方散乱振幅と位相シフトデータ,すなわち,フィッティングデータと解析したいデータのFT範囲(Fitting range)をそろえる.

第3章 XAFSの解析

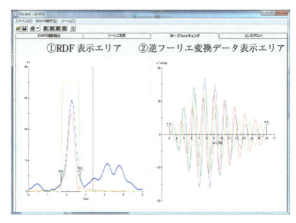

図3.2.6　カーブフィッティングのタブ

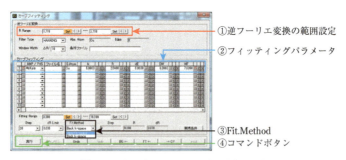

図3.2.7　カーブフィッティングのダイアログ

設定する．次に，②でフィッティングパラメータを設定する．ここでは，AMP/PHS（後方散乱振幅と位相シフト）でReferenceを選び，標準サンプルから抽出したAMP/PHSファイル（＊.amp）を選択する．S. Atomを確認した後，N, Rを直接手入力するまたは微調整ボタンで調整する．dEとDWの初期値はそれぞれ0.00, 0.06にする．MFは7.0で固定する（右側のボックスにチェックを入れる）．③にあるFit. Methodは「Direct k-space」にする．適切なフィッティングパラメータをすべて設定した後，④にある「実行」ボタンを押すと，CFが自動的に実行され，カーブフィッティングのタブにCFの様子が表示される．CF結果が収束するまで，数回「実行」ボタンを押す．

CFの成否に関する結果は図3.2.8の⑤にR-factor（％）として表示される．⑥の「e.s.d」ボタンを押すとフィッティングの統計誤差（誤差行列の平方根）が現れる．うまくCFが終わったら，e.s.d.ダイアログを閉じ，メインメニューで解析結果を保存した後，終了する．

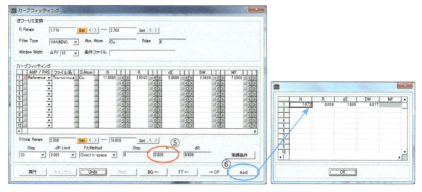

図3.2.8 カーブフィッティングの結果表示

3.3 ■ Athena-Artemisを用いたXAFS解析

Athena-ArtemisはXAFS解析を行うフリーソフトである．EXAFSの解析を行う場合は，Athenaでバックグラウンド除去を行い，ArtemisでEXAFS振動のフィッティングを行うことができる．

プログラムは下記のサイトからダウンロード可能である．

http://bruceravel.github.io/demeter/

Windows用のexeファイルとUnix/Linux用のsource codeがある．Linuxのディストリビューションであるubuntuへのインストールは，下記のサイトが参考になる．
https://bruceravel.github.io/demeter/documents/SinglePage/demeter_nonroot.html
Macへのインストールについては，ダウンロードサイト内の説明にあるようにMacPorts (https://www.macports.org/) を利用することでインストール可能である．

3.3.1 ■ Athena

A. データの読み込み・保存

インストールされたAthenaを起動すると，図3.3.1に示すウインドウ（Windows版の場合）が立ち上がる．図3.3.1のようにウインドウは機能ごとに区画が分かれている．Athenaでは複数のデータを一度に読み込むことができ，データエリアにデータ名が表示される．ファイルを開くときには，ツールバーから「File」→「Open File (s)」を選び，開きたいファイルを含むフォルダに行き，ファイルを選択する．Controlキーを押したままファイルを選択すると，一度に複数のファイルを選択することができる．読み込めるデータはテキスト形式で，1列目がエネルギー，2列目が吸光度というよ

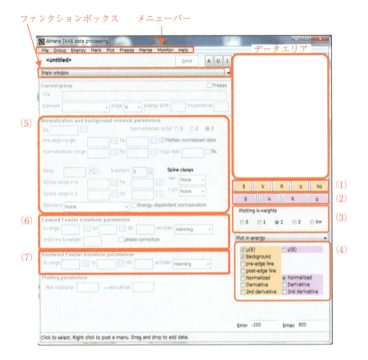

図3.3.1 Athenaを起動した後の画面
(1) グラフの表示切り替え（上のデータエリアでハイライトされているデータ）．
(2) 複数データのグラフ表示切り替え（上のデータエリアでチェックされたデータ）．
(3) $\chi(k)$ および $\chi(k)$ のフーリエ変換の重み付け（$k^a\chi(k)$：$a=0,1,2,3$）．
(4) グラフに表示する項目の選択：バックグラウンド，プリエッジなどを表示するときに使用する．
(5) バックグラウンドの設定項目：Athenaではautobkというプログラムをもとにバックグラウンドを演算する．バックグラウンドとEXAFS振動の抽出のためのパラメータをここで設定する．
(6) $\chi(k)$ でフーリエ変換に用いる範囲の設定を行う．
(7) $\chi(k)$ のフーリエ変換を逆フーリエ変換するときの範囲を設定する．

うなファイルである．

　日本の放射光施設でXAFSを測定すると，**図3.3.2**(a)に示すデータ形式（9809データフォーマット）でデータを持ち帰ることができる．通常Athenaでは，このデータフォーマットを読み込むことができないが，Athenaのデータフォーマットプラグインを有効にすることで，このデータ形式を読み込むことが可能となる．具体的には，メニューバーの「Settings」→「Plugin registry」とたどると（図3.3.2(b)），Plugin registryにさまざまなデータ形式に対応したプラグインが現れる（図3.3.2(c)）．この中か

3.3 Athena–Artemis を用いた XAFS 解析

(a)
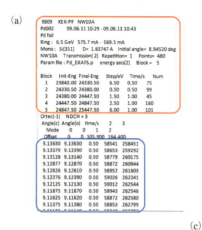

(b)  (c)

図3.3.2 Athena ファイルプラグインの設定
(a) 9809 データフォーマット．
(b) ファンクションボックスの中から，「Plugin registry」を選択する．
(c) ファイル読み込むためのプラグインが表示されるので，「PFBL12C」にチェックを入れる．

ら，PFBL12C にチェックを入れる．

B. データの保存

データを保存するときには，ツールバーから「File」を表示して，「Save entire project」，「Save entire project as …」もしくは「Save marked groups as a project …」を選ぶ．Artemis を用いて解析する場合は，Athena のプロジェクトファイル (prj ファイル) を読み込むことができるので，このように prj ファイルとして保存しておくのが便利である．

105

3.3.2 ■ Artemis

ArtemisはAthenaなどで抽出したEXAFS振動のフィッティングを行い,構造パラメータを求めるプログラムである.REX2000では,フィッティングに必要なパラメータを標準サンプルから求め,それらを用いてフィッティングを行う.一方,Artemisの場合はXAFSスペクトルから抽出したEXAFS振動に対して,FEFFで計算した後方散乱振幅などのパラメータを用いフィッティングを行う.

Artemisの画面は図3.3.3に示すように,メインウインドウ(M),プロットウインドウ(P),データウインドウ(D)の3つから構成される.データウインドウはAthenaで解析したデータを読み込ませると表示される.

A. ファイルの読み込み

①Athenaプロジェクト(prj)

Athenaのプロジェクトファイル(prjファイル)を開くときには,メインウインドウのM-4にあるAddボタンをクリックする.ウインドウが開きAthenaのプロジェクトファイルの選択を求められるので,該当するAthenaのプロジェクトファイルを選択する.prjファイルに複数のファイルが含まれている場合には,ハイライトされているデータが取り込まれる.

②$\chi(k)$データ

Athenaや他のプログラムで,バックグラウンドを差し引いたEXAFS振動のデータを読み込ませるには,メインウインドウのツールバーから"File→Import...→$\chi(k)$ data"とたどる.Athenaプロジェクトを選択する際と同様に,ファイルの選択を求められるので,$\chi(k)$のデータファイルを選択する.($\chi(k)$のデータファイルは,".chi"としておく)

B. FEFFの使用

Artemisを用いてフィッティングを行うには,FEFFを用いて後方散乱振幅などを計算し,その結果を読み込む必要がある.FEFFによる計算を用いるには,メインウインドウの"FEFF calculations"のAddボタンにマウスカーソルを合わせる.Addボタンの上で右クリックをするか左クリックをすることでFEFFの計算方法を変えることができる.

右クリック:すでに読み込まれているFEFFのインプットファイルやAtomsのインプットファイルを選択する.もしくは新たにAtomsのインプットファイルを作成する.Atomsを使ってFEFFの入力ファイルを作成する.

左クリック:すでに作成しているFEFFのインプットファイル(feff.inp)を読み込ませる.ArtemisにはFEFF6が付属しているので,feff.inpを読み込ませることでFEFFの計算を行うことができる.

3.3 Athena–Artemis を用いた XAFS 解析

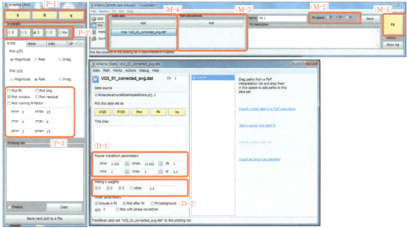

図3.3.3 Artemis を立ち上げた後の画面

メインウィンドウ（M）
(M-1) フィッティングボタン：フィッティングを実行するときに使用する．
(M-2) フィッティング空間の設定：EXAFS データを，EXAFS 振動 $\chi(k)$，EXAFS 振動のフーリエ変換 $F(R)$ もしくは逆フーリエ変換 $\chi(q)$ のいずれでフィッティングするかを選択する．
(M-3) FEFF 計算ボタン：Atoms や FEFF のインプットファイルの作成・選択などを行う．
(M-4) データ表示領域：読み込んだデータ名を表示する．

プロットウィンドウ（P）
(P-1) データ表示切り替え：EXAFS 振動を k, R, q 空間のいずれの空間で表示するかを選択する．
(P-2) EXAFS 振動 $\chi(k)$ およびそれらの重み付け（$k^a\chi(k)$：$a = 0, 1, 2, 3$）：このパラメータに従ってグラフのデータ表示が変わる．
(P-3) 表示グラフの設定：窓関数の表示や k, R, q 空間での表示範囲（横軸）の設定を行う．

データウィンドウ（D）
(D-1) フィッティングに関するパラメータ：EXAFS 振動のフーリエ変換のパラメータを設定する．
(D-2) フィッティングを行うデータの重み付けを選択する（複数選択可）．

フィッティングを行う場合には，上記のようにして計算した FEFF のファイルとフィッティングパラメータを設定し，Artemis ウインドウ右上の Fit をクリックする．

C. ファイルの保存

Artemis も Athena と同様に，Artemis のプロジェクトファイルとして保存することができる．具体的にはツールバーの「File」→「Save project」もしくは「File」→「Save project as …」から，読み込んだデータ，FEFF の計算，フィッティングパラメータなどをプロジェクトとして保存できる．

なお，Athena/Artemis の使用法については下記のサイトにチュートリアルがあるので，そちらも参照されたい．

・http://pfwww.kek.jp/innovationPF/04_EVENT/XAFS_Seminor_1010/analysis.pdf
・http://support.spring8.or.jp/Doc_lecture/PDF_090127/xafs_5.pdf
・XAFS Org.: http://xafs.org/Tutorials

3.4 ■ XANES

X線吸収スペクトルにおける吸収係数が急激に変化する直前から高エネルギー側数10 eVまでの微細な構造は内殻電子の非占有軌道への遷移および多重散乱に基づいており，XANESまたはNEXAFSと呼ばれる（1.1節および2.3節を参照）．XANESの形状は解析対象とする元素に結合する原子の数，対称性，配位子または元素の種類，原子価状態など，数Å程度までの局所構造および化学結合状態に敏感であり，電子状態に関する研究のほか，定性定量分析，局所構造解析などの未知試料の評価から速度論的解析などまで，幅広く利用されている[30~34]．

軟X線と硬X線のXANESに本質的な違いはないが，主に軽元素を対象にした軟X線と，重元素を対象にした硬X線とで多少性格が異なるところもあるので，これらを分けて評価，解析例を紹介する．

3.4.1 ■ 硬X線 XANES

A. 価数評価

（1）K吸収端 XANES

X線吸収スペクトルの吸収端エネルギーは内殻電子の結合エネルギーに相当することから，原子価が変化すると真の吸収端はシフトしうる．例えば図3.4.1に示すマンガン化合物など，特に前周期3d遷移金属の形式電荷に対応した吸収端シフトは広く知られており，標準物質と未知試料のスペクトルを測定して酸化状態を推測することが可能である．

一例として固体強酸である硫酸化ジルコニア触媒のアルカン骨格異性化反応活性を向上させる微量の添加物の解析を行った結果を図3.4.2に示す[35]．Mn K吸収端XANESスペクトルの見かけ上の吸収端位置は硫酸イオンが存在する高機能触媒では2価に近く，硫酸イオンが存在しない不活性触媒は3価に近い．この研究では反応ガス導入/排気により高活性触媒のスペクトル形状が可逆的に変化することも確認されており，硫酸化ジルコニア上の2価硫酸マンガン種が基質と直接相互作用していることが示された．

図3.4.3は$Li_{1-x}Mn_{1.69}Ni_{0.31}O_4$を正極として組み上げた電池試料のNi K吸収端

3.4 XANES

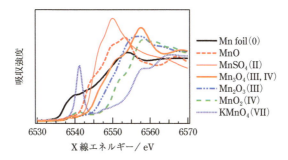

図3.4.1 価数の異なるマンガン化合物のMn K吸収端XANESスペクトル．酸化数が大きくなると吸収端は高エネルギー側へシフトしている．

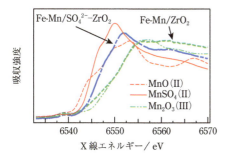

図3.4.2 マンガンイオン添加触媒(873 K空気中焼成)および標準試料のMn K吸収端XANESスペクトル[35]．硫酸イオンが共存する高活性触媒の吸収端およびスペクトル形状は2価硫酸塩に近い．

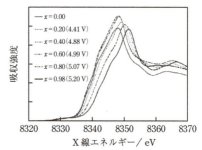

図3.4.3 $Li_{1-x}Mn_{1.69}Ni_{0.31}O_4$のNi K吸収端XANESスペクトル[36]．電圧を印加して充電された状態ではLiイオンが引き抜かれて高酸化状態へ変化している．

XANESスペクトルである[36]．4 V以上の電圧を印加した状態で測定された場合の吸収端はもとの状態と比較して高エネルギー側へシフトしており，5.20 V印加した状態では約4 eVシフトしている．このときニッケルイオンは2価から4価へ酸化され，電荷補償によりLiイオンの放出が起こっていると解釈されている．こうしたXANESスペクトルの吸収端シフトは電池材料の充放電状態を反映したプローブとして，近年，二次電池材料の評価に多用されている．

(2) L_3吸収端XANES

2p電子はd軌道への電気双極子遷移が許容であり，L_3吸収端に対応する$2p_{3/2}$電子の内殻吸収では最外殻d軌道の占有の程度が低い場合には強いピーク(ホワイトライン)が吸収端に重畳して観察される．その強度はd電子密度と密接に関連し，Rh, Pd,

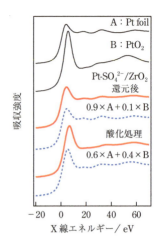

図 3.4.4 Pt-SO_4^{2-}/ZrO_2 触媒の Pt L_3 吸収端 XANES スペクトル[37]. 触媒試料のスペクトルは標準スペクトルの足し合わせにより再現可能である.

Pt および Au を含む未知試料の酸化状態の評価に利用された例が数多く報告されている. 特に自動車排ガス浄化触媒や燃料電池触媒など固体触媒として有用である白金について, 従来型の測定からある特定の反応雰囲気下での測定や, 時分割測定による速度論的検討, 酸化状態分布のマッピングに関する研究などが盛んである.

図 3.4.4 はパラフィンの骨格異性化にすぐれた触媒特性を示す白金添加硫酸化ジルコニア触媒の焼成後(酸化体)および還元処理後の Pt L_3 吸収端 XANES スペクトルである[37]. 触媒試料のホワイトラインの高さはゼロ価, 4 価標準スペクトルの中間であり, 線形結合によりそれぞれの存在比率が検討された. 精密な解析は EXAFS とあわせて行われており, 触媒上の白金種は金属状態の白金種が酸化物の薄層に被覆された状態で存在し, 処理条件によりその量が変化すると結論された.

その一方で白金化合物の形式電荷とホワイトラインの高さは必ずしも比例関係になく[38], 波形分離してホワイトラインピーク面積を求める場合であっても, 未知試料の価数評価には注意が必要である. また金属 Pt の L_3, L_2 吸収端 XANES スペクトルから空 d 電子密度数を見積もる簡便な手法が Mansour らにより提案されており[39], 担持白金触媒の電子状態の検討[40]などに利用されている.

第 6 周期元素の中でもランタノイド化合物の L_3 吸収端 XANES スペクトルでは酸化状態による見かけ上の吸収端エネルギーの変化が大きい. 例えば Eu や Yb 化合物では L_2, L_3 吸収端において 2 価, 3 価間で 7 eV 程度の異なる位置に強いホワイトラインをともなったスペクトルが観察される. 異なる価数成分が混在する場合は, 図 3.4.5[41] のようにそれぞれの酸化状態に対応したピーク関数と arctangent 関数を用いてスペクト

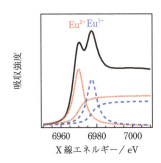
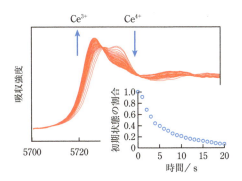

図3.4.5　EuNi$_2$(Si$_{0.05}$Ge$_{0.95}$)$_2$のEu L$_3$吸収端XANESスペクトルおよびその価数評価シミュレーション[41].

図3.4.6　Ce$_2$Zr$_2$O$_8$の還元処理過程についての時分割Ce L$_3$吸収端XANESスペクトルおよび3価種割合の変化[42]．300 ms間隔で測定．

ルの波形分離を行い，価数存在状態を定量的に評価する手法が広く利用されている．2価，3価が混在するEuを含む材料としては強相関系材料，蛍光体，触媒などが知られている．特に磁性材料などにおける温度，圧力，磁場，化学組成などさまざまな要因により2価，3価の比率が変化する現象に対し，XANESを利用した解析が数多く報告されている．

第6周期元素を含む材料では酸化状態に対応したL$_3$吸収端XANESのスペクトル形状の変化が大きく，近年は時分割測定が活発に行われている．例えば自動車排ガス浄化触媒に添加される酸素貯蔵材料Ce$_2$Zr$_2$O$_8$の還元過程（酸素放出）をCe L$_3$吸収端XANESによって追跡した系（図3.4.6）[42]では，初期状態と終状態の線形結合により変化する各成分の存在比率を求めることで，速度論的解析が行われた．この材料については酸化過程およびZrサイトの変化の時分割XANES/EXAFS測定による追跡も行われている．

価数変化にともなう見かけ上の吸収端エネルギーのシフト量は，図3.4.7に示すように元素群によりその特徴が異なる[38]．3d遷移金属元素のK吸収端では数eV程度，第6周期元素のPt, Pb, BiなどのL吸収端では1 eV以下である一方，同周期の希土類元素では際立って大きい．同一価数でも化合物間の見かけ上の吸収端位置が数eV以上異なる場合がある．これは内殻吸収が重畳するためである．先にXANESスペクトルの見かけ上のシフトにより価数評価を行った例をあげたが，局所構造が類似していない限り未知試料の価数評価の確度は定かではなく，安易な評価は避けるべきである[38,43,44]．たとえ二成分の混合状態でも見かけ上の吸収端位置のシフトは価数変化に対して直線関係が成立しないことは容易に確認可能であり，価数混合状態の絶対値をシフトのみで評価することは避け，波形分離などと併用して行う方がよい．

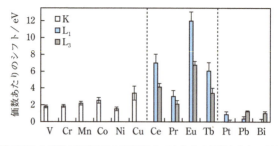

図3.4.7 3d遷移元素および第6周期元素のXANESスペクトルの価数あたりの見かけ上の吸収端シフト[38].

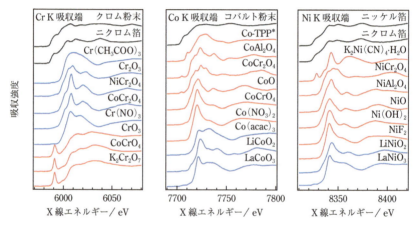

図3.4.8 Cr, Co, Ni化合物のK吸収端XANESスペクトル. ＊Co(II)：meso-tetraphenylporphyrin.

(2) 定性定量分析

XANESスペクトルの形状は化学状態に対して敏感に変化するため，参照試料のスペクトルと比較するだけでも得られる情報は多い．図3.4.8は価数および局所構造の異なるクロム，コバルトおよびニッケル化合物のK吸収端XANESスペクトルである．対象とする元素種が異なっていても局所構造が同一であれば類似したスペクトルとなる．例えばCoOとNiOは岩塩型構造，$LaCoO_3$と$LaNiO_3$はいずれもペロブスカイト型構造であるが，スペクトルの類似性は明らかである．またニクロム箔（Ni80/Cr20）のNi, Cr K吸収端XANESスペクトルの形状はいずれもニッケル箔（fcc構造）のものと類似している．相図から予想されるとおり，このNi-Cr合金中のクロム種は主成分であるニッケル金属と同じ局所構造をとり，fcc構造で固溶体を形成していることが示唆された．

3.4 XANES

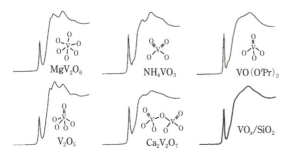
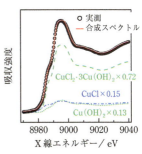
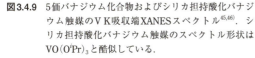

図3.4.9 5価バナジウム化合物およびシリカ担持酸化バナジウム触媒のV K吸収端XANESスペクトル[45,46]. シリカ担持酸化バナジウム触媒のスペクトル形状はVO(O^iPr)$_3$と酷似している.

図3.4.10 焼却飛灰に含まれる銅種のCu K吸収端XANESスペクトルと標準スペクトルによるシミュレーション[47].

図3.4.9はさまざまな5価バナジウム化合物およびシリカ担持酸化バナジウム触媒(VO_x/SiO_2)のV K吸収端XANESスペクトルである[45,46]. たとえ同じ5価, 4配位のバナジウム種であってもスペクトル形状の相違は識別可能であり, シリカ担持酸化バナジウム試料のスペクトル形状はバナジウムイソプロポキシドのものときわめて類似していることは明らかである. このことはシリカ表面上のバナジウム種はバナジル基 (V=O二重結合) 1個を有する単核の四面体を形成していることを示しており, 推定する構造の妥当性はEXAFSやその他の手法での解析により裏づけられている.

複数の化学種が共存する場合には標準試料のスペクトルのパターンフィッティングにより構成成分の比率を求めることが可能である. 例えば都市ゴミ焼却炉の灰に含まれる銅種の評価に用いた例[47]では, 主成分は2価塩化物と水酸化物の複塩であるアタカマイトであり, 水酸化物と塩化物が混在していることが明らかとなった(図3.4.10). ゴミ焼却施設におけるダイオキシン類の再合成に対する銅種の役割を解明するために行われた加熱時のその場測定において, ダイオキシン類が生成する温度領域では酸化雰囲気下でも1価銅種が主成分であることが実証されている[47].

近年では統計学的手法に基づく主因子解析により, 一連のスペクトル群から構成成分数およびその比率を求めることが行われている[48~50]. この手法では参照となるスペクトルが存在しない場合でも構成成分のスペクトルを予想することが可能であり, 中間体の推定, 反応機構解明, 高機能材料の機能発現の要因解明など今後の解析技術の発展と応用が期待される.

(4) 対称性の影響

電気双極子遷移の選択律は$\Delta l = \pm 1, \Delta j = 0, \pm 1$である. X線吸収による内殻電子の非占有軌道への遷移には, 電気双極子遷移, 電気四重極子遷移および磁気双極子遷移の遷移モーメントが関係するが, 一般的な解析に際しては磁気双極子遷移の寄与は無視

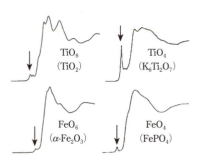
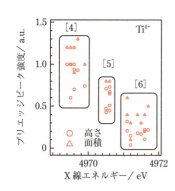

図3.4.11 FeおよびTi K吸収端XANESスペクトル．四面体化合物のプリエッジピーク強度は八面体配位化合物のものより大きい[53]．

図3.4.12 配位数の異なるTi化合物のK吸収端XANESスペクトルのプリエッジピーク特性[53]．

できる．電気四重極子遷移に基づくピークは吸収端前のいわゆるプリエッジ領域に出現し，局所構造，電子構造の解釈に利用されているほか，計算科学的な検討も精力的に行われている．しかしながら電気四重極子遷移の遷移モーメントは電気双極子遷移より著しく低く，例えば銅の1s吸収では1/1000程度であると報告されており[51,52]，電気双極子遷移に基づくピーク強度は規格化したXANESスペクトルの吸収に対して10％を大きく下回る．

K吸収端，L_1吸収端のXANESスペクトルでは，対称性が異なれば吸収端の手前に出現するピーク，いわゆるプリエッジピークの強度が同一元素内でも大きく異なる．図3.4.11は四面体および八面体配位であるチタン4価および鉄3価化合物のK吸収端XANESスペクトルである．矢印で示したプリエッジピーク強度は四面体配位の場合に強い．配位数の増加にともないピーク強度は低下し，さらにそのエネルギーもシフトすることはTi[53]（図3.4.12），V[46]，Ni[54]などで詳細に検討されており，プリエッジピークの特性を利用した構造評価例は多い．

この特徴的なプリエッジピークは1s軌道からd-pが混合した軌道のp成分への電気双極子遷移に帰属される．d-pが混合した軌道を形成するかどうかは対称性により支配されており，簡単には点群の指標表から判別可能である[52,55,56]．例えばO_h点群ではd，p軌道が同じ対称性となる規約表現が存在しない．T_dではp_x，p_y，p_z軌道とd_{xy}，d_{xz}，d_{yz}軌道が同じt_2に属しており，d-pが混合した軌道を形成しうる．したがってプリエッジ領域には，正八面体配位（O_h）ではd-pが混合した軌道が形成されないためにd軌道への電気四重極子遷移に基づく小さなピークだけが確認され，正四面体配位（T_d）ではp成分への電気双極子遷移に基づく大きなピークが確認されるはずである．これについては計算科学的手法により，例えばFe（図3.4.13）[57,58]およびW[59]のさまざまな化合

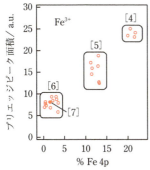
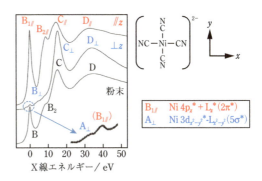

図3.4.13 配位数の異なるFe錯体のプリエッジピーク強度とd-pが混合した軌道中に占める4p軌道の割合[58].

図3.4.14 平面型ニッケル錯体単結晶$K_2Ni(CN)_4$の偏光XANESスペクトルおよびその帰属[61,62].

物について，Fe K, W L_1吸収端XANESで観察されたプリエッジピーク面積とd軌道に対するp軌道の混入割合に正の相関関係があることが示されている．

異方性をもつ試料に対してXANESスペクトルの偏光依存性測定を行うと電場ベクトル方向に配向した分子軌道に関する情報を得ることができる．計算科学的手法を活用してスペクトル解析を行うと電子構造の詳細な解析およびピークの帰属が可能となる．例えば，図3.4.11のルチル型二酸化チタンのプリエッジピークを詳しく見ると3本のピークに分裂している．これらのピークは低エネルギー側からそれぞれ電気四重極子遷移，電気四重極子遷移＋電気双極子遷移，電気双極子遷移に基づいていることが明らかにされている[60]．また，平面型ニッケル錯体単結晶の偏光XAFS実験 (**図3.4.14**)および計算科学的検討[61,62]により，$\perp z$で観察されたバンド$A_\perp$はNi $3d_{x^2-y^2}^* - L_{x^2-y^2}^*(5\sigma)$への電気四重極子遷移，$//z$場での$B_1$および$B_2$はそれぞれNi $4p_z^* + L_z^*(2\pi^*)$, Ni $4p_z^* - L_z^*(2\pi^*)$への電気双極子遷移であることが示された．

3.4.2 ■ 軟X線XANES

軟X線領域では，吸収端から幅広いエネルギー領域にわたって他の元素の吸収による妨害なくスペクトルを測定できることは稀であることから，EXAFSよりもむしろ実験の容易なXANESが主に利用されている．軟X線XANESはNEXAFSと呼ばれることも多く，特に有機分子の軽元素についてはJ. Stöhrによる成書 *NEXAFS Spectroscopy* があり[63]，膨大なデータベースもある[64]．軟X線XANESはパターン認識によってスペクトルを解釈すれば，定性的であってもかなり有用であり，現在でも産業応用を含め幅広く用いられている．ここではそのような観点から，軟X線XANESスペクトルから何が言えるか，何に注意しなければならないかについて述べよう．

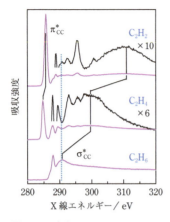

図3.4.15 気相C_2H_2, C_2H_4, C_2H_6のC K吸収端EELSスペクトル[64]。EELSは実質的にXANESと同等である。点線はイオン化閾値を示す。

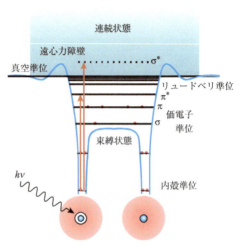

図3.4.16 等核2原子分子のX線内殻励起の模式図。C_2H_2, C_2H_4の場合もほぼ同じである。

A. スペクトルの一般的な形状

(1) 有機低分子のXANESスペクトル

簡単な炭化水素であるC_2H_2, C_2H_4, C_2H_6を例に取り上げよう。これらのC 1s XPSスペクトルはほとんど同じであるが、C K吸収端XANESスペクトルは図3.4.15に示すように大きく形が異なっている。このスペクトルを解釈するために模式的なエネルギー状態図を図3.4.16に示した。これらの分子では、原子に局在した内殻準位、分子全体に広がった価電子準位、そして、反結合性軌道、リュードベリ準位があり、その上に真空準位（イオン化閾値）がある。そのさらに上は連続状態になるが、遠心力障壁によって、擬似的に離散状態の反結合性σ^*軌道が現れる。C–C不飽和結合をもつC_2H_2, C_2H_4では、π軌道がHOMOであり、対応するπ^*軌道がLUMOとなる。双極子遷移の選択則から、K吸収端XANESでは1s→p型空軌道への遷移のみが許されるが、分子の場合、1s→π^*遷移は内殻空孔によるクーロン力で引っ張られ、通常イオン化閾値よりもエネルギーの低い位置に幅の狭いピークとして現れる。

C_2H_2, C_2H_4には顕著なπ^*遷移に基づくピークが観測されるが、飽和化合物のC_2H_6では現れない。このような顕著なスペクトル変化が見られることが、XPSと異なるXANESの特徴といえよう。

これら炭化水素の気相スペクトルでは、イオン化閾値より低いエネルギーにC–H結合に起因するピークとリュードベリ遷移列が観測される。閾値より高いエネルギーではなだらかな形状になり、それにいくつかの構造が上乗せされる。それらは、

1s→σ*遷移,多重励起,そして,EXAFSに起因するものである.

ここで注目すべきは図3.4.15に示すように,C-C間の結合距離が長くなるにつれてC-C結合に起因するσ*ピークが低エネルギー側にシフトしていることである.このσ*ピークは結合距離と密接な関係があることから,**形状共鳴**(shape resonance)とも呼ばれており,次のように解釈できる.

散乱理論の立場にたてば,σ*遷移の遷移モーメントはC-C結合軸の方向に向いており,励起された電子のド・ブロイ波長の半波長がポテンシャル障壁によって形成される距離と一致したとき,共鳴が起こり電子が飛び出すと考えられる.したがって,結合距離が長いほど共鳴するド・ブロイ波長は長く(エネルギーが低く)なると考えることができる(図3.4.16参照).

一方,分子軌道論の立場に立てば,結合距離が長くなるほど結合性σ軌道のエネルギーは浅くなり,それに対応する反結合性σ*軌道は低エネルギー側にシフトすると考えることができよう.

固相になると,リュードベリ遷移はならされてしまい,幾分線幅が広くなるという違いがあるが,スペクトルのプロファイルは基本的に気相と変わらない.

分子吸着系になると,基板と分子との相互作用により結合状態や電子状態が変わり,それがスペクトルシフトや形状の変化としてXANESスペクトルに敏感に反映される.

(2) 遷移金属酸化物の酸素のXANESスペクトル

金属酸化物の酸素,炭化物の炭素などのK吸収端XANESでは,化学結合状態が大きく異なると,スペクトルの様相も変わってくる.3d遷移金属酸化物のO K吸収端XANESを例にあげよう.**図3.4.17**に代表的な金属酸化物のO K吸収端XANESスペクトルを示した[65].

図3.4.17からわかるように,金属Mの3d電子の数によってスペクトルの形状は大きく変わっていく.これらのスペクトルは,影を付けたプリエッジ部分と高エネルギー側の幅広いバンドの2つの部分に大きく分けられる.前者はO 2p+M 3dが混合した軌道への遷移,後者はO 2p+M 4s, 4pが混合した軌道への遷移に帰属される[66].CuO以外はO_h対称性をもっており,高エネルギー側のバンドの形状はこれを反映している.3d電子の数の増加とともにプリエッジピークの強度は減少していく.これはO 2pと混合した空の3d状態数の減少と対応している.完全にイオン化したモデルでは,Oの電子配置は$1s^2 2s^2 2p^6$であり,1s→2pチャンネルは閉じられ,プリエッジピークは消失する.共有結合性が高くなるとO 2pから金属への電荷移動が起こり,その結果,プリエッジピークの強度は大きくなる.遷移金属酸化物はイオン的でなく,かなり共有結合的な性格をもっているが,後周期遷移金属元素になるとO 2p+M 3dの混合が小さくなり,3dよりもむしろ金属の4s, 4pとの結合による共有結合性が高くなると考えられる.

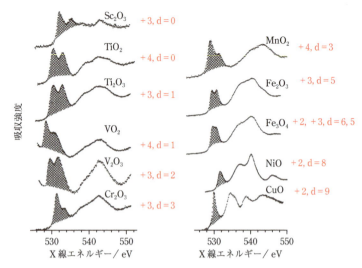

図3.4.17 いくつかの3d遷移金属酸化物のO K吸収端XANESスペクトル[65]．スペクトル右に，遷移金属元素の原子価数とd電子数を併記した．

プリエッジピークは2本のピークからなり，結晶場分裂で分かれたt_{2g}，e_g対称のピークに帰属される．強度比はd^0化合物の場合，縮重度から3：2になるが，d電子が増えていくと，上向きスピンと下向きスピンの間の交換分裂によってさらに複雑になっていく．プリエッジピークはこのように金属の3d状態を敏感に反映している[67]．

最近では，電池正極材料の充放電過程の研究にもO K吸収端XANESはよく使われるようになった．充電する過程では，$LiCoO_2$正極からLiイオンが抜け，その電荷を補償するためにCoイオンが酸化されるが，それと同時にO 2pからCoイオンにも電荷移動が起こる．その結果プリエッジピークの強度が増大することになり，O 2pの電荷補償への寄与の大きさがわかる[68]．

(3) 遷移金属L吸収端XANESスペクトル

第3周期，第4周期元素のL吸収端XANESも軟X線領域に現れる．**図3.4.18**に3d遷移金属のL吸収端XANESスペクトルを示した[69]．L吸収端XANESは$2p \rightarrow nd$遷移が支配的で，$2p \rightarrow ns$遷移の寄与は小さい．2p軌道は角運動量をもっているため，スピン軌道分裂によって，終状態では$2p_{3/2}$と$2p_{1/2}$の2つの状態ができ，それにともなって，L_3，L_2のピークが現れる．これらの分裂の幅は元素番号とともに大きくなっていく．また，L_3，L_2の相対強度は，原子番号とともに大きく変わっていく．

前周期遷移元素ではd型波動関数が広がりをもち，隣接原子と強くオーバーラップしているため，分岐比はほぼ同等であるが，後周期元素になると，次第にd型波動関

3.4 XANES

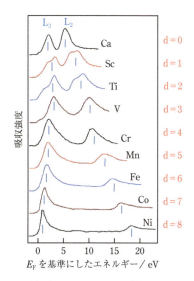

図3.4.18 3d遷移金属のL吸収端XANESスペクトル[69]．右にそれぞれのd電子数を示す．

数が局在し，原子の分岐比2:1に近づいていく．また，終状態は$2p^53d^{n+1}$という状態になるが，d電子の数によっていろいろなスピン多重項状態が生じ，その結果，いわゆる多重項分裂が起こりスペクトル形状は複雑になる．

B. 価数の変化とスペクトル

硬X線XANESでは吸収端エネルギーシフトと価数が関係づけられるが，軟X線XANESの場合，化合物のホワイトラインが現れることが多く，メインピークのシフトと原子価数を関係づけた考察がよく行われている．**図3.4.19**に−2価から+6価までのS K吸収端XANESスペクトルを示した．価数が高くなるにつれて，ピークが高エネルギー側に大きくシフトしていくことがわかる[70]．同様なふるまいはP K吸収端XANESでも観測される（**図3.4.20**）．しかし，XPSと違ってピークのエネルギーは内殻準位のエネルギーではないことに注意すべきである．つまり，XPSでの内殻準位の結合エネルギー E_B は，内殻に空孔ができて他の電子が安定な状態に再配置された状態のエネルギーと始状態のエネルギーとの差であるのに対して，X線吸収に現れるピークエネルギー E_p は，内殻電子が非占有状態に励起した状態と始状態とのエネルギー差である．

XPSスペクトルでは内殻準位に化学結合状態シフトと緩和によるエネルギーシフトが関与しているのに対して，XANESでは内殻空孔にも，遷移した軌道にも2つの効果が関係してくるので一筋縄にはいかない．すなわち，始状態，終状態ともに分子構

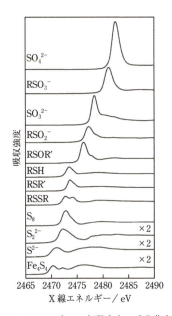

図3.4.19 −2〜+6までの価数をもつ硫黄化合物のS K吸収端XANESスペクトル[70]. Rはアルキル基を示す.

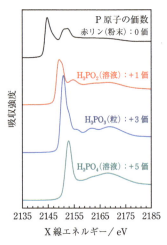

図3.4.20 異なる価数をもつリン化合物のP K吸収端XANESスペクトル

造や化学結合状態によって変化するので,構造が違った化合物でピークシフトだけから価数を議論する場合は注意を要する.

これに対して,3d遷移金属元素化合物のL吸収端XANESの場合は,価数が変化してもL_3, L_2のピークシフトはわずかである.そして,d電子の数が変わるときに多重項状態が変わることがあり,それも考慮してスペクトルを解釈しなければならない.図3.4.21にリチウムイオン電池の正極に用いられるLi_xCoO_2においてLiを化学的に除いていったときの変化を示した[71].Co^{3+}からCo^{4+}に変わると,メインピークはわずかに高エネルギー側にシフトするが,a_{1g}軌道に空きができることによって,顕著なプリエッジピークαが現れる.つまり,価数の変化はスペクトル形状の変化としても現れるのである.

C. 定性定量分析

図3.4.22にいくつかのシリコン化合物のSi K吸収端XANESスペクトルを示した.Siと直接結合している元素が異なると大きくスペクトルが変化する.石英(quartz)とゼオライトの場合,第2近接がSiだけか,SiとAlが半々かの違いがあるが,第1近接は同じOでありスペクトルが非常に類似している.このことは,XANESが吸収原子

3.4 XANES

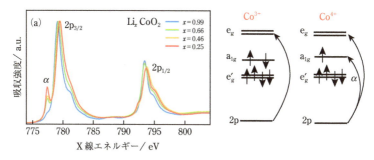

図3.4.21 (a) Li_xCoO_2のCo L吸収端XANESスペクトル[71]. $x=1$がCo^{3+}, $x=0$がCo^{4+}に対応する. (b) Co^{3+}, Co^{4+}のL吸収のエネルギー図.

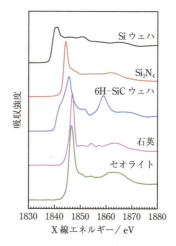

図3.4.22 シリコン化合物のSi K吸収端XANESスペクトル

のまわりのきわめて局所的な構造を反映していることを示している. したがって, 複数の化合物からなる混合物のスペクトルも各化合物のスペクトルの重ね合わせで表され, 定性定量分析に有効に利用することができる.

図3.4.23には, 複雑な有機分子系の例として, 熱重合によるポリイミド生成過程のC K吸収端XANESスペクトルの変化を示した[72]. 有機分子では, 官能基の違いによって始状態のエネルギーが異なるため, スペクトルは複雑になる. しかし, XANESにおいては, 化合物が違っても同じ官能基に起因するピークの位置はあまり変わらない. 特に, π^*軌道への遷移は比較的シャープであり, その位置が見極めやすい. XANESスペクトルはそれぞれの官能基のスペクトルの重ね合わせとして表されることが1つ

第3章 XAFSの解析

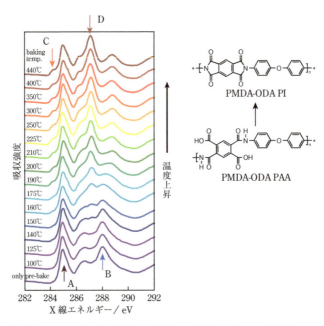

図3.4.23 熱重合によってポリイミド(PI)が形成される過程におけるC K吸収端XANESスペクトルの変化[72]. ピークの帰属は次のとおりである. A：ベンゼン環のπ*, B：C＝O (−OH), C＝O (−NH)のπ*, C：C＝C (imide)のπ*, D：C＝O (imide)のπ*.

の特徴であり, J. Stöhrはこれを building block と表現している[73].

D. 偏光依存性と化学結合の配向性の評価

K吸収端XANESスペクトルのピークは, 1s→p型軌道遷移に対応している. フェルミの黄金律によれば, 特定のピーク強度I, すなわち, 始状態である1s軌道ϕ_{1s}から終状態であるp型軌道ϕ_pで表される終状態への遷移確率は次式で表される.

$$I \propto \sigma_{1s \to p} \propto \left| \int \phi_p \hat{\mathbf{e}} \cdot \mathbf{r} \phi_{1s} d\tau \right|^2 \tag{3.4.1}$$

ここで, $\hat{\mathbf{e}}$はX線の偏光ベクトル, $\mathbf{r}$は位置ベクトルである. この中で角度成分を抽出すれば,

$$I \propto \left| \hat{\mathbf{e}} \cdot \int \phi_p \mathbf{r} \phi_{1s} d\tau \right|^2 = \cos^2 \delta \cdot M_{1s \to p}{}^2 \tag{3.4.2}$$

となる. $M_{1s \to p}$は1s→p遷移の行列要素と呼ばれ, その二乗は遷移強度を表す. δは偏光ベクトルと遷移の方向(遷移モーメント)とのなす角度であり, $\cos \delta$はそれら2つのベクトルの内積の形になる. 1s軌道は球対称であるから, p軌道の方向が遷移モーメントの方向になる. 特定の方向に配向した系では遷移モーメントの方向がそろって

3.4 XANES

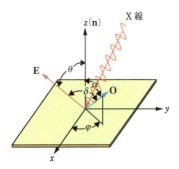

図3.4.24 入射X線の電気ベクトル**E**と試料分子の特定官能基の遷移モーメント**O**を定義する座標系. **E**の方向はy軸方向に傾いているとする.

おり,その方向が偏光ベクトルと同じ向きのときK吸収端XANESのピーク強度は最大になり,直交するとゼロになる.

いま図3.4.24に示すように,試料平面に対してx軸方向からy軸方向に偏光したX線が入射角θで入射するとき,X線の偏光ベクトル**E**と試料法線**n**のなす角度はθとなる.

ベクトル**E**をx, y, zの成分で表すと

$$\mathbf{E} = (\sin\theta, 0, \cos\theta) \tag{3.4.3}$$

となる.これに対して,遷移モーメント**O**が法線から極角α, x軸から方位角φの向きにあるとすると,

$$\mathbf{O} = (\sin\alpha\cos\varphi, \sin\alpha\sin\varphi, \cos\alpha) \tag{3.4.4}$$

したがって,特定のピークの強度は

$$\begin{aligned} I \propto \cos^2\delta &= (\mathbf{E}\cdot\mathbf{O})^2 \\ &= A(\sin\theta\sin\alpha\cos\varphi + \cos\theta\cos\alpha)^2 \end{aligned} \tag{3.4.5}$$

と表される.ここで,方位角に関してはランダム配向と考え,φについて平均化の操作をして整理すると,

$$\begin{aligned} I &= A\left(\cos^2\theta\cos^2\alpha + \frac{1}{2}\sin^2\theta\sin^2\alpha\right) \\ &= \frac{A}{3}\left[1 + \frac{1}{2}(3\cos^2\theta - 1)(3\cos^2\alpha - 1)\right] \end{aligned} \tag{3.4.6}$$

式(3.4.6)が意味することは,$3\cos^2\theta - 1$, すなわち$\theta = 54.7°$のときは,試料分子がピ

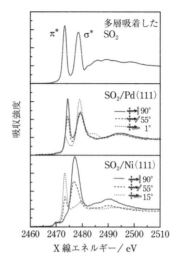

図3.4.25 多層吸着，Pd(111)，Ni(111)上に単分子層吸着したSK吸収端XANESスペクトル[73]．

のように配向していても偏光依存性がなくなるということである．したがって，偏光に依存しないスペクトルを得るには，入射角を54.7°にすればよい．この角度をマジック角(magic angle)と呼ぶ．一般に，σ^*遷移は分子軸方向に，π^*遷移は分子軸と直交方向にモーメントをもっているので，特定のピークの遷移の性格を知ることができれば，その偏光依存性から分子構造(厳密には官能基の方向)がわかることになる．注意すべきはp偏光(電場ベクトルが表面に垂直な成分をもつ偏光)に対する依存性であり，これを評価するには試料を電子軌道に直交する回転軸で回転して入射角を変えた実験をすればよい．例として，Ni(111)，Pd(111)上に単分子層吸着したSO_2について3つの偏光方向でのSK吸収端XANESスペクトルを**図3.4.25**に示した[73]．SO_2は119°曲がった「くの字」型の分子であり，スペクトルには顕著なπ^*，σ^*ピークが現れる．

多層吸着ではランダム配向であるが，Ni(111)表面上では，π^*が直入射で消え，斜入射で最大になることから，SO_2分子はNi(111)表面上に寝た構造をとり，逆にPd(111)表面上ではπ^*の偏光依存性が逆転していることから立った構造をとると考えられる．σ^*には偏光依存性が顕著に観測されないが，これはSO_2が「くの字」型構造をしているためであり，1つのS-O結合は基板に平行に，他のS-O結合は立った構造になっている．このことはSK吸収端EXAFS解析からも明らかになっている[73]．

3.4.3 ■ おわりに

XANESは，EXAFSに比べれば狭いエネルギー領域で大きな変化を示すので，実験

的にははるかに容易である．特に，軟X線領域では，幅広いエネルギー領域を妨害元素なしに測定できることが滅多にないことから有用性が高い．また，関連する内殻分光，例えばXPSに比べれば，はるかに高感度であること，液相，気相にも適用できることから，一般的な分析手法になっていくと考えられる．問題は，得られる情報が定性的なものが多いことで，定量的な解析をするためには，さらなる理論の発展とスペクトルデータの蓄積が必要であろう．

第3章参考文献

1) http://www.ixasportal.net/wiki/doku.php?id=start., http://xafs.org/Software など
2) J. W. Cook, D. E. Sayers, *J. Appl. Phys.*, **52** (1981) 5024.
3) 市田浩三，吉本富士市，スプライン関数とその応用，教育出版 (1976).
4) W. T. Vettering, S. A. Teukolsky W. H. Press, B. P. Flannery, *Numerical Recipes EXAFMPLE BOOK FROTRAN, 2nd Edition*, Cambridge University Press, Cambridge (1992).
5) K. Asakura (Y. Iwasawa ed.), *XAFS for Catalysis and Surfaces*, World Scientific, Singapore (1996), p.33.
6) G. Bunker ; http://gbxafs.iit.edu/training/datanal.pdf
7) *International Tables for X-ray Crystallography, Vol. 3*, Kynoch Press, Birmingham (1962).
8) W. H. McMaster, N. Kerr Del Grande, J. H. Mallet and J. H. Hubell, "Compilation of X-ray Cross Section", National Technical Information Service (1969) ; http://ixs.csrri.iit.edu/database/programs/index.html
9) P. A. Lee, G. Beni, *Phys. Rev. B*, **15** (1977) 2862.
10) http://www.esrf.eu/Instrumentation/software/data-analysis/Links/xafs
11) H. J. C. Berendsen著, 林 茂雄, 馬場 涼 訳, データ・誤差解析の基礎, 東京化学同人 (2011).
12) E. Stern, *Phys. Rev. B*, **48** (1993) 9825.
13) http://ixs.csrri.iit.edu/~boyanov/errors/errors.pdf ; A. Filipponi, A. Di Cicco, *Phys. Rev. B*, **52** (1995) 15135.
14) W. C. Hamilton, *Acta Cryst.*, **18** (1965) 502.
15) P. A. Lee, P. H. Citrin, P. Eisenberger, B. M. Kincaid, *Rev. Mod. Phys.*, **53** (1981) 769.
16) K. Asakura, M. Nomura, H. Kuroda, *Bull. Chem. Soc. Jpn.*, **58** (1985) 1543.
17) S. J. Gurman, R. L. McGreevy, *J. Phys. Condens. Matter*, **2** (1990) 9463.
18) C. E. Barnes, M. Ralle, S. A. Vierkoetter, J. E. Penner-Harn, *J. Am. Chem. Soc.*, **117** (1995) 5861.
19) L. P. Dahl, C. Martell, D. L. Wampler, *J. Am. Chem. Soc.*, **83** (1961) 1761.

20) K. Asakura, K. K. Bando, Y. Iwasawa, H. Arakawa, K. Isobe, *J. Am. Chem. Soc.*, **112** (1990) 9096.
21) C. R. Bian, S. Suzuki, K. Asakura, L. Hei, N. Toshima, *J. Phys. Chem.*, **106** (2002) 8587.
22) W. J. Chun, K. Ijima, Y. Ohminami, S. Suzuki, K. Asakura, *J. Synchrotron Rad.*, **11** (2004) 291.
23) B. K. Teo, P. A. Lee, *J. Am. Chem. Soc.*, **101** (1979) 2815.
24) 前田裕宣(宇田川康夫 編), X線吸収微細構造, 学会出版センター(1992), p.51.
25) H. J. Krappe, H. H. Rossner, *Phys. Scr.*, **79** (2009) 048302.
26) K. K. Bando, T. Wada, T. Miyamoto, K. Miyazaki, S. Takakusagi, Y. Koike, Y. Inada, M. Nomura, A. Yamaguchi, T. Gott, S. T. Oyama, K. Asakura, *J. Catal.*, **286** (2012) 165：なお，3人の異なる研究者が，異なる *in situ* セルを使い，条件も変えて，繰り返し実験し常に同じ答えであった.
27) K. Asakura, K. K. Bando, K. Isobe, H. Arakawa, Y. Iwasawa, *J. Am. Chem. Soc.*, **112** (1990) 3242.
28) K. Domen, A. Kudo, T. Onishi, N. Kosugi, H. Kuroda, *J. Phys. Chem.*, **90** (1986) 292.
29) T. Wada, K. K. Bando, T. Miyamoto, S. Takakusagi, S. T. Oyama, K. Asakura, *J. Synchrotron Rad.*, **19** (2012) 205.
30) J. C. J. Bart, *Adv. Catal.*, **34** (1986) 203.
31) D. C. Koningsberger, R. Prins, *X-Ray Absorption: Principles, Applications, Techniques of EXAFS, SEXAFS and XANES*, Wiley-Interscience, New York (1988).
32) 田中庸裕, 吉田郷弘(大西孝治, 堀池靖浩, 吉原一紘 編), 固体表面分析 I, 講談社(1995), p.147.
33) Y. Iwasawa, *X-Ray Absorption Fine Structure-XAFS for Catalysts and Surfaces*, World Scientific, Singapore (1996).
34) 太田俊明 編, X線吸収分光法―XAFSとその応用, アイピーシー(2002).
35) T. Yamamoto, T. Tanaka, S. Takenaka, S. Yoshida, T. Onari, Y. Takahashi, T. Kosaka, S. Hasegawa, M. Kudo, *J. Phys. Chem. B*, **103** (1999) 2385.
36) Y. Terada, K. Yasaka, F. Nishikawa, T. Konishi, M. Yoshio, I. Nakai, *J. Solid State Chem.*, **156** (2001) 286.
37) T. Shishido, T. Tanaka, H. Hattori, *J. Catal.*, **172** (1997) 24.
38) 山本 孝, 行本 晃, 分析化学, **62** (2013) 555.
39) A. Mansour, J. Cook, Jr., D. Sayers, *J. Phys. Chem.*, **88** (1984) 2330.
40) H. Yoshitake, Y. Iwasawa, *J. Phys. Chem.*, **95** (1991) 7368.
41) H. Wada, A. Nakamura, A. Mitsuda, M. Shiga, T. Tanaka, H. Mitamura, T. Goto, *J. Phys.: Condens. Matter*, **9** (1997) 7913.
42) T. Yamamoto, A. Suzuki, Y. Nagai, T. Tanabe, F. Dong, Y. Inada, M. Nomura, M. Tada, Y.

Iwasawa, *Angew. Chem. Int. Ed.*, **46** (2007) 9253.
43) 小杉信博, 放射光, **2** (1989) 1.
44) 田中庸裕, 触媒, **35** (1994) 41.
45) S. Yoshida, T. Tanaka, Y. Nishimura, H. Mizutani, T. Funabiki, *Proc. 9th Int. Congr. Catal.* (1989) 1473.
46) S. Yoshida, T. Tanaka, T. Hanada, T. Hiraiwa, H. Kanai, T. Funabiki, *Catal. Lett.*, **12** (1992) 277.
47) M. Takaoka, A. Shiono, K. Nishimura, T. Yamamoto, T. Uruga, N. Takeda, T. Tanaka, K. Oshita, T. Matsumoto, H. Harada, *Environ. Sci. Technol.*, **39** (2005) 5878.
48) M. Fernandez-Garcia, C. M. Alvarez, I. Rodriguez-Ramos, A. Guerrero-Ruiz, G. Haller, *J. Phys. Chem.*, **99** (1995) 16380.
49) T. Yokoyama, T. Ohta, O. Sato, K. Hashimoto, *Phys. Rev. B*, **58** (1998) 8257.
50) A. Piovano, G. Agostini, A. I. Frenkel, T. Bertier, C. Prestipino, M. Ceretti, W. Paulus, C. Lamberti, *J. Phys. Chem. C*, **115** (2011) 1311.
51) R. A. Bair, W. A. Goddard, III, *Phys. Rev. B*, **22** (1980) 2767.
52) J. Kawai (R. A. Meyers ed.), *Encyclopedia of Analytical Chemistry*, Wiley, Chichester (2000), p.13288.
53) F. Farges, G. E. Brown, J. Rehr, *Phys. Rev. B*, **56** (1997) 1809.
54) F. Farges, G. E. Brown, P. E. Petit, M. Munoz, *Geochim. Cosmochim. Acta*, **65** (2001) 1665.
55) 山本 孝, X線分析の進歩, **38** (2007) 45.
56) T. Yamamoto, *X-Ray Spectrom.*, **37** (2008) 572.
57) A. Roe, D. Schneider, R. Mayer, J. Pyrz, J. Widom, L. Que, Jr., *J. Am. Chem. Soc.*, **106** (1984) 1676.
58) T. E. Westre, P. Kennepohl, J. G. DeWitt, B. Hedman, K. O. Hodgson, E. I. Solomon, *J. Am. Chem. Soc.*, **119** (1997) 6297.
59) S. Yamazoe, Y. Hitomi, T. Shishido, T. Tanaka, *J. Phys. Chem. C*, **112** (2008) 6869.
60) Y. Joly, D. Cabaret, H. Renevier, C. R. Natoli, *Phys. Rev. Lett.*, **82** (1999) 2398.
61) T. Yokoyama, N. Kosugi, H. Kuroda, *Chem. Phys.*, **103** (1986) 101.
62) T. Hatsui, Y. Takata, N. Kosugi, *J. Synchrotron Rad.*, **6** (1999) 376.
63) J. Stöhr, *NEXAFS Spectroscopy*, Springer Berlin (1992)
64) A. P. Hitchock, The COREX database ; http://unicorn.mcmaster.ca/corex/aframe.html
65) F. De Groot, M. Grioni, J. Fuggle, J. Ghijsen, G. Sawatzky, H. Petersen, *Phys. Rev. B*, **40** (1989) 5715.
66) J. G. Chen, *Surf. Sci. Reports*, **30** (1997) 1.
67) F. De Groot, *J. Electro. Spectrosc.*, **67** (1994) 529.

68) W.-S. Yoon, M. Balasubramanian, K. Y. Chung, X.-Q. Yang, J. McBreen, C. P. Grey, D. A. Fischer, *J. Am. Chem. Soc.*, **127** (2005) 17479.
69) J. Fink, T. Müller-Heinzerling, B. Scheerer, W. Speier, F. Hillebrecht, J. Fuggle, J. Zaanen, G. Sawatzky, *Phys. Rev. B*, **32** (1985) 4899.
70) F. Jalilehvand, *Chem. Soc. Rev.*, **35** (2006) 1256.
71) T. Mizokawa, Y. Wakisaka, T. Sudayama, C. Iwai, K. Miyoshi, J. Takeuchi, H. Wadati, D. Hawthorn, T. Regier, G. Sawatzky, *Phys. Rev. Lett.*, **111** (2013) 056404.
72) H. Oji, T. Tominaga, K. Nakanishi, M. Ohmoto, K. Ogawa, M. Kimura, S. Kimura, T. Okamoto, H. Namba, *J. Electro. Spectrosc.*, **152** (2006) 121.
73) S. Terada, T. Yokoyama, M. Sakano, M. Kiguchi, Y. Kitajima, T. Ohta, *Chem. Phys. Lett.*, **300** (1999) 645.

第4章 XAFS実験

　XAFS実験を行うには，適切な強度やスペクトルの光源と目的のエネルギーを適切に取り出すことができるビームライン，実験手法に応じて適切に測定ができる計測系が必要である．本章では，まず，4.1節で放射光光源について，4.2節でビームラインについて，利用者が知っておくべき事項を中心にまとめた．そのうえで，XAFS実験における基盤的な測定法である透過法，蛍光収量法，電子収量法について，それらが立脚する原理から測定上の注意点も含めて4.3節で解説した．XAFS実験を行うX線エネルギーに応じて注意すべき特有の事項があるが，特に軟X線領域での測定技術について4.4節にまとめた．近年では，短寿命な状態を解析するための時間分解実験や物質の微小領域を解析するための空間分解実験が日常的に行われており，それらに関する実験技術を4.5節と4.6節で解説した．XAFS実験には，その他にもさまざまな高度解析のための技術があり，現在利用可能な実験法について網羅的ではあるが4.7節にまとめた．本章に記載した実験技術については，日々，その技術革新が進められており，読者におかれては，常に新しいXAFS実験技術についての情報収集に努めてもらいたい．

4.1 ■ 放射光光源

　Sayers, Stern, LytleらがXAFS分光法を局所構造解析の手法として初めて発表した1971年の論文では[1]，光源として対陰極X線管から発生する連続X線を用いていた．しかし，その後の放射光の出現はXAFS実験手法を劇的に変えることになる．KincaidやEisenbergerらは，SLAC（Stanford国立加速器研究所）にある素粒子実験用の電子蓄積リング（SPEAR）に取り付けたビームラインで最初のEXAFS実験を行い，放射光の威力をまざまざと見せつけた[2]．この放射光を用いたXAFS実験のインパクトが，世界に高エネルギー電子蓄積リングの開発を加速させたと言っても過言ではないであろう．1970年代後半から，SSRL（Stanford），DORIS（DESY：ドイツ電子シンクロトロン）など，高エネルギー物理学用に建設された加速器施設が放射光用に転用され，さらに，放射光専用の施設，Photon Factory（KEK），NSLS（BNL），SRS（Daresbury）などが次々と建設されるようになった．いわゆる放射光第2世代の幕開けである．その後，放射光は進化して，アンジュレータなど挿入光源を主体とした高輝度光源の開発が進み，ESRF（Grenoble），APS（Chicago），SPring-8（西播磨）に代表される第3世代に入った．

第4章 XAFS実験

これにともなって，XAFS実験手法も顕微XAFS測定や時間分解XAFS測定など巧妙なものに発展していった．さらに，21世紀に入り，新しいX線光源ともいうべきX線自由電子レーザー(X-ray free electron laser, XFEL)が開発された[3]．これは従来のリング型の放射光源と異なり，数十ヘルツのパルスX線になるが，レーザーの特性をもっているので，100%コヒーレント，パルス幅はフェムト秒のスケール，ピーク輝度もSPring-8より8桁以上高いという，まさに究極の光源である．これを用いてどのようなXAFS研究ができるかはこれからの課題であるが，これまでと違ったまったく新しい分野が拓けていくことが期待される．本節では，放射光の発展を3段階に分け，それぞれについて概説する．

4.1.1 ■ 偏向電磁石からの放射光

電子が磁場中で円運動をすると，円の中心に向かって加速度が生じる．双極放射の原理によると，電子が加速度を受けると電磁波を放出する．これはラジオやテレビのアンテナと同じ原理であるが，放射光がこれらと異なるのは，電子が光速近くに加速されていることである．相対論では，エネルギーの大きさを表す無次元のパラメータ γ がよく用いられる．

$$\gamma = \frac{1}{\sqrt{1-\beta^2}} = \frac{m}{m_0} = \frac{E}{m_0 c^2} = 1957 E / \text{GeV} \qquad (4.1.1)$$

ここで，$\beta = v/c$，v, c は電子および光の速度，m_0, m はそれぞれ静止状態およびエネルギー E をもった状態の質量である．

双極放射の原理によって放出される電磁波は相対論効果により電子の進行方向に鋭く指向し，さらにドップラー効果によって非常に短いパルス状の電磁波となる．これをフーリエ変換して周波数解析をすると，周回運動する電子の基本角振動数 ω_0 の γ^3 倍の振動数にピークをもつ高調波成分の集合になる．ω_0 はマイクロ波の領域($\sim 10^{-5}$ eV)なので，γ が 10^3 のオーダーであれば，高調波はX線領域($\sim 10^4$ eV)にまで広がった分布になる．実際には，無数の電子の集合なので，なめらかで連続的なエネルギー分布をもつ電磁波(白色X線)ということになる．

この現象は理論的に予測され[4]，素粒子実験用に開発された高エネルギー加速器である電子シンクロトロンによって初めて見出された[5]．したがって，この電磁波は**シンクロトロン放射光**(synchrotron radiation, SR：略して**放射光**)と呼ばれる[6]．高調波を含めた全体のスペクトル分布のエネルギー平均値を臨界角振動数 ω_C，対応する波長を臨界波長 λ_C と呼び，次式で表される．

$$\omega_C = \frac{3}{2}\gamma^3 \omega_0 = \frac{3c\gamma^3}{2\rho}, \quad \lambda_C / \text{nm} = \frac{2\pi c}{\omega_C} = \frac{1.86}{B/\text{T} \times (E/\text{GeV})^2} \qquad (4.1.2)$$

ここで，ρ は電子軌道の曲率半径，B は磁場強度である．

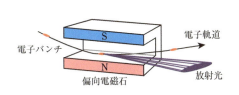 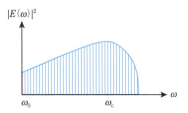

図 4.1.1 高速の電子が磁場で曲げられたとき，軌道の接線方向に強力な電磁波(放射光)を放出する．その電磁波の振動数分布は，基本振動数(マイクロ波)に対して，はるかに高い高調波成分が支配的になり，X線領域にまで達する．

放射光強度の波長(振動数)分布は λ_C のみに依存した関数で表され，波長が短くなるにつれて緩やかに増加し，$\lambda \approx \lambda_C$ でピークをもち，その後急激に減少する．式(4.1.2)が示すように，λ_C は電子のエネルギー E の二乗と磁場 B に反比例した関数であり，電子のエネルギーが大きいほど，磁場が強いほど，短波長域にまで到達する(**図 4.1.1**)．

一方，リング電流 I により全周に放出される電磁波のパワー P は，式(4.1.3)で表されるように，E の3乗に比例し，ρ に反比例する．

$$P/\mathrm{kW} = 88.47 \times \frac{(E/\mathrm{GeV})^3 \times I/\mathrm{A}}{\rho/\mathrm{m}} \quad (4.1.3)$$

電磁放射の偏光の向きは，電子が加速度を受ける方向に等しく，電子軌道面での放射光は直線偏光になる．軌道面より上下方向に向かうにつれて垂直成分が混入してくるが，その強度は急激に減少する．垂直成分と水平成分は位相がずれており，上下で逆方向の楕円偏光になる．

光源として利用する場合，安定した波長分布と角度分布をもつことが望ましいので，実際の放射光光源には高速の電子を一定の速度で周回させる**電子蓄積リング**(electron storage ring)を用いる．この電子蓄積リングでは，電子が偏向磁石で曲げられるたびに放射光を放出し，それによって失われたエネルギーを高周波加速空洞におけるマイクロ波加速によって補う．言い換えれば，マイクロ波で供給されたエネルギーがX線領域の電磁波として放出されていることになる．電子蓄積リングは，いわば，周波数変換器の役割をしていると考えることもできよう．電子が真空壁に衝突して失われない限りこの変換効率は100%であるから，限りなく効率の高い強力な光源といえる．

4.1.2 ■ アンジュレータからの放射光

電子蓄積リングにおいて，偏向電磁石と偏向電磁石の間では電子は直進するが，その間にさまざまな装置を置くことで新しい光源にすることができる．これは**挿入光源**(insertion device)と呼ばれていて，その代表的なものが**アンジュレータ**(undulator)である．これは，複数の永久磁石の配列により電子を何回も蛇行させるものである．磁

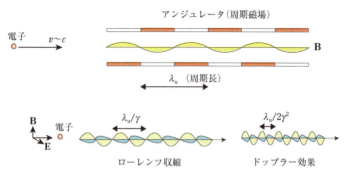

図4.1.2 アンジュレータの原理．アンジュレータの周期磁場は数cmであるが，高速で入射する電子から見れば，ローレンツ収縮によって$1/\gamma$だけ縮む(左下図)．さらに，実験室座標系では，ドップラー効果によって$1/\gamma$倍短い波長になる(右下図)．したがって，電子エネルギーが数GeVであれば，γは数1000になるので，λはλ_uより6~8桁短くなり，X線領域に達する．

場によって曲げられることで放射光を発生するので，蛇行する位置からの光は先の偏向電磁石の場合と同じ白色光であるが，それぞれが相互に干渉し合って単色化する．その結果，エネルギー幅が狭く，光子密度が高い，強力な放射光源となる．

周期長λ_uの磁石配列によって正弦形の磁場を作ると，速度vの電子が磁場中をz方向に進むとき，電子はローレンツ力$-e\mathbf{v}\times\mathbf{B}$を受けて，横方向に正弦的な振動をする．そのような磁場で蛇行する電子の進行方向の平均速度は，磁場が強いほど，また，磁場周期が長いほど本来の速度vよりも遅れることになる．直進方向に対してθの傾きをなす方向での放射光を観測するとき，その電磁波の波長は次式で表される．

$$\lambda = \frac{\lambda_u}{2\gamma^2}\left(1+\frac{K^2}{2}+\gamma^2\theta^2\right) \quad (4.1.4)$$

ここで，Kは磁場と周期長に比例したパラメータである．アンジュレータの原理を模式的に**図4.1.2**に示した．

磁場を強くすると，Kが大きくなり，式(4.1.4)からわかるように長波長側にシフトする．また，電子軌道面からずれるほど，長波長側にシフトする．一方，Kが大きくなると，正弦波が歪んで，高調波の成分が大きくなってくる．そして，Kが大きい極限では，高調波成分が支配的になり，偏向電磁石からの放射光(白色X線)と同じになる．強度は単一の偏向磁石に比べて周期数分だけ増加した強力な光源になり，これを**マルチポールウィグラー**(multipole wiggler)と呼ぶ．

アンジュレータからの放射光のピーク強度はN^2(Nは周期数)に比例し，その幅はNに反比例する．したがって，磁石列を多くしてNを増やしていくことで，光の強度と単色性は向上する．

磁場を鉛直方向にかけると，電子は水平方向に蛇行し，X線は水平方向の直線偏光となる．水平方向に磁場をかけると，垂直方向の直線偏光が得られる．両者の位相をずらしていくことで，円偏光も含めて任意の偏光性をもった光を得ることができる．

4.1.3 ■ X線自由電子レーザー（XFEL）

物質の状態間遷移における誘導放射を用いる通常のレーザーに対して，アンジュレータからの光を用いたレーザーが**自由電子レーザー**（free electron laser, FEL）である．電子のエネルギーが自由に変えられ，波長可変の高出力レーザーが期待できる．問題は共振用の満足できるミラーがないX線領域でどのようなシステムを構築するかであり，それが長年の課題であった．この解決策として，通常の数十倍の長さをもったアンジュレータを用い，アンジュレータからの光を種光としてレーザー発振させる自己増幅自発放射(self amplified spontaneous emission, SASE)方式が提案され[7]，軟X線でのプロトタイプの完成を経て[8]，2009年にLCLS（Stanford）で実現した[3]．我が国においても，SPring-8に隣接してコンパクトな施設SACLAを建設し，2011年にXFELの発振に成功した．

このXFELは，高密度で短パルスの電子バンチ（電子の集団）を発生する電子銃，X線領域まで加速する線形加速器，そして数100 mの長さをもつアンジュレータから構成される．

もともと，電子バンチはガウス分布をしており，アンジュレータの周期磁場によって蛇行することからカオス光を発生するので，光の強度は電子数と周期数の積に比例する（低利得領域）．放射光（電磁波）は互いに直交して伝播する電場と磁場であり，電子よりも速度が大きいから，後ろで発生した光が先行する電子に追いつくことになる．電子は蛇行することでわずかに横方向の速度成分をもっているので，電磁波の電場 E_W と相互作用をもち，電子と電磁波でエネルギー移動が起こる．電子のエネルギーを E_e，その横方向の速度を v_T とすると，その運動方程式は次式で与えられる．

$$\frac{dE_e}{dt} = -ev_T \cdot E_W \tag{4.1.5}$$

すなわち，電子はその横方向の速度成分があることで，電磁波の電場 E_W による力を受けて，進行方向に常に加速（減速）される．

こうした電子と光（電磁波）の速度差によってミクロバンチ化が進行していく（高利得領域）．ミクロバンチの間隔が完全にアンジュレータからの光の波長λに一致したとき，最大のエネルギー移動を起こし，位相のそろった放射光を放出するようになる．しかし，電子が放射光を放出すると，その分だけ減速されるので，完全なミクロバンチ状態が崩れる．そして，後ろから来た光によって再びミクロバンチ化される，という状態を繰り返すようになる（飽和領域）．したがって，アンジュレータを飽和領域に

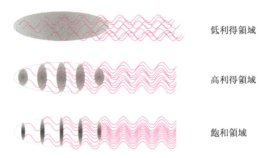

図4.1.3 アンジュレータの中を走る電子バンチの形状の変化．前段領域(低利得)から，次第にマイクロバンチ化が進み(高利得)，後段領域(飽和)に達するに従って，次第に電磁波の位相がそろったコヒーレント光になってくる．

達する以上の長さに設計すれば，SASEによるXFELの実現が期待できる．これを模式的に**図4.1.3**に示した．

このSASEはアンジュレータで発生したショットノイズを増幅していくもので，ワンショットは狭いエネルギー幅であるが，強度に10%以上のばらつきがあり，空間的なコヒーレンスはあるが，時間的なコヒーレンスはない．これを単一のエネルギーにするには，アンジュレータの増幅領域と飽和領域の間に磁場を挿入して電子だけを曲げ，直進する光を(ダイヤモンドなどの)結晶によって分光，単色化した後，曲げた電子と再び合流させて，単色光のレーザーを発生させるシーディング技術の導入を行う．これによって，エネルギー幅を約1/1000に，時間幅を数フェムト秒に短縮することが可能になる．

現在ヨーロッパでも，ドイツやスイスなどで建設計画が進められており，韓国でも2016年に発振に成功した．放射光とレーザーの2つの利点(100%コヒーレンス，フェムト秒の短パルス，大パルス強度，X線)を持ち合わせた究極の光源として，利用展開が期待される．

4.2 ■ ビームライン光学系

電子蓄積リング中で発生した放射光はビームラインを通って実験ステーションに導かれる．ビームラインには，蓄積リングの真空や放射線関連のトラブルを防止することを目的とした安全のためのシステムに加えて，白色の放射光から単色光を切り出すための分光素子や，ビームの集光ならびに高次光抑制のための光学素子，ビームサイズやエネルギー分解能を決めるスリットなどが組み込まれ，それを制御するための機器類が備わっている．さらに，X線の検出器やその計測系機器を総合的に制御し，さ

まざまなモードでのXAFS測定に対応できるようになっている．本節では，単色光を得るための分光素子である分光結晶と回折格子，および，主に集光と高次光除去に用いられるミラーについて解説する．集光のための光学素子としてはミラー以外にゾーンプレートがあるが，その詳細は4.6節を参照されたい．

4.2.1 ■ 分光素子

結晶を用いる分光では，結晶に照射された光のブラッグ回折を利用しており，適用可能なX線のエネルギー範囲は結晶の格子面間隔によって制限される．約8Åという比較的大きな格子面間隔を有する天然鉱石ベリル($10\bar{1}0$)を用いたとしても，0.8 keV程度が分光可能なエネルギーの下限となる．これ以下の低エネルギー領域での分光には，結晶ではなく回折格子が用いられる．

A. 分光結晶による分光

X線の波長λと結晶の格子面間隔d，ブラッグ角θの関係は，nを整数として次式で与えられ，この条件を満たすようにθを選択して特定のλを切り出す．

$$2d\ \sin\theta = n\lambda \tag{4.2.1}$$

なお，λをÅ単位で，EをeV単位で表すと，それらは次式の関係にある．

$$E\ /\ \mathrm{eV} = \frac{hc}{\lambda} = \frac{12398.52}{\lambda\ /\ \mathrm{Å}} \tag{4.2.2}$$

分光結晶の材質としては，(1)結晶の完全性が高い，(2)熱伝導度が大きい，(3)耐放射線性が高い，(4)大きな結晶を容易に入手可能などの理由から，Siがよく用いられている．代表的な分光結晶の格子面間隔の値を**表4.2.1**にまとめる．

式(4.2.1)からわかるように，$n=1$の基本波のほかに，$n\geq 2$の高次光(高調波)も同

表4.2.1 代表的な分光結晶の格子面と面間隔

結晶格子面	格子面間隔d/Å
Si (511)	1.0452
Si (311)	1.6375
Si (220)	1.9202
Ge (220)	2.0002
Si (111)	3.1356
Ge (111)	3.2664
InSb (111)	3.7403
KTP (110)	5.475
YB66 (400)	5.86
ベリル($10\bar{1}0$)	7.977

時に分光結晶で回折される．光源から出ている白色X線にそのようなエネルギーの光が含まれる場合には，目的の光の整数倍のエネルギーをもつ高次光の混入に注意を払う必要がある．高次光の混入はXAFSスペクトルを歪ませるため，その割合を基本波に比べて十分に小さく（検出強度の割合で10^{-4}以下に）抑える必要がある．なお，ダイヤモンド構造のSiやGeの場合，消滅則により式(4.2.3)（mは整数）を満たす格子面でのみ，ブラッグ回折が強度をもつ．

$$h+k+l=4m\pm1 \quad \text{または} \quad h+k+l=4m \tag{4.2.3}$$

そのため，(111)や(311)，(511)では2次光は消滅するが，(220)では2次光の強度も高いことに注意が必要である．

式(4.2.1)から，θの変化で生じるEの変化は式(4.2.4)の関係で表される．

$$dE=-E\,\cot\theta\,d\theta \tag{4.2.4}$$

つまり，結晶に入射するX線に角度の発散がある場合，$\cot\theta$に比例してエネルギー分解能が低下することを意味する．式(4.2.4)から明らかなように，同じエネルギーのX線を得る場合，θが大きい方が，すなわちdの小さい格子面の方が，より高いエネルギー分解能が期待できる．例えば，30 keVでの測定を行うとき，Si(111)でのθは約3.78°であるのに対して，Si(311)では7.25°となり，後者の方が約2倍高いエネルギー分解能になることを式(4.2.4)は示している．あるいは，同じ結晶であれば，より高角に現れる高次の回折光を用いることでエネルギー分解能が向上する．

X線の幾何学的な角度発散（$\Delta\theta$）に起因するエネルギー分解能の低下に加え，分光結晶がもつ本来の反射曲線の角度幅（$\Delta\omega$）もエネルギー分解能に影響を及ぼす．Wを定数として，$\Delta\omega$は式(4.2.5)の形で表される．

$$\Delta\omega/\text{rad}=W\frac{\lambda/\text{Å}}{\cos\theta} \tag{4.2.5}$$

例えば，Si(111)でのWの値はSi(311)での値の2.7倍である．つまり，角度発散が小さい光源であったとしても，回折光のエネルギーの自然幅はそもそもSi(311)の方がSi(111)より狭いため，Si(311)の方が高いエネルギー分解能を達成する．単色性が高まると強度は低下するが，XAFS（特にXANES）の解析においては，単色性の方が重要な場合が多い．

B. 二結晶分光器

放射光を単色化してXAFS測定を行う場合，一般に，**図4.2.1**に示すような二結晶分光器（double crystal monochromator）が用いられる．二結晶分光器は，単色光の出射位置を一定にできる，短時間でエネルギー掃引ができる，二結晶の平行度を意図的に低下させることで高次光が除去できるなどの特徴を有している．

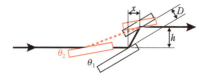

図4.2.1 二結晶分光器でのエネルギー掃引と光路の関係．チャンネルカットの場合はDが固定である．出射ビーム位置固定の二結晶分光器では，hが一定になるようにxまたはDを制御する．

最も簡単で確実な結晶分光器は，1つの分光結晶の中に溝を切って同じ結晶の同一格子面で2回の回折を行う方式であり，このような分光結晶をチャンネルカット(channel cut)分光結晶と呼ぶ．チャンネルカット分光器は，安価で制御が簡単である反面，出射ビームの位置がエネルギーの関数として変化する．溝幅をDとすると，出射ビームの位置は$2D\cos\theta$で変化する．そのままでは，エネルギーの掃引中に試料上のビーム照射位置が変化して不都合なので，同じ位置に照射されるように，試料ステージの位置を制御するのが一般的である．

このような不便をなくすため，使用するエネルギーを変えても出射ビームの位置と方向が変化しない二結晶分光器が多用されている．この場合，図4.2.1に示すように，2枚の結晶間の光軸方向の距離xが$h/\tan 2\theta$となるように制御する必要がある．この条件を実現するために，

(1) 計算機でθとxを独立に制御する方法[9]
(2) 回転軸は一軸で，ガイドカムに沿って第二結晶の位置を制御する方法[10,11]
(3) ガイドレールと直進送り機構を用いる方法[12]
(4) 回転軸は一軸で，二結晶の距離Dを計算機制御する方法

などが用いられている．(2)は最も制御が容易であるが，コスト削減の観点からは(4)が，超高真空環境下での利用の点からは(1)や(3)が用いられる．

二結晶分光器では，2枚の結晶格子面を平行に配置したときに最大の回折強度が得られるが，エネルギー掃引中に角度にして数秒(1秒=1/3600度)ずれただけで，出射光の強度が大幅に減少する．使用するX線のエネルギーが高くなると，許容される角度ずれが小さくなり，機械的な精度だけでは満足な結果が得られなくなることがある．そのような場合は，出射光強度をモニターしながら2枚の結晶の平行性を動的に調整する．逆に，2枚の結晶の平行性を意図的にずらす(デチューンする)ことで，高次光の混入を抑制する役割に用いることができる(4.3.1項参照)．

C. 結晶分光のエネルギー範囲

格子面間隔dの分光結晶面で分光できる波長が最大となるのは，$\sin\theta=1$(すなわち$\theta=90°$)のときで，そのときのλは$2d$である．X線分光用の結晶として最もよく用い

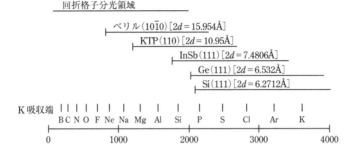

図4.2.2 主な分光結晶でカバーできるエネルギーの下限

られているSiの場合,最も大きなdは(111)での3.1356 Åであり,$2d(=6.2712$ Å)より長い波長(1977 eV以下のエネルギー)を分光することはできない.このため,面間隔の大きな結晶の探索,開発が行われてきた(**図4.2.2**).Si(111)よりも大きな面間隔をもつ結晶として,Ge(111)とInSb(111)が利用されている.さらに面間隔の大きな結晶として,実験室でのX線分光に用いられているリン酸カリウムチタニル結晶KTP(110)($2d=10.95$ Å)や天然鉱石ベリル(10$\bar{1}$0)($2d=15.92$ Å)の利用が試みられているが[13〜15],放射線損傷が大きいため,あるいは耐熱性が不十分なため,大強度の放射光源施設では実用的でない.次節で述べる回折格子分光器の発達により,2 keV以下の領域を結晶分光でカバーする必要性は薄れてきている[16,17].

D. 回折格子による分光

結晶分光器でカバーできない,およそ2 keV以下の低エネルギー領域では,回折格子を用いた分光器が利用される.放射光の分光に用いる回折格子は,光照射による損傷が大きいためにレプリカは使えず,SiO_2などの基板にある間隔(例えば1 μm)で溝を刻み,表面を金などでコートしたオリジナル回折格子が一般的である.高分解能と大強度を目指してさまざまなタイプの分光器が開発されてきたが[18],その基本原理はすべて共通であり,式(4.2.6)で表される.

$$\sin\alpha + \sin\beta = nm\lambda \qquad (4.2.6)$$

ここで,αとβはそれぞれ入射角と出射角(軟X線領域では一般に$\alpha>0$かつ$\beta<0$),nは回折格子の刻線密度,mは回折次数(通常+1または-1),λは光の波長である(**図4.2.3**).なお,αとβは,結晶分光における式(4.2.1)の角度θと比べ,基準の取り方が異なることに注意せよ.したがって,入射角αを固定した場合,出射角βに対してλは連続的に変化する.このような反射光のうち,ある特定の波長だけが出射スリットを通過することから,単色化が達成される.この場合,出射スリットの幅と回折格

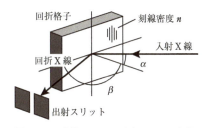

図4.2.3 回折格子による分光の原理. 波長によって回折角 β は連続的に変わり, 出射スリットによって特定の β の光だけを取り込むことによって単色化を行う.

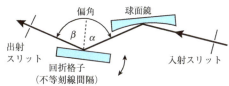

図4.2.4 Hettrick型分光器の模式図. 入射光を球面鏡で集光し, 不等刻線間隔平面回折格子に照射する. 波長掃引は回折格子を回転させることで行う. なお, $\alpha-\beta$ を偏角と呼び ($\alpha>0$ と $\beta<0$ に注意), このように偏角が一定のタイプを定偏角分光器という.

子分光器のエネルギー分解能が密接に関係していることが理解できるであろう.

図4.2.4には, 回折格子を用いた分光器の代表例を示す. これは1990年代後半以降, 数多く採用されているHettrick型の分光器である[19~21]. 回折格子を回転させることによって α と β を変化させ, 取り出す光の波長を決めている. なお, 一般的な放射光ビームラインでは, 入射スリットと出射スリットの相対的な位置が固定されており, $\alpha-\beta$ で定義される偏角を一定として(定偏角), 回折格子を回転させることによって α と β を変化させている.

他の回折格子分光器も, 回折格子を回転させるのは同様であるが, タイプによって回折格子の形状(平面, 球面など), 入射スリットの有無, ミラーの枚数と種類(平面, 球面, 放物面, 楕円面)などに違いがあり, さらに, 波長掃引にともなって出射スリットを移動させるものや, 回折格子の直前のミラーが動くことによって偏角を変えるものなど, さまざまなバリエーションがある. なお, Hettrick型分光器では溝の間隔が一定でない(不等刻線間隔)回折格子が用いられるが, その場合でも波長掃引は式(4.2.6)に従って行い, n としては回折格子中心の刻線密度を用いればよい.

式(4.2.6)において, $\alpha=-\beta$ および $m=0$ とすると, すべての λ で式(4.2.6)が満たされる. これは, すべての波長の光が出射スリットを通過できることを意味する. 入射角と出射角が等しいことからわかるように, この配置は回折格子を単なるミラーとして使用することに相当する. このとき得られる白色光を0次光と呼び($m=0$であるため), 可視光も反射されるので, 試料位置の調整などに用いることができる. また, 例えば, $m=1$ として波長 λ_1 を得るように分光器をセットしたとき, $m=2$ での $\lambda_2=\lambda_1/2$ も回折するため, 本来取り出したい光の半分の波長の光が混入することになる. このような光は $m=2$ であることから2次回折光(2次光)と呼ぶ. 分光結晶のときと同様, さらに大きな m をもつ高次回折光(高次光)も混入する.

4.2.2 ■ ミラー

物質に対するX線の屈折率は1より小さいため,可視光領域のようにレンズでX線を集光することは一般的でない.そこで,X線を集光するためにミラー(凹面鏡)がよく用いられ,種々の形状をしたミラー面でX線を反射することによって集光を達成する.ただし,可視光とは異なり,全反射できる臨界角が数mrad程度と小さいことに注意が必要である.

Rhまたは石英のミラーにX線を照射したときの反射率のエネルギー依存性を図4.2.5に示す.一般に,ミラー表面が重元素で構成される方が同じ視斜角(光の入射角の補角)での臨界エネルギーは高く,同一材料であれば視斜角を大きくすると臨界エネルギーが低くなる.臨界エネルギー以下では高い反射率を示すため,ミラーの形状を適切に選ぶとX線を集光することができる.また,基本波が反射の臨界エネルギーよりも低エネルギー側に,高次光が高エネルギー側になるようにミラーの視斜角を調節すると,分光素子から混入する高次光を抑制する役割も果たす.

A. ミラーの臨界角

ある波長の光をミラーで反射するとき,ミラーの視斜角を徐々に大きくしていくと,ある角度θ_Cを超えるとほとんど反射しなくなる.これはX線も可視光も同様であり,そのθ_Cが臨界角である.θ_Cよりも小さい視斜角であればほぼ全反射するが,X線での臨界角は数mradと非常に小さく,その大きさはミラー表面の材質や平滑さによって変化する.

反射率についての詳細な解説は省くが,ミラー表面の物質(原子番号Z)の密度をρ (g cm^{-3}),モル質量をA (g mol^{-1})とすると,波長λの光の臨界角θ_Cは式(4.2.7)で与えられる.

$$\theta_C = \left(\frac{r_0 N_A Z \rho}{\pi A}\right)^{1/2} \lambda \tag{4.2.7}$$

ここで,r_0は電子の古典半径($=2.82\times10^{-13}$ cm),N_Aはアボガドロ定数(6.02×10^{23} mol^{-1})である.この式を式(4.2.2)と組み合わせると,E (keV)の光のθ_C (mrad)は式(4.2.8)で表される.

$$\theta_C / \text{mrad} = 28.8 \left(\frac{Z}{A}\rho\right)^{1/2} \frac{1}{E/\text{keV}} \tag{4.2.8}$$

式(4.2.8)はまた,ある視斜角θのミラーにおいて,この式を満たすエネルギーE_C(臨界エネルギー)より低エネルギーの光はほぼ全反射することを意味している.

B. ミラーを使った高次光除去

図4.2.5ならびに式(4.2.8)から明らかなように,適切な視斜角のミラーで光を反射することによって,E_Cを上限とするローパスフィルターとして機能する.4.2.1項で

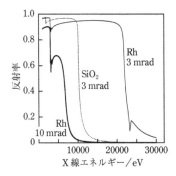
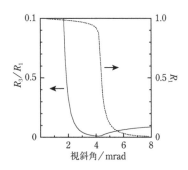

図4.2.5 ミラーの反射率のエネルギー依存性．同じ3 mradの視斜角では石英よりRhでの臨界エネルギーが高く，同じRhでは視斜角を3 mradから10 mradにすると臨界エネルギーが低下する．なお，2 keV付近はSiのK吸収端，3 keV付近はRhのL吸収端，23 keV付近はRhのK吸収端である．

図4.2.6 石英製ミラーでの7 keVのX線の反射率(R_1)と，それに対する21 keVのX線の反射率(R_3)の比の視斜角に対する変化

述べたように，分光素子では目的エネルギーの整数倍のエネルギーをもつ高次光が必ず混入するが，それを除去する目的に対してミラーは最適である．

7 keVのX線をSi(111)の二結晶分光器で利用する場合を想定し，石英製ミラーでの反射率が視斜角に対してどのように変化するかを示したのが**図4.2.6**である．約4.3 mradの視斜角で基本波(7 keV)の反射率R_1が大きく低下するが，この角度が7 keVの光に対するθ_Cである．この視斜角の値は，式(4.2.8)に石英の密度(2.2 g cm^{-3})とモル質量(60.1 g mol^{-1})，構成原子の総原子番号(30)を代入すれば，計算から予測できる．Si(111)を分光結晶に用いると2次光が消滅するが，21 keVの3次光の混入が予想される．3次光の反射率R_3は1.4 mradがθ_Cであり，そのあたりでR_3/R_1は急激に低下するが，R_3/R_1が0.01を下回るには視斜角は約2.5 mradに設定する必要がある．高次光除去に特化した平板ダブルミラーシステムを用いると，同一視斜角での反射を2回以上行うことから，R_3/R_1が0.01を下回れば，仮に3次光の強度が1次光と同じであっても，XAFSで要求される高次光混入率(10^{-4}以下)を保証できるといえる．

C. ミラーを使った集光

X線のエネルギーを掃引するXAFS測定では，エネルギーが変わっても集光条件(位置)が変化しないミラーを用いた集光が便利である．表面形状によって，円筒面ミラー(cylindrical mirror)，楕円面ミラー(elliptical mirror)，回転楕円面ミラー(ellipsoidal mirror)，放物面ミラー(parabolic mirror)，トロイダルミラー(toroidal mirror)などがある．

水平方向と鉛直方向を同じ位置に集光させるための幾何学的形状として，点光源で

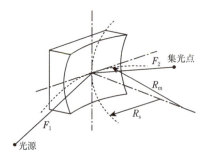

図4.2.7 トロイダルミラーの形状．曲面を垂直に描いているが，水平に配置する場合が多い．

あれば回転楕円面が理想的であるが，水平方向と鉛直方向で異なる曲率半径の凹面をもつトロイダルミラー(**図4.2.7**)が最もよく使用されている．例えば，二結晶分光器で分光した後にトロイダルミラーを置いて試料位置へ集光する方式の放射光ビームラインでは，非常にシンプルな光学素子で集光ビームを用いたXAFS測定が可能である．

光軸方向の曲率半径をR_m，光軸に直交する方向の曲率半径をR_sとすると(図4.2.7参照)，視斜角θとの間には次式の関係がある[22]．

$$R_m = \frac{2F_1 F_2}{(F_1 + F_2)\sin\theta} \tag{4.2.9}$$

$$R_s = \frac{2F_1 F_2 \sin\theta}{F_1 + F_2} = R_m \sin^2\theta \tag{4.2.10}$$

ここで，F_1は光源からミラーまでの距離，F_2はミラーから集光点までの距離であり，$F_1 : F_2$が2:1程度までであれば実用に耐える集光が得られる．例えば，$F_1 = 20$ m，$F_2 = 10$ m，$\theta = 3.0$ mradとすると，$R_m = 4400$ mに対して$R_s = 40$ mmである．

トロイダルミラーでの集光点の断面は，蝶が羽根を広げたような(ただし，上下対称な)形状である(**図4.2.8**)．焦点付近では点対称な強度分布をとるが，焦点から離れると，上または下に凸のU字型のビーム形状になっていることも念頭に置くべきである．

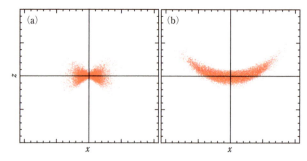

図4.2.8 トロイダルミラーでの反射光の光線追跡の結果．(a)が焦点付近，(b)が焦点からずれた位置．

4.3 ■ 基盤技術

最も基礎的なXAFS測定法は透過法であり，その他に蛍光収量法や電子収量法などによって，透過法と同等の情報を得ることができる．本節では，XAFS測定において基盤となるそれらの測定技術を解説する．

4.3.1 ■ 透過法

XAFSは試料によるX線の吸収に基づく信号であり，その原理に忠実な測定法が透過法である．本来ならば，試料のないときとあるときのX線強度を同一の検出器で交互に測定し，そこから吸収係数を求めるのが基本であるが，放射光を光源として用いる場合は，入射X線強度I_0を測定する電離箱と試料を透過したX線強度I_tを測定する電離箱の間に試料を置き，この2つの信号から吸光度$\ln(I_0/I_t)$を求める．Lambert-Beerの法則として知られる関係はX線においても同様であり，線吸収係数をμ，試料の厚さをtとすると，I_0とI_tは次式の関係になる．

$$I_t = I_0 \exp(-\mu t) \tag{4.3.1}$$

このμが内殻電子の遷移確率と関係し，XAFSに関するさまざまな情報を含むことになる．

A. S/N比と試料の厚さ

試料による全吸収係数μ_Tは目的の原子による吸収係数μ_Aとそれ以外の吸収係数μ_Bの和であり（$\mu_T = \mu_A + \mu_B$），試料透過後のX線強度I_tは，試料への入X線強度をI_i，試料厚をXとすると式(4.3.2)で記述される．

$$I_t = I_i \exp(-\mu_T X) \tag{4.3.2}$$

一方，入射X線強度I_0測定用の電離箱（検出ガスの線吸収係数μ_d，光路長X_d）への入射光子数をI_0とすると，I_iは式(4.3.3)で表され，したがって，I_0測定用電離箱で検出された信号I_dは式(4.3.4)となる．

$$I_i = I_0 \exp(-\mu_d X_d) \tag{4.3.3}$$

$$I_d = I_0 - I_i = I_0 \{1 - \exp(-\mu_d X_d)\} \tag{4.3.4}$$

XAFSの信号はI_d/I_tであり，目的原子による吸収係数μ_Aに含まれる振動成分$\Delta\mu_A$を取り扱うため，XAFSの信号(S)とノイズ(N)はそれぞれ次式で表され[23]，これからS/N比を計算することができる．

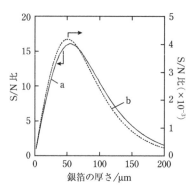

図4.3.1 AgのK吸収端での銀箔の厚さとS/N比の関係. (a) $k = 15.2$ Å^{-1}で$\chi(k) = 5.3 \times 10^{-2}$, (b) $k = 4.7$ Å^{-1}で$\chi(k) = 7.8 \times 10^{-2}$のときの計算値.

$$S = \frac{\partial(I_d / I_t)}{\partial \mu_A}\Delta\mu_A = \frac{I_d}{I_t}X\Delta\mu_A \tag{4.3.5}$$

$$N = \frac{I_d}{I_t}\sqrt{\left(\frac{\Delta I_d}{I_d}\right)^2 + \left(\frac{\Delta I_t}{I_t}\right)^2} = \frac{I_d}{I_t}\sqrt{\frac{1}{I_d} + \frac{1}{I_t}} \tag{4.3.6}$$

$\mu_d X_d$および$\mu_T X$に関してS/N比を最大にする条件を求めると, $\mu_d X_d = 0.245$および$\mu_T X = 2.55$となり, その条件でのS/N比は次式で与えられる.

$$\frac{S}{N} = 0.566\frac{\Delta\mu_A}{\mu_T}\sqrt{I_0} \tag{4.3.7}$$

つまり, I_0測定用検出器で24.5%の光子を吸収し, 試料の$\mu_T X$を2.55にしたときに最大のS/N比が得られる. 一方, その条件から外れるとS/N比が低下することになる. 例として, 銀箔のEXAFSを測定する場合を考える. 入射光子数I_0として10^{10} photons s^{-1}, Arを充填した電離箱でI_0を測定するとして, その検出効率を0.12とおく (I_tの検出効率は1とする). $k = 15.2$ Å^{-1} ($E = 26.4$ keV)で$k^3\chi = 1$ Å^{-3}とすると, $\chi = 2.8 \times 10^{-4}$である. このエネルギーでのAgの$\mu_T$ (5.25×10^{-2} μm^{-1})を用いて, 種々の試料厚でのS/N比を計算した結果が**図4.3.1**である. 約50 μmの試料厚において最大のS/N比が期待されることがわかる. 同様の計算を, $k = 4.7$ Å^{-1} ($E = 25.6$ keV)で$k^3\chi = 3.5$ Å^{-3}, $\mu_T = 5.68 \times 10^{-2}$ μm^{-1}で行った結果も同図中に示しているが, この場合でもほぼ同等の試料厚で最大のS/N比が得られる.

この議論は透過法での測定における基本であるが, 試料厚の最適値が重要となるのは入射光子束が限られている場合であり, 10^{10} photons s^{-1}以上の光子束が入射する場合は, 試料の均一性などの他の要因がS/N比を決めるケースがほとんどである. 試料の厚さを決めるにあたっての注意点は以下のとおりである.

(1) 高次光によってスペクトルが歪むことを防ぐために，目的原子由来の$\mu_A t$（試料とブランクのμtの差と考えてよい）の最大値が4以下となるように試料を調製する．
(2) 吸収端の立ち上がりが大きくなりすぎないようにする．これは増幅器や電圧周波数変換器(voltage-to-frequency converter, VFコンバータ)を良い条件で使用するため，および，いわゆる"thickness effect"（4.3.1項D. 参照）によってスペクトルが歪むのを防ぐためである．仮に吸収端の立ち上がりを$\Delta\mu t \sim 3$とすると，吸収端前後でのI_tは20倍変化し，どちらかで条件の悪いところ（増幅器やVFコンバータの直線性が悪くなるところ）を使わざるをえなくなる．一般的には吸収端の立ち上がりは$\Delta\mu t$で1程度がよい．
(3) 試料が希薄な場合は，吸収端の前後よりもむしろ，スペクトルの低エネルギー側と高エネルギー側のμtの差が大きくなるので，その点に(2)と同様の注意を払う必要がある．

B. 透過法における試料厚さの算出

線吸収係数μ (cm^{-1})と質量吸収係数μ_M (cm^2 g^{-1})は，試料の密度ρ (g cm^{-3})を用いて$\mu = \mu_M \rho$の関係にある．試料が混合物や化合物の場合のμ_Mは，成分元素iの質量分率w_iを用いて式(4.3.8)で表される．

$$\mu_M = \sum_i \mu_{M_i} w_i \tag{4.3.8}$$

これらの吸収係数を用いて，実測されるμtを予想することが可能である．ここでは，例として，0.1 mol L^{-1}のCuイオン水溶液をCuのK吸収端で測定するときの最適厚さを計算してみる．吸収端前後のμ_MはVictoreenの式(4.3.9)を用いて見積もる．

$$\mu_M = C\lambda^3 - D\lambda^4 \tag{4.3.9}$$

文献[24]から抜粋した関係する元素についての係数を**表4.3.1**に示す（付録Cも参照：web上に公開）．ここで，C_1とD_1はその元素のK吸収端より高エネルギー側(high E)，C_2とD_2はL吸収端とK吸収端の間のエネルギー領域(low E)に適用される係数である．CuのK吸収端の波長($\lambda_\beta = 1.38$ Å)でのμ_Mは，次式のように得られる．

$$\mu_M(\text{Cu, low } E) = C_2\lambda^3 - D_2\lambda^4 = 38.2 \text{ cm}^2\text{g}^{-1} \tag{4.3.10}$$

$$\mu_M(\text{Cu, high } E) = C_1\lambda^3 - D_1\lambda^4 = 287 \text{ cm}^2\text{g}^{-1} \tag{4.3.11}$$

表4.3.1 関係するVictoreenの式の係数

元素	C_1	D_1	C_2	D_2
Cu	176	48.3	15.6	0.779
H	0.0127	0.466×10^{-5}		
O	3.18	0.0654		

また，そのエネルギーでの水のμ_Mは，HとOのμ_Mを用いて次式のように計算される．

$$\mu_M(H_2O) = \frac{16}{18}\mu_M(O) + \frac{2}{18}\mu_M(H) = 7.22 \text{ cm}^2\text{g}^{-1} \quad (4.3.12)$$

溶液試料の厚さ（光路長）をx(cm)，Cuイオンの質量分率をwとすると，CuのK吸収端前後でのμt(low E)とμt(high E)は次式となる．

$$\mu t(\text{low } E) = \{\mu_M(H_2O)(1-w) + \mu_M(\text{Cu, low } E)w\}\rho x = 7.42x \quad (4.3.13)$$

$$\mu t(\text{high } E) = \{\mu_M(H_2O)(1-w) + \mu_M(\text{Cu, high } E)w\}\rho x = 9.00x \quad (4.3.14)$$

なお，試料のρを1 g cm^{-3}とし，0.1 mol L^{-1}のCuイオン水溶液でのwとして6.4×10^{-3}を用いた．吸収端直後のμt(high E)を4.0にすると，xは4.4 mmとなり，そのときのμt(low E)は3.3となり，吸収端での立ち上がりは0.7となる．この条件であれば測定可能であり，試料の厚さx（光路長，セル長）は4.4 mm程度にするとよいことがわかる．もちろん，上式を用いて，所定のxでの吸収端立ち上がりやμt(high E)を予測することも可能である．

粉末試料の場合は，正確な密度を推測することは困難なので，上の方法でρxを求め，断面積を与えて試料の質量を計算すると便利である．

このようにして求めた値（厚さ，吸収端の立ち上がり）は，K吸収端の場合，実験値と良く一致する．一方，上の例でもわかるように，目的元素以外の媒質によるX線の吸収が無視できないことが多いので注意が必要である．

C．試料の不均一性と均一な試料の調製法

透過法でのXAFS測定では，適切な厚さで均一な試料を調製することが非常に重要である．金属箔や蒸着膜，溶液のように均一性が確保されている場合は問題ないが，粉末試料の場合は400メッシュより小さい微粉末をテープに塗布したものを数枚以上重ねるとよい[25]．BNやセルロース，ポリエチレンなどの不活性でX線に対して比較的透明な希釈剤と良く混合して，錠剤を作る方法も多用されている．溶液中に懸濁した微粉末をろ紙やメンブレンフィルターで濾過して試料とする方法もある．担持触媒のように目的とする試料の濃度が低い場合は，専用のセルを作製し，その中に詰める方が均一性を得やすい．

X線が照射された試料上での断面内で，式(4.3.1)中のμtが場所によって不均一な試料においては，それを電離箱で平均化して観測すると，実測されるμt_{obs}は真のμtよりも小さくなる．その影響は空間的な不均一性が大きいほど強く，また，不均一性が同等の状況では，例えばホワイトラインピークトップのエネルギーのように，μtが大きいエネルギー領域でμtを低下させてしまう影響が顕著になる．つまり，EXAFS振幅は実際の配位数より小さくなり，また，吸収スペクトルのピーク構造がつぶれる

傾向となる．

溶液試料用のセルでは，カプトン，ポリスチレン，ポリプロピレンなどを窓材とする場合が多い．ガラスはX線の吸収係数が大きいことと，不純物を含む場合があることから，使用の際にはよく検討する必要がある．高エネルギー領域では，アクリルや溶融石英，テフロンなどを使うこともできる．

試料や窓材中の不純物は，EXAFS解析の範囲を制限するなど，場合によっては重大な妨害となる．粘着テープを使う場合は，粘着剤中のS，Cl，Brなどに注意が必要である．同様に，ベリリウム中のFeやNi，ガラス中のZnなどは要注意である．また，目的元素の濃度が低い場合，担体などの主成分中の不純物が影響することがある．例えば，グラファイト中のFeやジルコニア中のHf，さらに水銀拡散ポンプを使用したことのある真空ラインで調製した試料からはHgが観測されることもある．

D. Thickness effect

"Thickness effect"と呼ばれる現象は，試料の厚さが変わることで得られるスペクトルの形状が変化する現象全体を指している[26,27]．以下に述べるいくつかの原因があるが，厚さの異なる試料を測定してスペクトルの形状が変化しないことを確認するのが，正しい測定データを得るうえで重要である．

Thickness effectを生じる原因の1つに，高次光や散乱光の混入がある．一般的に，高次光に対する試料の吸収係数は基本波と比較して小さく，高次光は試料を透過しやすい．その結果，試料が厚くなれば，透過光に占める高次光の寄与が著しく増大する．光源の臨界エネルギーの1/3以下のエネルギー領域を使用する場合は，高次光の抑制に十分な注意を払うべきである（4.3.1項F.参照）．信頼できるデータを得るためには，入射光中の高次光混入率を10^{-4}以下に抑えるべきである．同時に，試料による最大の全μt値を4以下に収めることも大切である．

入射X線のエネルギー幅もthickness effectを生じる原因となり，蛍光収量法で吸収端付近を観察するときには顕著な問題である．試料に入射するX線のエネルギーはEという1つの値を用いて表現するが，実際には1～数eV程度の幅をもっている．Eが吸収端より低エネルギー側であっても，吸収端より高エネルギーの成分が少し混入している．その成分は試料を励起して蛍光X線を発生し，吸収端直前や途中にある微細な構造をかき消してしまうことがある．

E. グリッチ

グリッチ（glitch）とは，I_0のスペクトル中に観測されるスパイク状の構造を指す[28]．分光結晶における多重反射あるいは同時反射がその主要な原因である[29,30]．単結晶でない一般的な試料の場合は，以下の実験条件が整っていれば，I_0にグリッチがあってもXAFSスペクトルに不連続は生じないはずである（**図4.3.2**）[31]．

(1) 検出系のオフセットが正しく打ち消され，直線性が十分であること．

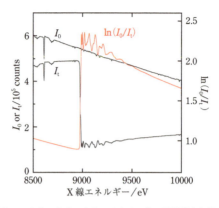

図 4.3.2　金属銅のXAFSスペクトルとそのときのI_0とI_tの値．吸収端より低エネルギー側に大きなグリッチが観測されるが，μtでは完全に割り切れている．

(2) 入射X線中の高次光や迷光が無視できること．
(3) 試料の吸収が適当であること（試料が厚すぎないこと）．
(4) 試料が十分に均一であること．

(4) は入射ビーム中にエネルギーの分布があり，グリッチ位置のエネルギーが試料の薄い場所と厚い場所に当たったときで透過光強度測定用電離箱で検出されるX線強度が変化し，μt上に不連続が生じることを防ぐためである．同程度の吸収をもつAl箔などに変えて測定したときに，グリッチのエネルギーで不連続が観測されなければ，試料の不均一性が疑われる．

グリッチは一見するとXAFS測定の妨害に見えるが，逆に，試料の条件が適切かどうかの指標となる．また，グリッチの位置で分光器のエネルギー再現性を確認したり，角度補正をすることも可能である．

F.　高次光の除去

入射X線への高次光の混入は，透過法でXAFS測定する場合に注意しなければならない重要事項であり，得られたスペクトルが異常に歪んでいる場合には，試料の不均一性に加えて，高次光の混入も疑うべきである．適切なXAFSスペクトルを得るためには，高次光の混入率は10^{-4}程度以下に抑えるべきである．二結晶分光器の平行性を低下（デチューン）させることと，高次光除去用のミラーを使用することが，高次光を除去する効果的な方法である．

分光結晶がもつ反射率曲線の角度幅$\Delta\omega$は式(4.2.5)で表され，基本波よりも高次光の方が圧倒的に小さい．例えば，6 keVでのSi(111)の$\Delta\omega$は9.4秒であるのに対して，3次光の$\Delta\omega$は1.6秒である．つまり，二結晶分光器のデチューンによって，基本波は

あまり強度低下しないのに対して，3次光は大幅に強度が低下する．結晶面とエネルギーに依存するので一概には言えないが，上記の例では，基本波の強度が最大値の80％に減少したとき，3次光の強度は0.1％まで低下する[注1]．

4.2.2項で詳しく記したように，ミラーの臨界エネルギーを用いた高次光の除去は，最も確実な方法である．基本波と高次光の間の基本波近くに臨界エネルギーがくるような適切な視斜角でミラーを設置するのが，低エネルギー領域でのXAFS測定の基本であろう．なお，集光のためのミラーが備えられているビームラインでは，そのミラーでの臨界エネルギーを把握しておくと便利である．例えば，Rhコートミラーが視射角3 mradで入っている場合，約22 keVが臨界エネルギーとなり，それ以上のエネルギーの光は強度が低下している(図4.2.5参照)．

G. その他の実験上の注意点

(1) エネルギーの較正

一連のXAFSスペクトルを比較する際にはエネルギー軸をそろえる必要がある．特にXANESのシフトから価数変化などを議論する場合は，エネルギー軸の再現性を確認するために，時々，標準試料を測定することが望ましい．XAFS測定ではエネルギーの絶対値を必要とすることはあまりなく，各種の表に載っている吸収端のエネルギーもその定義自体が不明確であり，目安程度以上のものではない．したがって，標準試料の特定の構造をあるエネルギーと仮定して一連の測定を行えば十分なことが多い．

絶対値を必要とする場合は文献[32]を参考にするとよい．これに従うと，金属銅の吸収端途上にある微小ピークのエネルギーは8984.2 eVになる．

(2) 試料の位置合わせ

入射スリットによる入射ビームの整形は，強度の規格化に用いるI_0測定用電離箱よりも上流側で行う必要がある．通常はI_0が最大強度となるように入射スリットの位置を調整する．集光ビームの場合，スリットの開口をビームサイズより不必要に広げると，試料の厚さむらの影響を受けやすい．微小試料や特殊な形状をもつ試料の場合は，透過X線強度を見ながら試料位置の調整を行い，どの位置を観測しているのかを把握したうえで測定を行うべきである．

試料の位置調整が悪いと，I_0モニターの下流でビームの一部を切り欠くこととなり，信頼できるスペクトルが得られない．このような場合は，グリッチ位置での不連続が顕著になることが多い．単結晶試料やダイヤモンド・アンビル中の試料を測定する場合は，回折線の影響が無視できないので，回折条件を満たさないように試料の方位を調整する必要がある．

[注1] 分光結晶由来の角度幅のみを考慮した計算値であり，実際には，基本波の強度を50〜60％程度まで低下させるデチューンを行う場合もある．

(3) 検出系

透過法測定用の検出器には，一般に電離箱（イオンチェンバー，ionization chamber）が用いられる．X線によって電離箱内の気体がイオン化され，その電荷を高電圧をかけた電極で捕集したときに流れる電流を測定するものであり，きわめて高い直線性をもっている．検出感度は内部の気体の種類とX線のエネルギーによって変化する．高いエネルギーのX線を検出するには，重い元素を含むガスを用いる必要がある．

電離箱の出力電流は，電流増幅器で増幅し，かつ電圧へ変換した後，通常はVFコンバータでパルス列へ変換し，カウンターで所定の時間だけ計数する．各測定点で止めずに分光器を連続掃引する場合，必要なデータ点数分の記憶メモリをカウンターに搭載し，複数の検出器からの信号を同時に計数している．

使用環境の温度が変化するとドリフトが生じるので，これらの機器の近くに熱源を置かないことが重要である．電流増幅器のドリフトはフルスケールの（例えば）0.005%/degとなっているので，電流増幅器の出力が数V程度になるように利得（gain）を調整することが重要である．

4.3.2 ■ 蛍光収量法

4.2節で述べたように，透過法では吸収端での立ち上がりが1程度になるようにすれば適切に測定することができる．では，そもそも濃度や厚さを制御できないような試料，例えば，基板上の薄膜や鉱物中の微量成分といった試料のXAFS測定は可能であろうか？

希薄な試料を透過法で測定した例として，4 mmol L^{-1}のHAuCl$_4$水溶液をAuのL$_3$吸収端で測定した結果を図4.3.3に示す．吸収端での$\Delta \mu t$は0.04程度となり，Au箔のスペクトルと比較すると，XAFS振動の測定精度が大幅に低下していることがわかる．このようなデータにおいても注意深くバックグラウンドを除去し，XAFS振動を抽出することで解析は不可能ではないが，S/B比が低いデータの解析においては，バックグラウンドの引き方によってそれ以降の解析に大きな任意性が生じるため，注意が必要である．

このような希薄な試料においては，試料から発せられる目的元素の特性X線を検出する蛍光収量法で測定することによって，最適条件での透過法で測定したようなS/N比の高い良好なXAFS振動を観測できることが多い．ただし，蛍光収量法での測定はどのような試料にも適用可能というわけではなく，測定方法を誤ると，S/B比の良いXAFS振動が得られないばかりか，誤ったXAFS振動を解析してしまうこともある．まず，測定しようとしている試料が蛍光収量法での測定に適用できるかどうか，次項で説明する条件を正しく理解して十分に検討する必要がある．あくまでも，XAFS測定の基本は透過法であり，どうしても透過法で測定できないときの手段として蛍光収

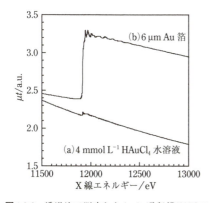
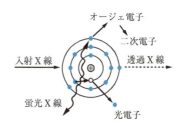

図4.3.3 透過法で測定したAu L₃吸収端XAFSスペクトル．(a) 4 mmol L⁻¹のHAuCl₄水溶液（光路長5 mm），(b) 6 μmのAu箔．

図4.3.4 内殻に生じた空孔が消滅する過程．外殻電子が遷移する際，蛍光X線（特性X線）またはオージェ電子を放出する．

量法を検討するべきである．

A. 蛍光収量法の原理

原子がX線を吸収すると，内殻電子が励起され空孔を生じる．この空孔は外殻電子の遷移によって消滅するが，その遷移の際のエネルギーは蛍光X線（特性X線）やオージェ電子として放出される（**図4.3.4**）．内殻電子の励起によって蛍光X線もしくはオージェ電子が放出されるので，蛍光X線の強度やオージェ電子の数を測定することで，物質のX線吸収係数を間接的に得ることができる．蛍光X線の測定によりXAFSスペクトルを得る手法は蛍光収量法（蛍光法），オージェ電子およびそれが誘起する2次電子の測定によるものは電子収量法と呼ばれる．両者は原理的にはほぼ同じであるが，蛍光X線とオージェ電子では物質からの脱出深度が大きく異なり，μmオーダーの脱出深度をもつ蛍光収量法で得られるXAFSスペクトルはバルク情報である．一方，電子収量法の脱出深度は数10〜数100 Åであるため，比較的表面敏感な情報が得られる．

X線吸収による内殻空孔の生成と，蛍光X線の発生による空孔の消滅の関係を**図4.3.5**に示す．内殻電子の放出と蛍光X線の発光は対となって生じる過程であるが，蛍光X線の発光過程は電気双極子遷移であるため，電子遷移に関与する軌道間での方位量子数と全軌道角運動量量子数の差をそれぞれΔlとΔjとするとき，$\Delta l = \pm 1$および$\Delta j = 0, \pm 1$の選択則がある．したがって，例えば，$(n, l, j) = (1, 1, 3/2)$の電子が遷移するL₃吸収端で生じた空孔は，$\alpha_1, \alpha_2, \beta_2$のいずれかのL線を放出して消滅する．逆に，L₁吸収端の測定を行うためには，$\beta_3, \beta_4, \gamma_2, \gamma_3$のいずれかのL線を検出しなければならない．

図4.3.6に示すように，X線の入射方向から試料を45°傾けて配置し，入射光と直交

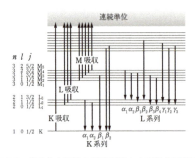

図4.3.5 代表的なX線の吸収過程および発光過程の名称.エネルギー準位は模式的であり,相対的な位置関係は正しくない.

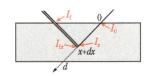

図4.3.6 蛍光収量法での測定強度の考え方

する方向から蛍光X線を測定した場合(入射X線と蛍光X線が物質を透過する距離が同じ場合),試料中の注目元素の線吸収係数μと蛍光X線強度I_fの関係は,以下のように導出できる.入射X線I_0が試料表面からxだけ侵入すると,その位置での強度I_xは,入射X線エネルギーにおける試料の全線吸収係数をμ_T^Eとして次式で与えられる.ここで,μ_T^Eは入射X線エネルギーにおける注目元素の注目吸収端由来の線吸収係数μ_X^Eと注目元素以外に起因する線吸収係数μ_B^Eの和である.

$$I_x = I_0 \exp(-\mu_T^E x), \quad \mu_T^E = \mu_X^E + \mu_B^E \qquad (4.3.15)$$

表面からの侵入深さxのまわりの微小距離dx内にある注目元素によって発生する蛍光X線の強度I_{fx}は,注目元素由来のμ_X^Eと蛍光量子収率ε_fを用いて次式で表される.

$$I_{fx} = \varepsilon_f \mu_X^E I_x dx \qquad (4.3.16)$$

蛍光X線は蛍光X線のエネルギーにおける全線吸収係数がμ_T^Fの試料中を通過するため,放出される蛍光X線強度I_fは次式で表される.

$$I_f = I_{fx} \exp(-\mu_T^F x) \qquad (4.3.17)$$

このI_fをxが0からdまで積分し,検出器の立体角Ωを考慮すると,最終的に次式が得られる.

$$I_f = \frac{\Omega}{4\pi} \varepsilon_f I_0 \frac{\mu_X^E}{\mu_T^E + \mu_T^F} \left[1 - \exp\{-(\mu_T^E + \mu_T^F)d\}\right] \qquad (4.3.18)$$

XAFS信号から求めたい情報はμ_X^Eであるが,μ_T^Eにμ_X^Eが含まれるため,I_f/I_0はこのままではμ_X^Eに比例しない.

ここで,まず,蛍光収量法の測定には適さないとされる"濃く厚い"試料を考える.そのとき,式(4.3.18)内の$1-\exp\{-(\mu_T^E + \mu_T^F)d\}$は1に近似され,$\mu_T^E = \mu_X^E + \mu_B^E$である

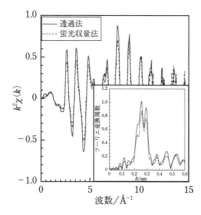

図 4.3.7 厚さ 6 μm の Au 箔を透過法と蛍光収量法で測定した EXAFS 振動とそのフーリエ変換関数.

から，式(4.3.18)は次式に変形される．

$$I_\mathrm{f} = \frac{\Omega}{4\pi}\varepsilon_\mathrm{f} I_0 \frac{\mu_\mathrm{X}^\mathrm{E}}{\mu_\mathrm{X}^\mathrm{E} + \mu_\mathrm{B}^\mathrm{E} + \mu_\mathrm{T}^\mathrm{F}} = \frac{\Omega}{4\pi}\varepsilon_\mathrm{f} I_0 \left(1 + \frac{\mu_\mathrm{B}^\mathrm{E} + \mu_\mathrm{T}^\mathrm{F}}{\mu_\mathrm{X}^\mathrm{E}}\right)^{-1} \quad (4.3.19)$$

つまり，"濃い"すなわち $\mu_\mathrm{X}^\mathrm{E}$ が大きいほど，I_f は定数に近づくことを意味し，これは XAFS スペクトルの構造を消失させることに対応する．実際に厚さ 6 μm の Au 箔を透過法と蛍光収量法で測定したスペクトルを比較したのが**図 4.3.7**である．このように"濃く厚い"試料を蛍光収量法で測定すると，透過法で得られる EXAFS 振動より明らかに振幅が小さいスペクトルしか得られない．この現象は"自己吸収効果"もしくは"厚み効果"と呼ばれ，蛍光収量法での測定の際には常に注意すべき点である．繰り返すが，このような濃く厚い試料を蛍光収量法で測定して得られた XAFS スペクトルは，正しい結果ではない．

では，どのようなときに蛍光 X 線強度が吸収係数に比例するのであろうか？ その条件を満たす 1 つのパターンは"希薄で厚い"試料である．式(4.3.19)の導出時と同様，d が大きいので，式(4.3.18)の [ ] 内の $1-\exp\{-(\mu_\mathrm{T}^\mathrm{E}+\mu_\mathrm{T}^\mathrm{F})d\}$ は 1 に近似され，また，希薄であるために $\mu_\mathrm{T}^\mathrm{E} = \mu_\mathrm{X}^\mathrm{E} + \mu_\mathrm{B}^\mathrm{E} \sim \mu_\mathrm{B}^\mathrm{E}$ と近似することができる．したがって，I_f は次式のように変形される．

$$I_\mathrm{f} = \frac{\Omega}{4\pi}\varepsilon_\mathrm{f} I_0 \frac{\mu_\mathrm{X}^\mathrm{E}}{\mu_\mathrm{B}^\mathrm{E} + \mu_\mathrm{T}^\mathrm{F}} \quad (4.3.20)$$

測定しているエネルギー範囲で $\mu_\mathrm{B}^\mathrm{E}$ が一定であれば，I_f/I_0 は $\mu_\mathrm{X}^\mathrm{E}$ に比例する．銅の K 吸

収端においては，濃度が0.01 mol dm^{-3}の溶液試料で試料厚が数mmの場合が，この条件に該当する．また，希薄ではないが，着目元素よりはるかに重い元素を多量に含む系も，同様に考えることができる．

蛍光X線強度が吸収係数に比例するもう1つのパターンは試料が"薄い"ときである．式(4.3.18)の指数項に関する$d \sim 0$における1次までのテイラー展開から，次式が導かれる．

$$I_\mathrm{f} = \frac{\Omega}{4\pi} \varepsilon_\mathrm{f} I_0 \mu_\mathrm{X}^\mathrm{E} d \tag{4.3.21}$$

このとき，I_f/I_0は厳密に$\mu_\mathrm{X}^\mathrm{E}$に比例し，$I_\mathrm{f}/I_0$の入射X線エネルギーに対するプロットは，透過法で得られるXAFSスペクトルに対応する．この条件は"small thickness limit"として文献[23,33]に示されている．このときのI_fはdに依存し，厚い試料ほどI_fが大きいために測定には有利だが，前提条件の近似から外れてしまう．銅のK吸収端においては，100 nm以下程度の厚みであればこの条件に合致する．

B. 測定方法

希薄な試料に対して適用される蛍光収量法では，そもそもの蛍光X線強度が低いため，いかに効率良く測定できるかが重要となる．低強度のX線を正確に測定するためには，測定時のバックグラウンドを下げる工夫も必要である．

蛍光収量法でEXAFS測定を行う場合，試料の濃度にもよるが，数十分から数時間の測定時間が必要である．もし入射X線強度が2倍になれば，同じカウント数をため込むのに要する時間は半分となり，限られたビームタイム内で精度の良いデータを取得するためには有利となる．したがって，蛍光収量法で質の良いデータを短時間で取得するためには，高強度なビームラインの利用が望まれる．

また，検出器側での工夫も測定効率の向上に効果がある．蛍光X線が放出される全立体角4πの中で検出器が見込む立体角Ωと，測定されるI_fは比例する．当然ながらΩは大きい方が好ましく，多数の検出器で試料を取り囲むようなセットアップで実験が行われることもある．Ωを大きくとることができるために，蛍光収量法での測定によく利用される電離箱検出器がライトル検出器である（**図4.3.8**）[34]．Ωを稼ぐために蛍光X線の入射窓を大きくとる工夫がなされた電離箱であり，蛍光X線の損失をできる限り防ぐために，窓材にはアルミマイラーが用いられている．電離箱であるため使用方法は透過法で用いる電離箱と同じであり，計測系も同じものが使用できる．試料ホルダー，蛍光フィルタースロット，ソーラースリット，電離箱が一体型となっており，後述する散乱X線の低減が容易に行える．ライトル検出器を用いることで，全立体角の約10%をカバーすることが可能である．ライトル検出器のほか，後述する固体半導体検出器やシリコンドリフト検出器も，蛍光X線強度の測定に用いられる．これらの素子サイズは大きくはないため，試料に近づけるか，多素子化することで，大

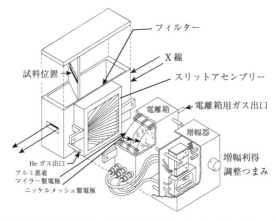

図4.3.8 蛍光XAFS用ライトル検出器．電離箱本体，スリット，フィルタースロット，試料ホルダーが一体になっている[34]．

きな立体角Ωを稼ぐ工夫がなされている．

C. バックグラウンドの除去

蛍光収量法で精度良くXAFS測定を行うためには，主に散乱X線と共存元素由来の蛍光X線によってもたらされるバックグラウンドを低減することが重要である．散乱X線の主要因は，入射X線と同じエネルギーの弾性散乱（トムソン散乱）である．入射X線の電場ベクトル方向と散乱X線のなす角をθとすると，弾性散乱の強度は$\sin^2\theta$に比例する．多くの放射光ビームラインの放射光は水平方向の直線偏光であるから，水平面内で入射X線と直交する方向に検出器を置くと，弾性散乱の混入を低減できる．一方で，蛍光収量法で効率良く測定するためには検出器のΩを大きくする必要があり，その場合には無視できない強度の弾性散乱が検出されてしまう．

図4.3.9にはHAuCl$_4$水溶液（4 mmol L^{-1}）に13 keVのX線を照射したときの試料から放出されるX線のスペクトルを，エネルギー分解能を有する固体半導体検出器で測定した結果を示す．検出器は入射X線と直交する方向に配置しているものの，強い弾性散乱が混入している．AuのL$_3$吸収端でのXAFS測定を蛍光収量法で行うときに検出すべき蛍光X線はAuのLα線であるから，弾性散乱やAuのLβ_1線はバックグラウンドになる．もし，エネルギー分解能をもたないライトル検出器でそのまま測定したら，検出される全強度の大部分はバックグラウンドであるといえる．目的の蛍光X線強度I_fに対してバックグラウンド強度をI_bとすると，S/N比は$I_\mathrm{f}/\sqrt{I_\mathrm{f}+I_\mathrm{b}}$と表され，$I_\mathrm{b}$を下げない限り，たとえ長時間のため込み測定を行ってもS/N比は改善されないことがほとんどである．すなわち，S/B比が重要となる．

弾性散乱を低減させる最も簡単な方法は，弾性散乱を吸収するフィルターを利用す

第4章　XAFS 実験

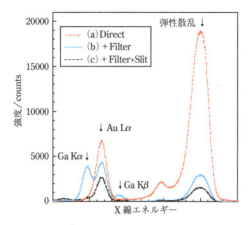

図 4.3.9 HAuCl$_4$ 水溶液（4 mmol L^{-1}）に 13 keV の X 線を照射したときに試料から放出される X 線のスペクトル．横軸はエネルギーに対応する．試料からの X 線を直接測定した結果が(a)，試料と検出器の間に Ga フィルターを挿入した結果が(b)，さらにソーラースリットを挿入した結果が(c)である．

ることであろう．入射 X 線（励起光）のエネルギーと蛍光 X 線のエネルギーの間に吸収端をもつ物質を試料と検出器の間にフィルターとして挿入し，余分な X 線を吸収させようという考えである．例えば，Cu の K 吸収端を蛍光収量法で測定する場合，吸収端エネルギーは 9.0 keV，Kα 線のエネルギーは 8.0 keV であるため，8.3 keV に吸収端をもつ Ni をフィルターとして挿入することで，目的の蛍光 X 線に対して散乱 X 線を大きく減衰させることができる．測定対象元素よりも原子番号が 1 つ小さい元素がフィルター（$Z-1$ フィルター）として用いられるが，これは第4周期元素の K 吸収端を Kα 線で測定するためには適しているが，元素や吸収端によっては常に当てはまるわけではないことに注意する必要がある．Au の L$_3$ 吸収端は 11.9 keV で Lα 線のエネルギーは 9.6～9.7 keV であるから，10.4 keV に K 吸収端をもつ Ga がフィルターとして利用できる．ところが，Au の L$_1$ 吸収端を測定するときには，Lβ 線が 11.4～11.5 keV であるために，Ga フィルターは不適切である．

図 4.3.9 には，HAuCl$_4$ 水溶液試料と検出器の間に Ga フィルターを挿入して測定した結果もあわせて示している．弾性散乱の寄与が小さくなっていることが確認できる一方で，フィルター挿入前にはなかった Ga の蛍光 X 線が観測されており，この場合にはこれもバックグラウンドとなる．フィルターは散乱 X 線を吸収するため，それ自身が励起されて蛍光 X 線を発する．フィルターが発する蛍光 X 線をできるだけ検出しないようにするため，フィルターと合わせてソーラースリットを用いるのが普通である．ソーラースリットは検出器の直前に挿入し，その見込み位置が目的とする蛍光 X

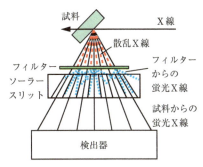

図4.3.10 フィルターとソーラースリットによるバックグラウンドの除去

線の発光点つまり試料上の入射X線の照射位置になるように調整する．フィルターはその発光点からずれた位置にあるため，ソーラースリットによって検出器への経路（立体角）が制限される（図4.3.10）．結果として，散乱X線とフィルターからの蛍光X線が抑制され，S/B比の良いXAFSスペクトルを得ることができる．図4.3.9の例では，フィルターとソーラースリットなしでのS/B比は0.16であったが，それらの挿入によって0.46まで改善した．

ソーラースリットが電離箱に固定されているライトル検出器の場合，決められた場所に試料を取り付け，適切な元素を含む専用フィルターを差し込むことで，このようなセットアップが簡便に行えるようになっている．高エネルギー領域（およそ20 keV以上）での実験では，弾性散乱に加えて，非弾性散乱（コンプトン散乱）の影響も大きくなる．弾性散乱と同様，基本的には$Z-1$フィルターで除去できるが，高エネルギー領域では試料だけでなく空気も散乱源として影響を及ぼすため，ヘリウムパスを挿入するなどの工夫も必要である．

別のバックグラウンド源としては，試料中の共存元素からの蛍光X線があげられる．これは入射X線によって測定元素よりも軽い元素（もしくは重い元素のL吸収端）が励起されて発生することが多いため，目的の蛍光X線よりも低エネルギーの妨害信号であるのが一般的である．発光点が目的の蛍光X線と同じためにソーラースリットでは除去できないが，例えばAl箔を検出器前に挿入するだけでも，相対的に低エネルギー成分を抑制する効果がある．$Z-1$フィルターを挿入している場合は，それ自体がアッテネータとなって同様の効果が期待される．また，入射X線に高次光が混入すると，目的元素よりも高エネルギー側に吸収端をもつ元素であっても蛍光X線を発する可能性がある．その場合は，ビームラインの光学系を確認し，高次光を除去すべきである（4.3.1項F.参照）．

散乱X線によるバックグラウンドがない理想的な条件で測定ができた場合，吸収端

より低エネルギーの領域においてI_fはほぼ0になり，解析時にはその値を直線的に延長して吸収端前のデータとして見積もることができる．そうでない場合は，試料から測定対象元素のみを除いたもの(溶液であれば溶媒のみ)を測定し，実測データから差し引くといった手法もある．蛍光収量法は透過法に比べて実験・解析において注意すべき点は多いが，透過法が適用できない希薄試料や薄膜試料において有用な手段であることは間違いない．

D．半導体検出器の利用

ライトル検出器を用いて，$HAuCl_4$水溶液(4 mmol L^{-1})を蛍光収量法で測定したスペクトルを**図4.3.11**に示す．フィルターとソーラースリットを用いているが，散乱X線の寄与が大きく，十分に取り除けないことから，S/B比の悪いデータとなっている．このような系においては，エネルギー分解能をもつ検出器を用いて，蛍光X線と散乱X線を区別して測定することで，S/B比の良いデータを取得できる．

そのような検出器の1つとして固体半導体検出器(solid state detector, SSD)があげられる．逆バイアスをかけた半導体素子にX線が入射することで電子正孔対が生成し，その電荷量を測定する仕組みである．半導体としてはSiやGeが使用されるが，高エネルギーのX線に対するSiの吸収係数は小さく，検出効率が低下するため，Ge素子を利用する方がよい．気体の電離箱で電荷対を生成するのに要するエネルギーは30 eV程度であるが，SSDの場合は3 eV程度と小さいため，同じエネルギーのX線であっても生成する電子正孔対が多くなり，大きな信号が得られる．

SSDで1つの光子が検出されると，その信号は1つのパルス信号として取り出され，パルス整形を経て，パルス波高分析にかけられる．パルス波高は検出器に入射したX線のエネルギーに比例するため，エネルギー(波高)を横軸としてパルス数のヒストグラムを描くと[注2]，検出器が受けたX線のスペクトルが得られる．このときのエネルギー分解能はパルス整形での時定数に大きく依存するが，時定数を数μsとした場合で約160 eV, 0.25 μsでは約300 eVである．散乱X線と蛍光X線を区別する目的に対して，このエネルギー分解能は十分である．このようにして得られるスペクトルの一部，つまり目的とする蛍光X線のエネルギー領域のみのパルスを計数することで[注3]，散乱X線や他元素からの蛍光X線を含まない，目的とする元素に起因する蛍光X線強度を得ることができる．光子の入射に応じて発生するパルスを計数する仕組みから，SSDでの計測は光子計数型(フォトンカウンティングまたはパルスカウンティング)と呼ばれる．

[注2] マルチチャンネルアナライザ(MCA)を用いる．
[注3] 以前はシングルチャンネルアナライザなどを用いたアナログ信号処理を行っていたが，信号増幅から波高分析までのすべての処理をワンパッケージ化したdigital signal processor (DSP)の高速化が進んだため，多くの放射光ビームラインにDSPが導入されている．

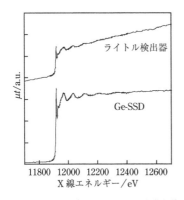
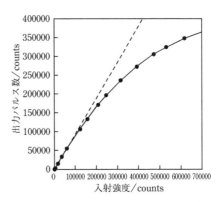

図4.3.11 ライトル検出器とGe固体半導体検出器を用いて蛍光収量法で測定したHAuCl₄水溶液(4 mmol L⁻¹)のXAFSスペクトル．どちらの測定の際にも，フィルターとソーラースリットを使用している．

図4.3.12 Ge固体半導体検出器での入射X線強度と出力パルス数の関係．数え落としのために直線からずれた飽和型の関係となる．

　図4.3.11には，Ge-SSDを用いて測定したXAFSスペクトルも示している．バックグラウンドの影響が小さくなり，S/B比の良いスペクトルとなっている．このように，SSDは光子計数型の利点を生かして高S/B比での測定が可能ではあるが，同時に光子計数型であるための欠点もある．"数え落とし"とは，1つの信号パルスを処理しているとき，それが終了するまで次のパルス信号を処理できないことであり，検出器に入る光子数が多いほど，数え落としは多く発生する．その結果として検出器への入射X線強度と検出器が出力するパルス数の関係が直線から外れる（**図4.3.12**）．入射X線強度と出力パルス数の関係は，あらかじめ入射X線強度を変化させて測定しておき，数え落とし補正用のパラメータを用意することで，実測データに補正をかけることができる[32]．蛍光収量法で測定をして，強度I_0の変動と同様にI_f/I_0が変動している場合は，直線性が崩れた条件で測定している可能性があり，数え落とし補正を行うことでスペクトルが改善する可能性がある．

　図4.3.12からもわかるように，SSDに入射したX線の計数率が10^5 photons s⁻¹を超えると，直線性が崩れる．ここでいうSSDに入射したX線とは，目的の蛍光X線だけではなく，散乱X線も含めたすべてのX線であることに注意すべきである．SSDの全計数率が10^5 photons s⁻¹を超えるときには，数え落とし補正が必要であることを覚えておくとよい．また，約$5×10^5$ photons s⁻¹を超えると数え落としの寄与が著しく大きくなり，それ以上の計数率では検出器として機能しない（いわゆる飽和）．試料によっては，散乱X線や共存元素の蛍光X線が非常に強いことがあるが，その場合に最大計

数率を支配するのはそのような妨害信号であって，最大計数率を安全な領域に抑えると，目的の蛍光X線の計数率も低下してしまう．SSDはエネルギー分解能のある検出器ではあるが，それだけでバックグラウンドを除去しようとせず，ライトル検出器の場合と同様に，フィルターやスリットを利用してバックグラウンドを低減することが重要である．

4.3.3 ■ 電子収量法

4.3.2項で述べたように，内殻励起後の緩和過程として，蛍光X線の放出以外にオージェ電子の放出過程があり，それらの収率は励起エネルギーによって図4.3.13のように変化する．低エネルギーに吸収端を有する元素では，蛍光X線放出よりもオージェ電子放出の確率が大きくなる．このオージェ電子そのもの，もしくは，オージェ電子が誘起する二次電子を測定するのが**電子収量法**である．

放出される電子のエネルギーを選別してオージェ電子のみをとらえる方法をオージェ電子収量(Auger electron yield, AEY)法，阻止電場を用いてある値より高いエネルギーをもつ電子だけを取り込む方法を部分電子収量(partial electron yield, PEY)法，エネルギーをまったく選別しない方法を全電子収量(total electron yield, TEY)法と呼んでいる[36]．

A. 電子収量法に共通する注意点：検出深度とチャージアップ

電子を検出する場合に注意すべきことの1つが，信号の検出深度である[37〜39]．固体試料の内部で発生した電子は周囲の原子で散乱を受けるため，ある一定の深さよりも浅いところからしか放出されない．検出する電子の種類やエネルギーによって検出深度は異なるが，一般的に言えば，蛍光収量法に比べて浅い領域の「表面敏感」な情報を見ていることになる．

電子を検出する方法でもう1つ注意すべきことは，特に不導体試料におけるチャージアップ(帯電)の問題である．X線照射によって放出された電子が補われないと，検出される信号強度が減少し，さらに，チャージアップによって作られる電場が信号強度を変化させる可能性がある．

B. オージェ電子収量（AEY）法

AEY法は，原理的には蛍光収量法と同様に元素選択的な検出法であるから，目的元素以外の元素を含む固体試料のような場合にS/B比を上げることができる．ただし，オージェ電子は蛍光X線と異なり，試料の内部で発生してから放出されるまでに非弾性散乱を受けて運動エネルギーを失うため，その効果によるバックグラウンドが必ず加わり，蛍光収量法ほどのS/B比は期待できない．

AEY法での測定には，電子エネルギーを選別できる電子分光器を利用することになるが，オージェ電子のエネルギーは幅をもっているので，あまり分解能を高くしな

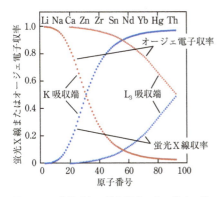

図4.3.13 内殻励起の緩和過程である蛍光X線放出およびオージェ電子放出の収率

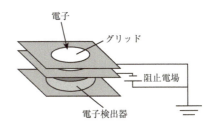

図4.3.14 部分電子収量法のセットアップの模式図．試料から2番目のグリッドに阻止電場を印加することによって，低速電子を追い返す．

い方が信号強度を稼ぐことができる．入射X線のエネルギーを掃引するXAFS測定において，オージェ電子のエネルギーは一定であるものの，同時に発生する光電子のエネルギーは変化するので，検出するエネルギー領域に光電子が入ると正しい信号を与えなくなることに注意すべきである．

C. 部分電子収量（PEY）法

AEY法を少し簡便にし，ある値より高いエネルギーをもつ電子を取り込むようにしたものがPEY法である（**図4.3.14**）．電子分光器を必要としないうえに，AEY法よりも信号強度が大きくなるので，S/N比の改善に有効である．一方，後述の全電子収量法と比べると，非弾性散乱を受けた非常に遅い電子を取り込まないことが特徴となる．非常に遅い電子は，固体試料の表面より数100Å内部の領域からでも放出されるが，それを除外することによって表面感度が高められている．このため，特にC, N, Oなどの吸収端における表面吸着系の測定にPEY法がよく用いられている（**図4.3.15**(c)）．

D. 全電子収量（TEY）法

試料から放出される電子をエネルギー選別せずにすべて取り込む方法がTEY法であり，AEY法やPEY法に比べて大きな信号強度が期待できる．しかしながら，すべての電子を取り込むので，オージェ電子そのものというよりは，オージェ電子放出の非弾性散乱過程で生じる二次電子が主となる．透過法と同様に，検出信号の側からは元素選択性が失われるため，一般にS/B比は低くなる．

測定の際にはPEY法の阻止電場を0とすればよいが（そもそも阻止電場用の金属メッシュを取り付けない），より簡便な方法として，試料とアースの間に電流計を挿入して光電流を測る方法があり，サンプルカレント法またはドレインカレント法など

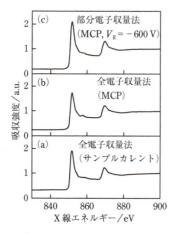
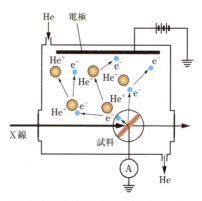

図4.3.15 種々の電子収量法によって得られたスペクトルの比較．(a)サンプルカレント法(TEY法)，(b)マイクロチャンネルプレート(MCP)を用いたTEY法，(c)MCPを用いたPEY法(阻止電場 = -600 V)．試料はCu(100)単結晶上に成長させたNi薄膜(8原子層)．PEY法は表面敏感なため，(c)のスペクトルで最もS/B比が高い．

図4.3.16 CEY法用試料セルの構成．大気圧のヘリウムがセルに充填されている．

と呼ばれる．これは非常に簡便な測定方法ではあるが，限界もある．例えば，10^{10} photons s^{-1} 程度の光強度が得られる場合，数原子層程度の厚さの金属薄膜に対しては図4.3.15(a)に示す程度のスペクトルが1点あたり数秒の測定で得られるが，1層以下の表面吸着分子・原子のスペクトルを常識的な測定時間で得るのは困難である．

E. 転換電子収量（CEY）法

試料から放出される電子を検出する電子収量法では，基本的に試料を真空環境に置く必要がある．そのような環境がそぐわない試料に対しては，試料室を大気圧のガス(Heが多い)雰囲気にし，そこに**図4.3.16**のように電極を入れ，サンプルカレント法で電流を測定する方法が適用される．この場合，試料から放出されるオージェ電子や二次電子が雰囲気ガスを電離して発生する電荷が転換した種を検出することになるため，転換電子収量(conversion electron yield, CEY)法と呼ばれる．前述の電子収量法の多くは軟X線領域での測定に多用されるが，CEY法はむしろ，透過法や蛍光収量法が適用できない硬X線領域の測定に有効である．例えば，大きな塊状の金属試料や厚いガラス基板上に析出させた磁性材料薄膜などにも適用可能である．

CEY法での試料セルの構成を図4.3.16に示す[40]．試料雰囲気を空気のままとしてもよいが，X線による空気の電離がバックグラウンド電流を増加させるため，通常はHeガス雰囲気にしてS/B比の改善を図る．試料ホルダーにリード線を接続してサン

プルカレントを取り出す一方，対極には電圧を印加する．X線を吸収した原子がオージェ電子や二次電子を放出するが，そのエネルギーはHeガスの電離に要するエネルギー（約30 eV）よりも十分に大きく，雪崩的に多くのHe$^+$イオンと電子を生じる．その電荷を電圧を印加した対極で捕集することで，試料から放出された電子数に比例したサンプルカレントが測定できる．

対極に与える電圧は通常，数100 Vであるが，入射X線強度が高く，検出される電流が大きくなるのであれば，検出電流を飽和させるためにより高い電圧を加えるべきであることは電離箱検出器と同様である．極性はどちらでも大差ないが，対極を負極としてHe$^+$イオンを捕集する方がS/B比が高くなる．電子を捕集する場合には，試料内部での散乱電子の寄与を低減させる工夫をすべきである．かつて，捕集する電荷によって表面感度が異なると報告されたことがあるが，通常，この差は見出されない．

(1) **検出深度**

電子の試料内での飛距離が短いため，CEY法は表面にかなり近い領域のみに敏感である．検出深度は，オージェ電子のエネルギーと試料の密度（構成元素）に依存する．オージェ電子のエネルギーが高いほど，また試料構成元素が軽いほど，検出深度が深くなり，バルクの情報に近づく．重元素（高エネルギー領域）の測定では，オージェ電子の放出確率が低くなるが（図4.3.13参照），高いエネルギーを有するオージェ電子でのガスイオン化効率が高いために測定可能である[41]．ただし，この場合は検出深度が深いバルク測定となる．

10 keV程度までのエネルギー領域では，X線の吸収係数に比べて電子の吸収・散乱係数がはるかに大きいため，オージェ電子の脱出深度の範囲ではX線の吸収はわずかであり，蛍光収量法において問題となる自己吸収効果の影響はほとんどない[注4]．そのため，導電性（含カーボン）粘着テープに適当に粉末試料を付着させるだけで測定ができる（図4.3.17）．試料が大きな塊を含んでいても，オージェ電子の脱出深度が浅いため，自己吸収効果が効かないからである．ただし，このような試料はX線照射面内で試料が均一分布していない可能性があるので，XAFS測定中にX線ビーム断面内の光強度分布の様子が変動すると，大きな異常信号を生じることに注意しなければならない．

(2) **厚い試料の測定**

270 μmのFe板をCEY法で測定した結果を，厚さ5 μmのFe箔について透過法で測定して得られたEXAFS振動と比較して図4.3.18に示す[42]．270 μmのFe板は厚すぎるため，透過法ではまったく測定できないが，CEY法を用いれば簡単に測定できる．kが17 Å^{-1}付近の異常な構造はNiのK吸収端であり，Fe板の表面をメッキしているNiに由来する．この試料は缶飲料の容器を金鋏で切り，紙やすりで磨いたものであるが，

[注4] 自己吸収効果の影響がまったくないというわけではない．

第4章　XAFS実験

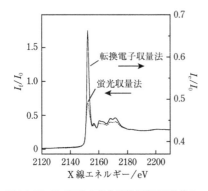

図4.3.17　Na$_2$HPO$_4$の粉末試料を導電性粘着テープに付着してCEY法と蛍光収量法で測定したP K吸収端XAFSスペクトル．蛍光収量法のスペクトルは自己吸収の影響が現れている．

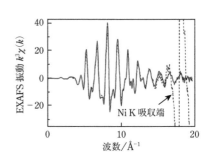

図4.3.18　厚さ5 μmのFe箔について透過法で測定して得られたEXAFS振動(実線)と270 μmのFe板をCEY法で測定した結果(点線)の比較

表面を磨かないと酸化鉄のスペクトルが重なって見える．つまり，CEY法は金属表面の腐食層やメッキ層，塗装膜などの測定にも適しており，セルを工夫すれば表面での反応の in situ 測定も可能となる[43]．

(3) 絶縁性試料の測定

1.5 mm厚のガラス基板にスパッタ法で作製した鉄酸化物(Fe$_3$O$_4$)薄膜のFeのK吸収端におけるXAFSスペクトルを，CEY法と透過法で比較して図4.3.19に示す．透過法ではかろうじて吸収端が見えている程度であるが，CEY法では質の良いスペクトルとなる．

この試料はガラスを基板としており導電性はないため，ガラス基板が下の電極を覆ってしまうと信号が出ない．しかし，電極板(ここでは導電性カーボン粘着テープ)が試料ガラス板の周囲に大きくはみ出していると測定が可能となる．これは，Heガス中のイオンや電子が空間電荷やセル内面の帯電を中和する方向に動き，電流が流れるためである．ただし，このような測定では検出電流が一定値に達するのに時間がかかるので，1点の測定時間を長めに設定する必要がある．

F.　電子収量法の原理

4.3.2項(蛍光収量法)と同様にして，電子収量法で得られる信号強度I_eが，入射X線エネルギーにおける注目元素の線吸収係数μ_X^Eとどのような関係にあるかを考えてみる．ここでは，より一般的に，試料表面に対して視斜角αでX線が入射し，有効脱出深度Lより浅い領域から電子が放出される状況を想定し，図4.3.20のようにz軸をとる．入射X線エネルギーにおける試料の全線吸収係数を$\mu_T^E (= \mu_X^E + \mu_B^E)$とすれば，

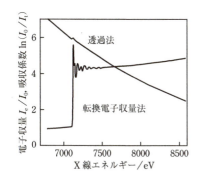

図4.3.19 ガラス（1.5 mm厚）の上にスパッタ法で作製したFe₃O₄薄膜（厚さ<1 μm）のスペクトル

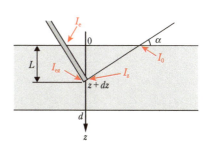

図4.3.20 電子収量法での測定強度の考え方

$$I_z = I_0 \exp\left(-\frac{\mu_T^E z}{\sin\alpha}\right) \tag{4.3.22}$$

$$I_{ez} = \varepsilon_A I_z \left\{1 - \exp\left(-\frac{\mu_X^E dz}{\sin\alpha}\right)\right\} \sim \varepsilon_A I_z \frac{\mu_X^E}{\sin\alpha} dz \tag{4.3.23}$$

$$I_e = M I_{ez} \exp\left(-\frac{z}{L}\right) \tag{4.3.24}$$

のように図4.3.20中の強度を記述することができる．ここで，ε_Aはオージェ電子の生成収率，Mはオージェ電子から検出する電荷への変換効率である．以上からI_eは式（4.3.25）で与えられる．

$$I_e = M\varepsilon_A I_0 \frac{\mu_X^E L}{\mu_T^E L + \sin\alpha}\left[1 - \exp\left\{-\left(\frac{\mu_T^E}{\sin\alpha} + \frac{1}{L}\right)d\right\}\right] \tag{4.3.25}$$

X線の侵入深度あるいは電子の脱出深度よりも試料厚が大きく，Lが小さいときは，式（4.3.26）に近似される．つまり，検出されるI_eはμ_X^Eに比例することがわかる．

$$I_e = M\varepsilon_A I_0 \frac{L}{\mu_T^E L + \sin\alpha} \mu_X^E \sim M\varepsilon_A I_0 \frac{L}{\sin\alpha} \mu_X^E \tag{4.3.26}$$

G. 電子収量法の注意点

電子収量法や蛍光収量法のほかにも，内殻励起に誘起されて放出されるイオンや可視光の収量を測定する方法が試みられている[44,45]．しかしながら，4.3.2項A.でも述べたように，これらさまざまな収量法では，「透過法と等価な信号が得られているかどうか」に常に注意しなければならず，特に吸収端近傍（XANES）では未確認のこと

が多い.また,EXAFSを解析する場合,収量法による測定では吸収端前のバックグラウンドがVictoreenの式には従わないことにも注意が必要である.

4.4 ■ 軟X線技術

分光学の分野では,およそ4 keVよりも低いエネルギー領域のX線を軟X線(soft X-ray)と呼ぶ.軟X線は物質に対する透過力が弱く,薄い空気層においても吸収によって大きく減衰することから,一般にその利用には真空環境を必要とする.そのため,実験が困難になるとともに測定対象が制限されるため,軟X線を利用したXAFS研究は必ずしも盛んであるとは言えない.しかしながら,透過力の低さは物質との強い相互作用の裏返しでもある.軽元素(C, N, O, P, Sなど)のK吸収端,ならびに数多くの金属元素のL, M吸収端を共鳴励起できる軟X線は,多様な物質の化学状態や電子状態の有力な分析手段であり,その需要は非常に大きい.本節では,軟X線領域のXAFS分析における注意点,ならびに最新の軟X線XAFS分析例について概説する[46].これから軟X線領域のXAFS実験を始めようという研究者の一助になれば幸いである.

4.4.1 ■ 軟X線を利用する際の注意点

軟X線領域におけるXAFS測定も,基本的には硬X線領域と同じである.ただし,測定において,いくつか留意すべき点がある.それらは主として"軟X線の透過能が小さい"ことに起因している.ここではまず,軟X線を利用する際の注意点について整理する.

A. 大気による軟X線の減衰

図4.4.1にエネルギーを変化させた際のX線透過距離を示した[47].10 keVのX線が1気圧の空気中を透過する距離はおよそ1 mである.これが4 keVでは10 cm,2 keVでは1 cm,800 eVでは1 mm程度にまで短くなる.X線のエネルギーが低くなるとその透過能は急激に減少するため,一般に軟X線の利用には真空環境が必要となる.一方で,10^3 Pa程度まで減圧するだけで,1 keVの軟X線の透過距離は20 cm程度にまで長くなる.窒素や酸素の分析や清浄表面を対象とした分析など,残留気体の影響が大きい場合を除けば,軟X線領域であっても必ずしも超高真空・高真空は必要ではない.600 eVを超えるエネルギー領域では,1 Pa程度まで減圧できれば十分に実験は可能である.

また,空気から軽いヘリウムに置換すると,1 keVで1 m,500 eVでも100 mm程度は大気圧環境中を透過できる.水和した試料など,真空環境に置くことが難しい試料の場合には,ヘリウムパスを用いることで,大気圧環境下でも軟X線を利用すること

4.4 軟X線技術

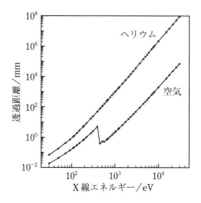

図4.4.1 1気圧の空気もしくはヘリウムの吸収によって，X線強度が$1/e$に減衰する距離[47]

ができる．

B. 透過法適用の困難

原理に忠実なXAFS測定法は透過法である．透過法では適切な厚みの試料を準備することが基本であるが，軟X線領域では，適切な厚みはμm以下になるのが普通である．例えば，K吸収端においてFeのXAFSスペクトルを透過法で測定する場合，試料の厚みは10 μm程度でよいが，L吸収端(約710 eV)で同様に測定を行うためには，数100 nm程度の薄い試料が必要となる[47]．これは，この程度の薄い試料でなければ透過法の適用が難しいためであるが，試料を支える基板も同様に薄くしなければならない．そこで，一般に軟X線の領域では，X線吸収量に比例する物理現象をとらえることで，間接的にXAFSスペクトルを測定する．具体的には，**電子収量**(二次電子・光電子・オージェ電子：4.3.3項参照)や**蛍光X線収量**(4.3.2項参照)の励起エネルギー依存性を測定する．これらは，X線吸収によって生じた内殻正孔の緩和過程で生じる副次生成物である．このような間接的な手法で測定したスペクトルには，二次過程が生じる確率や観測対象の物理的特徴が影響している．すなわち，"何らかのフィルターがかかったスペクトル"を測定している点に注意が必要である．そのため，基本的には透過法で測定したスペクトルと完全には一致しないと考えた方がよいであろう．

C. 窓材による強度減衰

放射光の光源やビーム輸送系は超高真空下にある．そのため，大気圧や低真空環境下にある分析装置とビームラインの間は窓で仕切る必要がある．また，後述するセルを利用する測定では，窓材の選択が特に重要となる．透過能が小さな軟X線の領域では，高い透過率を得るために窓材の厚みを薄くする必要があるが，あまりに薄くしすぎると圧力差で窓が破損するおそれがある．窓材としては，目的とする元素の吸収端

を避け,厚さが100〜500 nm程度の窒化ケイ素(Si_3N_4),炭化ケイ素(SiC),数μm程度のポリイミド(カプトン)などから選択される.窓は長年使用していると汚れ(主に炭素)が生じたり,劣化して破損したりすることがある.窓を使用せずに低真空・大気圧環境とビームラインを接続する方法として,差動排気を利用する方法がある[48].真空装置は大掛かりになるが,光路中に軟X線を吸収する窓材が存在しないという点でXAFS測定には都合が良い.

D. 妨害元素による問題

どの吸収端かを問わなければ,水素とヘリウムを除くすべての元素が軟X線領域に吸収端をもっている.そのため,測定環境中の不純物による吸収にも注意が必要である.特に,軽元素は実験装置の各所に遍在している.試料ホルダーや入射光強度モニター,窓材などの不純物や汚れなどに混入している軽元素の影響には注意が必要である.また,元素吸収端が密集する軟X線領域では,元素間で吸収端エネルギーの絶対値が近い.そのため,複雑な組成をもつ試料のEXAFS測定では,他元素の吸収と重なることがしばしばある.さらに,入射光に高次光が混入していると,それによって共存元素由来の吸収端が観測されることがあり,慎重な検討が必要である.

E. 入射光強度の測定

軟X線領域では窓材による吸収や汚れの問題のため,光強度の検出器として電離箱を利用することが難しい.入射光強度(I_0)測定によく用いられているのは,光路中に数10〜100 nm程度の厚みをもつ金属薄膜を置き,X線照射によって放出される電子収量をサンプルカレント法によって測定する方法である.金属薄膜の材料は,測定する吸収端を避けて,Au, Al, Cu, Niなどから選択される.ただし,金属表面が汚れてくると,汚染物質の吸収により光量を正しく測定することができなくなるため,真空中でその場で金属を蒸着できる構造が望ましい.金属薄膜の代わりに金属メッシュを利用する場合もあるが,メッシュがビーム径に比べて十分に細かいことが必要で,ビーム径が小さい場合には信頼性に欠ける.その他の手段としては,光学系の最終段に置いた反射鏡の表面金属層に流れる電流(通常ミラーカレントと呼ばれる)を利用することも可能である.この場合,入射X線はミラー表面に1〜2°程度の角度で入射するため,測定値はミラー表面の汚れに敏感になっていて,特に炭素の吸収端では,汚れがあると正しく光量をモニターすることができない.

4.4.2 ■ 内殻電子励起およびそれに続く過程の分析

X線吸収により生じた内殻正孔状態は不安定であるため,エネルギー的に浅い軌道の電子が正孔を埋めることで緩和する.その際,差分のエネルギーによって電子を放出するのが電子緩和(オージェ過程)であり,余剰エネルギーをX線として放出する過程が蛍光緩和(4.3.2項も参照)である.このような二次生成物の収量は,適切な試料

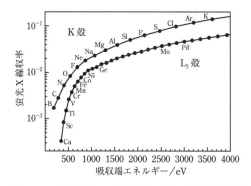

図 4.4.2 K殻ならびにL_3殻励起後の蛍光X線放出収率[49]

条件を満たせばX線吸収量と比例関係をもつため，こうした収量の励起エネルギー依存性を測定することで，XAFSスペクトルを得ることができる．

A. 電子収量法と蛍光収量法

軟X線励起の特徴の1つは，特に低エネルギー領域において蛍光緩和収率が低いことである．例えば，炭素のK殻に正孔が生じた場合の蛍光緩和収率は0.003程度である（**図4.4.2**）[49]．蛍光緩和と電子緩和の収量は合計すると1になるため，大部分は電子緩和していることになる．そこで，特に1 keV以下程度の低いエネルギー領域では，電子収量法が利用される頻度が高い．なかでも，測定のレイアウトが単純な全電子収量法がよく利用されている．

電子収量法の特徴の1つとして，表面敏感性があげられる．固体中での電子の平均自由行程は数nm〜数10 nm程度であり，試料深くにおいて放出された電子は試料表面まで到達しにくい[46]．主に二次電子を検出している全電子収量法では，数nm程度の深さまでの情報を得ていると考えられている．平均自由行程は電子の運動エネルギーに依存するので，観測する電子の運動エネルギーを選別すると，観測する深さが変化する．例えば，平均自由行程は，そのエネルギーが50〜100 eV程度において最小値をとるため[46]，部分電子収量法を用いて数100 eV程度の運動エネルギーをもつオージェ電子を選択的に観測すると，表面敏感性を高くすることができる．

蛍光緩和収率は，入射X線エネルギーの増大とともに高くなり，硫黄のK殻緩和では0.1程度となる．そのため，1 keV以上に吸収端をもつような元素であれば，フォトダイオードや光電子増倍管を用いた蛍光収量法を適用することでも，容易にXAFSスペクトルが得られる．さらに，シリコンドリフト検出器（SDD）のようなエネルギー分解能のある検出器を用いて，目的元素からの蛍光X線を選択的に検出すると，バックグラウンドを大幅に低減して測定感度を向上させることができる[50]．一般に，SDD

で検出可能な蛍光X線の下限エネルギーは，前面の窓材で決まっていることが多い．薄いBe窓を使用している検出器では1 keV程度が下限となるが，高分子や窒化ケイ素を窓材として用いることによって，200 eV程度の軟X線まで検出可能な検出器も市販されている．ただし，X線のエネルギーが低くなるに従って透過率が急激に低下するとともに，蛍光緩和収量も低下するため，実際の検出下限は試料の濃度や利用するビームラインの光源強度などにも大きく依存する．

観測する蛍光X線のエネルギーにも依存するが，蛍光X線は固体中で数100 nmから数μmの脱出深度をもっている．そのため，電子収量法と比較した場合，蛍光収量法はよりバルクの情報を与える．また，電子収量法とは異なり試料の帯電の影響を受けにくいため，電子収量法の適用が困難な絶縁性試料にも適用できる．ただし，蛍光収量法の利用にはいくつか注意点がある．1つは，蛍光緩和収率は遷移に関与する電子軌道に依存することである．例えば，多重項分裂が現れる遷移金属元素のL吸収端における測定では，終状態ごとに遷移確率が変化する[51]．わずかな遷移確率の変化でも，蛍光収量スペクトルは敏感に変化するので注意が必要である．また，蛍光X線は脱出深度が深いために，自己吸収効果あるいは厚み効果と呼ばれるスペクトルの歪みが現れやすい[52]．なお，蛍光収量法と比較すると程度は小さいが，自己吸収効果の影響は電子収量法にも存在するので注意していただきたい[53]．

B. XANESと二次過程の分光分析

分子軌道論的にいえば，XANESが観測しているのは特定の元素内殻軌道から非占有軌道への共鳴電子励起である．吸収端エネルギーは元素ごとに大きく離散しているとともに，双極子遷移が支配的であるために光学選択則の制約を受ける．したがって，XANESスペクトルには特定の元素近傍にある非占有軌道の部分状態密度が反映される．一方で，電子緩和や蛍光緩和は価電子帯から内殻正孔への電子遷移である．蛍光X線やオージェ電子のエネルギーは元素吸収端ごとに決まっているため，これらは元素分析に利用されている．

さらに，これら二次生成物を高分解能で分光したスペクトルからは，占有軌道の状態密度に関する情報が得られる（図4.4.3）．半導体検出器のエネルギー分解能は100 eV程度しかなく，高分解能の発光分光には分光器を利用する．近年では，試料上での幅が数μm程度の入射光が比較的容易に得られるようになってきており，分光器の入射スリットをなくして励起光からの発光を直接観察することで，高効率と高分解能を両立した発光分光器なども開発されている[54]．図4.4.4に示したSiNOの測定例からわかるように[55]，XANESと二次生成物の分光分析は，価電子帯の占有・非占有軌道を相補的に観察している．両測定を組み合わせることで，価電子帯の全体像を知ることができ，バンドギャップ構造の決定などに応用されている．

また，励起と発光にコヒーレンスをもつ二次光学過程として，さまざまな素励起過

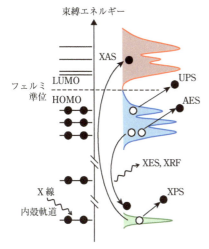

図4.4.3 X線吸収と後続過程の分析．略語はそれぞれ以下の手法を表す．
XPS: X-ray photoelectron spectroscopy, XES: X-ray emission spectroscopy, AES: Auger electron spectroscopy, UPS: UV electron spectroscopy

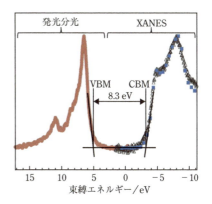

図4.4.4 SiNOのO K吸収端XANESならびに発光スペクトル．両測定から，特定元素近傍のバンドギャップが決定された[55]．

程を反映した共鳴軟X線ラマン散乱もしくは共鳴非弾性X線散乱（RIXS）と呼ばれる現象も観測される．こちらについては後述の5.3節に詳しく記述されている．

4.4.3 ■ 軟X線領域におけるXAFS測定の例

ここでは，軟X線を利用した最近の応用的なXAFS測定について，いくつかの事例を交えて紹介する．

A. 多モード同時分析による深さ分解測定

多くの試料において，表面と内部とでは違った状態にあると考えられる．分析深さが異なる電子収量法と蛍光収量法で同時に分析を行うことで，このような深さ方向の電子状態変化を観察できる．すなわち，各測定法がもっている特徴を積極的にフィルターとして利用する．複数の測定手法で同時に測定を行うことで，励起エネルギーのドリフトや試料条件の変化などの測定環境の経時変化による不確定性を取り除くこともでき，データの信頼性が向上する．このような利用方法は多モード同時分析法などと呼ばれている．

図4.4.5には，複数の手法で電子収量と蛍光収量を同時測定したシリコンウエハのXANESスペクトルを示した[56]．試料前面に蛍光X線分析器と部分電子収量分析器を

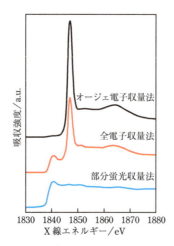

図4.4.5 分析深さが異なる3つの測定手法で同時に測定した表面が酸化されたシリコンウェハのSiのK吸収端XANESスペクトル[56]

配置し,オージェ電子収量法・全電子収量法・部分蛍光収量法を同時に適用することで深さ方向の情報を得ている.1848 eV付近の鋭いピークは酸化物(SiO_2)に起因しており,異なる分析深さをもつそれぞれの測定法により,酸化された極表面近傍からバルクまでの電子状態を分離して観測している.他にも,電子や蛍光X線の脱出深度が出射角によって異なることを利用して,深さ方向の情報を得る手法が開発されている(4.6.4項参照)[57].

B. 顕微分光測定

集光素子を用いてμmさらにはnmサイズにX線を集光すると,微小領域内のXAFSスペクトルを得ることができる(μ-XAFSまたはnano-XAFS;4.6節参照).集光点で試料位置を走査すると,顕微観察的なXAFS分光を行うことができ,試料中の元素分布のみならず,化学結合・電子状態・化学状態などの2次元分布情報をも得ることができる.ここでは,急速に利用が広がりつつある**走査型透過X線顕微分光法**(scanning transmission X-ray microscopy, **STXM**)について紹介する.

STXM法では,**フレネルゾーンプレート**(Fresnel zone plate, **FZP**)を用いて軟X線を微小スポットに集光し,集光位置で試料を2次元走査しながら吸収コントラスト像を得る.30~80 nm程度の最外輪帯幅のFZPを使用することでX線エネルギーを固定した測定では,FZPの回折限界に近い空間分解能を得ることができる.しかしながら,FZPには色収差があるため,XANES分析と組み合わせる場合には,入射X線エネルギーを変えたときに光の焦点位置が試料に対して前後するという問題がある.FZPの焦点深度は1 μm程度ときわめて浅く,焦点位置の変化に対して試料位置を補正しな

ければ，高い空間分解能は得られない．この問題を解決するため，米国CaliforniaのALSにおいて，FZPと試料ホルダーの相対的な位置変位を絶えずモニターする2次元レーザー干渉計システムが開発された[58]．このレーザー干渉計は，試料位置の走査に用いる高速ピエゾステージやビームのドリフトのモニターとしても使用され，100 Hzの応答時間でフィードバックを行うことで，相対位置変位10 nm以下の安定性を実現している．さらに各X線エネルギー間で測定されたイメージの配置の誤差を取り除き，振動や他の環境ノイズが顕微鏡に及ぼす影響も補正することで，高い空間分解能を達成している[58]．なお，本来STXMとは測定手法を指す名称であるが，最近では上述のレーザー干渉計を用いた精密制御システムを搭載した顕微分光装置の名称として定着しつつある．

STXMは透過法で測定を行うため，試料を100 nm程度まで薄くしなければならないという問題がある．そこで，電子収量法や蛍光収量法を組み合わせる試みも行われている．また，集光したX線を利用する場合は，試料の照射損傷に注意が必要である[59]．荷電粒子による励起に比べるとその程度は小さいものの，生物試料や有機物などを対象とする場合には，放射線損傷は避けられない．その場合，試料を冷却したり，照射時間を短縮したりするなどの対策が必要となる．

C. 反応セルを用いたその場測定

従来，軟X線領域の実験は，高真空・超高真空下で行うことが大前提として受け入れられてきた．近年では，より実環境に近い条件下で化学反応や試料の変化を追跡する，いわゆる *in situ* 測定や *operando* 測定法の開発が，軟X線領域でも盛んに行われている．現在のところ，観察する試料や雰囲気環境を密封した反応セルを作製し，真空容器中に導入する手法が主流である．

図4.4.6(a)には触媒反応観察用セルを示した[60]．MEMS (micro electro mechano system) によって作製されたセルは，大気圧環境下で最高500°Cまで加熱できる．高い軟X線の透過率を得るために，窓材には10 nm程度にエッチング加工されたSiNを使用している（ただし，開口は直径5.5 μmしかない）．前述のSTXMと組み合わせることで，鉄系触媒を用いたフィッシャー・トロプシュ反応における触媒の変化を40 nmの空間分解能で *in situ* 測定し，生成した炭素種と触媒である鉄種の相関関係を検討している（図4.4.6(b)）．

窓材としてグラフェンを使用することで，軟X線のみならず，数100 eV程度の運動エネルギーをもつ電子を透過可能なセルを作製できることが最近報告された[61]．反応セルを用いるその場観察では窓材を通して試料を観測しなければならず，固体に対する透過率が低い電子を観測することが困難であった．低い運動エネルギーをもつ電子を観察できる可能性が拓かれたことで，今後，軟X線領域でのその場観察に新たな展開がもたらされることが期待される．

D. Heパスを利用した大気圧環境下での測定

セルを用いる以外に，Heパスを利用したその場測定も可能である．いわゆる"ambient pressure experiment"の一種であり，Heパスを利用可能な軟X線ビームラインが多くの放射光施設で整備されている．測定例として，**図4.4.7**に無水ならびに水和した塩化コバルト(II)のCoのL吸収端XANESスペクトルを示した[62]．この測定では，水和することによって塩化コバルト(II)結晶の対称性が変化している様子が観察されている．

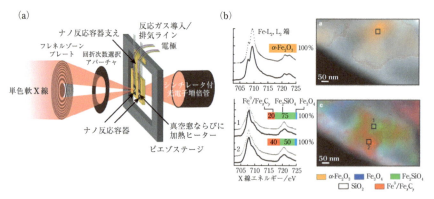

図4.4.6 (a) STXM装置と組み合わせた鉄系触媒を用いたフィッシャー・トロプシュ反応の *in situ* 測定用装置．(b) 反応前（上段）ならびにCOとH$_2$の混合ガス雰囲気中で250℃，4時間反応後（下段）に測定された試料の化学マッピング（それぞれ各段右の図）．各段左のスペクトルは，右図中において四角（□）で示された領域で測定されたFe L吸収端XANESスペクトル[59]．

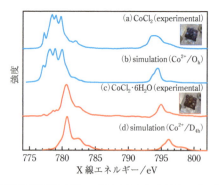

図4.4.7 Heパス中で転換電子収量法を用いて測定された無水(a)ならびに水和した(c)塩化コバルト(II)のCoのL吸収端におけるXANESスペクトルと各スペクトルのシミュレーション結果(b)(d)[62]．

この測定の特徴として、転換電子収量法で測定されている点があげられる。セルを用いる測定では窓を透過できる蛍光収量法が中心となるため、自己吸収効果の影響を強く受けることが多い。それに対して、電子収量法で測定したこの測定では、蛍光収量法で測定したスペクトルのような自己吸収による歪みが見られない。Heパスを用いる実験では、反応セルのように試料環境を精密に制御することは困難であるが、多モード測定の適用も容易であり、反応セルを用いた実験と比較すると利便性は高い。近年では、Heパスを用いることで、真空中に置くことが難しいウエットな試料などの分析も一般的になりつつある。

4.5 ■ 時間分解測定

XAFS測定では試料中の特定の化学種に焦点を当てることができるため、反応の追跡など時間分解測定への期待が大きい。本節では短時間でのスペクトル測定を可能にするQXAFS法とDXAFS法について解説し、これらを用いた研究例を紹介する。前節は軟X線についての話であったが、本節では硬X線を用いた時間分解XAFSについて解説する。

4.5.1 ■ QXAFS法

A. 計測方法

QXAFS(quick XAFS)法は、分光器角度を連続的に掃引しながらXAFSスペクトルを測定する手法である[63]。**図4.5.1**にQXAFS法の測定システムの概念図を示す。

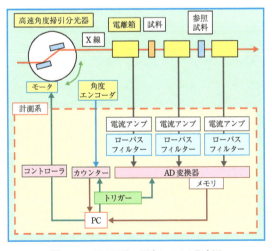

図4.5.1 QXAFS法の測定システム概念図

第 4 章　XAFS 実験

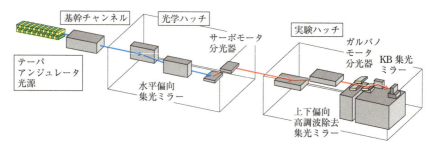

図4.5.2　SPring-8 BL36XU ビームラインでのQXAFS測定における機器類の配置

　QXAFS法は正味の観測時間以外にロスがなく，観測エネルギー点ごとに分光器の移動・停止を繰り返しながら測定するステップスキャンXAFS法と比べ，迅速な測定が行える．そのため，近年はほとんどのXAFSビームラインで基盤技術として導入されている．

　QXAFS法は時間分解計測に適用される．時間分解能は，分光器の角度掃引時間により決まる．高速角度掃引の方法には，(1) 二結晶分光器の2つの結晶の角度と並進位置をメカニカルリンクする方式と，(2) チャンネルカット結晶分光器の角度のみを掃引する方式がある．二結晶分光器の2つの結晶の相対位置を固定し角度掃引する方式も(2)に含まれる．方式(2)では，分光器からの出射光の高さが結晶角度とともに上下するが，分光器下流に上下方向集光ミラーを設置すれば焦点位置(試料位置)で集光ビームの位置を保持することができる．

　偏向電磁石ビームラインでは，秒〜分の時間分解能のQXAFS計測が行われている．時間分解能が1秒以下の計測には，ビーム強度の高いテーパアンジュレータ光源が用いられる．この光源は，磁石列の間隔に傾斜(テーパ)をもたせることにより，通常のアンジュレータ光よりもエネルギー幅を広くすることができる．SPring-8では，テーパアンジュレータ光源と，液体窒素冷却したチャンネルカット結晶をダイレクトサーボモータで高速角度掃引する分光器を組み合わせ，10 msでの時間分解QXAFS計測が可能なビームラインが建設されている[64,65]．図4.5.2にBL36XUビームラインでの測定系の配置を示す．チャンネルカット結晶は2つの回折面の間隔が3 mmとコンパクトに設計されている．このため，光源からの高エネルギーの電磁波(γ線)は，分光器の代わりに，分光器上流に設置した2台の水平偏向ミラーを用いてX線から30 mm離し，除去している．さらに，SPring-8では極小型チャンネルカット結晶をガルバノモータで角度掃引する分光器が開発され，サブミリ秒の時間分解能が達成されている[65,66]．この分光器では，分光器上流のミラーによる高調波X線の除去と基幹チャンネル部スリットの開口幅調整によりテーパアンジュレータ光による熱負荷を低減し，分光結晶に冷却機構を設置しないことで高速掃引を実現している．

時間分解能が秒から分のQXAFSでは，ステップスキャンXAFSと同様の計測システムを使用することができる．一方，時間分解能が1秒以下のQXAFSでは，各エネルギー点の計測間隔が100 μs以下になるため，高速応答性をもつ検出器および計測回路が使用される．電離箱には，電極間隔を3 mm（通常10 mm）に狭くすることで，入射X線により電離したガスイオンと電子が電極に到達する時間を短縮して高速応答化したものが用いられる．蛍光X線の検出器には，ライトル検出器の代わりに，逆バイアス電圧を負荷し高速応答化したPINフォトダイオードが用いられる．極希薄・薄膜試料の計測に用いられる多素子Ge検出器（SSD）やSiドリフト検出器（SDD）は，計数率に限界があるため，1 s以上の時間分解能の測定に使用される．電離箱やPINフォトダイオードの微小電流出力の増幅には，低ノイズ高速電流アンプが用いられる．計測システムには，通常用いられる電圧周波数変換器とカウンターの組み合わせでは計数の桁数不足が起こるため，高速ローパスフィルターと低ノイズ高分解能アナログ・デジタル変換器（AD変換器）の組み合わせが用いられる（図4.5.1参照）．また，低ノイズ計測系を構築するために，安定化電源の使用や，アースの一元化，X線計測システムとそれ以外の機器との電気的絶縁などが行われている．

B. QXAFS法の特徴

　QXAFS法の特徴を次節で述べるDXAFS法と比較しながら述べる．まず長所をあげる．(1)透過法，蛍光収量法および電子収量法が利用できるため，希薄試料や薄膜試料が測定できる．(2)DXAFS法では困難なX線の散乱体が多く含まれる試料の測定や，低エネルギー領域（数keV）のEXAFS測定ができる．(3)より高エネルギー分解能のスペクトルが計測できる．(4)広いエネルギー領域にわたり，分光器を変えることなく，迅速に測定ができる．(5)入射光強度の計測も容易である．

　一方，QXAFS法の最高時間分解能はサブミリ秒で，DXAFS法よりも2～3桁遅い．QXAFS法では，1スペクトル内の各観測点の観測時刻が同一ではない（正味の時間分解能は1スペクトルの観測時間の2倍程度と考えるのが妥当である）．1 s以下の高速時間分解計測では，分光器の角度エンコーダの読み取りに遅延が生じることがあるため，参照試料のスペクトルを同時測定しエネルギーを較正する必要がある（図4.5.1参照）．

C. 応用研究例

　図4.5.3に燃料電池電極の電位を急激に変化させた際の，白金コバルト合金触媒の反応過程を時間分解QXAFS法により調べた例について示す[67]．測定はPt L_3吸収端とCo K吸収端において透過法で行われ，時間分解能は500 msである．測定にはX線透過窓をもつXAFS計測用の燃料電池セルを使用している．燃料電池セルは，X線光路上に強いX線散乱を生じるガス流路板やガス拡散層をもつ多層構造体であるため，DXAFS法での測定が難しい対象の1つである．電気化学測定により燃料電池セルの

第4章 XAFS実験

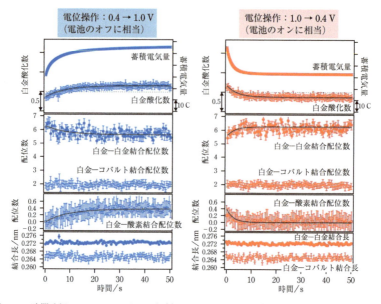

図4.5.3 時間分解QXAFSスペクトルの解析によって得られた白金−コバルト合金触媒の構造パラメータの時間変化[67]

蓄積電気量を同時測定し，XANES解析により白金の電子状態の変化を，EXAFS解析により白金−白金結合，白金−酸素結合，白金−コバルト結合などに関する配位数と結合距離を決定し，各反応素過程の時定数が求められた．この結果により，白金コバルト合金触媒が白金触媒と比べて触媒活性と劣化耐性がともに高い要因の1つが明らかにされた．

D. 今後の展望

QXAFS法では，2次元イメージング検出器やマイクロ・ナノ集光ビームを併用した計測が可能である．このため，透過法および蛍光法を用いた時間・空間分解QXAFS測定が行われつつある．高速な反応ほど空間的に不均一に進行する傾向があるため，時間・空間分解測定はより実態に即した情報を与えることが期待される．しかしながら，時間・空間分解QXAFS法は，計測技術面で以下の課題がある．(1) 2次元イメージング検出器を用いた計測では，各エネルギーでの入射光強度分布の測定を，XAFS測定の前後に試料をX線光路上から退避した状態で行うため，入射X線の空間分布に高い再現性が要求される．また，(2) 集光ビームを用いた測定では，試料上でのビーム位置の時間安定性や高いビーム強度が要求される．これらの課題がビームライン技術の向上により解決され，今後応用研究が展開されることが期待される．

4.5.2 ■ DXAFS 法

　DXAFS(dispersive XAFS：波長分散型XAFS)法は湾曲結晶(ポリクロメータと呼ぶ)を用いてXAFSのエネルギー領域を一度に得る手法であり，その概念は1980年代の初めにMatsushitaらによって報告された[68]．その測定装置の概念図を図4.5.4に示す．DXAFS装置はポリクロメータと位置敏感検出器から構成される．比較的幅広の白色X線を湾曲結晶に照射すると，結晶上の位置によって入射角が連続的に変化するため，結晶で回折した単色X線のエネルギーとその出射角も連続的に変化する．ポリクロメータで回折したX線はいったん集光した後発散するため，波長分散したX線の強度分布を1次元位置敏感検出器(あるいは2次元位置敏感検出器)によって測定することで，分光結晶上での入射角の範囲に対応するエネルギー領域のスペクトルを一度に得ることができる．厚さや組成の不均一性によるスペクトルの歪を低減するために試料は集光点に配置し，入射X線強度は試料を光路から外して測定する．結晶で回折する高次光は透過法でのXAFSスペクトルに重大な影響を及ぼすことがあるため，その場合には光路内にミラーを設置して高次光成分を除去する．湾曲結晶での分光には，反射型のブラッグ配置(図4.5.4(a))と透過型のラウエ配置(図4.5.4(b))の2種類があり，前者は主にブラッグ角が大きくなる低エネルギー領域で利用される．ブラッグ角が小さくなる高エネルギー領域ではエネルギー分解能の点で後者が有利になる．

　入射X線のビーム中心が結晶に照射される位置での結晶表面への入射角をθとする

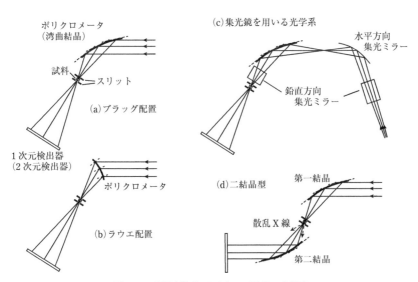

図4.5.4 波長分散型XAFS(DXAFS)法の光学系

と，結晶表面から集光点までの距離qは次の関係式で与えられる[69,70]．

$$\frac{1}{q}+\frac{1}{p}=\frac{2}{R\sin\theta} \tag{4.5.1}$$

ここで，Rは結晶の湾曲半径，pは光源から結晶までの距離である．ブラッグ配置の場合，θとブラッグ角θ_Bは等しいが，ラウエ配置の場合には$\theta=\pi/2-\theta_B$となる．入射X線の中心での回折エネルギーがEである場合，一度に測定できるエネルギー範囲ΔEは結晶上でのX線の幅をLとして次式で与えられる[69,70]．

$$\Delta E=\frac{EL}{\tan\theta_B}\left(\frac{1}{R}-\frac{\sin\theta_B}{p}\right) \tag{4.5.2}$$

この式からわかるように，あるpでΔEを大きくするためにはX線の幅Lを大きくするかRを小さくすることになるが，湾曲率の大きな結晶を用いてRを小さくすると焦点距離が短くなるため，試料まわりの自由度が減ることになる．

　DXAFS法でのエネルギー分解能はいくつかの要素から決まる．水平面内に波長分散させる光学系においては，光源の水平方向のサイズ，検出器の空間分解能，結晶面のロッキングカーブ幅，結晶内へのX線侵入深さがそれぞれ寄与する．湾曲結晶は，その湾曲精度と形状がエネルギー軸だけでなく試料位置での集光サイズを決めるため，最も重要な光学素子である．試料の不均一さは極力抑えるべきものであるが，集光点を小さくすることによってそのスペクトルへの影響を減らすことができるため，集光点サイズが小さくなるような光学系が望ましい．結晶の湾曲機構としては，エネルギー範囲を柔軟に調整できるため可変ベンダーがよく用いられている．焦点での収差を抑え小さな集光サイズを達成できる楕円面湾曲が理想的であるが，これには四点支持型ベンダーが最もよい．一方で，可変湾曲機構では結晶の冷却が難しいため，PF-AR NW2Aではエネルギーの安定性や分解能を優先し，湾曲半径を固定した水冷可能なホルダーを用いている[71]．また，アンジュレータなどを光源として用い，湾曲結晶上でのX線ビーム幅が十分大きくない場合に，水平方向の集光鏡を利用することもある．集光点のサイズを小さくしつつ結晶上でのビーム幅を確保し，また結晶への熱負荷を低減できることから，ESRF ID24ではKirkpatrick-Baezタイプの光学系（図4.5.4(c)）が用いられている[72]．

　DXAFS光学系は検出器での水平方向位置によりエネルギーを区別するため，試料による散乱やスリットと検出器の間の空気による散乱はエネルギー分解能を大きく低下させる要因となる．二結晶型DXAFS装置は，XAFSスペクトルのエネルギー範囲を確保しつつ検出器へ到達する光から不要な成分を除去することができる光学系である（図4.5.4(d)）[71]．低角での散乱が大きな試料については，通常の一結晶型DXAFS測定が困難であるが，二結晶型では正しいXAFSスペクトルが得られることが確認されている．ただし，二結晶型では第二結晶のブラッグ角と湾曲形状を第一結晶に対応さ

4.5 時間分解測定

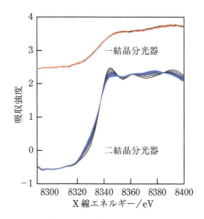

図4.5.5 二結晶型DXAFS装置を用いて測定したα-Al_2O_3担持Ni化学種のスペクトル変化

せる必要があるため，きわめて高い精度で調整する必要がある．**図4.5.5**には，二結晶分光器を用いて測定したα-Al_2O_3担持Ni触媒のXANESスペクトルを示した．一結晶型と二結晶型でXANESスペクトルの時間変化を同じ条件で測定した結果を比較しているが，一結晶型DXAFS測定では試料からの散乱によってXANESスペクトルが正しく測定できていないうえに，その時間変化も見られていない．一方，二結晶型DXAFS測定によって試料からの散乱を除去することにより，本来のXANESスペクトルが得られ，化学反応にともなうスペクトルの時間変化も観測されている．

DXAFS法では分光器の機械的な掃引が必要ないため，通常のXAFS測定に比べて高速での測定が可能である．時間分解能は検出器が律速となる場合が多く，一般に用いられているフォトダイオードアレイやCCDではミリ秒程度が限界となる．また，高速な時間分解測定を行う際には，検出器の露光時間や読み出しにかかる時間だけでなく，素子あるいは配列ごとの読み出し時刻(の差)にも注意を払う必要がある．連続測定ではX線シャッターや検出器へのゲート信号を用いずに連続的に露光を行うことが多いため，1スペクトル中の各点での時間軸のずれが無視できないケースもありうる．DXAFS法での観測時間スケールは多くの化学反応の追跡に適しており，溶液の混合により開始される溶液内化学反応や，固体触媒に反応ガスを迅速導入することで開始される不均一系触媒の状態変化などの反応メカニズムの解析に用いられている．

ここでは，多孔質であるゼオライトに担持した銅(II)化学種が500°Cの高温下で一酸化炭素により還元される過程を追跡した例を示す(**図4.5.6**)．反応前の銅化学種は酸化銅(II)に類似した状態でゼオライトに担持されており，ここに一酸化炭素が導入されると，1秒程度で銅(I)へと還元される．EXAFS解析から得られる反応初期の銅(I)状態についての酸素の配位数は非常に小さく，これは酸化銅(II)から酸素が引き抜か

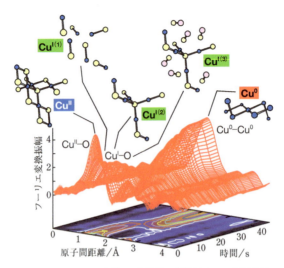

図4.5.6　ゼオライト担持Cu化学種の時間分解XAFS解析結果

れたことによりフラグメント化した状態であることに対応すると考えられる．その後，銅(I)は自己集合して酸化銅(I)の状態となり，一酸化炭素の吸着を経て銅(0)の状態まで還元される．この例では固体粉末中での特定の金属の化学状態をミリ秒オーダーで追跡しており，このような観測ができるのはDXAFS法以外にはない．時間分解DXAFS法による原子レベルでの反応メカニズムの解析から，化学反応がどのような時間スケールでどのような中間状態を経て進行するかが直接明らかになる．より効率的な反応経路を見出し，より活性の高い触媒を開発するためのきわめて重要な知見が得られる．

　DXAFS法やQXAFS法による時間分解測定は，X線光源が連続的であることを前提としている．第3世代までの放射光源で得られるX線は100 ps程度のパルス光であるが，その繰り返し周波数が高いために観測時間スケールでは連続光として扱っても問題ない．一方で，放射光源からのX線のパルス特性を利用し，パルス時間幅を分解能とする時間分解測定も可能である．すなわち，試料の励起用パルスレーザーとXAFS測定用のX線パルスのタイミングを合わせ，ポンプレーザー光からプローブX線までの遅延時間を変化させることによって，X線パルス幅を限界とする時間分解能が達成できる．このような時間分解測定は，プローブX線のエネルギーを掃引する場合には高い繰り返し再現性をもつ系に限られるが，図4.5.7に示すようにDXAFS光学系では原理的に1パルスでのスペクトル測定が可能であり，検出器・放射光源の発展により近い将来DXAFS法でのパルス時間分解測定が達成できると期待される．

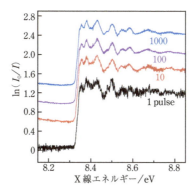

図4.5.7 1パルスの放射光で得られたDXAFSスペクトル

4.5.3 ■ ポンプ・プローブ法

　ポンプ・プローブ法とは，ポンプ光によって作り出した励起状態をプローブ光によって観測する手法である．ポンプ光からプローブ光までの遅延時間を変えながら測定を行うことで，励起状態の時間変化をストロボ撮影のように追跡することが可能となる．近年，紫外から赤外域の超短パルスレーザーを用いたポンプ・プローブ法により，フェムト秒オーダーの分子振動や電子遷移をリアルタイムで観測できるようになった．プローブ光にパルスX線を用いた時間分解XAFS測定を実施すれば，元素選択的に電子状態やスピン配置，さらには原子スケールの局所構造の動的情報を直接得ることが可能となる．

　ポンプ光として光学パルスレーザー，プローブ光として加速器から発せられるX線を用いる時間分解XAFS測定では，その最短時間分解能は，両光源のパルス幅で決定される．ポンプ光である光学パルスレーザーでは100フェムト秒以下の光源が広く流通しているため，時間分解XAFS測定の時間分解能はプローブ光であるX線のパルス幅に依存し，放射光では自然バンチ長に基づく100ピコ秒程度の分解能が，SASEを利用するX線自由電子レーザーでは，進行方向へのバンチ圧縮によって100フェムト秒以下の分解能が原理的には得られる．

A. 実験装置

　ポンプ・プローブ法を用いた時間分解XAFS測定の繰り返し周波数は，光源の周波数，検出器系の動作周波数，励起状態寿命などを考慮して決定されるが，放射光における測定は一般的に高強度パルスX線が得られる高電荷密度の孤立バンチを含む運転モードで行われるため，最大繰り返し周波数は孤立バンチ周波数である1 MHz程度となる．

第4章 XAFS 実験

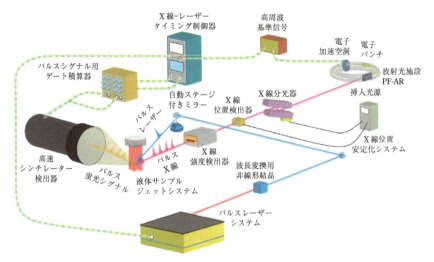

図4.5.8 ポンプ・プローブ法を用いた時間分解XAFSの測定システム概略図

図4.5.8にKEK PF-ARにおける測定システムの概略図を示す[73]．通年シングルバンチモードで運転されているPF-ARにおいて周回周波数794 kHzで出射される高強度パルスX線は，Si(111)結晶を用いた二結晶分光器によって単色化され，湾曲円筒ミラーによって試料位置に集光される．このシステムでは，施設のマスタークロックと同期した946 Hzのフェムト秒Ti:sapphireレーザーをポンプ光として用いており，レーザー光は必要に応じて波長変換を行った後，サンプルに集光される．この際，ポンプ光とプローブ光の幾何学的な重ね合わせを十分に考慮することが大切である．図4.5.8には蛍光収量法でのセットアップを示しており，検出器にはパルス計測を考慮してナノ秒スケールの応答速度をもつシンチレーションプローブを用いている．ポンプ光とプローブ光の周波数が合っていない場合には，電気的ゲートが利用可能な検出器系を用いてレーザー励起されたX線シグナルのみを検出する方法や，チョッパーを用いてサンプルに入射する前に周波数を合わせる方法，または図4.5.8のシステムのようにシグナルをパルスで観測したうえで適切なパルスを選択する方法などが用いられる．また，この図4.5.8では溶液のサンプルをマグネットギアポンプによって循環させているが，時間分解XAFS測定ではX線に加えパルスレーザーも試料に入射するため，それらによる試料の損傷状況を十分に管理して測定を行う必要がある．

B. 測定例

図4.5.8に示したシステムを用いて鉄2価低スピン錯体における超高速光誘起スピン転移を測定した例を示す[74]．定常状態で測定された，基底状態が低スピン状態である

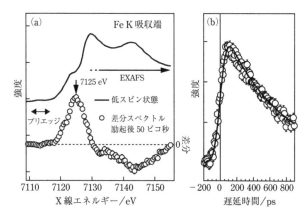

図4.5.9 (a)基底状態が低スピン状態である[$Fe^{II}(phen)_3$]$^{2+}$水溶液のFe K吸収端XAFSスペクトル(実線)と光励起後50 psにおける過渡吸収差分スペクトル(白丸). (b)横軸をX線とレーザーの遅延時間としてプロットした7125 eVにおける強度の時間発展. phenは1,10-phenanthrolineの略.

鉄2価トリスフェナントロリン錯体[$Fe^{II}(phen)_3$]$^{2+}$水溶液のFe K吸収端XAFSスペクトルを図4.5.9(a)の上部に実線で,レーザー励起から50 ps後とレーザー励起前の差分スペクトルを図4.5.9(a)の下部に丸印で示した.この系におけるFeの3d電子のスピンクロスオーバーは,配位子場とフント則の競合に起因しており,Fe-N間の結合距離の変化と密接に関係している.丸印の差分スペクトルにおいて7125 eVに見られる正のピークはFe 1s→4p双極子遷移の増大を表しており,これはレーザー励起後50 psの高スピン励起状態において,Fe-N間の結合距離が伸びたことに起因する.また7135 eV以上で観測されるEXAFS振動の変調も,主にFe-N結合距離の変化に由来する.加えて,より直接的にFe 3dスピン状態を示すFe 1s→3d四重極子遷移に起因した吸収端前のプリエッジピークにおいても,スピンクロスオーバーに起因した光誘起変化を観測することができる.

図4.5.9(b)は[$Fe^{II}(phen)_3$]$^{2+}$のXAFSスペクトルにおいて,7125 eVのエネルギーにおける強度の時間発展を,縦軸を強度,横軸をポンプレーザーとプローブX線の遅延時間としてプロットしたものである.測定された各遅延時間における強度を丸印で示した.図から,パルスレーザー励起により強度が急激に増加し,その後,緩やかに減少していくことがわかる.この強度変化は,ステップ関数をもつ一次減衰関数を60 psのX線パルスの時間幅で畳み込んだ関数(実線)でフィッティングすることができる.すなわち光によって励起された高スピン状態がピコ秒のスケールで緩和していく様子が観測されている.

C. まとめ

　励起状態が長寿命であれば定常X線をプローブ光とした検出器系の高速性に基づく時間分解測定は十分実施可能であるが，その寿命が短くなるほど過渡的なシグナル量は減少するので，現実的にはマイクロ秒以下の時間スケールにおける励起状態の情報を得るためには，高強度パルスX線を用いたポンプ・プローブ法が必要となる．上の測定例でも示したように，時間分解XAFS測定を用いると，きわめて短い時間での機能の変化を，原子スケールの分子構造変化と合わせて同時に直接観測することができるため，その反応過程における電気的・化学的性質に関する詳細な知見を得ることが可能となる．

4.6 ■ 空間分解測定

　XAFS測定においては，X線が通過した試料は空間的に均一であることを前提とする．しかしながら，必ずしも均一な試料ばかりではなく，逆に，試料の不均一性こそが重要な意味をもつ場合がある．そのようなとき，試料を空間的に分解してXAFS測定を行う手法が適用される．

　空間分解XAFS測定では，入射X線を微小ビームにまで絞り，それを照射する試料位置を走査しながら蛍光X線を検出する手法が一般的であり，その場合の空間分解能は入射微小ビームのサイズによって律せられる．この場合は，試料表面を2次元的に空間分解して測定するが，試料表面からの深さ方向を分解する実験手法も提案されている．さらに，3次元的に空間分解するラミノグラフィ法への適用も行われている．本節では，こうした空間分解XAFS測定について解説する．また，軟X線での顕微分光法が4.4.3項B.に，硬X線でのイメージング法が4.7.5項にあるので，それらも参照してほしい．

4.6.1 ■ 微小ビームによる空間分解測定

　X線の集光技術は，第3世代放射光施設の登場とともに，ここ20年余りで急速に発展している．これは，ほぼリアルタイムで集光素子自体の評価が行えるほど高品質な光源(エミッタンスが小さく，明るい，十分な空間コヒーレンスを有する)および種々の光学的な収差を理解しやすい形で記録できる2次元検出器の登場による．X線を集光すること自体は新しい発想ではなく，X線光学はX線研究の黎明期より議論されており，後述する光学素子が論文として発表されたのは1950年頃である(全反射ミラーは1948年[75]，フレネルゾーンプレートは1952年[76])．

　代表的な放射光源用のX線集光光学素子としては，集光に利用されるX線の特性に応じて，全反射ミラー(全反射)，ゾーンプレート(回折)，屈折レンズ(屈折)などがあ

4.6 空間分解測定

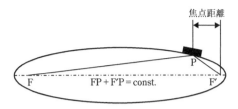

図4.6.1 非球面全反射ミラーの概念図

げられる．これらのうち，100 nm 程度の集光ビームが得られ，かつ走査型X線顕微鏡のプローブとして使いやすい光学素子は，全反射ミラーとフレネルゾーンプレート (FZP) である．ここでは，これら2つの素子についての概略と，nmレベルに達したX線集光の現状について紹介する．

A. 全反射ミラーの概要

X線集光素子として全反射ミラーを用いる場合，文字通りX線の全反射現象を利用する．ビームライン光学系の中で，高調波除去のエネルギーフィルターとしてミラーが用いられる場合があるが，基本はそれと同じである．しかしながら，ナノビームと呼ばれるような極限的なビームサイズを目標とする場合は，ミラーの反射面をあらかじめ計算された球面あるいは非球面とする必要がある．このような全反射ミラーの概念図を**図4.6.1**に示す．

実際に集光のために使われる配置は，Kirkpatrick-Baez (K-B) 配置と呼ばれる直交配置の光学系である．この配置の本来の意味は，斜入射条件において2枚の球面鏡を水平と垂直に独立に配置して結像させるものであるが，硬X線領域での集光に必要な斜入射条件では，補正が困難な球面収差が生じるために，理論的な集光サイズを実現することが困難であった．そこで，楕円筒面を近似解として収差を解消する方法がSuzukiらによって開発され[77]，現在，筆者らが用いているような2枚の非球面ミラーをK-B配置とする光学系となった．

全反射ミラーを用いた光学系での明るさは，ミラーの反射率に使用するミラーの枚数を乗じたものとなる．K-B配置のような2回反射の場合では，70%程度の反射率となることが多いため，FZPの場合と比較すれば，明るい集光ビームが得られることになる．なお，斜入射条件での球面鏡の問題を解決するには回転楕円面を用いればよく，回転楕円面と回転双曲面を組み合わせたWolter光学系も存在するが[78]，数学的には厳密解であっても，このような光学系を満たすミラー加工が著しく困難であるため，その集光性能は理論値に至っていない．

非球面ミラーによる光学系でナノビームを実現するためには，楕円筒面などに研磨できる技術と表面形状を評価する方法が必要である．SPring-8のBL37XUは，3種類

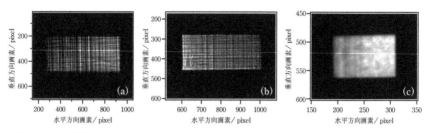

図4.6.2 非球面ミラーを用いた集光ビームのfar field image．表面を(a) NC加工，(b)ベント研磨加工，(c) EEM加工したミラー．イメージは2回反射像であり，ピクセルサイズは4.13 μm/pixelである．

の研磨技術により作製されたミラーを保有している[79]．これらのfar field imageを図4.6.2に示す．この像は焦点位置より1 m後方に置かれた2次元検出器により撮影された2回反射像である．ミラー表面はそれぞれ(a) NC加工[80]，(b)ベント研磨加工[81]，(c) EEM加工[82]されている．各々の加工に関する詳細は参考文献に譲るが，NC加工の場合に典型的である多くの線のように見える構造は（図4.6.2(a)参照），ミラー表面の形状誤差に起因する散乱光の干渉によるスペックルである．もちろん，理想的な楕円面に表面形状が加工されていれば，すべての反射光が焦点に集まるために干渉を起こすことはなく，何の構造ももたないfar field imageが得られるはずである．しかし，現代の加工技術においても，設計値と完全に一致する表面形状を得ることは不可能である．よって，ミラーの加工方法にかかわらず，図4.6.2のようなスペックル構造をもったfar field imageとなる．これらの像の違いは研磨法の優劣を決めるものではなく，表面形状作製法における加工特性の違いを反映したものとなっている．許容誤差は主にミラー長，焦点距離，目標集光径などにより決まるが，各々のミラーに許される形状誤差が違うため，3つの方法により作製されたミラーを直接比較することはできない．干渉計を使った形状誤差の測定値（PV値）としては，NC加工およびベント研磨加工において±100 nm程度，EEM加工において±2 nm程度となっており，図4.6.2のX線によるスペックル構造はこれを支持する結果となっている．この現象を逆にとらえれば，反射光のfar field imageに見られるスペックル構造を逆フーリエ変換すれば，ミラー表面の"うねり"を再現できることがわかる．その"うねり"が形状誤差曲線そのものであり，この原理を積極的に利用して，X線集光により得られた形状誤差を打ち消すようにその場で補正できるようなミラーを設置し，機械的加工による誤差の壁を打ち破る，1桁オーダーのナノビームのための集光光学系の開発が進められている[83]．

B. フレネルゾーンプレート（FZP）の概要

FZPとは，X線に対して透明と不透明の2階調からなる輪帯を交互に繰り返した，

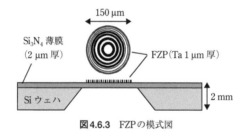

図 4.6.3 FZP の模式図

 円形の透過型不等間隔回折格子である(**図 4.6.3**).互いに隣り合う透明輪帯から回折された光の光路差が,光の波長と等しくなるように輪帯間隔が設計されており,結果的にすべての輪帯からの回折光が干渉によって光軸上の1点で強め合い,焦点を形成する.実際には,回折効率の観点から,不透明輪帯であっても1/2波長分の位相変化を与えるように透過させているので,吸収による効果と位相変調による効果を組み合わせて回折光の干渉を利用している.FZPの作製にはいくつかの方法があるが,2 keV 程度までの軟X線あるいは 5~20 keV 程度までの硬X線領域では,電子線リソグラフィによって作製される.図 4.6.3 に示すように輪帯構造を有し,それ自体で自立することが不可能なため,Si基板に成膜されたSi$_3$N$_4$薄膜(透明輪帯)上に描画されることが多い.不透明輪帯の材質は,軟X線領域ではNiやGeが,硬X線領域ではTaなどの重金属が主に用いられている.FZPの回折限界分解能はほぼ最外殻線幅と一致し,2012年時点での硬X線用のFZPにおける線幅の作製限界は,20~30 nm 程度である.実際に集光評価をした例では,最外殻線幅が 35 nm の FZP を用いた場合,得られた集光ビーム径は 35 nm(X線エネルギー=8 keV)であり,理論値と完全に一致した結果となっている[84].FZPによる集光ビームの明るさは回折効率で表される.多くの場合で 10~20%の回折効率であり,一般的には全反射ミラーより効率は低い.高い回折効率を得たいときは,X線吸収体を厚くすればよいが,FZP作製の観点からnmオーダーの最外殻線幅を満たすには,アスペクト比(線幅/吸収輪帯の厚み)が20程度必要であると言われている.そのため,Ta厚は 1~2 µm とする場合が多い.

 30 keV 以上の高いX線エネルギー領域においてFZPを用いて集光するには,回折効率を維持するためにX線吸収体の厚い(=アスペクト比の高い)FZPが必要となり,リソグラフィによる作製は不可能である.そこで,スパッタスライス法と呼ばれる手法で作製されている[85].この方法では,Auの芯線上にCu(不透明帯)とAl(透明帯)をスパッタリングにより交互に積層し,適当な厚みとなるように切り出した後,研磨するという手順である.この方法で作製されたFZPを用いて,200 keV の高エネルギーX線での集光が確認されている[86].また,スパッタスライス法を応用し,1つの輪帯の中で積層膜の組成を変化させる multi level 構造の輪帯を作製することで,50%近い回

折効率が実現されている例もある[87].

4.6.2 ■ ナノビーム集光光学系

集光素子を用いた光学系を考えるとき,光学素子のスペックシートから理論的な集光ビーム径を見積もることができる.また,ビームラインにおける光学系の模式図からは実際に得られる集光径を見積もることが可能である.前者は波動光学的,後者は幾何光学的な方法であり,集光素子の評価や集光光学系の調整時などにおける判断基準として用いられている.

A. ナノビーム集光光学系の概要

波動光学から導かれる集光ビーム径の理論的限界値,すなわち回折限界分解能d_0は光学素子の数値開口NAと波長λによって決まり,一般的に次式のように表される.

$$d_0 = 0.61 \frac{\lambda}{NA} \quad \text{(円形開口の場合)} \tag{4.6.1}$$

$$d_0 = 0.5 \frac{\lambda}{NA} \quad \text{(矩形開口の場合)} \tag{4.6.2}$$

FZPの場合は式(4.6.1)をさらに変形し,

$$d_0 = 1.22 d_N \tag{4.6.3}$$

のように最外殻線幅d_Nを使って表現される.全反射ミラーの場合のNAは,ミラー長L,視斜角θ,焦点距離fを用いて

$$NA = \frac{L \sin\theta}{2f} \tag{4.6.4}$$

と表される.ここで,全反射臨界角は波長に比例していることと式(4.6.2)の関係から,全反射ミラーの回折限界分解能は波長に依存しないことがわかる.最終的に回折限界分解能は反射面の物質の電子密度によって決まり,その値は10 nm程度である[88].FZPにおいても同様に限界が存在し,1枚の光学素子を用いる場合は10 nm程度と見積もられる[88].

これに対し,幾何光学的なビームサイズは光源サイズと光学素子の縮小率で決まる.SPring-8のアンジュレータ光源の場合,そのサイズは垂直方向で約10 μm,水平方向で約600 μmの扁平な形状である.光学素子が設置される実験ハッチまでの距離は短い場合で50 m程度であるので,ここから見た光源の角度サイズ(光源サイズ/距離)は,垂直方向は回折限界に容易に到達するが,水平方向の幾何光学的ビームサイズは回折限界よりはるかに大きくなってしまうことが理解できる.このため,適切な距離に適切な開口をもつ空間フィルターを設置して,見かけの光源サイズを小さくする必要がある.具体的には,水平方向の幅だけを制限するようなスリットを光軸上に挿入

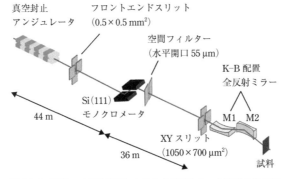

図4.6.4 SPring-8 BL37XUにおける全反射ミラー光学系の模式図

表4.6.1 全反射ミラーのパラメータ

	材質	ミラー長(mm)	焦点距離(mm)	NA^*
M1	シリコン	300	460	1.14×10^{-3}
M2	石英	200	200	1.75×10^{-3}

*式(4.6.4)より計算.

する.このとき,垂直方向の角度サイズには何の影響も及ぼすことはなく,水平方向の空間コヒーレンスのみを制御することが可能である.SPring-8のアンジュレータビームラインには,通常,発光点から約30 m付近にフロントエンドスリットが設置されている.このスリット位置は水平方向のスリットによる損失が十分に小さくなるように蓄積リングの軌道パラメータが設定されているために,ほぼ理想に近い水平方向の空間フィルターとして使用することができる.しかしながら,スリットの構造上,数µmレベルの精密な制御が難しく,また,モノクロメータへの熱負荷の変動を避ける意味もあり,モノクロメータより下流に開口を精密に制御できるスリットなどを設置し,空間フィルターとして用いる場合もある.

B. ビームラインにおける集光の実際およびXAFS測定の例

SPring-8 BL37XUにおける全反射ミラー光学系を図4.6.4に示す.全反射ミラー(JTEC製)はEEM加工により楕円面に表面加工されておりRhコートが施されている.平均視斜角は3.5 mradであり,その他のパラメータを表4.6.1に記した[89].このミラーの設計開口値は1050 µm(ミラー長300 mm)×700 µm(ミラー長200 mm)と従来のミラーよりも著しく大きく,実験ハッチに導かれるX線のほぼすべてをミラーで受け止めることができるので,集光サイズは100 nm程度と見込まれるものの非常に明るい集光ビームが得られることが期待される[89].図4.6.4の光学系では垂直方向は光源点

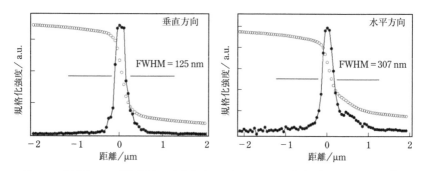

図4.6.5 全反射ミラー光学系を用いた集光ビームプロファイル.○透過光強度,●微分曲線.

であるアンジュレータ中心を見込んでおり,光源までの距離は80 mである.水平方向の空間フィルターにはモノクロメータ下流に設置した開口可変スリットを使用している.光学素子と空間フィルター間の距離は36 mである.これらの数値から,ミラーの縮小率はそれぞれ1/174(垂直方向)と1/180(水平方向)となる.K–B配置されたミラー光学系の調整軸としては,少ない場合でも5軸(並進×2,視斜角×2,焦点距離)が必要で,これらの軸を利用してフーコーテストやナイフエッジスキャンを行うことで集光ビームサイズが評価される.空間フィルター開口を55 μmとしたときの集光ビームプロファイルを図4.6.5に示す.

集光ビームサイズの評価の際に実際に計測しているのは,Auワイヤー(直径200 μm)を1軸スキャンすることによって得られる透過光強度である.透過光強度の変化を微分して得られる曲線の半値全幅(FWHM)を集光ビームサイズと定義している.得られたビームサイズは10 keVのX線エネルギーで300 nm程度であり,明るさも5×10^{11} photons s^{-1}を超えるものとなっている.空間フィルターの開口が可変なので,ある程度の範囲で水平方向のビームサイズを制御することも可能である.開口を数μmとすれば,数字上は回折限界分解能に近いビームサイズが得られる反面,暗くなる(10^9 photons s^{-1}前後)ので,試料側から求められる条件をよく考慮して選択することが重要である.なお,垂直方向と水平方向で見かけの光源位置が異なるため非点収差が生じるが,直交配置光学系であるため,それぞれの方向を独立して調整することで容易に非点収差補正を行うことができる.多くの場合において,集光点を決定するプロセスの中で結果として収差が補正されていることになるので,K–B配置のような光学系の場合は特別に意識する必要はない.

FZPを用いた集光光学系は,高品質なFZPが工業製品として安定的に供給されていることや,調整機構も単純であることから,集光ビームを指向するビームライン自体の評価に適しているともいえる.SPring–8 BL37XUでは,ナノビーム集光を目標の1

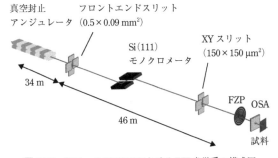

図4.6.6 SPring-8 BL37XUにおけるFZP光学系の模式図

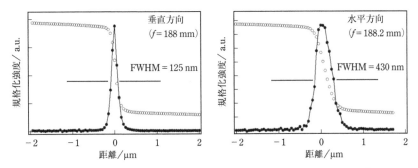

図4.6.7 FZP光学系による集光ビームプロファイル．○透過光強度，●微分曲線．

つとして，光源点から80 m地点へのビームラインの延伸を2010年度に行い[90]．**図4.6.6**に示すようなFZPによる集光光学系を構築し，ビームライン全体の集光性能の評価を行った．垂直方向は図4.6.4の場合と同じアンジュレータの光源点を見込み（80 m），水平方向はフロントエンドスリットを空間フィルターとみなした．ここから光学素子までの距離は46 mである．全反射ミラー光学系との大きな違いは，FZPと集光点の間に，order selecting aperture（OSA）と呼ばれる集光ビームに使う次数の回折光のみを取り出す空間フィルターが設置されている点である．OSAとしては，PtやTa製のピンホール（直径20 μm程度）がよく用いられている．FZP（NTT-AT社製）のパラメータは，直径150 μm，最外殻線幅100 nmである[91]．焦点位置とビームサイズ評価を，全反射ミラーの場合と同様に，ナイフエッジスキャンにより行った結果を**図4.6.7**に示す．100 nmに近いビームサイズが得られており，垂直方向では式(4.6.3)から導かれる集光サイズと同等になっていることから，ビームラインの構造としてナノビーム集光を行うのに十分な空間コヒーレンスを満たしていることがわかる．ここで，垂直方向と水平方向の焦点位置が異なっているのは非点収差による．実際の実験では，2

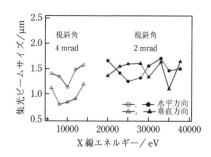

図4.6.8 集光ビームサイズのエネルギー依存性．視斜角4 mradおよび2 mradの2組のミラーによるサイズが示されている．

つの焦点位置を使い分けるわけにはいかないので，妥協した焦点位置とする（この場合ビームサイズは最小でなくなる）．あるいは，FZPを傾けたり，FZPより上流にあるミラー（しばしば高調波除去用として使われている）を湾曲させることで収差を補正するなどの工夫が行われている[92,93]．

以上のような集光ビームをプローブとした走査型X線顕微鏡はさまざまな実験に使われている．XAFS測定との組み合わせでは入射X線エネルギーの掃引が行われるため，光学素子の色収差を考える必要がある．全反射ミラーは色収差をもたないため，この観点からはXAFS測定に適した光学系である．しかしながら，あらゆるエネルギーにおいて1組のミラーを用いることはできず，視斜角すなわち全反射臨界角で定義されるカットオフエネルギーにより，使用できるX線エネルギーの上限が決まる(4.2.2項参照)．このエネルギーに対して著しく低いエネルギーを選択すると今度は高調波の影響が生じるので，広いエネルギー領域をカバーするには複数組の全反射ミラーを用意する必要がある．図4.6.8は集光ビームサイズのエネルギー依存性を示したものである[80,82]．14 keV以下では視斜角4 mrad，20 keV以上では2 mradと2組のミラーが使われているが，6〜37.7 keVのエネルギー領域において幅1 μm前後の集光ビームが得られていることがわかる．

ここでは集光ビームを用いたXAFS測定の例として，堆積性鉄鉱石中に固定化されたAsのキャラクタリゼーションについて紹介する[94]．図4.6.9(a)はマイクロビーム(1.8×2.8 μm^2)を用いて蛍光収量法により測定されたAs K吸収端EXAFSスペクトルである．図中にあるAsの分布に基づいて分析点が決定された．このスペクトルをもとに抽出されたEXAFS振動が図4.6.9(b)であり，マイクロビームを照射した微小領域からのEXAFS解析が可能であることが実証され，鉄鉱石中でのAs固定化の様子を明らかにすることができた．

これに対してFZPは，その集光原理上，色収差を避けることができず，エネルギー掃引により焦点距離が変化してしまうが，XAFS測定が不可能というわけではなく，エネルギー変化に対して焦点距離を追随させるような調整軸を用意するなどすれば，色収差を克服することは可能である．ただし，OSAや検出器など試料まわりの計測装置も同時に動かす必要がある．またXANES領域のような50 eV程度の掃引であれば，焦点距離を固定したとしてもビームサイズの変化量は数%以下と小さいため，実験の内容によっては許容される場合もある．図4.6.10にFZPを用いた毛髪中のZnの

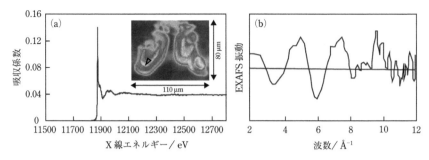

図4.6.9 堆積性鉄鉱石中に固定されたAsのK吸収端EXAFSスペクトル．(a)生データおよびAsの2次元分布（白色ほど蛍光X線強度が高い）．EXAFS測定点を△で示す．(b) k^3 で重み付けして抽出されたEXAFSデータ．

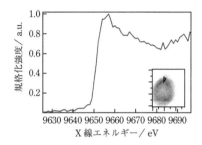

図4.6.10 毛髪断面中のZnの分布とZn K吸収端XANESスペクトル．Zn分布は黒色ほど強度が高い．20 μm/目盛．スペクトル測定点を▶で示す．

XAFS測定の結果を示す．図4.6.10中の挿入図は $600 \times 400 \text{ nm}^2$ の集光ビームを用いて測定した毛髪断面におけるZnの分布を示している（ピクセルサイズ1 μm）．分布図中に印を付けた点においてZn K吸収端XANESスペクトルを測定しているが，この点の周辺は数10 μmにわたってZnの強度が均等であり，これに対しビームサイズが十分小さいので，色収差によるビームサイズ変動の影響はほぼないと考えることができる．

4.6.3 ■ 非走査型イメージング

A. 方法・装置

適切な均一厚さをもつが面内方向に不均一な構造や元素分布のあるサンプルでは，通常の透過法のXAFS測定において，透過X線強度を測定する検出器を2次元検出器に置き換え，かつ試料の下流側に近接させると透過XAFSイメージングを行うことができる．また，蛍光X線や光電子を取り出して画像化する方法は，応用範囲の広さから，産業や科学研究の現場で実際によく出会うような必ずしも箔状ではない試料にも

第4章　XAFS実験

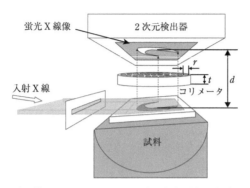

図4.6.11　非走査型蛍光X線イメージングの原理図．水平方向に長い形状をしたビームを使用し，試料の広い領域を一度に照射する．試料は入射ビームに対して1～2.5°傾いている．コリメータを通過する特定の平行な成分のX線のみが2次元検出器に到達するため，試料上の位置と画像とが対応づけられる．2次元検出器，コリメータ，試料は互いに密着している．

用いられている．後者の光電子を測定する方法は，光電子顕微鏡（photoemission electron microscopy, PEEM）[95]として知られ，世界中の放射光施設に整備され，触媒などの表面化学反応の研究で成果をあげている[96,97]．前者の蛍光X線を利用する方法は，測定の環境，雰囲気，サンプルの形状などの諸条件に関して圧倒的に自由度が高いため，さらに魅力的な応用が期待される．これまでのところ，蛍光X線イメージングは放射光ナノビーム形成に基づく走査法が主流である．サンプルのXYスキャンを行わない技術の利用は，まだまだこれからという状況にある．本項では，そのような非走査型の蛍光X線イメージング技術について解説する．

図4.6.11のような配置の測定系を用いると，試料や装置のどの部分も動かすことなく，およそ15～20 μmの空間分解能で，1000×1000ピクセル程度の蛍光X線画像を0.03秒～3秒程度の撮像時間で取得することができる[98～112]．このイメージング技術の初期の検討には実験室系X線源[99]や第2世代放射光施設の偏向電磁石光源が用いられ[100,101]，その後，多極ウィグラー光源やアンジュレータ光源の利用により，きわめて迅速な蛍光X線イメージング技術として進展を遂げた[109]．元素別の画像を得るための検出器としては，CCDまたはCMOSカメラなどの蓄積型2次元検出器[112～114]のほか，エネルギー識別を行う信号回路を搭載したピクセル検出器[115,116]，さらには波長分散型分光器を組み合わせる方法[117]などが用いられる．蓄積型2次元検出器の場合は，吸収端をはさんでエネルギーの異なる単色X線により得られる複数の画像を比較する方法や，実質的に蓄積を行わず高速読み出しを頻繁に繰り返すことによりエネルギー識別を行う方法（シングルフォトンカウンティング）が用いられる[112～114]．典型的には1 cm角程度のやや広めの視野をやや粗い分解能ながらも，高画素数で，しかも迅速

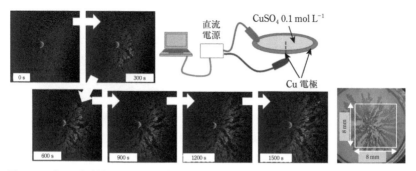

図4.6.12 銅の電解析出の時々刻々変化する化学パターンの蛍光X線動画イメージング．実験レイアウトや銅結晶の化学パターン(ramifiedパターン)の光学顕微鏡写真も示す(右下)．1画像あたりの撮像時間1秒．

に撮像するのが得意である[107,109]．そのため，放射光ナノビームと試料のXYスキャンを組み合わせる走査型イメージングとの競合や異なる応用展開というよりも，相補的な利用が可能になる．

B. 化学反応イメージング

非平衡反応における化学パターンの形成，リズムの発生について，多くの物理化学的研究がなされてきた[118]．1950年代に見出されたBelousov–Zhabotinsky (BZ)反応の周期的変化をともなう振動化学反応や，さらに古いものでは19世紀末に報告されたLiesegang現象(規則的な縞模様(Liesegangリング)を描いて沈殿が生成する)などは，典型的な非線形現象である．こうした反応において形成される化学パターンは，いわゆる散逸構造(dissipative system，物質やエネルギーの出入りがある環境における平衡状態から乖離した熱力学的開放系)として理解され，反応拡散モデルで記述することにより解釈されている．理論的研究やシミュレーションが成功を収めており，例えば，上述のBZ反応は，いくつもの素反応からなるFKN (Field–Koros–Noyes)メカニズムにより説明されている[119]．他方，実験的な研究，特に化学パターンの詳しい構造については，種々の光学顕微鏡による観察が圧倒的多数を占め，化学パターンの各部分の形態，大きさ，色など，またその時々刻々の変化が観察されている．光学顕微鏡では得られない情報，例えば詳しい化学組成，結晶構造については，ほとんど研究されていないが，その理由は，単にそのような分析手法が未確立であったということに尽きるであろう．特に，時々刻々の元素ごとの分布の変化などを分析できれば，化学パターンの変化の本質を理解するのにきわめて有用である．

例えば，硫酸銅水溶液を充填したリング状溶液セルの中心と外周部の間に直流電圧をかけると図4.6.12に示すように銅イオンが時々刻々析出し，特徴ある化学パターンを形成する[120]．この枝分かれを繰り返す(ramified)パターンは，直流電圧2.8 V，濃

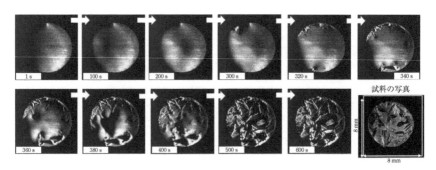

図4.6.13 溶液から沈殿析出する結晶（フェロシアン化カリウム）の時々刻々変化する化学パターンの蛍光X線動画イメージング．1画像あたりの撮像時間は1秒．

度0.1 mol L^{-1}のときに得られたものである．入射X線のエネルギーを9200 eV（Cu K吸収端の上）にセットし，電解の開始と同時に，蛍光X線像を連続的に撮像し，化学パターンの成長過程を動画像として取得した．これらの画像は，パターンの形状だけでなく，化学組成や元素別の濃度の情報を含んでいるため，将来的には，他のタイプの顕微鏡観察では詳細な検討が行いにくい複雑な系への適用も期待される．

Liesegangリングは拡散過程で自発的に生じる振動構造をもつ周期的な環状もしくは帯状の化学パターンである[121]．K_2CrO_4を均一に含むゼラチンに$AgNO_3$を滴下すると，そこを起点として振動構造をもつパターンが生じる．複数点において滴下を行うと，それぞれに生じたパターン同士が干渉する．このような現象は，蛍光X線イメージングを用いるとCr, Ag, Kの濃度分布（化学組成）という着眼点で解析することができる[122]．ただし，拡散は3次元的に進行するのに対し，蛍光X線で得られる像は，比較的表層部分を説明するものであることには注意を払う必要がある．

また，水溶液の液滴を乾燥させる際にも，その乾固，結晶析出によって化学パターンが得られる．**図4.6.13**はフェロシアン化カリウム水溶液について，7400 eV（鉄の吸収端より上）のX線を用いて連続的に観察したもので，X線像は主として鉄の濃度分布を反映している．乾固の初期は，丸い液滴の主に周辺部分で結晶化が生じているが，やがて中心方向に進んでいく．濃度の不均一さを反映して，サイズの異なる針状晶が得られた．

このように蛍光X線像は，化学組成の情報を含むきわめて有用なデータであり，さまざまな化学パターンを理解することに貢献できる．非走査型蛍光X線イメージングの方法を用いると，1つの画像を取得するのに必要な測定時間を劇的に短縮でき，30ミリ秒～1秒程度（上の研究例では1秒）で取得できるため，連続的に撮像を繰り返すことにより，化学パターンの変化の過程を追跡できる．

C. コンビナトリアル材料イメージング

新しい材料を探索し開発するための効率的な手法として,近年コンビナトリアル材料合成法[123,124]が利用されるようになった.1枚の基板上に,化学組成や合成条件の異なる各種の微小試料を大量に系統的に並べ(コンビナトリアルライブラリー),その物性・機能特性の評価,組成分析,構造解析などを一度にまとめて行うことにより,すぐれた材料を効率的に探索することができる.この技術のスループットは,現状,主に分析の部分によって制約を受けている.蛍光X線法やX線回折法,XAFS測定などによる化学組成,結晶構造,化学状態などの分析は,非破壊的で定量性にもすぐれ有用であるが,基板上に配列された大量の試料を測定するには,微小ビームを走査して個々の試料に照射してデータを取得する操作を非常に多く繰り返す必要があり,迅速な評価は容易ではない.他方,少数の点分析ではなく,非常に多くの測定点のデータを取得して高画素数のイメージングを行おうとする場合には,莫大な測定時間が必要になる.このような分析には,非走査型蛍光X線イメージング,特に非走査型蛍光XAFSイメージングが有望と考えられる[104~106,109,111].

蛍光収量法によるXAFS測定では,濃度・厚さなどに注意を払って準備された均一試料からの蛍光X線強度を入射X線のエネルギー(モノクロメータの角度)の関数として取得する.これに対し,投影型XAFSイメージングでは,不均一で分布のある試料からの蛍光X線を図4.6.11の方法で,試料位置と1対1対応するX線像として取得する.このような画像取得をモノクロメータの角度走査と連動させて行うと,ただ一度のモノクロメータの走査のみで,全測定点のXAFS測定を行うことができる.

図4.6.14にアルカリ電解質型燃料電池の負極の酸素還元反応を促進する材料として有望なマンガン・コバルト酸化物ナノ粒子作製条件のスクリーニングに適用した

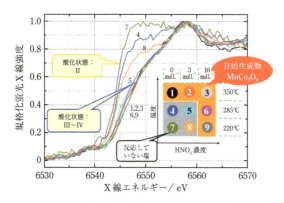

図4.6.14 1枚の基板上に配列されたマンガンコバルト酸化物ナノ粒子のコンビナトリアルライブラリの投影型X線イメージングから一括して取得されたXAFSスペクトル.モノクロメータの1点あたりでの撮像時間は1秒,測定時間は全部で13分.

例[104]を示す．目的の物質はマンガン塩とコバルト塩の混合水溶液に対して蒸発乾固および400℃以下の低温での処理を行うことにより合成できる．ナノ粒子のサイズを制御するために熱処理温度を下げ，あるいは欠陥構造を制御するために加える硝酸濃度をなどの合成条件を変化させた9つのサンプルをアルミナ基板上に配列し，投影型XAFSイメージング測定を行い，同時に9つのXAFSスペクトルを取得した．Mn K吸収端のケミカルシフトに明瞭な差異が認められ，熱処理温度が低く硝酸濃度の量が低いときは塩の熱分解が不十分なため，目的のスピネル型酸化物より低酸化数になることがわかった．原料のマンガン塩化物のマンガン酸化数は2で，理想的に作製されたマンガン・コバルト酸化物のマンガン酸化数は4であるので，この結果から，高い硝酸濃度か，高温の熱処理かのいずれかが必須であることが明らかになった．

4.6.4 ■ 深さ分解 XAFS

深さ方向に分解したXAFSデータを得るための手段としてまず考えられるのは，X線の入射角を変えることである．X線は物質の中で吸収，散乱を受けてその強度が減衰するが，直入射条件と斜入射条件とでは，後者の方が同じ深さに至るまでにX線が通る距離が長くなる．したがって，入射角を浅くするほど，X線は表面付近で多く吸収され，得られるXAFSスペクトルは表面付近の情報を多く含む，すなわち検出深度が浅くなる．そこで，さまざまな入射角でXAFSスペクトルを測定すれば，さまざまな検出深度のスペクトル群を得ることができ，そこから深さ方向に分解した情報を得ることができることになる．なおここで検出深度 λ とは，特定の深さだけからのスペクトルが得られるということではなく，シグナル強度が $1/e$ になる深さを表している．シグナル強度は深さ z に対して $e^{-z/\lambda}$ で減衰し，得られるデータはこのファクターをかけた加重平均値となる．

しかしながら，入射角を変えて深さ分解を行う方法にはいくつかの問題点がある．まず，X線の偏光特性を用いた実験が行いにくくなる．なぜなら，入射角を変えるとX線の偏光方向と試料の関係が変化してしまうため，偏光依存性を見ているのか深さ依存性を見ているのかが区別しにくいからである．さらに，入射X線の減衰は，試料自体のX線吸収強度に依存するため，XAFSスペクトルを測定しようとすると，エネルギーによって検出深度が異なってしまう．これはいわゆる自己吸収効果であるが，エネルギーによる変化と深さ方向の分布による変化の両方が絡み合うため，解析は非常に困難になる．

A. 測定法の概要および注意点

より現実的な方法は，図4.6.15に示すように，電子収量法や蛍光収量法において電子や蛍光X線を検出する際に，その検出角を変えることである[125,126]．この場合には，X線吸収にともなって放出されるオージェ電子や蛍光X線のエネルギーが，入射X線

4.6 空間分解測定

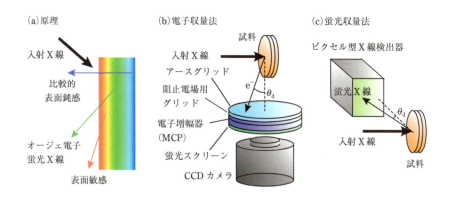

図4.6.15 放出される電子もしくは蛍光X線の脱出深度の出射角依存性を利用した深さ分解XAFS法の原理(a)と,電子収量法(b)および蛍光収量法(c)を用いた深さ分解XAFS測定の模式図

のエネルギーにほとんど依存しないため,XAFSスペクトル上の異なるエネルギー点においても検出深度があまり変化しないことが大きな特長である.ただし,厳密にはXAFSデータの検出深度λは入射X線の侵入深さλ_{in}と検出される電子や蛍光X線の脱出深度λ_{out}の両方に依存し,$1/\lambda = 1/\lambda_{in} + 1/\lambda_{out}$という関係になる.ここで,$\lambda$と$\lambda_{in}$と$\lambda_{out}$はいずれも減衰長そのものではなく,入射角や出射角に依存することに注意されたい.単純に考えれば,法線方向から測った入射角や出射角をθとしたとき,深さzから表面までのX線や電子の通り道の長さは$z/\cos\theta$となるので,$\lambda = \lambda_0 \cos\theta$などと表せる.なおこの方法は,検出深度を変えるのに入射角を変える必要がないため,偏光依存XAFS測定への応用が比較的容易なのも重要な特長である.

ここで,どのくらいの深さが対象となるのかの目安を示しておこう.例えば,数100 eVの軟X線の場合,典型的な減衰長は吸収端近傍で20～100 nm程度であろう.したがって,常識的な入射角で測定する限りはλ_{in}はおよそ10～100 nmと考えられる.この領域で電子収量法を用いて深さ分解測定を行うとすると,オージェ電子のエネルギーも数100 eVになるので,その減衰長は1～3 nm程度となる.電子の検出は,かなり表面にすれすれの出射角まで行うことができるが,典型的な脱出深度λ_{out}の範囲はおよそ0.5～2 nm程度となる.このように,電子収量法の場合には,λ_{in}に対してλ_{out}がかなり小さいので$\lambda \sim \lambda_{out}$となり,検出深度は主に電子の出射角で決まることになる.一方で,同じ軟X線でも蛍光収量法を用いた場合や,硬X線(これも通常は蛍光収量法を用いる)の場合には,λは1,2桁大きくなる.また,λ_{in}の効果も無視できなくなる可能性があるので注意が必要である.

では深さ分解能はどの程度になるのであろうか.これはλそのものというわけでは

ない．後述するように，さまざまなλをもつ一連のXAFSデータを解析することによって，例えば軟X線領域で電子収量法を用いた場合には，原子層レベルすなわち0.2 nm程度の深さ分解能が実現できる．ただしこれは，試料の厚さや，どの部分で深さ分解をしたいかによって異なってくる．例えば，厚さ数原子層の試料に対して，その最表面の1層からの情報を分離することは比較的容易であるが，厚さ20層の試料の一番下の1層を分離するのは，ほぼ不可能である．これは，スペクトルに一番多く含まれるのは，検出深度にかかわらず常に最表面層であり，深くなればなるほどそこから得られるシグナルは小さくなるうえに，検出深度を変えたときのシグナル全体の変化への寄与も少なくなるからである．

測定のセットアップを模式的に図4.6.15(b),(c)に示す．電子収量法，蛍光収量法いずれの場合にも，さまざまな出射角において同時に測定を行うことができる．これは，検出深度(出射角)によるスペクトルの微妙な違いを利用する深さ分解XAFS測定において，きわめて重要な点である．電子収量法の場合には[125]，マイクロチャンネルプレート(MCP)によって増幅した電子を蛍光スクリーンに当てて光に変換し，CCDカメラによってそれぞれの出射角におけるシグナル強度を記録する．XAFS測定なので電子のエネルギー分解は不要だが，エネルギーの低い電子は減衰長が長いことと，そうした低エネルギー電子はオージェ電子そのものではなくオージェ電子によって励起された電子であるために，もともとの出射角を反映していない可能性が高いので，そのような電子を検出器に入れないために阻止電場を印加することが多い．一方，硬X線領域の蛍光収量法による深さ分解測定では[126]，PILATUSと呼ばれるピクセル型の位置分解型X線検出器が用いられている．

B. 深さ分解測定の例

電子収量法を用いて測定された，Fe薄膜に対するFe L吸収端深さ分解磁気円二色性(XMCD)スペクトルを図4.6.16に示す[125]．Feの厚さが3原子層(ML)の場合には，電子の脱出深度(λ_e)を変化させてもXMCD強度がほとんど変わらないのに対し，7原子層になると，検出深度が小さくなるに従ってXMCD強度が増加することが明瞭に確認できる．これは，Feの表面付近では磁気モーメントが大きいことを直接的に示している．なお，上述したようにλ_e(この場合はほぼλと考えてよい)とは，その深さにおけるXMCDデータそのものではなく，観測されるデータは指数関数のファクターがかかった加重平均であることを再度指摘しておきたい．

こうして得られた，さまざまな検出深度をもつ一連のXAFSデータから深さ方向の情報(この場合は磁気モーメントの分布)を導くには，いくつかの方法が考えられる．ここではその1つとして，それぞれのスペクトルから物理量(この場合は磁気モーメント)を求めて，それをもとに深さ分布を推定する方法を紹介する．図4.6.17はそれぞれのXMCDスペクトルから，いわゆる総和則(sum rules)[127]を用いて求めたスピン

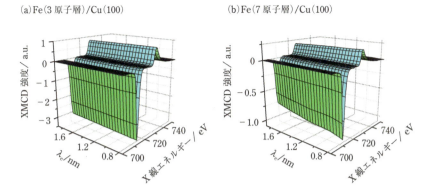

図4.6.16 (a) Fe(3原子層)/Cu(100)およびFe(7原子層)/Cu(100)に対して測定したFe L吸収端XMCDスペクトルのλ_e(電子の脱出深度)依存性

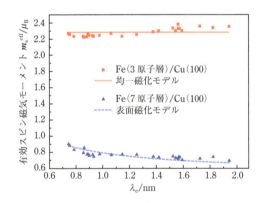

図4.6.17 それぞれのスペクトルに対して総和則[127]を用いて求めた有効スピン磁気モーメント(m_s^{eff})のλ_e依存性.Fe(3原子層)/Cu(100)に対しては薄膜全体が均一に磁化されていると仮定し,Fe(7原子層)に対しては表面の2原子層のみが磁化されていて内部層の磁化はゼロであると仮定して,それぞれフィットした.

磁気モーメント(この場合は各層のスピン磁気モーメントの加重平均値)を,電子の脱出深度λ_e(ほぼ検出深度λに相当)に対してプロットしたものである.これらのデータに対して,Feが3原子層の場合については薄膜全体が均一に磁化されているとしてフィッティングを行うと,2.3 μ_B/atomという磁気モーメントが得られる.一方,Feが7原子層の場合には,表面2原子層のみが磁化を有し,内部層の磁化はゼロというモデルでフィットすると,表面2原子層の磁化は2.1 μ_B/atomという結果になる[125].

次に,XAFSスペクトルそのものの深さ方向分布を調べた例を紹介する[128].**図4.6.18**(a)はNi薄膜に対して測定されたNi L吸収端深さ分解XAFSデータである.基本的に,

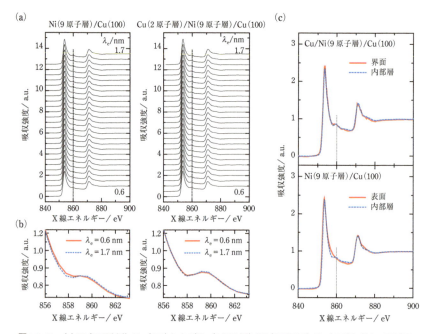

図 4.6.18 (a) Ni(9原子層)/Cu(100)およびCu(2原子層)/Ni(9原子層)/Cu(100)に対して測定した Ni L 吸収端 XAFS スペクトルの λ_e（電子の脱出深度）依存性．(b)は(a)の一部を拡大したもの．(c)それらのスペクトルから推定した表面・界面・内部層のXAFSスペクトル

すべてのスペクトルは非常に類似しているが，図4.6.18(b)に示すように，860 eV付近のサテライトピークに注目すると系統的な違いが見て取れる．むき出しの(真空に接した)Ni薄膜の場合には，表面敏感になるほど(λ_eが小さくなるほど)サテライトピークが弱くなる．ところがCuで覆われた場合にはこのようなλ_e依存性はほとんど見られない．なお，Cuで覆われた場合には，それまでNiの表面であった部分はCuとの界面になるため，λ_eが小さいということは，Cuとの界面の情報を多く含むということに対応する．

このような一連のデータから表面層，内部層のスペクトルを推定してみよう．電子の脱出深度λ_eに対する吸収スペクトル$Y(E, \lambda_e)$は以下のように表すことができる．

$$Y(E, \lambda_e) = C \sum_{n=1}^{N} \mu_n(E) \exp\left[\frac{-(n-1)d}{\lambda} - \sum_{k=1}^{n-1} \frac{d\mu_k(E)}{\cos\theta}\right] \quad (4.6.5)$$

ここで，Cは比例係数，$\mu_n(E)$はn層目の吸収係数(吸収スペクトル)，dは面間隔，θはX線の入射角である．指数関数の中の第1項が出射電子の減衰を，第2項が入射X

線の減衰をそれぞれ表している．したがって，一連の λ_e に対する $Y(E, \lambda_e)$ が，式 (4.6.5) によって最も良く再現されるように $\mu_n(E)$ を決めればよい．この際，異なる E に対する $\mu_n(E)$ は互いに独立なので，それぞれの E において，一連の（通常は15個程度の）λ_e に対する $Y(E, \lambda_e)$ を満足させるように，N 個の $\mu_n(E)$ を決めるという作業を，エネルギー点の数だけ繰り返せばよい．ただ，図4.6.18のように厚さが9層，すなわち $N = 9$ ともなると，すべてのパラメータを決めることはほぼ不可能なので，現実的には適切な仮定をおくことが多い．この例では，表面もしくは界面1層のスペクトルだけが内部層とは異なっており，2層目以下はすべて同じスペクトルである，という仮定をおいて $\mu_1(E)$ と $\mu_n(E)$ $(n=2 \sim 8)$ を見積もると，図4.6.18(c)に示すようなスペクトルが得られる．生データから予想されるとおり，むき出しのNi薄膜では表面のスペクトルにおいて860 eVのサテライトピークが非常に弱くなっている．一方，Cuで覆われた場合には，界面層，内部層ともにサテライトピークは明瞭に残っている．このように，適切な仮定をおいて解析を行うことによって，表面・界面1原子層のXAFSスペクトルを分離することが可能である．なお最近では，酸素が吸着した5.5原子層のNi薄膜に対して，すべての層のXAFSスペクトルを独立に（仮定をおかずに）分離した例が報告されている[129]．このような場合には，やはり内部層に対するスペクトルはノイズが多く誤差も大きくなるが，基本的に表面敏感な手法であるため，表面付近のスペクトルについては比較的信頼性の高いスペクトルを得ることができる．

4.6.5 ■ ラミノグラフィ XAFS

物体内部の3次元イメージングを行う手法としてX線CT法が広く用いられている．X線CT法では，試料を回転しいろいろな方向から2次元透過X線画像を撮影し，計算機により3次元像を再構成する．しかしながら，試料側面からX線を入射するため，大面積の板状試料については適用が困難である．これを解決する3次元イメージング法として，X線ラミノグラフィ法がある[130]．ラミノグラフィXAFS法は，X線ラミノグラフィ測定をXAFS測定の各エネルギー点で行うことにより，板状試料の3次元顕微XAFS像を得る手法である．

A. 計測方法

図4.6.19にラミノグラフィXAFS測定装置の配置を示す[131]．X線CT法では試料回転軸が入射X線に対して垂直であるのに対し，X線ラミノグラフィ法では試料回転軸を試料板面に垂直な方向にとり，入射X線に対して適当な角度（通常30°程度）傾け，撮像を行う．試料の回転には，軸ブレによる再構成像の空間分解能の低下を抑えるため，回転軸のブレが1 μm以下の高精度回転ステージが使用される．両手法は，回転軸を傾ける部分以外は同様の配置・装置類で計測を行うため，以下で述べる事項は共通する点が多い．

第4章 XAFS 実験

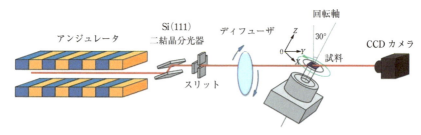

図 4.6.19 ラミノグラフィ XAFS 計測装置の配置図[131]

　試料上流には，拡散板(ディフューザ)が設置される．ディフューザは，入射X線に含まれるコヒーレント光成分をインコヒーレント化し，X線透過画像に生じるスペックルノイズを低減するために用いる．ディフューザには，適当な厚さの紙を高速回転したものが用いられる．

　X線透過画像の撮影には，高強度のX線を高解像度で計測できる可視光変換型2次元X線像検出器が用いられることが多い．この検出器は，入射X線を蛍光板で可視光に変換し，低ノイズ・高速読み出し可能な CCD あるいは科学計測用の CMOS カメラを用いて撮像を行う．高解像度で撮像するために蛍光板には滲みが少ない単結晶蛍光体を用い，レンズ系を用いて蛍光板上の像を20〜50倍程度に拡大し撮影する．試料の透過画像を入射X線画像で割り算し対数をとることにより，試料のX線吸収画像が求められる．入射X線画像は，試料をX線光軸から退避して撮影する．試料の退避・挿入には，100 nm 以下の位置再現性をもつ高精度並進ステージが使用される．

　ラミノグラフィ XAFS 法の空間分解能を決定する要因としては，まず，2次元X線検出器の解像度がある．可視光変換型2次元X線検出器の場合，ピクセルサイズは，250〜500 nm であるが，カメラのサンプリングの影響や再構成演算処理などにより，試料面内方向の実効分解能は 1 μm 程度となる．一方，試料面に垂直な方向の分解能は，回転軸を傾斜した配置で計測しているため劣化しており，数 μm 程度である．また，X線光路上に強い小角散乱を生じる散乱体があると透過X線画像に擾乱が生じるため，空間分解能は劣化する傾向がある．これに関連して，試料によるX線の屈折の影響が強い場合，再構成像では画像がぼやけるという問題が生じる．ラミノグラフィ法では多くの場合，X線光路上に試料の支持台が設置されるため，散乱体の透過厚さを減らすこと，小角散乱が少ない材質を使用すること，屈折の影響を低減させるため試料と2次元X線検出器の距離をできるだけ接近させることなどが必要である．

　また，観察領域(視野)は，入射X線サイズと2次元X線検出器の受光面サイズの小さい方により決定される．入射X線を有効利用するには，両者が一致するように調整することが望ましい．SPring-8 BL47XU の計測システムでは，観察領域 400×400×

200 μm³程度である．

B. 特徴

 ラミノグラフィ XAFS 法は，うねりや凹凸をもつ板状・膜状試料に対して，非破壊で元素存在量，化学状態および局所構造に関する3次元空間分布情報をマイクロメートル分解能で得られる点で他にない貴重な手法であるといえる．

 ラミノグラフィ XAFS 法が適用可能な試料の条件は，X線を十分に透過すること，強い小角散乱を生じる散乱体がX線光路上にないこと，回転により試料形状が変化しないことなどである．試料全体の平均では測定対象元素の濃度が希薄な場合でも，局所的に高濃度で偏在していれば，その部位のXAFS信号は比較的明瞭に計測することが可能である．

C. 応用例

 ここでは，燃料電池電極膜(MEA)内の白金触媒に対してラミノグラフィ XAFS 測定を利用した例を述べる[131]．MEAは，アノード触媒層，高分子電解質膜，カソード触媒層が接合されたものであり，燃料電池セルはMEAの両側にガス拡散層およびガス流路板をもつ多層構造体である．このためMEA内部に存在する白金電極触媒が劣化過程でどのような部位でどのように溶出・凝集するかを非破壊で観察することは従来困難であった．この研究では，劣化試験の前後に燃料電池セルから取り出したMEAに対してラミノグラフィ XAFS 計測を行った．試料設置台には，アクリル板(1 mm厚)を用いた．図4.6.20 (a), (b)にMEA内の白金存在量の3次元分布，図4.6.20 (c), (d)にMEA内部の水平断面層内のPt存在量の2次元分布を示す．空間分解能は，試料膜面内方向に1.5 μm, 膜面に垂直な方向に5 μmである．Pt量はPt L_3 吸収端前後のエネルギーにおけるX線吸収量の差から計算された．図4.6.20(e), (f)は図4.6.20(c), (d)の特徴的な部位におけるPt L_3 吸収端XANESスペクトルを示す．劣化前は，Ptの分布および化学状態はMEA内ではほぼ均一であったが，劣化にともない，Ptの凝集・担体の亀裂が起こり，Ptの化学状態も部位により差が生じることが初めて明らかにされた．

 ラミノグラフィ XAFS 法の今後の展開としては，*in situ* 測定への適用が期待される．本手法の最大の特徴の1つは，非破壊で3次元計測が可能である点にある．このため，従来困難であった板状・膜形状試料の *in situ* 測定を実現する有力な候補であると考えられる．適用例としては，燃料電池の発電下での電極触媒の反応過程や劣化過程の追跡などが検討されている．*in situ* 測定を実現するうえでまず解決すべき課題は，*in situ* 測定用の周辺機器(ケーブル，配管類)が試料セルに接続された状態で，X線光路上を横断することなく，試料セルを高精度に360°回転できることである．また，ラミノグラフィ XAFSでは膨大な2次元画像データを高速測定し，ストレージに転送・保存した後，3次元再構成を行う．したがって，大容量データの高速処理が可能なデ

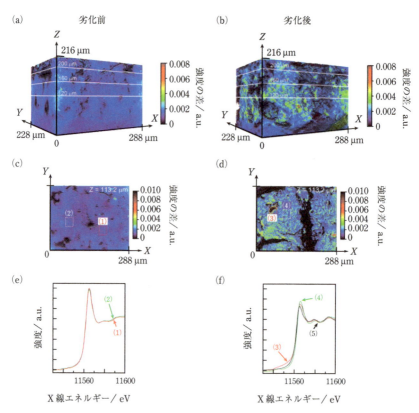

図4.6.20 燃料電池電極膜の劣化前および劣化後の3次元白金分布像(a), (b), 水平断面の2次元白金分布像(c), (d), 各印位置におけるPt L$_3$吸収端XANESスペクトル(e), (f). (f)内の(5)は白金箔のXANESスペクトル[131]

タストレージおよび，3次元再構成計算システムを構築することが必要である．

また，高空間分解能化も期待されている．X線CT法と同様に結像光学系を用いることにより，サブミクロンの空間分解能の実現が期待できる[132]．しかしながら，X線光路上にある試料自身を含む散乱体からの小角散乱が，高空間分解能化を妨げる場合もあるため，試料により適用を検討する必要がある．

4.7 ■ 発展的技術

XAFS法はさまざまな材料の状態解析に適用することが可能であり，それがXAFS法の最大の特徴と言っても過言ではない．XAFSの適用範囲は，一般的な固体や溶液

の試料に留まらず，固体表面，極限条件下，気体−液体や液体−液体界面，生体試料，電池材料，反応条件下にある触媒材料など，きわめて多岐にわたっている．本節では，XAFSを用いた応用研究において利用されている発展的技術について，その原理から具体的な実験方法，研究例を紹介する．

4.7.1 ■ 全反射XAFS

一般にX線は，物質内部に浸透し，表面敏感でないといわれる．表面敏感性を上げることは，X線により励起され，飛び出す光電子，オージェ電子や粒子を検出することにより達成できる．一方，次に述べる全反射現象を利用すると，X線は物質内部に数10Åしか進行することができず，表面敏感性が著しく上がり，その吸収量をX線の反射率，転換イオン収量，蛍光X線収量などにより測定することで，表面の情報を含むXAFS信号を引き出すことができる．これらの手法は，ガス中，液中でも用いることができるので，気体−液体，液体−固体，気体−固体などの界面の構造研究にも適用できるという特徴をもつ[133]．本節では，全反射現象を利用したXAFS測定について述べる．

全反射XAFS法の長所は，
(1) 表面敏感である
(2) 散乱X線を著しく減少できる
(3) 基板表面が規定されるため，偏光したX線を用いることで立体的な構造解析が可能
(4) ガス中，液中の*in situ*測定が可能である

などであり，一方，短所として，
(1) すれすれに入射させるための調整治具が必要
(2) 平坦な基板が必要
(3) 入射する角度が小さいため，細いビーム，あるいは，大面積試料が必要
(4) 結晶性の基板を用いた場合，基板からの回折線による妨害のおそれがある

などがあげられる．

A. 原理

屈折率の異なる物質に光が侵入する際，スネルの法則に従い，光の進路が変わる．**図4.7.1**に示すように一般に屈折率の小さな物質に入ると界面側に曲がり，入射する角度を界面側に傾けていくと，出射角が小さくなり，ついには，物質内部に侵入することができなくなり，界面すれすれを進行するようになる．この入射角を臨界角 φ_c と呼ぶ．さらに入射角を小さくしていくと，すべての光が反射する全反射現象が観測される．臨界角以下で照射されたX線は，ほとんどが全反射されるが，わずかながら物質内部に浸透するX線が存在する．これはエバネッセント波と呼ばれ，物質内部に

第4章 XAFS 実験

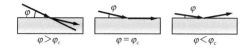

図4.7.1 入射角 φ と全反射条件

数nmしか侵入しないため，表面の情報を多く含むXAFSを測定することができる．物質のX線に対する屈折率は1よりわずかに小さい値であるため，表面に対して数mradというすれすれでの入射を行う必要がある．

臨界角は式(4.7.1)により決定される．

$$\varphi_c \approx (2\delta)^{1/2} = \left(\frac{n_0 e^2 \lambda^2}{\pi m c^2}\right)^{1/2} \quad (4.7.1)$$

ここで，n_0, e, λ, m, c はそれぞれ，物質の電子密度，電子の電荷，入射X線の波長，電子の質量および光速である．上式は，X線の波長が短いほど，また，軽元素で構成された物質ほど臨界角が小さくなることを示している．溶融石英の場合，7000 eVで 4.74 mradである．このように，臨界角は非常に小さいので，調整が難しいだけでなく，サンプル全面を照射するには大きなサンプルを必要とする．

B. 実験法

実験では，**図4.7.2**に示すように，平板状のサンプルを微小な角度変化をすることができるゴニオメータ上に載せ，スリットで細めたX線をサンプルに照射する．最初に，X線に対して平行になるようにサンプルを調整し，その後設定したい角度に回転させて全反射条件に設定する．反射スペクトルを測定するときには，強度が強いので，電離箱を用いて測定することができる．全反射X線を計測するときは，サンプルに当たらないで直接入射するX線を後方のスリットで除くとよい．さらに写真などを用いて全反射光を確認する．感光紙(例えば米国ISP社製 GAFCHROMIC RTQA2-111)を用いて，全反射光と直接光を同時に記録し，直接光の当たっているところに，鉛板を貼ると，容易に全反射光のみを観察できるようになる．Kawaiらは，光電流が臨界角で最大値をとることを利用した臨界角調整法を提案している[134]．転換電子収量を用いる場合は，ヘリウムを満たした箱に入れ，サンプルを全反射角に合わせる．また，全電子収量の測定は，サンプルに電極を付けることで行うことができる[135]．

一方，バルク測定法である蛍光法も，全反射と組み合わせることで表面敏感になる．表面で散乱されたX線も同時に検出される．これを取り除き，S/B比を上げるためには，偏光方向の散乱X線が小さいことを利用して，検出器を偏光方向におくとよい．さらに，SSDなどを用いてエネルギー分析し，蛍光X線のみを検出してS/B比を上げることで，10^{15}原子 cm^{-2} 程度の低濃度サンプルの測定を行うことができる．

全反射現象では，入射するエネルギーが大きくなるに従い臨界角が小さくなるため，

4.7 発展的技術

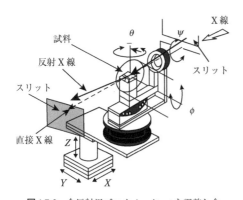

図4.7.2 全反射用ゴニオメータ．ϕを調整し全反射条件を合わせ，θ, ψで偏光方向とサンプルの方向を調整する．

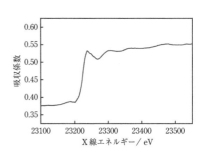

図4.7.3 ガラス基板上のRh K吸収端偏光全反射蛍光XAFS

高いエネルギーの吸収端をもつ元素に対しては不利になるが，Rh K吸収端 (23.0 keV) 程度までであれば全反射を起こすことができるので，ガラス基板上のRhの全反射蛍光XAFSを測定できる（図4.7.3）[136]．

C. 応用例

（1）反射率の測定

反射率Rから吸収係数μを求めることができる．すなわち，屈折率と吸収係数とは以下の式関係をもつ．

$$n = 1 - \delta - i\beta \tag{4.7.2}$$

$$\beta = \frac{\mu\lambda}{4\pi(1-\delta)} \tag{4.7.3}$$

$$R(n,\varphi) = \frac{(\sin\varphi - a_+)^2 + a_-^2}{(\sin\varphi + a_+)^2 + a_-^2} \tag{4.7.4}$$

ただし，$a_\pm = \frac{1}{\sqrt{2}}\left[\left\{(\sin^2\varphi - \sin^2\varphi_c)^2 + 4\beta^2\right\}^{1/2} \pm (\sin^2\varphi - \sin^2\varphi_c)\right]^{1/2}$

φおよびφ_cはそれぞれ入射角と臨界角であり，nは屈折率である．したがって，反射率のエネルギー依存性を測定することによって，屈折率，さらには，吸収係数のエネルギー依存性を求めることができる．実際には，表面の粗さを考慮する必要があることから，以下の式が使われる．

$$R_{\exp}(\varphi) = R(n,\varphi)\exp\left[-\mu_z\{Z(n,\varphi) - Z(n,0)\}\right] \tag{4.7.5}$$

ここで，$Z(n,\varphi)$は屈折X線の侵入深さであり，次式で与えられる．

211

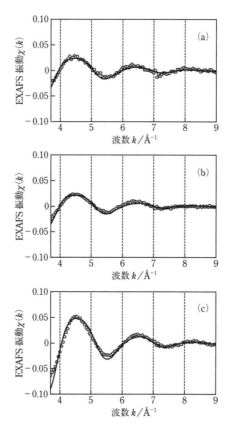

図4.7.4 o-MBAで修飾したTiO$_2$(110)表面に蒸着したCuの偏光全反射蛍光EXAFS[142]．実線は図4.7.5の構造モデルからFEFF 8.02を用いて計算したシミュレーション．
(a) [1$\bar{1}$0], (b) [001], (c) [110].

$$Z(n,\varphi) = \frac{\lambda}{4\pi a_-} \quad (4.7.6)$$

さて，入射角を変化させることで，X線が侵入する深さを調整することができる．MartensとRabeはガラス基板にCuを蒸着したサンプルを用いて，その反射率をエネルギーと角度の関数として測定した[137]．視射角が大きくなると，X線がより内部に侵入し，より深いところから反射することになるので，検出深さを変えながら測定することが可能になる．彼らの結果によると視斜角を浅くしたときは，フーリエ変換後の動径分布関数では2ÅのところにCu–Oのピークが観察され，視射角が大きいところでは，ほぼCu金属のフーリエ変換と一致した．すなわち，Cu薄膜は表面が酸化され，内部はCu金属であることを表している．全反射法により得られるスペクトルは，臨

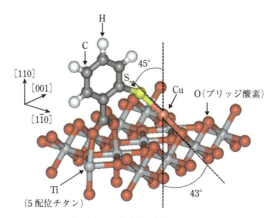

図4.7.5 Cu/*o*-MBA/TiO$_2$(110)表面の偏光全反射蛍光XAFSにより求めたモデル構造[142]

界角より小さいところで表面より数nm程度の情報を含み，臨界角付近から急激に内部に浸透するようになる．また，Ni箔表面の酸化還元特性などの測定もなされている[138]．

(2) 全電子収量，転換電子収量，蛍光X線強度の測定

　反射率を測定する代わりに，吸収にともなって生じる電子や蛍光X線を検出することでも，XAFS信号を得ることができる．特に，発生するオージェ電子により充填しているガス(一般にはヘリウム)をイオン化し，そのイオンを捕集することで，高感度で表面の情報を得ることができる(転換電子収量法)．この手法の詳細は4.3.3項E.に譲り，ここでは，蛍光スペクトルを測定した例について述べる[133,139~142]．

　図4.7.4に*o*-メルカプト安息香酸(*o*-MBA)で修飾したTiO$_2$(110)表面にCuを蒸着したときの偏光全反射蛍光EXAFSスペクトルを示す[142]．偏光依存性が観察され，表面に平行な方向([1$\bar{1}$0]，[001])に比べ，表面に垂直な方向([110])における振幅が大きくなっている．

　カーブフィッティングによる解析とFEFF 8.02を用いたシミュレーションによって，図4.7.5に示す構造モデルを提案した．Cuは，5配位チタンにbidentate型に吸着した*o*-MBAの硫黄およびTiO$_2$のブリッジ酸素と結合し，単原子状に分散している．Cu-Sが2.19 Å，Cu-Oが1.85 Åで，S-Cu-Oはほぼ直線形であり，表面に垂直な方向から約45°傾いている．

　このように全反射法では，平坦な基板とシンクロトロン放射光のような直線偏光を用い，基板表面と偏光方向の関係を規定することで，基板に平行な方向，垂直な方向の構造情報を独立して得ることができる．配向を含めた3次元的な構造を抽出することも可能である．

4.7.2 ■ 高圧下の XAFS 測定

　高圧力は原子間距離をコントロールして物質の構造と物性との関係を調べる重要なパラメータである．XAFSは結晶構造と電子状態の情報が同時に得られる点で，高圧下の構造物性研究に適した測定法である．代表的な圧力発生装置として，①大型プレス，②ダイヤモンド・アンビル・セル(DAC)があげられる．なかでもDACはX線の透過率が比較的高いダイヤモンドをアンビルに用い，小型で低温装置・高温装置に容易に導入でき，到達圧力は最も高いことからXAFSに最適な圧力装置である．高圧力の発生はサンプリング技術の習得が必要なので簡単とはいえないが，圧力装置と光学系の技術開発が進み高圧下XAFSの測定環境は改善されて実験しやすくなっている．ここではDACを用いたXAFSに関して解説する．その他の装置や研究例については，本書の旧版にあたる書籍の4.10節や高圧技術の専門書に詳しいので参照していただきたい[143]．

　図4.7.6にDACの概略図を示す．DACは対向した2つのダイヤモンド・アンビルの先端に金属製のガスケットを置き，アンビル対向方向に加重をかけて加圧する装置である．ガスケットにあけた円筒状の穴に試料を入れ，そこに圧力媒体として流体を満たして静水圧性を確保する．圧力媒体にはメタノール・エタノールの4:1混合液やダフネ・オイルなどが用いられる．希ガスの圧力媒体も利用でき，特にヘリウムは約11.5 GPaで固化した後も柔らかく最も静水圧に近い圧力媒体である．XAFS測定では図4.7.6のように薄い板状の試料をアンビル先端の面上に置き，X線をアンビルに透過させる実験配置が一般的である．ガスケットにステンレスやレニウムなどが用いられ，実験条件に応じてその材質が使い分けられる．X線の透過率がきわめて高いベリリウムをガスケットに用いれば(図4.7.7)，試料からの蛍光X線や散乱X線をDACの側面から取り出すことで蛍光XAFSや発光分光測定ができる．XAFS測定時の圧力は，以前はCu箔のEXAFS振動あるいはNaClの回折線から求めた標準試料の状態方程式から導出された．近年ではビームラインの整備が進み，可視光赤色のルビー$R_{1,2}$蛍光線の波長シフトを利用した簡便かつ精度良い圧力決定が行われている．DACの最大圧力はキュレットと呼ばれるアンビル先端面のサイズによって決まる．キュレットの直径450 μm，高さ1 mmのアンビルならば，最大圧力は30 GPa程度である．この場合，試料室は直径約150 μmとなるため試料の1辺は数10 μmしかない．このため，透過X線の強度を考慮したビームラインの選定が重要である．例えばSPring-8のBL39XUではアンジュレータ光源とKirkpatrick-Baezミラーを備え数μm角に集光された高輝度X線が得られており，高圧下の微小な試料にも対応したビームラインの1つである[144]．

　DACを用いたXAFS測定のその他の注意点として，①ダイヤモンド・アンビルによる強いX線吸収，②ダイヤモンド・アンビルからの回折の除去があげられる．①はX

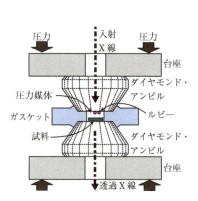

図4.7.6 ダイヤモンド・アンビル・セル（DAC）の概略図

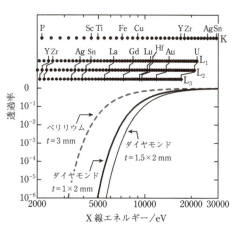

図4.7.7 X線に対する厚さtのダイヤモンドの透過率．参考としてBeの透過率も示す．上部の黒丸は各元素のKおよびL吸収端のエネルギー位置を表す．

線のエネルギーが10 keVより低い領域で，②は高い領域で頻発する問題である．したがって測定する吸収端に応じた対策が必要である．以下に，その詳細を述べる．図4.7.7は1対のダイヤモンド・アンビルの合計の厚さtが$t=1.5 \times 2$ mmと$t=1.0 \times 2$ mmの場合について，アンビルからの透過率をX線のエネルギーEに対してプロットしたものである．ダイヤモンドは$E<10$ keVになるとX線の透過率が急激に低下する．ここには3d遷移元素のK吸収端と4f希土類元素のL吸収端があり，重要なエネルギー領域の1つである．アンビルのtを$t=1.5 \times 2$ mmから$t=1.0 \times 2$ mmへ薄くすると，$E=7$ keVでは約1桁の透過率の増加が見込まれる．このような小型化はアンビルの耐圧を6割程度に低下させるが，精度の高いX線強度測定が必要なXAFSにはきわめて有効である．また，透過率が10^{-3}以下になる$E<6$ keVの低いエネルギー領域では別の対策が必要である．アンビルにX線が透過する穴を途中までつけた加工や，完全に穴をあけたアンビル上にさらに小型のアンビルを載せたり，薄いダイヤモンド板を載せたりする方法が試みられている[145]．

ダイヤモンド・アンビルからの回折は吸収スペクトルに重畳するスパイク状のノイズとなる．このサイズはアンビルがダイヤモンドの単結晶であることに起因しており，あるエネルギーのX線においてダイヤモンドがブラッグの回折条件を満たして単結晶X線回折を起こした結果，透過強度が激減するために生じる．アンビルの結晶方位とX線の入射方向がわかれば回折が生じるエネルギーは予測できる．図4.7.8は，ダイヤモンドの[100]軸とX線がなす角θ_{off}が$\theta_{off}=0°$と$\theta_{off}=4°$の場合について，逆格子点

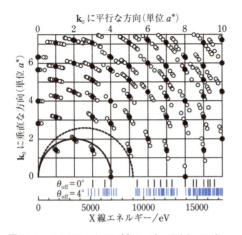
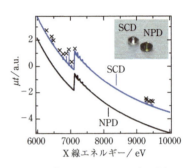

図 4.7.8 ダイヤモンドの回折マップ．ダイヤモンドの格子定数を 3.5671 Å とした．黒丸はダイヤモンドの [100] 結晶軸と X 線との角度 θ_{off} が $\theta_{off}=0°$ の場合，白丸は $\theta_{off}=4°$ の場合の逆格子点である．2 つの半円は $E=7$ keV（実線）と 9 keV（破線）のエワルド球を表す．図の下側の縦棒は $\theta_{off}=0°$ と $\theta_{off}=4°$ の場合の回折の出現エネルギーを示す．

図 4.7.9 単結晶ダイヤモンド（SCD）とナノ多結晶ダイヤモンド（NPD）を用いた場合の純鉄の吸収曲線．×印はグリッチを表す．挿入図は SCD と NPD アンビルの写真．NPD は SCD より黄色味を帯びているが透明である．

の分布と回折の出現位置を示した回折マップである[146]．逆格子点は 3 次元的に分布するが，図 4.7.8 では座標軸を X 線に対して垂直と平行の 2 軸とすることで 2 次元的に表現した．図中の半円はエワルド球を表す．その半径は X 線のエネルギーに比例し，エワルド球が逆格子点に接した場合に回折が発生する．$\theta_{off}=0°$ ならば $E<5.21$ keV と 6.95 keV $< E <$ 9.38 keV に回折フリーの領域がある．一方，$E>10$ keV の高エネルギー領域では逆格子点が増え回折の頻度が増す．また，θ_{off} が 0° から外れるほど等価な逆格子点が同心円状に分散し，回折が複数のエネルギーに現れる．その結果，回折フリーの領域は狭くなる．通常のアンビルは θ_{off} が数度の角度をもって軸対称に研磨されることが多いので，DAC の角度を変えて $\theta_{off}=0°$ に近づける必要がある．また，あらかじめ対向する 2 つのアンビルの結晶方位を近づけてマウントしておくことも回折を除去するコツである．これまで DAC の角度をさまざまに変えながら回折のないスペクトルをつなぎ合わせるなどの工夫が行われてきたが[147]，逆格子点が密なエネルギー領域や測定のエネルギー範囲が広い EXAFS 測定では回折の完全な除去は難しい．

最近，ナノサイズの多結晶ダイヤモンドによる焼結体（nano polycrystalline diamond: NPD）[148,149] を使って作製されたアンビルが，回折の完全な除去に有効であることが示された[146]．多結晶体の NPD ではすべてのエネルギー領域で常に回折線が生じるため，結果として均一なバックグラウンドが得られる．図 4.7.9 に単結晶（SCD）ア

ンビルとNPDアンビルの写真およびそれらを用いたFeの吸収曲線を示す．単結晶アンビルで見られた多くの回折がNPDアンビルでは完全に除去されたことがわかる．実は，多結晶体のアンビルを使うアイデアはWangらがB_4Cアンビルを使ってNPDよりも早く実現しており，Feの圧力誘起構造相転移のEXAFS解析を報告していた[150]．しかし，可視光に対して不透明なB_4Cに対してNPDは透明でありルビー$R_{1,2}$蛍光線の圧力決定が可能である点，天然のダイヤモンドを凌ぐ硬さを有する点でNPDはB_4Cよりも高圧下XAFSに適する．すでにNPDはFe–Niインバー合金のEXAFS測定および磁気EXAFS測定に用いられ，DACを用いても常圧下と遜色ないFeとNiのK吸収端スペクトルの取得に成功している[151]．また，高エネルギー領域のGe K吸収端でもNPDが使われ，結晶質のGeの構造相転移がEXAFSから観測されている[152]．なお，NPDでも回折の影響がわずかにありバックグラウンドに微小な段差を生み出すことを注意しておきたい．これはX線が高エネルギーになると高次の粉末X線回折線が新たにブラッグ条件を満たすことに起因する．しかし，この段差のエネルギー位置はブラッグ条件から計算可能であり，段差の大きさは最大でも0.01程度であるため，試料のエッジジャンプが1程度ならば問題にならないであろう[146]．

現在，3d遷移金属のK吸収端において100 GPaを超えたXMCD測定が行われており[153,154]，低エネルギー領域についてはS K吸収端（～2.4 keV）までの高圧下の測定が可能となっている[155]．NPDの利用は始まったばかりだが，近い将来，高圧下のXAFS測定にはNPDが標準のアンビルになると期待される．特に，これまでダイヤモンドによる回折のために測定が困難であったEu L_3吸収端，Fe K吸収端，さらに$E > 10$ keVに位置する吸収端や広いエネルギー範囲を測定するEXAFSへの恩恵は絶大である．ここに述べた測定技術の発展を経て，XANESによる電子状態（価数・非占有の状態密度）の定量解析，EXAFSによる元素選択的な局所構造解析（原子位置，熱振動）は結晶，非晶質を問わず今後さらに高圧下において活発になると期待される．

4.7.3 ■ 界面

この節では，気液界面（液体表面）[156]および液液界面[157]について述べる．液体界面を取り扱う場合には次のような問題点がある．

(1) 液体は蒸気圧をもつ

イオン液体のような蒸気圧の低い液体を除けば液体は真空中に置くことができない．そのため，X線の光路上の蒸気圧が高くても強度の減衰が少ない（透過力の高い）硬X線を用いる必要がある．また，その透過力の高い硬X線で界面のみの情報を選択的に観察するためには界面でX線を全反射させて，バルクにX線が侵入しないようにする必要がある．さらに，液体表面の位置は蒸発によって刻一刻と変化するため，長時間同じ条件での測定ができない．

(2) 液体は傾けることができない

固体試料では試料を傾けることによってX線の試料への入射角を制御できるが，液体の界面は重力によって絶対水平であり，傾けることができない．したがって，X線ビームを傾けて試料へ入射する必要がある．実験室においてX線光源を用いる場合は，試料に対してX線源を傾けて角度を付けることができるが，放射光を用いる場合は，蓄積リングから水平方向に出射するX線に対して光学素子を用いてX線の進行方向を傾ける必要がある．反射率測定などでX線の界面への入射角を大きくとる必要がある場合は，高エネルギーX線は全反射臨界角が小さいため，全反射ミラーでは角度の制御が困難である．そのため，X線用の分光結晶を用いて，回折現象により特定のエネルギーのX線が特定の角度に回折して進行方向が変化することを利用する[158]．ただし，界面XAFSでは全反射条件で測定を行うため，界面への入射角は小さく，X線用全反射ミラーを用いることができる．X線の界面への入射角は入射X線のエネルギーと界面の屈折率比によって見積もることができる．気液界面では真空中の屈折率は1とおいて液体の屈折率のみを考慮するが，液液界面の場合は上下の液体の屈折率を考慮する必要がある．また，界面へのすれすれ入射であるため，ビームが界面からこぼれないように界面の大きさに合わせてスリットでビームサイズを制限する必要がある．X線ビームは平行性が高く，小さなサイズでも強度がある方が望ましく，高輝度光が適している．

(3) 液体の界面は柔らかい

液体の界面は絶対水平であるために簡単に鏡面を作ることができるが，一方で固体と違って柔らかく，少しの振動で界面が揺れてしまい鏡面でなくなり，全反射しなくなる．そのため，除振には細心の注意が必要であり，空気や液体などの制震ダンパーを用いて床からの振動をできる限りカットする方法と，剛性のある重い定盤上にセルを置く方法が用いられる．いずれにせよ，遠く離れたところで体に感じない地震が起こっても試料溶液が揺れて実験にならないくらい振動に敏感である．

X線の侵入深さはエバネッセント波の侵入深さとなる．試料がエバネッセント波を吸収したときの吸収スペクトルを検出する方法として，界面濃度の高い順に①反射率法，②ヘリウムガス転換電子収量法，③蛍光法が適用できるが，①反射率法での測定実績はない．②ヘリウム転換電子収量法は気液界面に限られるが，試料表面より少し離した位置に広い面積の収集電極を配置して，適当なバイアス電圧をかけることで効率良く試料からの信号を得ることができる．③蛍光法は比較的濃度が高い場合は電離箱（ライトル検出器）を用いることができ，低濃度では半導体検出器を使うことにより高感度測定が可能である．偏向電磁石からの放射光の偏光面は水平であり，散乱X線は入射光に垂直な偏光面をもつため，試料からの蛍光X線信号に含まれる散乱X線の割合を抑えるためには，検出器を試料溶液に対して水平方向に置くことが望ましい．

また，溶液表面から扇状に広がる角度に金属板を配置したソーラースリットや$Z-1$フィルターを設置し，散乱X線をできる限り取り除く工夫が必要である．

得られる情報には①界面濃度，②界面での溶媒和構造，さらに放射光の偏光性を利用した③界面での分子配向がある．気液界面の測定では，表面張力を変化させながらXAFS測定を行うことにより，これらの情報の表面張力依存性を測定することができる．また，液液界面では電気化学測定と組み合わせて界面電位とXAFSスペクトルから得られる情報との対応を付けることができる．ただし，溶液表面は傾けることができないため，偏光依存性を測定するには入射X線の偏光面を変える必要がある．この節では，ヘリウムガス転換電子収量法による気液界面の，蛍光法による気液界面および液液界面の測定手法について紹介する．

A. ヘリウムガス転換電子収量法による気液界面の測定

水などの溶媒に対象となる溶質化学種を溶かした溶液表面にX線を全反射臨界角以下で照射すると，その界面で発生したエバネッセント波によって溶液表面に存在する化学種が励起される．励起化学種からオージェ電子が放出され，溶液表面に飛び出すのでこれを測定する．この手法の分析深さはエバネッセント波の侵入深さとこのオージェ電子の脱出深度に依存し，Br K吸収端の約13.5 keVの測定では分析深さは10 nm以下であるという報告例がある[159]．また，Br K吸収端のXAFS測定は13～15 keVの測定範囲で行う場合，溶液表面への全反射臨界角を測定範囲における高エネルギー端である15 keVのX線の全反射臨界角以下に設定することにより，測定範囲で常に全反射条件で測定できる．Br$^-$イオンを含む水溶液の測定の場合，15 keVにおける空気／水界面の全反射臨界角以下で入射角を変えて測定を行い，最も良い条件を探す．

図4.7.10にKEK-PF BL7Cで行った全反射XAFS測定の配置を示す．床振動の影響を少なくするために，ハッチ内に設置した定盤を，ゴムタイヤチューブを使った制震空気ダンパーで浮かせた．試料溶液はボートセルに入れて比重の大きいエチレングリコール溶液のプールに浮かせた．X線はビームラインのミラーを0.5 mrad傾けて，溶液表面への入射角を1 mradとした．測定対象はBr K吸収端であり，PFでは高次光の影響が少ない．スリットのサイズを50 μmとし，溶液表面でのX線のフットプリントを50 mmとした．試料はX線の進行方向に150 mmと十分に大きな表面積とし，セルの壁面によるメニスカスの影響を受けない十分に広い水平な溶液表面を作った．セルの内壁にはテフロンなどの撥水性の材料もしくはテフロンのコーティングを行う．試料表面の広い面積からの信号を効率良く取得するために転換電子収量法を用い，カーボンの電極を貼り付けた蓋を溶液表面にできる限り近づけて設置する．溶液を乾燥したヘリウムガスフロー雰囲気下に置くことにより，測定中に蒸発によって溶液表面の高さが変化するため，可能ならば試料温度をできる限り下げ，溶液の高さはレーザーフォーカス変位計で約0.2 μmの精度でモニターし，Zステージにフィードバック制御

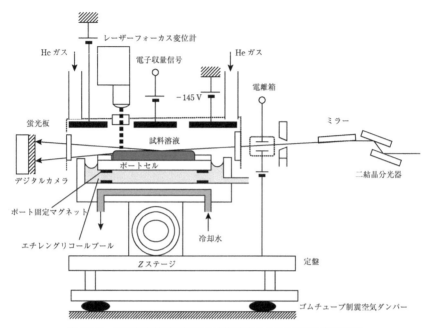

図4.7.10 溶液表面転換電子収量全反射XAFSシステム（KEK-PF BL7C）

を行う．このとき，ヘリウムガスが溶液に溶存し，セルの底面や壁面に泡となって発生しやすくなる．測定中にこの泡が界面に浮くと測定が中断することになるので，測定直前に取り除いておく．溶液表面に対する入射角の確認は，試料セルの下流に蛍光板とデジタルカメラを設置し，Zステージを下げて試料に当たらないX線と，Zステージを上げて試料表面で全反射したX線の位置から確認する．試料のほぼ真ん中にX線が当たっていることを確認するには，Zステージを変えながら電子収量の信号を確認し，最適なZステージの位置を確認する．

図4.7.11に入射角を変えながら試料からの信号を測定した例を示す．溶液表面のフットプリントを同じにするために入射角ごとにスリットの縦サイズを変えている．入射角1.3 mradでは測定中に高エネルギー領域で全反射条件が崩れ，バルクにX線が侵入して，バルクからの信号が増えてスペクトルが乱れているのがわかる．また，入射角1.6 mradではもはや測定開始エネルギーから全反射していないと思われる．

その他の測定例として，種々の濃度における臭化ドデシルトリメチルアンモニウム水溶液の測定を行い，その吸収端ジャンプ量から表面濃度を見積もり，表面張力の結果と比較するなどの研究が行われている[160]．

B. 偏光全反射蛍光XAFS法による気液界面の測定

SPring-8のBL39XUで行われた偏光全反射蛍光XAFS測定の配置を図4.7.12に示す．ここでは溶液表面での分子の配向を測定するために入射X線の偏光面を変えることのできる移相子を用いている．また，位置敏感検出器(PSD)でビーム位置を計測し，分光器安定化システム(MOSTAB)を用いて分光器の第一結晶のピエゾ素子にフィードバックをかけてビーム位置を安定化する試みを行っている．ミラーにはシリコンを用い，X線の溶液表面への入射角を1 mradにするとともに，高次光除去を兼ねて水平方向に4 mrad傾けている．溶液セルにはテフロンバリアを設置し，測定している水溶液表面の表面積を変えることができるようにしている．検出器としては多素子半導体検出器を用いている．

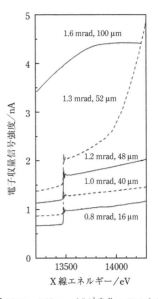

図4.7.11　0.25 mmol L^{-1}臭化ステアリルトリメチルアンモニウム水溶液表面へのX線の入射角を0.8〜1.6 mrad，スリットサイズを16〜100 μmと変化させたときの転換電子収量法による信号強度

平面四配位錯体である亜鉛ポルフィリン 5,10,15,20-tetrakis(4-carboxylphenyl)-porphyrinato zinc(II)を水溶液表面に1分子層展開したときのZn K吸収端のスペクトルを図4.7.13に示す．この試料は分子が比較的大きく，表面に展開したときのZnの表面濃度が小さくなる．そのため，電子収量法では測定できず，多素子半導体検出器により蛍光法で測定した．9660 eV付近にZnの1s→4p$_z$遷移に帰属されるピークが観測され，X線の偏光面と4p$_z$軌道が平行の場合にこのピークが強く現れる．このピークが水平偏光では現れず，垂直偏光で現れることから，ポ

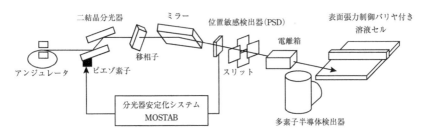

図4.7.12　溶液表面偏光全反射蛍光XAFSシステム(SPring-8 BL39XU)

第4章　XAFS 実験

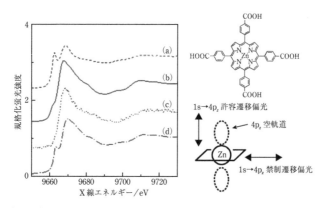

図 4.7.13 水溶液表面に展開した亜鉛ポルフィリン錯体(右上)の Zn K 吸収端全反射蛍光スペクトル(左). (a)垂直偏光, (b)水平偏光, (c)酢酸エチル溶液, (d)粉末(透過法). X線の偏光面と亜鉛ポルフィリン錯体の空軌道(右下).

ルフィリン環面が水面に平行に配位し, $4p_z$ 軌道が水面に垂直であることがわかる. このピークが溶液中のスペクトルに現れないのは, $4p_z$ 軌道に溶媒分子が軸配位しているからであり, 粉末試料のスペクトルにおいて低い強度で現れているのは $4p_z$ 軌道に配位原子がなく, 偏光X線に対してランダムに配向しているからである[161].

また, 別の亜鉛ポルフィリン錯体では, 溶液表面を圧縮することにより, ポルフィリン環面が水面に垂直な配向を示すようになることが報告されている[162].

C. 液液界面 XAFS

液液界面は界面における両溶媒の屈折率の差が小さいため, 全反射臨界角が非常に小さくなる. また, その界面へすれすれ入射するため, 上層の有機溶媒層の光路が非常に長くなる. そのため, 発散角が小さく, より発散角が小さく大強度のX線が必須となる. 測定実績は今のところ, Zn と Br の K 吸収端[163]で, エネルギーが低いと, X線が上層の溶媒に吸収されて界面に到達せず, エネルギーが高いと全反射臨界角が小さくなり, 実験が困難になる. **図 4.7.14** に液液界面 XAFS 測定に用いたセルを示す. 容器に水層と有機相を入れて液-液界面を作っても, 界面の形状が容器の内壁の影響を受けるため, X線が全反射できるような広い水平面を作ってX線を全反射臨界角ですれすれ入射することは困難である. そこで, 親水性のガラス枠の上面にのみ疎水化処理を行い, そのガラス枠で界面を作り, 下層の水溶液を上層へ盛り上げてメニスカスを作る. この方法により, セルの内壁に接しない界面を作ることができる. 検出器用の窓は界面ぎりぎりに設置する. Br K 吸収端の測定では, 界面への入射角は 0.5 mrad とし, 界面のX線の進行方向の長さは 80 mm とし, X線が透過できて, できる限り広い界面積を確保できる条件を選んだ. Zn K 吸収端では入射角 0.7 mrad, 長さ

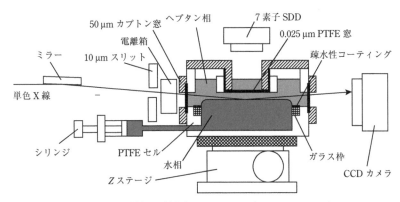

図 4.7.14 液液界面反射蛍光 XAFS システム（SPring-8 BL39XU）

40〜60 mm のセルを試している.

気液界面 XAFS 法はかなり確立された手法となっているが,液液界面 XAFS 測定は非常に難しく,現在まだ発展段階の手法である.界面での溶媒和構造が脱水和状態であることや,他の測定法で得られた界面濃度とバルク濃度の関係との比較など,いくつかの研究例が報告されつつある[157].

4.7.4 ■ 生体試料

X線分光法は,生物学分野においてさまざまな金属タンパク質の活性中心の構造とその電子状態の解析に威力を発揮している.X線吸収エネルギーおよびX線蛍光エネルギーは元素に特有であるため,X線吸収および発光スペクトルは注目する元素付近の物理化学的性質のみを反映する.生体試料の研究にX線分光法を用いることの主な利点には(1)元素特異性を用いて局所部位の幾何学的構造および電子構造に関する情報が得られること,そして(2)測定には試料の形態（溶液,固体,単結晶など）を選ばないことがあげられる.一方,生体試料中の金属元素の濃度は通常 1 mmol L^{-1} から数 10 mmol L^{-1} 程度と非常に希薄であり,水を多く含む.このような系のX線分光スペクトル測定にはいくつかの注意点があり,以下にこれらの点を概説する.

A. 試料の準備および測定環境

水を含んだ生体試料のX線分光スペクトル測定では測定中に起こる試料のX線損傷がしばしば問題となる.このため,測定は通常液体ヘリウムクライオスタットや液体ヘリウム吹き付け装置を用いて低温下で行う.これは,入射X線と試料中の水との相互作用によって形成されるヒドロキシルラジカルの拡散による二次的なX線損傷を防ぐためである(4.7.4項 B. 参照).

また,非常に希薄な生体試料の場合(〜1 mmol L^{-1}),バックグラウンドシグナルに

観察したい同一元素のシグナルの寄与がないことを十分確認する必要がある．測定に用いる試料ホルダーやクライオスタットの窓など，入射X線から検出器までのビームパスに存在するものの材質，X線透過率，あるいは緩衝溶液の組成などにも注意を払う必要がある．

生体試料のXAFS測定には，通常注目する元素の蛍光シグナルを用いる．その検出には，エネルギー分解能のあるシリコンやゲルマニウムなどの半導体検出器が用いられる．これらの検出器は硬X線領域で150～200 eV程度のエネルギー分解能があり，弾性散乱，および他の元素のバックグラウンドへの寄与を取り除くのに有効である．

B. X線による試料の損傷

X線を用いた測定手法では，X線による試料の損傷が常に課題となる．金属タンパク質において，酸化還元反応を行う金属活性中心の放射線損傷は，タンパク質部分で起こる損傷よりもかなり低いX線量で起こることが報告されている[164]．試料のX線損傷は，金属活性中心の還元，およびリガンド環境の変化（例えば架橋酸素のプロトン化状態の変化や結合数の変化など）をともなう．

X線損傷の機構は複雑で完全には理解されていないが，入射X線と試料中の原子の直接な相互作用による一次的な損傷と，入射X線と試料中の水との相互作用によって形成されるラジカルが架橋原子などと反応することによって起こる二次的な損傷に大まかに分けることができる．したがって，特に水溶液中のタンパク質のような系では注意が必要である．二次的なX線損傷の程度は試料中でのラジカルの拡散速度，つまり測定温度に依存するため，より低温（液体ヘリウム温度付近）で測定を行うことで損傷の程度を著しく軽減することができる．しかし，低温においてもX線損傷（一次的な損傷）は入射X線量に依存して進行するため，損傷を受けやすい試料（例えば高酸化数のMnやFeの配位化合物）の場合，吸収端スペクトルの経時的変化から測定に用いる試料あたりのX線量を前もって見積もる必要がある．金属タンパク質試料測定中に起こるX線損傷に関しては，これまでにさまざまな系で報告されているが[164～166]，X線量と試料損傷との関係は系（水分含量および試料組成）によって異なる．

C. X線分光法の生体試料への応用

X線分光法のさまざまな手法は，金属タンパク質活性中心の詳細な物性を調べるうえで有効である．広範囲に用いられるのはX線吸収微細構造（XAFS）法であるが，最近ではX線発光（X-ray emission spectroscopy, XES）法および共鳴非弾性散乱（resonant inelastic X-ray scattering, RIXS）法などのより詳細な電子構造を観察する手法が生物学分野においても応用されている．XESおよびRIXS法の詳細は5.3節を参照されたい．ここでは，生体分野においてこれらの手法を用いる利点をあげる．

(1) X線吸収微細構造（XAFS）法

XAFSは，金属タンパク質中の活性中心の酸化還元状態や構造に関する研究に頻繁

に用いられる．また，X線吸収スペクトルは硫黄やカルシウムなどの化学構造に敏感であることから，タンパク質中の硫黄を含むアミノ酸残基（メチオニンやシステイン）の化学構造やカルシウム近傍の局所構造の研究にも用いられている[167]．例として，図4.7.15に硫黄を含むアミノ酸やペプチドのK吸収端スペクトルを示す．

XAFS測定には通常溶液試料が用いられるが，タンパク質結晶や膜タンパク質を含む脂質2次元配向膜を用いた偏光XAFSスペクトルからは，タンパク質分子に対する活性中心の配向方向や電子遷移の異方性に

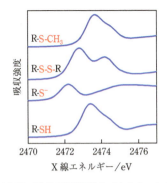

図4.7.15 硫黄のK吸収端スペクトル．上からメチオニン，酸化グルタチオン，イオン型のグルタチオン，および還元型グルタチオン．

関する情報を得ることができる．特に，金属タンパク質の単結晶を用いることでX線構造解析から得られるタンパク質分子の環境と偏光XAFSから得られる金属活性中心の配向方向を関連づけて解析することが可能である[168]．

(2) X線発光（XES）法

X線吸収過程で金属原子1s軌道の電子が空軌道に放出された後に観察されるさまざまな軌道からのX線発光スペクトルは，金属元素あるいは周囲の元素の電子状態に関する情報を含む．前述のXAFSとXESは相補的な手法であり，前者が空軌道をプローブするのに対して，後者は被占軌道をプローブする．したがって，2つの手法から得られる情報を組み合わせることで，より詳細な電子状態に関する知見を得ることができる．

図4.7.16の発光スペクトルにおいて，特に高エネルギー側に現れる非常に弱い遷移は$K\beta_{2,5}$および$K\beta''$とよばれ，最高被占軌道（HOMO）に関する情報を含む．$K\beta_{2,5}$領域のスペクトルがリガンド2p軌道から金属原子1s軌道への遷移に相当するのに対して，$K\beta''$スペクトルはリガンド2s軌道から金属原子1s軌道への遷移に相当する．したがって，この領域のスペクトルを解析することによって金属活性中心に直接結合した軽元素の状態に関する情報を得ることができるため，軽元素（O, N, Cなど）を多く含むタンパク質試料中で，活性中心の金属原子に結合するリガンドの状態変化のみを選択的に観察するのに有効である．特に，$K\beta''$ピークはそのエネルギー位置が元素の種類に依存すること，そしてピーク強度は金属原子とリガンドの原子間距離に依存することが知られている[169]．こういった利点を生かして，窒素固定細菌がもつニトロゲナーゼの活性中心である鉄モリブデン補因子に含まれる軽元素の同定や光合成系II酸素発生錯体の架橋酸素構造に関する研究への応用例がこれまでに報告されている[170,171]．

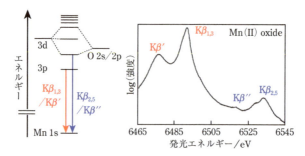

図4.7.16 マンガンを例にとったX線発光過程（$K\beta_{1,3}$および$K\beta'$，そして$K\beta_{2,5}$および$K\beta''$）とそのスペクトル（2価のマンガン酸化物の例）．$K\beta_{1,3}$および$K\beta'$スペクトルは3pから1s軌道，$K\beta_{2,5}$および$K\beta''$領域のスペクトルは価電子帯から金属元素の1s軌道への遷移に相当する．

(3) 共鳴非弾性X線散乱（RIXS）法

遷移金属を活性中心にもつ金属タンパク質試料のX線分光法では，通常，硬X線領域（>2 keV）に吸収があるK吸収端のXAFS測定を行う．前項で述べたとおり，金属元素のK吸収端スペクトルはその電荷密度やリガンド環境の変化に対して敏感である．これに対し，より低エネルギー側の軟X線領域（0.1〜2 keV）に吸収をもつL吸収端は遷移金属の2pから3d軌道への遷移に相当し，金属原子の電荷密度変化に加えて，2p-3d多重項相互作用（スピン軌道相互作用）を通じてスピン状態にも敏感である．その遷移は双極子遷移（p→d）であるため，K吸収端のプリエッジスペクトル（四重極子遷移）と比較すると強度が強い．また内殻寿命幅はL吸収端が0.2 eV，K吸収端が1 eV程度であるため，L吸収端を用いたXAFS測定からはエネルギー分解能の高いデータを得ることができる．しかし，L吸収端XAFSは無機材料の分野では頻繁に用いられているが，生物試料への応用例はこれまでのところほとんどない．この理由は，軟X線の試料によるX線吸収が硬X線に比べると著しく，水を多く含む生体試料のX線損傷はK吸収端XAFSに比べると2桁ほど高く実験が非常に難しいためである．さらに，L吸収端XAFS測定は軟X線の空気による減衰を避けるために高真空下で行うことが多く，その場合には試料の脱水が問題となる．

そのような生体試料のL吸収端に相当するスペクトルを得る方法として，RIXS法があげられる．1s 2p RIXS法では，硬X線領域のエネルギーを入射光として用い，金属元素1s軌道の電子を励起した後，2p軌道から1s軌道への発光エネルギーを測定する．このとき，始状態から中間状態のエネルギー変化がK吸収端プリエッジスペクトルに相当するのに対して（1s→3d），始状態と終状態のエネルギー変化はL吸収端スペクトル（2p→3d）に類似する．このため，RIXSスペクトルは金属元素の電荷密度に加えて，そのスピン状態も反映する[169]．

RIXS法では，励起エネルギーが硬X線領域であるため，試料のX線損傷の程度はK吸収端XAFS法のものと同等である．そして大気圧下で測定を行うことが可能である．最近の放射光源の進歩によって，希薄な生物試料であっても複数の結晶アナライザーを利用したRIXS測定が可能となっている．生物試料への応用例はまだ少ないが，今後さまざまな系への応用が期待される．

4.7.5 ■ 電気化学的技術

電気化学測定は，電極の電位を外部から制御して，電子移動をともなう電極反応について解析を行う手法である．電子移動をともなう化学反応で反応物は酸化あるいは還元されるため，少なくとも一部の元素の電子状態が変化する．XAFSはこうした化学反応において特定の元素の電子状態を観測するためのきわめて有力な分析手法である．本節では電気化学，特に蓄電池の分野で近年重要となっているXAFS関連手法についてまとめる．

A. 電気化学反応とXAFS

例えば，電子機器での利用が急速に拡大し，大型化・大容量化に向けた研究開発が盛んなリチウムイオン二次電池では，代表的な正極活物質として，層状岩塩構造をもつコバルト酸リチウムが用いられる．コバルト酸リチウム中のコバルトイオンは3価の状態をとるが，充電によりリチウムイオンが引き抜かれると，一部はCo(IV)の状態となる．Co K吸収端XAFSスペクトルにおいて，この電子状態変化は吸収端のエネルギーシフトとして現れる（図4.7.17）．正極活物質の種類によってスペクトルの変化の度合いは異なるが，充電状態を正極の遷移金属元素の酸化状態から見積もることが

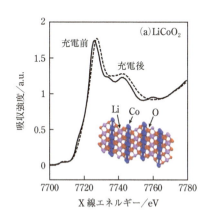
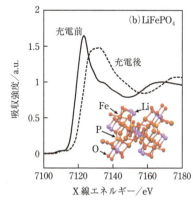

図4.7.17 リチウムイオン電池正極中の遷移金属化学種のXANESスペクトル．(a)コバルト酸リチウム正極のCo K吸収端，(b)リン酸鉄リチウム正極のFe K吸収端スペクトル．挿入図は充電前の活物質の構造．

できること，多元系の化合物では電子状態が変化している元素を特定できることなどから，蓄電池の反応解析にXAFSは不可欠な測定手法である[172,173]．

元素の電子状態を知ることができる手法の中で，XAFSはバルクの情報を得るための最適な手段である．吸収端エネルギーは元素の酸化状態を反映し，一般に高酸化状態であるほど高エネルギー側へシフトするが，配位元素のドナー性の違いや配位状態によっても変化することから，通常は既知の酸化状態である標準試料のスペクトルにより見積もることが多い．一方で，電気化学反応により生じる状態は必ずしも安定な化学種であるとは限らず，通常ではまれな酸化状態をとる可能性もある．そのため，電気化学反応にXAFS測定を適用しスペクトルを議論する際には，電気化学反応で流れた電流，電位の変化，系内の物質量，副反応の有無などを総合的に判断する必要がある．また，中心原子の酸化状態の変化はその周辺局所構造をも変化させるため，EXAFSにより結合距離・配位数についても解析することが望ましい．

B. *in situ* 電気化学セル

硬X線エネルギー領域では適切な電気化学セルを用意することで *in situ* 実験が可能となる．図4.7.18はNakaiらにより開発された *in situ* セルで，XAFS測定時には電極間の電解液を光路から逃がすことができるのが特徴である[174]．薄いセパレータを利用し，対極や電解液を含めてもX線透過率を確保できる場合には，図4.7.19に示すような透過型 *in situ* 電気化学セルを用いると充放電を行いながらその場測定が可能である．外装にAlラミネートを用いたラミネートセルもよく用いられる．これらの *in situ* セルの構成で注意すべき点は，窓材と密閉の方法である．窓材はX線透過率から，カプトンやマイラーフィルム，Be，Al箔などが用いられるが，水分や酸素の透過率，材料中の不純物の有無とXAFSスペクトルへの影響，反応への関与がないことなどを，注目している系に応じて検討する必要がある．Mn K吸収端EXAFS測定時に金属材料中のFe不純物が妨害となるケースがある．バルク以外の，例えば基板上の薄膜電極に注目する場合には反射型を用いるなど，対象とする系に応じてセルを設計する必要

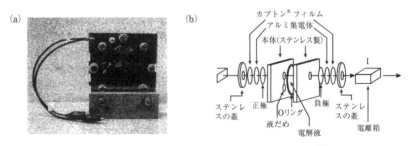

図4.7.18 透過型 *in situ* 電池セルの構成(旧版より再掲載)[174]

4.7 発展的技術

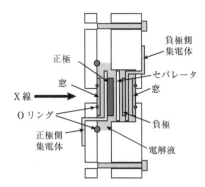

図4.7.19 セパレータを用いた *in situ* 電池セル

がある.電気化学反応(特に蓄電池の充放電反応)はセルごとに特性が変化する可能性があるため,新規に設計したセルはオフラインでその評価を十分に行うべきである.

4 keV以下の軟X線領域のXAFSも電池反応に非常に有用な知見をもたらす.次世代蓄電池として注目される多価イオン電池や全固体電池などにおいてはMg, Al, Sなど軽元素の役割が大きくなる.また,遷移金属元素のL吸収端やO, NのK吸収端など,1 keV以下のXAFS測定から得られる情報も重要である[175].軟X線領域でのXAFS測定は試料を真空中におくことが多く,その場合には乾燥した試料に限られてきたが,薄く強度のある高分子材料が入手できるようになってきたため,*in situ* 実験装置の開発が始まっている.しかし,硬X線領域での実験に比べて,真空チャンバーを汚染するリスクなどがあるため,試料の状態や構成物質についての情報を示し,開発は装置担当者と協力して行う必要がある.

C. *in situ* 実験の留意点

電池反応の *in situ* XAFS実験は,他の手法では得られない有用な情報をもたらすが,その実験や解析においては注意すべき点がいくつかある.1つ目は *in situ* 測定用の電気化学セルで観察している現象が他の電気化学セル(XAFS測定のためではないもの,コインセルや市販パッケージの電池など)での反応と同等かどうか,という点である.異なる設計の電池セルでの結果を比較する場合には,窓の存在やセルのサイズ,電極から外部回路までの集電方法など,その相違点を十分念頭に置く必要がある.その際は,*in situ* セルのオフラインでの電気化学測定を行い,セルの評価を行えばよい.2つ目に留意すべき点は,充放電反応とXAFS測定の時間的な関係である.充放電速度がCレート(完全充電にかかる時間の逆数)で2 C以上であるような場合,分オーダーのXAFS測定ではスキャン中に系内では電気化学反応が進行していることを無視できない.高速充放電過程の追跡にはXAFS測定のスキャンスピードを調整すべきである.また,CC充電,CV充電などの過程によっても反応進行度は異なるため,

229

XAFSデータと電位−電流カーブを常に対応させる必要がある．3つ目は空間的な関係である．通常のXAFSビームラインで利用できるビームサイズがmm^2オーダーであるのに対し，電極はcm^2オーダーであることが多い．この空間的なスケールの違いは，電極反応が均一でない場合や，放射光によるダメージがある場合に問題となる．筆者らは充放電反応の空間的な分布を解析する手法を開発し，蓄電池の反応解析を行ってきた．この問題については後述する．電気化学反応がオフラインとX線を照射した実験中で異なる場合にはダメージの存在を疑うべきであるし，後ほど述べるイメージングXAFS法を用いればこれを容易に判断できる．

D． イメージングXAFS法の利用

空間的な解析を行うXAFS手法としては，マイクロビームを利用しサンプルの注目している領域をスキャンする方法と，一定のサイズをもつX線ビームと空間分解能をもつ検出器を利用する方法がある．前者は安定で強度のあるマイクロビームが利用できるようになってきたため，多くの分野で活用されているが，*in situ* 電気化学実験へ適用する際には，領域により測定時刻が異なることや，局所的なサンプルへのダメージに留意する必要がある．後者の2次元検出器を用いた手法についてはいくつかの報告[103,176]があるが，ここでは筆者らが開発した透過型のイメージングXAFS測定システム[177]の概要と蓄電池の解析例について紹介する．

電気化学反応が空間的に異なる進行度をもつ場合，反応の進み具合を空間分解して解析する必要がある．イメージングXAFS測定は，二結晶分光器を備えたXAFSビームラインで試料からの透過光強度を2次元検出器により取得することで実現できる（図4.7.20）．二結晶分光器に入射される白色光は平行化されていることが望ましいが，発散光の場合にはブラッグ角に幾何学的な項を導入することで高い精度でエネルギーを補正できることが確認されている[177]．入射X線のエネルギーごとに得られた一連の透過X線画像から，素子ごとにスペクトルを解析し，試料の化学状態を2次元情報として取得することができる．

イメージングXAFS測定により得られる空間分布の情報として，一部充電したリチウムイオン二次電池の正極を観測した結果を紹介する．リン酸鉄リチウムを正極活物質として用い，導電助剤と結着剤による合剤電極を正極としたリチウムイオン二次電池を，容量の30％まで充電し

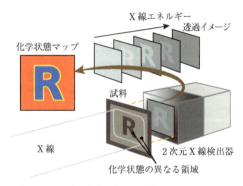

図4.7.20 2次元検出器を用いた透過型イメージングXAFS測定システム

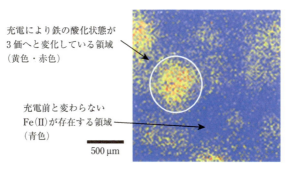

図 4.7.21 一部充電したリチウムイオン電池のリン酸鉄リチウム正極(電極全体を平均すると $Li_{0.7}FePO_4$ の状態)の反応分布

た.これを Fe K 吸収端でイメージング XAFS 解析して得られた反応分布を**図 4.7.21**に示す.図の分布は素子ごとのスペクトルを解析し,位置ごとの Fe の酸化状態を表現したものである.合剤電極は活物質粒子が押し固められたものであるためもともと均質ではないが,粒子サイズ($1\sim10~\mu m$ オーダー)から予測されるよりもはるかに大きいスケールで反応に不均一性が認められた.これは充電反応が電極面方向の抵抗の違いに敏感であることを示している.電気化学反応の *in situ* 観察においては,空間的な反応の分布の有無,また,分布が存在する場合には XAFS で観察している領域と分布のスケールについて把握しておく必要がある.

電気化学への XAFS の応用は,元素選択性があること,非晶質・溶液中の化学種の解析ができることなどから有効であり,ますます高度化しつつある時間分解・空間分解 XAFS 技術によって電気化学分野における新たな展開へとつながることが期待できる.

4.7.6 ■ 触媒の *in situ* 測定

比較的高いエネルギー領域の X 線を用いて XAFS 測定を行う場合は,X 線の透過性が高いので,サンプルまわりに比較的自由なレイアウトを組み入れることが可能になる.そこで,測定用セルを工夫して,触媒や電池などできるだけ実際の反応・動作条件に近い状態で XAFS 測定を行う *in situ* 測定が試みられてきている[178].*in situ* 測定をする利点は,実際の動作条件下での状態に関する情報が得られる点だけでなく,*in situ* で同じサンプルの同じ測定点を継続的に測定することにより,サンプルの調製ロットの違いなどによる誤差に影響されることなく,注目している試料の中の微細な変化を抽出できることにもある[179].*in situ* XAFS 測定は現在,さまざまな分野で利用される測定技術として発展してきているが[180],本項では,特に触媒反応条件下での *in situ* 測定を中心に解説する.実用的な触媒反応では,触媒は固体状態で,気体もし

くは液体のリアクタントを流通させながら反応させる系が多いので，このような系での測定について実例をあげながら説明するが，このような in situ 測定システムは，触媒だけに適用可能なわけではなく，雰囲気を制御できるという点では，各種デバイスなどへの展開も容易であろう[180]．

A. セルの設計

固体触媒のガス雰囲気下での測定は，透過法で行う場合，簡単には赤外吸収測定に用いられる in situ セルの窓材をX線が透過しやすい素材に変えることで対応できる（図4.7.22）[181]．反応条件が減圧下，または常圧を過度に超えて加圧されるおそれがない場合は，

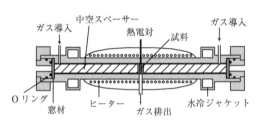

図4.7.22 透過型 in situ XAFSセル

本体はガラス製のもので十分である．本体をステンレスなどの金属製とすれば，加圧下での実験も可能となる．20 keV以上での測定であれば，炭化水素などの気相成分によるX線の吸収も測定に影響するほど大きくはならないので，セル長（X線が透過する光路の長さとして）30 cm程度のものを利用することも可能である．例えばチオフェン（C_4H_4S）を5%の濃度で水素と混合し，常圧で脱硫反応を行うことを考えると，気相成分による吸収は20 keVであれば，μt として0.02程度である．窓材としては，セル内部と外部で圧力差が出る可能性があるので，ある程度の耐圧性をもつ素材が必要であるが，窓そのものによるX線の吸収はできるだけ抑えなくてはならないので，ベリリウム板やプラスチック系の素材が使われる．ベリリウムは耐圧性もあり，X線透過性も高いが，酸化されると毒性の高い酸化ベリリウムとなり，また，水素雰囲気下では水素を吸蔵し膨潤して強度が劣化するので，可能ならば使用は避けたい．プラスチック系の場合，ポリスチレン，アクリル，テフロン，ポリイミドなどを使用条件次第で選択できる[182]．ポリイミドは，耐熱性も耐圧性も高く，化学的な安定性にもすぐれるので利用価値が高いが，高価であり，可視光は通しにくいので，厚みが125 μm程度以上あると，窓からセル内を目視で観察することはできない．アクリルは透明度が高く，厚み3 mmのものを使ってもセルの中を見通すことができるので，セルの位置調整には便利である．強度もあるので，加圧されるセルの窓にも使用できるが，熱に弱く，有機溶媒にも侵されやすい．また，集光された輝度の高いビームラインで測定をする場合，アクリルやテフロンは放射線損傷を受けて劣化してしまうので（図4.7.23），長時間使用する場合は注意が必要である[183]．

いわゆる operando 測定をするときは，触媒反応が実際に進行しているのかを調べるために，XAFS測定と同時に生成物の分析も行うことになるが，図4.7.22のような

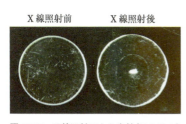

図4.7.23 X線照射による窓材（アクリル）のダメージ

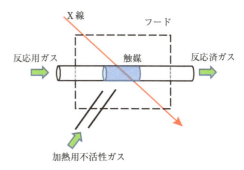

図4.7.24 キャピラリータイプの *in situ* XAFSセル

セルで流通式のガス反応を検討する場合，反応ガスが触媒に接触することなく脇をすり抜けて流れていく可能性があるので，別途通常の触媒反応装置で行った結果と対応づける際には注意が必要になる．これに対し，触媒活性評価の反応装置と同様に触媒を充填した管状リアクターそのものをXAFSセルとして用いている例もある（図4.7.24）[184]．ただしこの場合，管状リアクターの壁そのものがX線透過窓となるので，反応条件にも依存するが，材質としては，キャピラリー状のガラスやベリリウムが選択される．さらに，このような管状のセルを用いて透過法で測定する場合，X線が照射される範囲のサンプルの厚みは厳密には均一でないので，得られるスペクトルに影響が出てしまう可能性があることも考慮しておいた方がよいであろう．

　固体触媒を用いたガス反応の場合，図4.7.22のようなタイプであれば，X線透過窓を冷却することができれば，試料温度を1000℃付近まで加熱できるようなセルの設計も工夫次第で可能であるが，リアクタントとして液体を反応させる場合は状況が一変する．まず，液体の場合は気体の1,000倍程度密度が高いので，たとえ軽元素からなる液体であってもその液体層によるX線吸収は無視できない．したがって，セルの光路長は可能な限り短くしなくてはならない．するとX線透過窓は試料の至近にくることになり，反応温度が高い場合は，X線透過窓も加熱されてしまう．したがって，窓材としては，化学的安定性が高く，耐熱性耐圧性があり，かつX線の透過度の高いものにしなくてはならない．この場合も，ベリリウム金属ディスクを窓板として使用する例が超臨界CO_2中での反応で報告されているが，反応条件が高圧下であるため，セルまわりには堅牢な安全対策が施されている[185]．管状セルの場合は，セルそのものの構造は大きく変わらず，X線の透過度の条件が測定可能な範囲にあれば使用可能である．もしベリリウムより取り扱いの安全な窓材があれば，図4.7.22のタイプの方が，管状セルのような試料厚みの不均一性の問題を抱えなくてすむので望ましい．図4.7.25にKawaiらが開発した液相反応用 *in situ* XAFSセルを示す[186]．窓材は，吸光

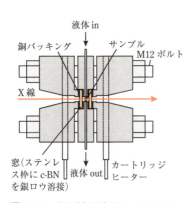
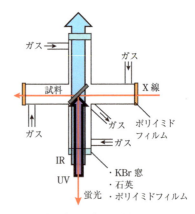

図4.7.25 高圧液相反応用 *in situ* XAFSセル[186]

図4.7.26 枝管付きガス流通反応用 *in situ* XAFSセル．枝管から蛍光を取り出せば *in situ* 蛍光XAFS，紫外光を照射すれば光反応 *in situ* XAFS，赤外光を透過させれば *in situ* XAFSおよびIR同時測定が可能になる．

度を考えるとプラスチック材料が候補となるが，化学的安定性や耐熱性・耐圧性を考えると選択肢は多くない．ポリイミドのディスクの耐熱性は300℃前後であるが，高温では多少軟化してしまい，窓自身の形状が変化してしまうことがある．これに対して，ポリベンゾイミダゾールは400℃付近まで耐熱性があり，しかも300℃程度では軟化することもなく，利用しやすい素材である．さらに，高温加圧下での利用を考える場合には，高純度のc-BNの焼結体が有力な候補である[187]．成分はホウ素と窒素であるのでX線透過度は高く，1000℃での利用も可能で，硬度も高く，しかも加熱で軟化することもなく，加圧下での実験にも利用できる．注意点は，工作資材として容易に入手可能な焼結BNディスクにはタングステンなどの添加物が多量に含まれているため，X線透過度が非常に低く，窓材としては利用できないことである．

B. 各種セル

前項であげたセルのほかにも，使用用途に合わせてさまざまなタイプのセルが考案され，報告されてきている．図4.7.22のタイプの中央部に垂直に枝管を出して窓を付けたタイプのセルは，その窓から励起用の紫外(UV)光などをセル中心のサンプルに照射しながらXAFS測定を行うことで光触媒反応中の触媒などの *in situ* 測定を実施することができる[188]．同様のセルで，その窓から蛍光を取り出すことで，蛍光法による *in situ* 測定にも利用できる（**図4.7.26**）[189]．当然のことながら，窓材は照射もしくは透過させる光の種類で適材を選ぶ必要がある．このセルをさらに発展させて，X線の光路と直交する方向に赤外光を透過できる窓を付けたクロス型セルを用いると，XAFSにより触媒の金属活性サイトの構造変化を観察しながら，その活性サイト上で

反応するリアクタントの変化を対応させながら同時に測定することができ，反応条件下で出現する活性構造をより精密に同定することが可能になる[190]．このように同じ試料に対してXAFS測定と他の手法で同時に測定し相補的な情報を得ることにより，より詳細な反応機構，活性発現機構などの解明が可能になるため，赤外(IR)分光以外にも，UV吸収，X線回折(XRD)測定などを組み合わせた手法が開発され，それぞれ組み合わせる分光法に応じて工夫を加えたセルが報告されている[191]．

また，近年では，SPring-8やPF，SAGA-LSにおいて，一般的なガス流通反応に使用可能なXAFSセルを貸し出してくれるので，そのセルが使用可能な条件下の反応であれば，ユーザーはサンプルを持ち込むだけでガス流通下での*in situ*測定の実施が可能である．

C. ガスの供給・処理・分析

ガス流通雰囲気下での*in situ*測定を行う場合は，今まで述べたサンプルまわりのセルなどのセットアップのほかに，ガス供給のためのシステムが必要である．実験ホールは基本的に閉鎖された放射線管理区域であり，そのような閉じた空間でガスを利用した反応を行う場合は，ガス漏えいなどの万が一の事態に備えた安全対策が必要である．近年*in situ*実験用に整備されたSPring-8，KEK-PF，SAGA-LSのビームラインでは，基本的に異常時にはガスの供給を遮断するシステムが備わっているので，これらの設備を利用することが推奨される．また，反応に使用したガスは実験ホールの有害排気ガスダクトに流して排出するが，使用したガスをそのまま流し込むと，排気ダクト内で他ビームラインから排出されたガスと混合し，排気ダクト内で爆発などを起こす危険性があるので，排気ダクトに流し出す前に無害化することが必要になる．可燃性ガスであれば燃焼させ，酸性ガスであればアルカリ性溶液などに通して吸収させるなどの処理を施し，爆発限界や暴露限界濃度を下回るようにしなくてはならない．近年，放射光施設の*in situ*実験用ビームラインでは排ガス処理設備も備えているので，その処理能力に合わせた利用をすれば問題ない．

触媒の反応性能評価も同時に行う*operando*測定を行うためには，反応したガスの組成をオンラインで分析する必要があり，XAFS測定と同等の時間分解能で分析が可能な質量分析計やIRガス分析器などの利用が有効である．チオフェン水素化脱硫反応用Niリン化物触媒の構造変化の*operando* XAFS測定に用いられた測定系の構成を**図4.7.27**に示す[192]．この場合，リアクタントのチオフェンを水素と混合するための気化器が接続されている．20秒間隔のXAFS測定に合わせて，質量分析器(QMAS)とIRガス分析器で反応ガス組成を調べ，さらに，サンプルについてはIR吸収の同時測定も行っている．**図4.7.28**には250℃でチオフェンの水素化脱硫反応を行ったときの，Ni K吸収端XANESの8333.3 eVの強度変化，QMASによる反応生成物H_2Sと考えられる$m/z=34$の検出量の変化，IRによるチオフェンの表面吸着種であるテトラヒドロ

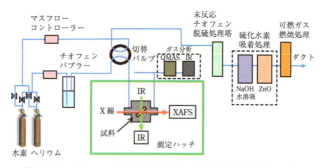

図4.7.27 チオフェン脱硫反応条件下 *in situ* XAFS 測定用反応ライン

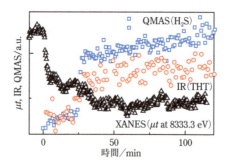

図4.7.28 Ni$_2$P/MCM-41触媒によるチオフェン脱硫反応条件下における *operando* XAFS 測定の結果

チオフェン(THT)の吸着量についてまとめた結果を示す[192]．種々の検討から，XANESの8333.3 eVの強度の減少はニッケルホスフォサルファイド(NiPS)相の生成に対応し，この相が触媒表面上にある程度蓄積してきた時点から触媒的なチオフェン脱硫反応が開始し，QMASで生成物のH$_2$Sが検出されるとともに，反応中間体であるTHTがIRで観察される．これらの結果からNiPS相が触媒活性種であることが確認されたが，このような微量な表面種が活性種であるかどうかを決定づけるためには，反応と対応させた時分割XAFS構造解析が非常に有力な手段となりうる．

D. 留意点

実際の反応条件下での触媒の構造を観察できる *in situ* XAFSは非常に有力なツールとなるが，一方で計画立案から実施までに留意しておいた方がよい点がいくつかある．

まず，データ処理である．1スペクトル20秒程度でQXAFSスペクトルをとり続けた場合，データを取り込んでいる時間が1日12時間程度としても，2,160スペクトルが得られる．これに加えて，温度，反応生成物，他手法(例えばIR)を組み合わせて

いる場合はその測定データが加わり，同様なことを数日続けて実験した場合，膨大な量のデータが得られる．このデータ1つ1つを仔細に分析することは不可能であるから，どのような点に注目して解析するかが，非常に重要性を帯びてくる．注目点が的を外すと，膨大なデータの中に埋まった重要な情報を引き出すことができなくなる．逆に測定をする前に，解析のポイントを絞って，それに合わせた測定条件を設定することも有効であろう．

また，ガス反応では，セル内のガスによるX線の吸収はガス組成が変化しなければXAFS測定に影響しないが，液相反応の場合は，密度が高いため炭化水素のような軽元素からなるリアクタントであっても，送液ポンプのわずかな脈流による密度の微小な変化がXAFSスペクトルを歪ませてしまうので，1つのスペクトルを反応液の密度変化が無視できるスピードで測定する（例えばDXAFSを利用して1スペクトル1秒以下での測定）か，XAFS測定中は送液をいったん停止するなどの注意が必要である．

さらに，*in situ* 測定の場合，多くが加熱をともなう実験となるが，EXAFSの解析にはデバイ・ワラー因子が温度によって変化する効果を考慮しなくてはならない．単体の場合は理論的に計算することも可能だが，化合物の場合は，理想的には，解析の対象となる結合をもつ標準物質を使って，各温度でのデバイ・ワラー因子を実験的に求めてそれを解析に組み込むことになる．しかし，必ずしもこのような手法が利用可能ではないので，近似的な値を利用することになる場合も多い．その場合，配位数の絶対値で議論することは注意が必要である．

最後に，*in situ* XAFS測定で見える構造は，実際の反応条件下の触媒の状態と同等であるという仮定の下で通常は解析を行っているが，秒オーダー以下の時分割測定が可能であるほど高強度なX線を照射したとき，放射線によるダメージを受けるのは窓材だけではなく（図4.7.23参照），触媒試料そのものも何らかの影響を受ける可能性がある．実際，Cu触媒によるベンジルアルコールの酸化反応において，XAFSとUV-visの同時測定により，X線照射が活性金属の電子状態に影響を与えることが報告されている[193]．どのような構造解析でも同様のことがいえるが，測定することによる試料や反応物質の構造や電子状態への影響も，場合によっては考慮することが必要であることを念頭に置いて，実験を進めることが必要であろう．

第4章参考文献

1) D. E. Sayers, E. A. Stern, F. W. Lytle, *Phys. Rev. Lett.*, **27** (1971) 1204.
2) B. M. Kincaid, P. Eisenberger, *Phys. Rev. Lett.*, **34** (1975) 1361.
3) P. Emma, R. Akre, J. Arthur, R. Bionta, C. Bostedt, J. Bozek, A. Brachmann, P. Bucksbaum, R. Coffee, F.-J. Decker, *Nature Photonics*, **4** (2010) 641.

4) D. Iwanenko, I. Pomeranchuk, *Phys. Rev.*, **65** (1944) 343 ; D. Ivanenko, I. Pomeranchuk, *Dokl. Akad. Nauk.* (*USSR*), **44** (1944) 315.
5) F. R. Elder, A. M. Gurewitsch, R. V. Langmuir, H. C. Pollock, *Phys. Rev.*, **71** (1947) 829.
6) いくつかの和文解説書がある．例えば，日本物理学会 編，シンクロトロン放射，培風館(1986)；富増多喜夫 編著，シンクロトロン放射技術，工業調査会(1990)；上坪宏道，太田俊明，シンクロトロン放射光，岩波書店(2005).
7) R. Bonifacio, C. Pellegrini, L. Narducci, *Opt. Commun.*, **50** (1984) 373.
8) J. Feldhaus, J. Arthur, J. Hastings, *J. Phys. B*, **38** (2005) S799.
9) J. Cerino, J. Stöhr, N. Hower, R. Bachrach, *Nucl. Instrum. Methods*, **172** (1980) 227.
10) M. Lemonnier, O. Collet, C. Depautex, J.-M. Esteva, D. Raoux, *Nucl. Instrum. Methods*, **152** (1978) 109.
11) T. Matsushita, T. Ishikawa, H. Oyanagi, *Nucl. Instrum. Methods A*, **246** (1986) 377.
12) J. Golovchenko, R. Levesque, P. Cowan, *Rev. Sci. Instrum.*, **52** (1981) 509.
13) T. Ohta, P. M. Stefan, M. Nomura, H. Sekiyama, *Nucl. Instrum. Methods A*, **246** (1986) 373.
14) Y. Kitajima, *J. Synchrotron Rad.*, **6** (1999) 167.
15) Y. Takata, E. Shigemasa, N. Kosugi, *J. Synchrotron Rad.*, **8** (2001) 351.
16) Y. Saitoh, T. Muro, M. Kotsugi, T. Iwasaki, A. Sekiyama, S. Imada, S. Suga, *J. Synchrotron Rad.*, **8** (2001) 339.
17) H. Ohashi, E. Ishiguro, Y. Tamenori, H. Kishimoto, M. Tanaka, M. Irie, T. Tanaka, T. Ishikawa, *Nucl. Instrum. Methods A*, **467** (2001) 529.
18) 大柳宏之 編，シンクロトロン放射光の基礎，丸善(1996).
19) M. C. Hettrick, *Nucl. Instrum. Methods A*, **266** (1988) 404.
20) M. C. Hettrick, J. H. Underwood, P. J. Batson, M. J. Eckart, *Appl. Opt.*, **27** (1988) 200.
21) K. Amemiya, Y. Kitajima, T. Ohta, K. Ito, *J. Synchrotron Rad.*, **3** (1996) 282.
22) J. A. Howell, P. Horowitz, *Nucl. Instrum. Methods*, **125** (1975) 225.
23) P. A. Lee, P. H. Citrin, P. Eisenberger, B. M. Kincaid, *Rev. Mod. Phys.*, **53** (1981) 769.
24) *International Tables for X-ray Crystallography, Vol.3*, Kynoch Press, Birmingham (1968), p.171.
25) K. Lu, E. A. Stern, *Nucl. Instrum. Methods*, **212** (1983) 475.
26) J. Goulon, C. Goulon-Ginet, R. Cortes, J. M. Dubois, *J. Phys.*, **43** (1982) 539.
27) E. A. Stern, K. Kim, *Phys. Rev. B*, **23** (1981) 3781.
28) F. Comin, L. Incoccia, S. Mobilio, *J. Phys. E*, **16** (1983) 83.
29) B. R. Dobson, S. S. Hasnain, C. Morrell, D. C. Konigsberger, K. Pandya, F. Kampers, P. van Zuylen, and M. J. van der Hoek, *Rev. Sci. Instrum.*, **60** (1989) 2511.
30) 松本榹生，鉱物学雑誌，**16** (1983) 99.

31) E. A. Stern and K.-Q. Lu, *Nucl. Instrum. Methods*, **195** (1982) 415.
32) J. Stumplel, P. Becker, S. Joksch, R. Frahm, G. Materlik (S. S. Hasnain ed.), *X-ray Absorption Fine Structure*, Ellis Horwood, New York (1991), p.662.
33) J. Jaklevic, J. A. Kirby, M. P. Klein, A. S. Robertson, G. S. Brown, P. Eisenberger, *Solid State Commun.*, **23** (1977) 679.
34) F. W. Lytle, R. B. Greegor, D. R. Sandstrom, E. C. Marques, J. Wong, C. L. Spiro, G. P. Huffman, F. E. Huggins, *Nucl. Instrum. Methods A*, **226** (1984) 542.
35) M. Nomura, *J. Synchrotron Rad.*, **5** (1998) 851.
36) J. Stöhr, C. Noguera, T. Kendelewicz, *Phys. Rev. B*, **30** (1984) 5571.
37) R. G. Jones, D. P. Woodruff, *Surf. Sci.*, **114** (1982) 38.
38) S. L. M. Schroeder, G. D. Moggridge, R. M. Ormerod, T. Rayment, R. M. Lambert, *Surf. Sci.*, **324** (1995) L371, *Surf. Sci.*, **329** (1995) L612.
39) T. J. Regan, H. Ohldag, C. Stamm, F. Nolting, J. Luning, J. Stöhr, R. L. White, *Phys. Rev. B*, **64** (2001) 214422.
40) 柳瀬悦也, 嵩 良徳, 崎山雅行, 東海正國, 渡辺 厳, 原田 誠, 高橋昌男, 応用物理, **65** (1996) 1267.
41) M. Takahashi, M. Harada, I. Watanabe, T. Uruga, H. Tanida, Y. Yoneda, S. Emura, T. Tanaka, H. Kimura, Y. Kubozono, S. Kikkawa, *J. Synchrotron Rad.*, **6** (1999) 222.
42) 高橋昌男, 渡辺 厳, 原田 誠, 溝口康彦, 宮永崇史, 柳瀬悦也, 吉川信一, 材料, **48** (1999) 559.
43) S. L. M. Schroeder, G. D. Moggridge, R. M. Lambert, T. Rayment (R. J. H. Clark, R. E. Hester eds.), *Spectroscopy for Surface Science* (Advances in Spectroscopy, Vol. 26), John Wiley & Sons, Chichester (1998).
44) A. Yagishita, H. Maezawa, M. Ukai, E. Shigemasa, *Phys. Rev. Lett.*, **62** (1989) 36.
45) R. Treichler, W. Riedl, W. Wurth, P. Feulner, D. Menzel, *Phys. Rev. Lett.*, **54** (1985) 462.
46) 一般的な教科書としては, J. Stöhr, *NEXAFS Spectroscopy*, Springer, Berlin, Heidelberg (1992)を推奨する.
47) Lawrence Berkeley Laboratory / Center for X-Ray Opticsのwebページ http://www.cxro.lbl.govを利用して計算.
48) Y. Tamenori, *J. Synchrotron Rad.*, **17** (2010) 243.
49) M. O. Krause, *J. Phys. Chem. Ref. Data*, **2** (1979) 307.
50) Y. Tamenori, M. Morita, T. Nakamura, *J. Synchrotron Rad.*, **18** (2011) 747.
51) F. M. F. de Groot, M. A. Arrio, Ph. Sainctavit, Ch. Cartier, C. T. Chen, *Solid State Commun.*, **92** (1994) 991.
52) L. Tröger, D. Arvanitis, K. Baberschke, H. Michaelis, U. Grimm, E. Zschech, *Phys. Rev. B*, **46** (1992) 3238 ; S. Eisebitt, T. Böske, J.-E. Rubensson, W. Eberhardt, *Phys. Rev. B*, **47**

(1993) 14103.
53) R. Nakajima, J. Stöhr, Y. U. Udzerda, *Phys. Rev. B*, **59** (1991) 6421.
54) 例えば，徳島高，原田慈久，辛埴，日本物理学会誌，**63** (2008) 852.
55) T. Shirasawa, K. Hayashi, H. Yoshida, S. Mizuno, S. Tanaka, T. Muro, Y. Tamenori, Y. Harada, T. Tokushima, Y. Horikawa, E. Kobayashi, T. Kinoshita, S. Shin, T. Takahashi, Y. Ando, K. Akagi, S. Tsuneyuki, H. Tochihara, *Phys. Rev. B*, **79** (2009) 241301.
56) K. Nakanishi, T. Ohta (Md. Zahurul Haq ed.), *Advanced Topics in Measurements*, In Tech, Croatia (2012), p.43.
57) K. Amemiya, S. Kitagawa, D. Matsumura, H. Abe, T. Yokoyama, T. Ohta, *Appl. Phys. Lett.*, **84** (2004) 936.
58) A. L. D. Kilcoyne, T. Tyliszczak, W. F. Steele, S. Fakra, P. Hitchcock, K. Franck, E. Anderson, B. Harteneck, E. G. Rightor, G. E. Mitchell, A. P. Hitchcock, L. Yang, T. Warwick, H. Ade, *J. Synchrotron Rad.*, **10** (2003) 125.
59) 例えば，*J. Electron Spectrosc. Relat. Phenom.*, **170** (2009)では，試料損傷問題に関する特集が企画されている．
60) E. de Smit, I. Swart, J. F. Creemer, G. H. Hoveling, M. K. Gilles, T. Tyliszczak, P. J. Kooyman, H. W. Zandbergen, C. Morin, B. M. Weckhuysen, F. M. F. de Groot, *Nature*, **456** (2008) 222.
61) A. Kolmakov, D. A. Dikin, L. J. Cote, J. Huang, M. K. Abyaneh, M. Amati, L. Gregoratti, S. Gunther, M. Kiskinova, *Nature Nanotechnol.*, **6** (2011) 651.
62) Y. Tamenori, *J. Synchrotron Rad.*, **20** (2013) 419.
63) R. Frahm, *Nucl. Instrum. Methods A*, **270** (1988) 578.
64) T. Nonaka, K. Dohmae, T. Araki, Y, Hayashi, Y. Hirose, T. Uruga, S. Goto, *et al.*, *Rev. Sci. Instrum.*, **83** (2012) 083112.
65) O. Sekizawa, T. Uruga, M. Tada, K. Nitta, K. Kato, Y. Iwasawa, *et al.*, *J. Phys.: Conf. Ser.*, **430** (2013) 012019.
66) T. Uruga, H. Tanida, K. Inoue, H. Yamazaki, T. Irie, *AIP Conf. Proc.*, **882** (2007) 914.
67) N. Ishiguro, T. Saida, T. Uruga, S. Nagamatsu, O. Sekizawa, M. Tada, *et al.*, *ACS Catalysis*, **2** (2012) 1319.
68) T. Matsushita, R. P. Phizackerley, *Jpn. J. Appl. Phys.*, **20** (1981) 2223.
69) R. P. Phizackerley, Z. U. Rek, G. B. Stephenson, S. D. Conradson, K. O. Hodgson, T. Matsushita, H. Oyanagi, *J. Appl. Cryst.*, **16** (1983) 220.
70) M. Hagelstein, C. Ferrero, U. Hatje, T. Ressler, W. Metz, *J. Synchrotron Rad.*, **2** (1995) 174.
71) 稲田康宏，丹羽尉博，野村昌治，放射光，**20** (2007) 242.
72) S. Pascarelli, O. Mathon, M. Muñoz, T. Mairs, J. Susini, *J. Synchrotron Rad.*, **13** (2006)

351.

73) S. Nozawa, S. i. Adachi, J. i. Takahashi, R. Tazaki, L. Guérin, M. Daimon, A. Tomita, T. Sato, M. Chollet, E. Collet, *J. Synchrotron Rad.*, **14** (2007) 313.

74) S. Nozawa, T. Sato, M. Chollet, K. Ichiyanagi, A. Tomita, H. Fujii, S.-i. Adachi, S.-y. Koshihara, *J. Am. Chem. Soc.*, **132** (2009) 61.

75) P. Kirkpatrick, A. V. Baez, *J. Opt. Soc. Am.*, **38** (1948) 766.

76) A. V. Baez, *J. Opt. Soc. Am.*, **42** (1952) 756.

77) Y. Suzuki, F. Uchida, *Rev. Sci. Instrum.*, **63** (1992) 578.

78) A. Takeuchi, Y. Suzuki, K. Uesugi, S. Aoki, *Nucl. Instrum. Methods Phys. Res. A*, **467-468** (2001) 302.

79) Y. Terada, S. Goto, N. Takimoto, K. Takeshita, H. Yamazaki, Y. Shimizu, S. Takahashi, H. Ohashi, Y. Furukawa, T. Matsushita, T. Ohata, Y. Ishizawa, Y. Uruga, H. Kitamura, T. Ishikawa, S. Hayakawa, *AIP Conf. Proc.*, **705** (2004) 376.

80) Y. Terada, H. Tanida, T. Uruga, A. Takeuchi, Y. Suzuki, S. Goto, *AIP Conf. Proc.*, **1365** (2011) 172.

81) A. Takeuchi, Y. Suzuki, H. Takano, Y. Terada, *Rev. Sci. Instrum.*, **76** (2005) 093708.

82) Y. Terada, H. Yumoto, A. Takeuchi, Y. Suzuki, K. Yamauchi, T. Uruga, *Nucl. Instrum. Methods Phys. Res. A*, **616** (2010) 270

83) H. Mimura, S. Handa, T. Kimura, H. Yumoto, D. Yamakawa, H. Yokoyama, S. Matsuyama, K. Inagaki, K. Yamamura, Y. Sano, K. Tamasaku, Y. Nishino, M. Yabashi, T. Ishikawa, K. Yamauchi, *Nature Physics*, **6** (2010) 122.

84) Y. Suzuki, A. Takeuchi, H. Takenaka, I. Okada, *X-Ray Opt. Instrum.*, **2010** (2010) 824387.

85) N. Kamijo, Y. Suzuki, H. Takano, M. Yasumoto, A. Takeuchi, M. Awaji, *Rev. Sci. Instrum.*, **74** (2003) 5101.

86) N. Kamijo, Y. Suzuki, A. Takeuchi, M. Itou, S. Tamura, *Jpn. J. Appl. Phys.*, **48** (2009) 010219.

87) N. Kamijo, Y. Suzuki, S. Tamura, A. Takeuchi, M. Yasumoto, *IPAP Conf. Series*, **7** (2006) 97.

88) Y. Suzuki, *Jpn. J. Appl. Phys.*, **43** (2004) 7311.

89) T. Koyama, H. Yumoto, Y. Terada, M. Suzuki, N. Kawamura, M. Mizumaki, N. Nariyama, T. Matsushita, Y. Ishizawa, Y. Furukawa, T. Ohata, H. Yamazaki, T. Takeuchi, Y. Senba, Y. Matsuzaki, M. Tanaka, Y. Shimizu, H. Kishimoto, T. Miura, H. Kimura, K. Takeshita, H. Ohashi, M. Yamamoto, S. Goto, M. Takata, T. Ishikawa, *Proc. SPIE*, **8139** (2011) 81390I.

90) 鈴木基寛, 寺田靖子, 大橋治彦, 河村直己, 水牧仁一朗, 宇留賀朋哉, 藤原明比古,

小山貴久，湯本博勝，山崎裕史，竹内智之，仙波康徳，竹下邦和，木村洋昭，松崎泰久，田中政行，清水康弘，岸本 輝，三浦孝紀，成山展照，後藤俊治，松下智裕，石澤康秀，古川行人，大端 通，山本雅貴，髙田昌樹，石川哲也，SPring-8利用者情報, **16** (2011) 201.

91) H. Takano, Y. Suzuki, A. Takeuchi, *Jpn. J. Appl. Phys.*, **42** (2003) L132.
92) Y. Suzuki, A. Takeuchi, H. Takano, T. Ohigashi, H. Takenaka, *Proc. SPIE*, **4499** (2001) 74.
93) 鈴木芳生，竹内晃久，上杉健太朗，SPring-8年報，2008年度，p.94.
94) S. Endo, Y. Terada, Y. Kato, I. Nakai, *Environ. Sci. Technol.*, **42** (2008) 7152.
95) B. P. Tonner, G. Harp, *Rev. Sci. Instrum.*, **59** (1988) 853.
96) H. H. Rotermund, W. Engel, M. Kordesch, G. Ertl, *Nature*, **343** (1990) 355.
97) H. Yasufuku, Y. Ohminami, T. Tsutsumi, K. Asakura, M. Kato, Y. Sakai, Y. Kitajima, Y. Iwasawa, *Chem. Lett.* (2002) 842.
98) 桜井健次ほか，特許第3049313号，第3663439号，第3834652号．
99) K. Sakurai, *Spectrochim. Acta B*, **54**, 1497 (1999).
100) 桜井健次，江場宏美，水沢まり，まてりあ，**41**, 616 (2002).
101) K. Sakurai, H. Eba, *Anal. Chem.*, **75** (2003) 355.
102) K. Sakurai, M. Mizusawa, *Nanotechnol.*, **15** (2004) S428.
103) M. Mizusawa, K. Sakurai, *J. Synchrotron Rad.*, **11** (2004) 209.
104) H. Eba, K. Sakurai, *Chem. Lett.*, **34** (2005) 872.
105) H. Eba, K. Sakurai, *Mater. Trans.*, **46** (2005) 665.
106) H. Eba, K. Sakurai, *Appl. Surf. Sci.*, **252** (2006) 2608.
107) 桜井健次，応用物理，**73**, 754 (2004).
108) K. Sakurai, M. Mizusawa, *Anal. Chem.*, **82** (2010) 3519.
109) 桜井健次，まてりあ，**52** (2013) 567.
110) A. Nakata, K. Fukuda, H. Murayama, H. Tanida, T. Yamane, H. Arai, Y. Uchimoto, K. Sakurai, Z. Ogumi, *Electrochemistry*, **83** (2015) 84.
111) H. Eba, H. Ooyama, Kenji Sakurai, *J. Anal. At. Spectrom.*, **31** (2016) 1105.
112) W. Zhao, K Sakurai, *Sci. Rep.*, **7** (2017) 45472.
113) F. P. Romano, C. Caliri, L. Cosentino, S. Gammino, L. Giuntini, D. Mascali, L. Neri, L. Pappalardo, F. Rizzo, F. Taccetti, *Anal. Chem.*, **86**, (2014) 10892.
114) F. P. Romano, C. Caliri, L. Cosentino, S. Gammino, D. Mascali, L. Pappalardo, F. Rizzo, O. Scharf, H. C. Santos, *Anal. Chem.*, **88** (2016) 9573.
115) L. Strüder, S. Epp, D. Rolles, R. Hartmann, P. Holl, G. Lutz, H. Soltau, R. Eckart, C. Reich, K. Heinzinger, C. Thamm, A. Rudenko, F. Krasniqi, K.-U. Kühnel, C. Bauer, C.-D. Schröter, R. Moshammer, S. Techert, D. Miessner, M. Porro, O. Hälker, N. Meidinger,

N. Kimmel, R. Andritschke, F. Schopper, G. Weidenspointner, A. Ziegler, D. Pietschner, S. Herrmann, U. Pietsch, A. Walenta, W. Leitenberger, C. Bostedt, T. Möller, D. Rupp, M. Adolph, H. Graafsma, H. Hirsemann, K. Gärtner, R. Richter, L. Foucar, R. L. Shoeman, I. Schlichting, J. Ullrich, *Nucl. Instrum. Methods A*, **614** (2010) 483.

116) O. Scharf, S. Ihle, I. Ordavo, V. Arkadiev, A. Bjeoumikhov, S. Bjeoumikhova, G. Buzanich, R. Gubzhokov, A. Gunther, R. Hartmann, *Anal. Chem.*, **83** (2011) 2532.

117) K. Tsuji, T. Ohmori, M. Yamaguchi, *Anal. Chem.*, **83** (2011) 6389.

118) 例えば，三村昌泰 監修，松下 貢 編，生物に見られるパターンとその起源，東大出版会 (2005).

119) R. J. Field, E. Koros, R. M. Noyes, *J. Am. Chem. Soc.*, **94** (1972) 8649.

120) H. Eba, K. Sakurai, *J. Electroanal. Chem.*, **571** (2004) 149.

121) H. K. Henisch, *Crystals in Gels and Liesegang Rings*, Cambridge University Press, Cambridge (1988).

122) M. Vysinka, M. Mizusawa, K. Sakurai (J. Safrankova, J. Pavlu eds.), in *WDS'11 Proceedings of Contributed Papers: Part III – Physics*, Charles University, Prague, Matfyzpress (2011), p.147-154

123) X. Xiang, X. Sun, G. Briceno, Y. Lou, *Science*, **268** (1995) 1738.

124) 鯉沼秀臣，川崎雅司，コンビナトリアルテクノロジー，丸善 (2004).

125) K. Amemiya, S. Kitagawa, D. Matsumura, H. Abe, T. Ohta, T. Yokoyama, *Appl. Phys. Lett.*, **84** (2004) 936 ; K. Amemiya, *Phys. Chem. Chem. Phys.*, **14** (2012) 10477.

126) K. Shinoda, S. Suzuki, K. Yashiro, J. Mizusaki, T. Uruga, H. Tanida, H. Toyokawa, Y. Terada, M. Takagaki, *Surf. Interf. Anal.*, **42** (2010) 1650 ; D. Takamatsu, T. Nakatsutsumi, S. Mori, Y. Orikasa, M. Mogi, H. Yamashige, K. Sato, T. Fujimoto, Y. Takanashi, H. Murayama, *J. Phys. Chem. Lett.*, **2** (2011) 2511.

127) B. Thole, P. Carra, F. Sette, G. van der Laan, *Phys. Rev. Lett.*, **68** (1992) 1943 ; P. Carra, B. Thole, M. Altarelli, X. Wang, *Phys. Rev. Lett.*, **70** (1993) 694.

128) K. Amemiya, E. Sakai, D. Matsumura, H. Abe, T. Ohta, *Phys. Rev. B*, **72** (2005) 201404.

129) K. Amemiya, M. Sakamaki, *Appl. Phys. Lett.*, **98** (2011) 012501.

130) L. Helfen, T. Baumbach, P. Mikulík, D. Kiel, P. Pernot, P. Cloetens, J. Baruchel, *Appl. Phys. Lett.*, **86** (2005) 071915.

131) T. Saida, O. Sekizawa, N. Ishiguro, M. Hoshino, K. Uesugi, T. Uruga, S. i. Ohkoshi, T. Yokoyama, M. Tada, *Angew. Chem. Int. Ed.*, **124** (2012) 10457.

132) M. Hoshino, K. Uesugi, A. Takeuchi, Y. Suzuki, N. Yagi, *Rev. Sci. Instrum.*, **82** (2011) 073706.

133) K. Asakura, *Catalysis*, RSC publishing, Cambridge (2012), p.281.

134) J. Kawai, S. Hayakawa, S. Suzuki, Y. Kitajima, Y. Takata, T. Urai, K. Meaeda, M.

Fujinami, Y. Hishiguchi, Y. Gohshi, *Appl. Phys. Lett.*, **63** (1993) 269.
135) E. Yanase, I. Watanabe, M. Harada, M. Takahashi, Y. Dake, Y. Hiroshima, *Jpn. J. Appl. Phys.*, **38** (1999) 198.
136) K. Asakura, W.-J. Chun, Y. Iwasawa, *PF Activity Report*, **16** (1999) 53.
137) G. Martens, P. Rabe, *Phys. Stat. Solid A*, **58** (1980) 415.
138) H. Abe, T. Nakayama, Y. Niwa, H. Nitani, H. Kondoh, M. Nomura, *Jpn. J. Appl. Phys.*, **55** (2016) 062401.
139) K. Asakura, W. -J. Chun, Y. Iwasawa, *Top. Catal.*, **10** (2000) 209.
140) W. -J. Chun, K. Asakura, Y. Iwasawa, *J. Phys. Chem.*, **102** (1998) 9006.
141) S. Takakusagi, W.-J. Chun, H. Uehara, K. Asakura, Y. Iwasawa, *Top. Catal.*, **56** (2013) 1.
142) S. Takakusagi, H. Nojima, H. Ariga, H. Uehara, K. Miyazaki, W.-J. Chun, Y. Iwasawa, K. Asakura, *Phys. Chem. Chem. Phys.*, **15** (2013) 14080.
143) 太田俊明 編，X線吸収分光法―XAFSとその応用，アイピーシー(2002)，p.162，4章10節および，毛利信男，村田惠三，上床美也，高橋博樹 編，高圧技術ハンドブック，丸善(2007)，p.334,7章2節．
144) 河村直己，石松直樹，圓山 裕，放射光, **23** (2010) 349
145) A. Dadashev, M. Pasternak, G. K. Rozenberg, R. Taylor, *Rev. Sci. Instrum.*, **72** (2001) 2633.
146) N. Ishimatsu, K. Matsumoto, H. Maruyama, N. Kawamura, M. Mizumaki, H. Sumiya, T. Irifune, *J. Synchrotron Rad.*, **19** (2012) 768.
147) X. Hong, M. Newville, V. B. Prakapenka, M. L. Rivers, S. R. Sutton, *Rev. Sci. Instrum.*, **80** (2009) 073908.
148) T. Irifune, A. Kurio, S. Sakamoto, T. Inoue, H. Sumiya, *Nature*, **421** (2003) 599.
149) H. Sumiya, T. Irifune, A. Kurio, S. Sakamoto, T. Inoue, *J. Mater. Sci.*, **39** (2004) 445.
150) F. Wang, R. Ingalls, *Phys. Rev. B*, **57** (1998) 5647.
151) K. Matsumoto, H. Maruyama, N. Ishimatsu, N. Kawamura, M. Mizumaki, T. Irifune, H. Sumiya, *J. Phys. Soc. Jpn.*, **80** (2011) 023709.
152) M. Baldini, W. Yang, G. Aquilanti, L. Zhang, Y. Ding, S. Pascarelli, W. Mao, *Phys. Rev. B*, **84** (2011) 014111.
153) N. Ishimatsu, N. Kawamura, H. Maruyama, M. Mizumaki, T. Matsuoka, H. Yumoto, H. Ohashi, M. Suzuki, *Phys. Rev. B*, **83** (2011) 180409.
154) R. Torchio, Y. Kvashnin, S. Pascarelli, O. Mathon, C. Marini, L. Genovese, P. Bruno, G. Garbarino, A. Dewaele, F. Occelli, *Phys. Rev. Lett.*, **107** (2011) 237202.
155) F. Wilhelm, G. Garbarino, J. Jacobs, H. Vitoux, R. Steinmann, F. Guillou, A. Snigirev, I. Snigireva, P. Voisin, D. Braithwaite, D. Aoki, J.-P. Brison, I. Kantor, I. Lyatun, A. Rogalev, *High Pressure Research*, **36** (2016) 445.

156) 谷田 肇, 渡辺 巌, 放射光, **19** (2006) 159.
157) 谷田 肇, 原田 誠, 瀧上隆智, 永谷広久, オレオサイエンス, **12** (2012) 11.
158) 谷田 肇, ぶんせき, **11** (2009) 621.
159) I. Watanabe, H. Tanida, S. Kawauchi, M. Harada, M. Nomura, *Rev. Sci. Instrum.*, **68** (1997) 3307.
160) T. Takiue, Y. Kawagoe, S. Muroi, R. Murakami, N. Ikeda, M. Aratono, H. Tanida, H. Sakane, M. Harada, I. Watanabe, *Langmuir*, **19** (2003) 10803.
161) H. Tanida, H. Nagatani, I. Watanabe, *J. Chem. Phys.*, **118** (2003) 10369.
162) H. Nagatani, H. Tanida, T. Ozeki, I. Watanabe, *Langmuir*, **22** (2006) 209.
163) H. Tanida, H. Nagatani, M. Harada, *J. Phys.: Conf. Ser.*, **190** (2009) 012061.
164) J. Yano, J. Kern, K.-D. Irrgang, M. J. Latimer, U. Bergmann, P. Glatzel, Y. Pushkar, J. Biesiadka, B. Loll, K. Sauer, *Proc. Natl. Acad. Sci. USA*, **102** (2005) 12047.
165) Y. T. Meharenna, T. Doukov, H. Li, S. M. Soltis, T. L. Poulos, *Biochem.*, **49** (2010) 2984.
166) M. C. Corbett, M. J. Latimer, T. L. Poulos, I. F. Sevrioukova, K. O. Hodgson, B. Hedman, *Acta Cryst., D*, **63** (2007) 951.
167) A. Rompel, R. M. Cinco, M. J. Latimer, A. E. McDermott, R. Guiles, A. Quintanilha, R. M. Krauss, K. Sauer, V. K. Yachandra, M. P. Klein, *Proc. Natl. Acad. Sci. USA*, **95** (1998) 6122.
168) J. Yano, J. Kern, K. Sauer, M. J. Latimer, Y. Pushkar, J. Biesiadka, B. Loll, W. Saenger, J. Messinger, A. Zouni, *Science*, **314** (2006) 821.
169) P. Glatzel, U. Bergmann, *Coord. Chem. Rev.*, **249** (2005) 65.
170) K. M. Lancaster, M. Roemelt, P. Ettenhuber, Y. Hu, M. W. Ribbe, F. Neese, U. Bergmann, S. DeBeer, *Science*, **334** (2011) 974.
171) Y. Pushkar, X. Long, P. Glatzel, G. W. Brudvig, G. C. Dismukes, T. J. Collins, V. K. Yachandra, J. Yano, U. Bergmann, *Angew. Chem. Int. Ed.*, **49** (2010) 800.
172) Y. Shiraishi, I. Nakai, T. Tsubata, T. Himeda, F. Nishikawa, *J. Solid State Chem.*, **133** (1997) 587.
173) M. Balasubramanian, X. Sun, X. Yang, J. McBreen, *J. Power Sources*, **92** (2001) 1.
174) I. Nakai, Y. Shiraishi, F. Nishikawa, *Spectrochim. Acta*, **B54** (1999) 143.
175) Y. Uchimoto, H. Sawada, T. Yao, *J. Power Sources*, **97** (2001) 326.
176) J.-D. Grunwaldt, S. Hannemann, C. G. Schroer, A. Baiker, *J. Phys. Chem. B*, **110** (2006) 8674.
177) M. Katayama, K. Sumiwaka, K. Hayashi, K. Ozutsumi, T. Ohta, Y. Inada, *J. Synchrotron Rad.*, **19** (2012) 717.
178) The Proceeding of 15th International Conference on X-ray Absorption Fine Structure, *J. Phys.: Conf. Ser.*, **430** (2013); SPring-8触媒評価研究会 編, SPring-8の高輝度放射光

を利用した先端触媒開発,エヌ・ティー・エス(2006).
179) T. Kawai, K. Bando, Y.-K. Lee, S. Oyama, W.-J. Chun, K. Asakura, *J. Catal.*, **241** (2006) 20.
180) C. Roth, N. Martz, T. Buhrmester, J. Scherer, H. Fuess, *Phys. Chem. Chem. Phys.*, **4** (2002) 3555.
181) K. K. Bando, T. Saito, K. Sato, T. Tanaka, F. Dumeignil, M. Imamura, N. Matsubayashi, H. Shimada, *J. Synchrotron Rad.*, **8** (2001) 581.
182) 阪東恭子,表面科学,**23** (2002) 215.
183) 阪東恭子(SPring-8触媒評価研究会 編),SPring-8の高輝度放射光を利用した先端触媒開発,エヌ・ティー・エス(2006), p.167.
184) B. Clausen, G. Steffensen, B. Fabius, J. Villadsen, R. Feidenhans, H. Topsøe, *J Catal.*, **132** (1991) 524.
185) J.-D. Grunwaldt, M. Ramin, M. Rohr, A. Michailovski, G. R. Patzke, A. Baiker, *Rev. Sci. Instrum.*, **76** (2005) 054104.
186) T. Kawai, W. J. Chun, K. Asakura, Y. Koike, M. Nomura, K. K. Bando, S. T. Oyama, H. Sumiya, *Rev. Sci. Instrum.*, **79** (2008) 014101.
187) 朝倉清髙,河合寿秀,阪東恭子,角谷 均,田 旺帝,X線透過窓,"X線吸収微細構造測定用セルおよび反応システム",特許第4587290号
188) H. Murayama, N. Ichikuni, K. Bando, S. Shimazu, T. Uematsu, *Phys. Scripta.*, **2005** (2005) 825.
189) T. Kubota, N. Hosomi, K. K. Bando, T. Matsui, Y. Okamoto, *Phys. Chem. Chem. Phys.*, **5** (2003) 4510.
190) K. K. Bando, T. Wada, T. Miyamoto, K. Miyazaki, S. Takakusagi, T. Gotto, A. Yamaguchi, M. Nomura, S. T. Oyama, K. Asakura, *J. Phys.: Conf. Ser.*, **190** (2009) 012158.
191) M. A. Newton, M. D. Michiel, A. Kubacka, M. Fernández-García, *J. Am. Chem. Soc.*, **132** (2010) 4540.
192) K. K. Bando, T. Wada, T. Miyamoto, K. Miyazaki, S. Takakusagi, Y. Koike, Y. Inada, M. Nomura, A. Yamaguchi, T. Gott, S. T. Oyama, K. Asakura, *J. Catal.*, **286** (2012) 165.
193) J. G. Mesu, A. M. van der Eerden, F. M. de Groot, B. M. Weckhuysen, *J. Phys. Chem. B*, **109** (2005) 4042.

第5章 関連手法

　本章では，XAFSのさまざまな関連手法について述べる．基本的には吸収分光法であるXAFSについて，そのX線の性質を制御して利用したり，吸収やそれに付随する種々の過程をつぶさに見て観察に利用したりすることで，XAFS関連手法は多岐にわたって発展し続けている．

　まず，5.1節と5.2節で放射光の偏光特性を利用した円二色性と線二色性について紹介する．磁性の観察に威力を発揮するもので，磁性薄膜の研究などに適用されている．一方，5.3節で述べる2光子過程をうまく観測に利用すれば，特定の状態を選別して測定することが可能であり，難易度が高まることも含めて"高度な"実験ということができる．光源や検出器の性能，測定方法の工夫などと相まってますます発展が期待される．5.4節で述べるX線異常散乱は，吸収と散乱の関係をうまく利用し，吸収だけではわからない情報を引き出すことができる．5.5節で述べるX線定在波法は，超格子などを用いて定在波を発生させ，表面吸着種などの立体構造に関する詳細な解析を可能とした手法である．5.6節で述べるCore-hole clock分光は内殻寿命を利用して電荷移動の時間スケールなどの非常に速い現象をとらえようとする手法で，通常の時間分解測定が入射光や検出器の時間分解能の向上によって速い現象をとらえようとするのに比べてユニークな手法である．光源性能の高度化などにより，時間分解能が向上していくなか，この手法による研究の発展も同時に期待されている．5.7節で述べる電子エネルギー損失分光法は，XAFS測定でのX線の代わりに電子を用いた手法ということができる．XAFSによる応用手法ではないが，XAFSと良く似たスペクトル（ELNES）を与え，XAFSと同様の情報が得られるという意味で関連性の高い手法である．

　本章で紹介する手法は，それぞれを詳細に述べているとあっという間に1冊の教科書になってしまうものばかりである．本章をきっかけに，さまざまな関連手法が活用されることを願っている．

5.1 ■ 軟X線磁気円二色性，線二色性

　X線吸収スペクトルにおけるX線磁気円二色性（X-ray magnetic circular dichroism, XMCD），すなわち右回り円偏光と左回り円偏光との吸収強度の違いの測定は，元素選択的に磁気モーメントを決定する手法として広く用いられている．特に軟X線領域

における二色性の大きさは特筆に値する．例えば，ごく初期に測定されたNiに対するXMCDスペクトル[1]では，Niが3d遷移金属の中ではもともと磁化が小さく，しかも実験上の制約により十分に磁化が飽和していない状態で測定されたにもかかわらず，吸収ピークにおいて10%程度もの差が見られた．磁気モーメントがより大きいFeに対して，磁化が飽和に近い状態で測定すると，50%近くにも及ぶ大きな差が観測される．このような大きなシグナルが得られるのは，後述するように軟X線領域においては3d遷移金属の2p軌道から，磁性を担う3d軌道への双極子許容遷移を直接利用できることと，2p軌道が十分大きなスピン軌道分裂を起こしており，$2p_{3/2}$と$2p_{1/2}$が明瞭に分離できることに起因している．

XMCDの有用性を飛躍的に高めたのは，いわゆる**総和則**(sum rules)の発見[2,3]である．これは，スピン軌道分裂したそれぞれの吸収端(例えば$2p_{3/2}$と$2p_{1/2}$)についてのXMCDスペクトルを積分し，さらに簡単な演算を行うことによって，遷移先の軌道におけるスピン磁気モーメントと軌道磁気モーメントを分離して定量的に求めるという画期的な法則である．正確に述べると，求まるのはスピン磁気モーメントだけでなく，磁気双極子項と呼ばれる部分を含んだ形になる．しかし，少なくとも等方的な物質や粉末であれば磁気双極子項は存在しないし，薄膜のように磁気双極子項が無視できない場合でも，角度分解測定を行うことによって後述のようにスピン磁気モーメントと磁気双極子項を分離することができる[4]．一方，軌道磁気モーメントはより直接的に求めることができ，しかも，薄膜における軌道磁気モーメントの異方性(面直方向の軌道磁気モーメントと面内方向のそれとの違い)が磁気異方性と強く結びついているという報告[5]がなされたために，XMCDはより注目されるようになった．さらに，ある近似の下で軌道磁気モーメントの異方性と磁気異方性エネルギーの間に単純な比例関係が成り立つことが示された[6]ことによって，磁気異方性の研究にもXMCDが盛んに用いられるようになった．

このように，軟X線領域のXMCDは，3d遷移金属元素における2p→3d遷移や希土類元素における3d→4f遷移を用いることによって，これらの元素において主に磁化を担う軌道の情報が直接得られることと，スピン磁気モーメントと軌道磁気モーメントを分離定量できることから，磁性研究においてきわめて有用な手法となっている．一方で軟X線特有の問題，例えば測定環境の制約や表面敏感性には注意が必要である．以下では，XMCDの理論と実験方法について詳述する．

5.1.1 ■ 理論：総和則[7]

A. 磁気光学活性

物質の磁性状態を介して光が何らかの影響を受ける現象を，**磁気光学効果**と呼ぶ．光そのものはあくまでも電磁波であり，磁場の影響を受けるものではないが，物質の

磁性状態を通しては作用を受ける．また，光と物質との相互作用の中で，円偏光状態を変化させる性質を**光学活性**と呼び，物質の磁性状態によって円偏光状態が影響を受ける性質を**磁気光学活性**と呼ぶ．

まず，磁気光学活性について，古典論の立場から考えてみる[8]．光が電磁波である以上，重要な物理量は誘電率と透磁率である．物質の磁性状態が光に与える作用を考えた場合，透磁率が影響を与えるように思われがちだが，X線の領域では比透磁率はほぼ1であり，誘電率のみが影響を与えうる物理量となる．

簡単のため等方性物質を考え，それが z 軸方向に磁化をもつために一軸異方性を生じるものとする．z 軸方向に対する回転操作に対して不変という条件を課すと，誘電率テンソル（伝導性物質の場合は伝導率テンソル，応答関数において実部と虚部の関係にある）は，

$$\boldsymbol{\varepsilon} = \begin{pmatrix} \varepsilon_{xx} & \varepsilon_{xy} & 0 \\ -\varepsilon_{xy} & \varepsilon_{xx} & 0 \\ 0 & 0 & \varepsilon_{zz} \end{pmatrix} \tag{5.1.1}$$

のように表される．等方性物質に対して磁化を与えたことで，誘電率テンソルに非対角成分が生じたことがわかる．

この"誘電率テンソルに非対角成分が生じた"ということはきわめて重要である．それを以下に示す．$\mathbf{D} = \boldsymbol{\varepsilon}\mathbf{E}$ によりマクスウェル方程式は，

$$\nabla \times \nabla \times \mathbf{E} + \boldsymbol{\varepsilon}\frac{\partial^2}{\partial t^2}\mathbf{E} = 0 \tag{5.1.2}$$

のような形で表現することが可能である．ここで，物質内の光の伝播を記述するために，z 方向の複素屈折率 $N = n + i\kappa$ を導入する．n は通常の屈折率であり，κ は消光係数と呼ばれ，線吸収係数 μ とは $\mu = 4\pi\kappa/\lambda$ の関係にある．N を用いて，z 方向に進む平面波を，

$$\mathbf{E} = \mathbf{E}_0 \exp[-i\omega(t - Nz/c)] \tag{5.1.3}$$

と記述する．ここで，ω は光の振動数，c は光速である．式(5.1.3)を利用して式(5.1.2)の固有値問題を解いてみると，x 軸，y 軸方向の固有関数について，

$$\pm i E_x = E_y \tag{5.1.4}$$

の関係が得られる．これは右回りと左回りそれぞれの円偏光にほかならず，物質に対して磁化を与えると，その方向に進行する円偏光が固有関数として得られることを示している．

右回りと左回りの円偏光が固有関数として得られたということは，それぞれの固有値の差分そのものが直接的な磁気光学活性に相当することが理解される．すなわち，

左右円偏光における吸収量の差である磁気円二色性は,

$$\Delta\kappa = \frac{n\varepsilon'_{xy} + \kappa\varepsilon''_{xy}}{n^2 + \kappa^2} \qquad (5.1.5)$$

のように表される.ここで,ε'とε''はそれぞれ誘電率の実部と虚部である.この式から,誘電率の非対角成分そのものが磁気光学活性(磁気円二色性)の本質であることが理解できる.

B. X線磁気円二色性

上では通常の磁気円二色性が誘電率の非対角成分で表されることを述べたが,X線領域の磁気円二色性についてはより具体的な物理量と直結した表式が得られる.以下にそれを詳しく述べる[9].

X線領域の吸収分光の利点は,すべての内殻分光において同様であるが,始状態が決定されているということである.これはすなわち,誘電率の非対角成分というやや曖昧な物理量ではなく,電子軌道の概念を取り入れた電子論的説明によって,磁気円二色性を物理量と直接対応させることができる可能性を示している.以下においては,光と物質との相互作用を古典論的な誘電率テンソルによる表記ではなく,半量子論的なベクトルポテンシャルによる電子の運動量変化とする.そのうえで,X線の吸収現象を電子の軌道遷移と対応させて考えてみる.

X線の吸収係数は,双極子近似の下で

$$\mu \propto |\langle \psi_f | \mathbf{E} \cdot \mathbf{r} | \psi_i \rangle|^2 \qquad (5.1.6)$$

で表される.式(5.1.4)に示されている固有関数として得られた円偏光を演算子に導入すると,

$$\mu \propto |\langle \psi_f | x \pm iy | \psi_i \rangle|^2 \qquad (5.1.7)$$

を得る.μは円偏光に対するX線吸収係数を表している.摂動ハミルトニアンの部分は,方位量子数1の球面調和関数と比例関係にあり,これを使用することで書き直すことができる.X線吸収の1つの大きな特徴である,始状態は原子軌道であるということを考えると,これは球面調和関数の直交性を利用した非常に有用な方法であることが理解される.また,その際,円偏光の回転方向は磁気量子数の正負により表現されることとなる.ゆえに式(5.1.7)は,

$$\mu \propto |\langle Y_{l'}^{m'} | Y_1^h | Y_l^m \rangle|^2 \qquad (5.1.8)$$

と書き直すことができる.この式においては,円偏光の回転方向を**ヘリシティーh**で再定義しているとともに,方位量子数が増加する遷移のみを考えている.この式によって,電子の始状態と終状態の間では,円偏光の回転方向に依存して磁気量子数が1つ

5.1 軟X線磁気円二色性，線二色性

増えるか減るということが理解される．

代表的な磁性元素は3d遷移金属元素と4f希土類金属元素に集中する．軟X線領域には磁性を担うそれぞれの軌道が直接関与する吸収，すなわち，3d遷移金属元素における2p→3d遷移，4f希土類金属元素における3d→4f遷移によるピークが位置し，軟X線領域における磁気円二色性はきわめて重要である．これ以降では，特に3d遷移金属元素による2p→3d遷移を想定して，具体的な物理量とのつながりを考えてみる．

式(5.1.8)は球面調和関数間の遷移を考えればよいため，球面調和関数の特性を利用して考えることが可能である．式(5.1.8)においては方位量子数の値も磁気量子数の値も変化しているため，磁気量子数のみを1つ増やすもしくは減らすことのできる昇降演算子よりも，角運動量合成の際の展開係数である **Clebsch–Gordan 係数** $C = \langle jm | j_1 m_1, j_2 m_2 \rangle = \langle 2m' | 1m, 1h \rangle$ の方が有用である．この係数の具体的な表式は紙面の都合上詳述しないが，各量子数における吸収強度はこの係数の二乗で表される．この係数について特筆すべき点は，方位量子数が増加する遷移においては，h と同じ符号の磁気量子数をもった電子が選択的に励起されるということである．具体的には $h = +1(-1)$ のとき，2p軌道の $m = 1, 0, -1$ である内殻状態からそれぞれ $m' = 2, 1, 0$ $(0, -1, -2)$ である3d軌道への遷移が $6:3:1$ $(1:3:6)$ の確率で起こる(5.2.1項図5.2.1参照：すなわち，up spin $(18:6:1)$ と down spin $(6:6:3)$ を足し合わせたもの)．ここでの議論は，電子のスピン状態を考慮せず，軌道における磁気量子数に特化したものながらも，磁気円二色性の起源を本質的に示している．

次に考慮すべきものがスピン軌道相互作用である．内殻軌道においては軌道角運動量 l とスピン角運動量 s の合成角運動量 j が良い量子数として与えられ，結果としてこれによってスピン成分もX線磁気円二色性の表現に取り込まれることになる．これも先の段落と同様に Clebsch–Gordan 係数を使って具体的に値を求めることができる．磁気量子数は軌道角運動量の z 成分にほかならず，合成角運動量 $j = 3/2$ (L_3吸収端)，スピン角運動量の磁気量子数 $s_z = 1/2$ の状態は，軌道角運動量の磁気量子数 $m(=l_z) = 1, 0, -1$ の各状態に対して $3:2:1$ の存在密度があり，それを先の磁気量子数のみの議論にかけ合わせればよい．これにより，up spin $(s_z = 1/2)$ と down spin $(s_z = -1/2)$ に対する遷移強度の違いが示される．

これまでX線のヘリシティーが直接関係する磁気量子数についての議論を展開してきたが，実際の吸収強度の計測にあたって磁気量子数依存性が求められることはない．X線磁気円二色性は，先の段落のスピン軌道相互作用を通じた帰結であり，すなわち up spin と down spin に占有数の差が生じている状態，磁化が生じている状態が必要である．3d空孔の数を n_h と定義して具体的に計算してみると，L_3 に対して，

$$\Delta\mu(L_3) \propto -(n_h(\text{up}) - n_h(\text{down})) \tag{5.1.9}$$

が得られる(L_2の場合は符号が逆).右辺はスピン成分の偏りを表しており,**スピン磁気モーメント**そのものに相当する.ここに至ってようやくXMCDの表式が得られた.

試料が軌道成分による磁化も有している場合は,n_hに対して磁気量子数依存性が生じる.磁化がスピン成分と平行(フントの形式ではmore than half)と考えるならば,

$$\Delta\mu(L_3+L_2) \propto -m_l \tag{5.1.10}$$

となり,2p軌道全体での円二色性が軌道角運動量のz成分の期待値である**軌道磁気モーメント** $m_l = -\langle l_z \rangle \mu_B / \hbar$ に比例することになる(式(5.2.7)および5.2.1項も参照).

これまでの議論において,XMCDによりスピン磁気モーメントと軌道磁気モーメントとがそれぞれ求められることがわかった.最後に残された問題は,測定されたXMCDスペクトルからそれらを定量的に導き出せるかである.これを解決したものが「総和則」であり,実用上きわめて有益であるが,ここでは表式を記すに留める.

$2p \rightarrow 3d$遷移における軌道角運動量に関する総和則は[2],

$$\frac{\int_{L_3+L_2} dE(\mu^+ - \mu^-)}{\int_{L_3+L_2} dE(\mu^+ + \mu^-)} = -\frac{3}{4} m_l = \frac{3}{4} \langle l_z \rangle \mu_B / \hbar \tag{5.1.11}$$

スピン角運動量に関する総和則は[3],

$$\frac{\int_{L_3} dE(\mu^+ - \mu^-) - 2\int_{L_2} dE(\mu^+ - \mu^-)}{\int_{L_3+L_2} dE(\mu^+ + \mu^-)} = \frac{1}{2}(m_s + 7m_T) \tag{5.1.12}$$

と示される.スピン角運動量に関する総和則には,スピン磁気モーメント $m_s = -2\langle s \rangle \mu_B / \hbar$ のほかに,原子内磁気双極子演算子 $T = \sum \{s - 3r(r \cdot s)/r^2\}$ の期待値に関連した磁気双極子項 $m_T = -\langle T \rangle \mu_B / \hbar$ が入っているために解釈がやや困難である.しかし,磁気双極子項は,粉末や多結晶の場合は0になり,また少なくとも等方的物質ならば無視できるくらい小さいことがわかっている.

C. X線磁気線二色性

XMCDと比べて**X線磁気線二色性**(X-ray magnetic linear dichroism, **XMLD**)は,直感的に原理を理解することが容易である.通常の線二色性(自然線二色性)の解釈は,偏光依存性とも呼ばれるもので,対称性が破れている表面では,入射角依存性を測定することで,特定軌道への遷移強度の大小がごく当たり前のように観測される.また表面に限らずとも,単結晶であれば通常存在する.磁気線二色性は,スピン軌道相互作用により,線二色性がスピン状態への感度をもつことに由来する.すなわち,スピ

ンと軌道とはスピン軌道相互作用を通じて互いに関連性をもっているため(通常は平行か反平行の向きをとる),外場によってスピンが一定の方向に整列すれば,スピン軌道相互作用に応じて軌道も整列すると考えればよい.これは,一般の結晶磁性体における結晶磁気異方性の起源とまったく同じである.

XMLDにも総和則が存在するが,残念なことにXMCDのような有用性の高いものではない.式(5.1.11)に相当する2p軌道の全領域にわたった積分値は,四重極子演算子の期待値に比例することだけ述べておく[10].

XMCDとXMLDとにおける光と磁化との方向性の違いについて記述する.XMCDは円偏光における電場ベクトルの回転を磁気量子数と結びつけたものであるから,光の進行方向に対して同じ方向に磁化が向いているか,逆向きに磁化が向いているかを判別できる.一方,XMLDは,遷移先の軌道がモーメントとして有している特定の方向軸に対して,電場ベクトルの方向軸がどのような角度をもっているかに感度をもち,スピンと軌道の磁気モーメントの向きが平行か反平行である通常の状態であれば,電場ベクトルの方向軸に対して遷移先軌道の方向軸が0°もしくは90°であると判別できる.

あらわに言及していなかったが,XMLDは磁化が0でも試料内部における磁気モーメントの軸さえそろっていれば観測され,すなわち反強磁性体に対しても感度をもつ.これは,直感的にはわかりやすいものであろう.少し別の表現をすれば,XMCDはスピンの分布差を反映しており,その強度は磁化に比例する.XMLDは軌道の分布差を反映しており,それはより高次のものであり,その強度は磁化の二乗に比例する.

5.1.2 ■ 実験方法

以下では,軟X線領域におけるXMCD, XMLDの実験配置の特徴を述べる.

XMCDスペクトルの測定に必要なものは,円偏光X線の発生と磁場の発生である.XMLDの場合,放射光は通常直線偏光なので,磁場の問題だけである.それ以外は,通常のXAFS測定に必要なものと何ら変わりはない.

円偏光の発生は,光学活性の研究が盛んな可視光領域と比べて,X線領域では実用的な1/4波長板が限られていることから,工夫が必要な部分である.硬X線であればダイヤモンドの完全結晶がX線移相子となり,1/4波長板として使われているが,軟X線では人工格子に頼らざるをえず,必然的に構造周期の完全性が乏しくなり,円偏光度を高くすることが困難となる.

古より,偏向電磁石光源においては,電子軌道平面より上下にずらした光を取り込むことで左右円偏光を得る方法が採られている.広いエネルギー領域において安定的に円偏光を取得できる利点があるが,強度が数分の1になる,円偏光度が80%程度と不完全である,偏光反転がスリット移動と光路変更をともなうため容易でない,と

いった弱点がある．これらの理由により，現在の第3世代放射光リングにおいては，軟X線における円偏光の発生はヘリカルアンジュレータを利用したものが主流である．ヘリカルアンジュレータにはいくつかタイプがあるが，基本的にはアンジュレータ内において電子が回転することで円偏光が発生する．円偏光の切り替えに関しては，電磁石アンジュレータを使う[11]，磁石列を機械的に動かす[12]，2組のアンジュレータを並べて電子の通り道をキッカーやチョッパーなどで制御する[13]，などの方法がある．現在の主流は永久磁石により安定的な磁場を発生でき，かつ，機械的な動きのない，2組のアンジュレータを並べる方法である．10 Hz程度の振動数での左右円偏光の切り換えが実用化されており，XMCDの感度向上に大きく貢献している．

磁気二色性の測定に関して，偏光反転(回転)ができない場合(稀なケースとして透過光の偏光解析も含む)には，磁場反転(回転)を用いることもできる．これは自然二色性には原理的にない大きな利点である．磁場反転と偏光反転は，一方向異方性試料や非相反性試料といった例外を除けば，原理的には等しいと考えてよい．変調測定ができる程度の速い切り替えを行おうとすると，発生できる最高磁場はかなり限られたものになる．磁場反転は二色性を測定する際に試料にかかる磁場の性質が異なってくるため，特に軟X線領域でよく使われる電子収量法の場合には，大きな影響が出るように思われるが，全電子収量法であればたいていは問題なく測定可能である．部分電子収量法や光電子顕微鏡を使うような測定の場合には，磁場中の測定が難しく，残留磁化の測定か，パーマロイのような軟磁性材料の磁化過程の測定が研究の中心となっている．

磁場の生成に関しては，電磁石，永久磁石，超伝導電磁石，コイルによるパルス磁場，などが使われている．それぞれ特徴をもっているので用途によって選べばよい．

磁気二色性の測定にはもう1つの方法がある．試料の磁化方向はそのままで，磁化させた試料を光軸に対して逆向きを向くように(XMLDの場合は光軸を中心として90°回転)させる方法である．X線の場合は可視光と異なり，180°反射がきわめて困難であるため，先に述べたような一方向異方性試料や非相反性試料の場合はこの方法を用いなければならないことがある．しかし，軟X線の場合，硬X線と比べて試料ムラ(厚みムラ)の影響がはるかに大きい(イメージとしては，侵入長程度以上のムラに影響されると考えればよい)．そのため，磁化を逆向きにさせるために試料を反転させる際には，光が試料の異なる位置に当たる可能性などを考慮しなければならないことが多い．

5.1.3 ■ 測定例

A. 元素選択性の利用

まず，かなり初期の研究ではあるが，XMCDの元素選択性を活かした測定例を紹

5.1 軟X線磁気円二色性，線二色性

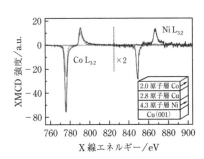

図5.1.1 Cu(001)単結晶表面上に作製したCo/Cu/Ni薄膜のCo, Ni L吸収端XMCDスペクトル．実線と点線は測定温度が異なる．

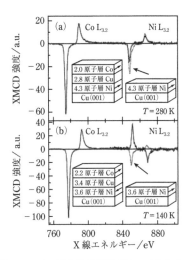

図5.1.2 Co, Ni L吸収端XMCDスペクトルの膜厚依存性

介する[14]．試料は図5.1.1のようにCu(001)単結晶表面にNi, Cu, Coを順次蒸着したものだが，通常はNi, Coともに普通の強磁性状態にあるため，Ni, Coどちらの吸収端でもXMCDシグナルは同じ方向に観測される（図5.1.1）．ところがこの薄膜の膜厚を変化させると，図5.1.2(b)に示すように，ある条件においてNiとCoのXMCDシグナルが逆向きになる場合がある．これはとりもなおさず，NiとCoの磁化が反平行になっていることを示しており，XMCDの元素選択性によって，そのことが疑いの余地なく明らかになったわけである．なお，この現象はCu薄膜を介してNiとCoが振動的な層間交換相互作用を示すためと理解されている．このように，薄膜全体の磁化を観察しただけでは決してわからない，それぞれの元素ごとの磁化を直接観察できるのが，XMCDの最大の特長であるといえよう．

B．角度依存性を利用した磁化容易軸の決定

　XMCD測定によって観測されるのは，基本的には磁気モーメントをX線の進行方向に射影した成分であると考えてよい．図5.1.3は，Fe/Ni/Cu(001)薄膜に対して直入射および斜入射条件で測定したNi L吸収端のXMCDスペクトルである[15]．このような測定はX線の方向を固定した状態で試料を回転させることで実現できる．また，ここではそれぞれの入射角に対して，いったんX線の進行方向に磁場を印加してから，残留磁化状態で測定を行っている．まずNi(7.5原子層)/Cu(001)の場合には，直入射条件ではXMCDがほとんど観測されていない．これは図に示すように試料の残留磁化の方向が膜の面内方向にあるために，直入射条件では磁化とX線の進行方向が直交

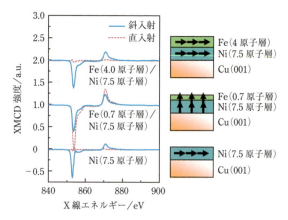

図5.1.3 Cu(001)単結晶表面上に作製したFe/Ni薄膜に対して、直入射および斜入射条件で残留磁化にて測定したNi L吸収端XMCDスペクトル。斜入射条件の場合の入射角は表面垂直から60°。

してしまうからである。ところがFe(0.7原子層)/Ni(7.5原子層)/Cu(001)の場合には、直入射条件で測定したXMCD強度が斜入射条件に対して2倍程度になっている。これは試料の面直方向に残留磁化があるために、直入射条件では磁化とX線の進行方向が平行なのに対し、斜入射条件(ここでは直入射から60°)では射影成分が1/2しかないためと理解できる。このように、残留磁化もしくは弱い磁場中でのXMCDの角度依存性を測定することによって、磁化容易軸を決定することができる。

C. 角度依存性を利用した磁気異方性エネルギーの見積もり

強い磁場中でXMCDの角度依存性を測定することによって、磁気異方性に関するより詳しい情報を得ることができる[4,9]。図5.1.4に、Pt/Co/Pt薄膜にGaイオンを照射した試料に対して、2つの異なる入射角において磁場中で測定したXMCDスペクトルを示す[16]。磁化容易軸によらずに試料の磁化を十分に飽和させられるだけの磁場を印加しているため、いずれの入射角でもほぼ同程度のXMCDシグナルが得られている。しかしながら、細かく見てみるとわずかながらXMCDスペクトルに角度依存性が見られ、これは軌道磁気モーメントと磁気双極子項の異方性に起因している。すなわち、軌道磁気モーメントの面直、面内成分をそれぞれ$m_l^\perp$, $m_l^{//}$、磁気双極子項の面直、面内成分を$m_T^\perp$, $m_T^{//}$とすると、入射角θにおいて観察される(見かけの)軌道磁気モーメントm_l^θおよび磁気双極子項m_T^θは次のように表される。

$$m_l^\theta = m_l^\perp \cos^2\theta + m_l^{//} \sin^2\theta \tag{5.1.13}$$

$$m_T^\theta = m_T^\perp \cos^2\theta + m_T^{//} \sin^2\theta \tag{5.1.14}$$

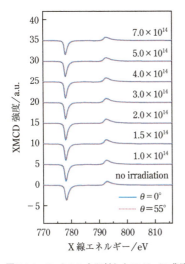
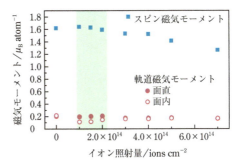

図5.1.4 GaイオンをPt/Co/Pt薄膜に照射した1.2 Tの磁場中で2つの入射角に対して測定したCo L吸収端XMCDスペクトル．図中の数字はGaイオンの照射量(ions cm^{-2})．

図5.1.5 XMCDスペクトルの角度依存性を用いて求めたスピン磁気モーメントおよび面直，面内方向の軌道磁気モーメント

また，磁気双極子項の面直成分と面内成分の間には以下の関係が成り立つことが知られている．

$$m_T^\perp + 2m_T^{//} = 0 \tag{5.1.15}$$

一方，スピン磁気モーメントm_sについては，その異方性はほとんど無視できると考えられる．そこで，それぞれの入射角で測定したXMCDに磁気総和則を適用し，そこから得られるm_l^θおよび$m_s + 7 m_T^\theta$と式(5.1.13)～(5.1.15)を用いることによって，m_s，$m_l^\perp, m_l^{//}, m_T^\perp, m_T^{//}$のすべてを求めることができる．また，式(5.1.14), (5.1.15)からわかるように，$\cos^2\theta = 1/3$になる条件($\theta = 54.7°$)では$m_T^\theta = 0$となるので，この入射角(マジック角)でXMCDスペクトルを測定すれば，スピン磁気モーメントm_sを直接求めることができる．マジック角条件での測定は，スピン磁気モーメントを求めるために必須というわけではなく，あくまでも2つの異なる入射角で測定を行えばよいのであるが，スピン磁気モーメントのみを簡便に求めたい場合には便利な方法である．図5.1.5に，以上の手順に従って求めたスピン磁気モーメントおよび面直方向，面内方向の軌道磁気モーメントを示す[16]．最初で述べたように，ある条件下では面直方向と面内方向の軌道磁気モーメントの差が，磁気異方性エネルギーに比例することが知られているので[6]，この法則を適用すれば，図5.1.5の色を付けた部分において，この

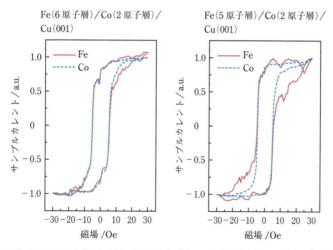

図5.1.6 Fe/Co/Cu(001)薄膜に対して，FeおよびCoのL₃吸収端を用いて測定した磁化曲線．

試料は面直方向に強い磁気異方性を示すことになる．実際，この薄膜は色を付けた部分で面直磁化を示すことが知られており，軌道磁気モーメントの解析結果と良く対応している[16]．

D. 元素ごとの磁化曲線の測定

最後にやはりXMCDの元素選択性を生かして，元素ごとの磁化曲線を測定した例を紹介する．**図5.1.6**は，円偏光した軟X線のエネルギーをFeおよびCoのL₃吸収ピークにそれぞれ固定し，磁場を変化させてサンプルカレントの変化をプロットしたものである．XMCDの強度は，円偏光の方向と試料の磁化方向の相対的な関係で決まるので，円偏光を固定した状態で試料の磁化が変化すれば，その変化量に応じてXMCDシグナルが変化し，それぞれの元素に対する磁化曲線を得ることができる．ただし，サンプルカレントは，試料の磁化に変化がなくても印加磁場のみによって変化しうるので，XMCDシグナルが観測されないエネルギー（例えば吸収端から十分離れたエネルギーなど）でサンプルカレントの磁場依存性を測定し，L₃吸収ピークで測定したデータを割るなどの工夫が必要になる場合がある．図5.1.6の結果は，Feの厚さが6原子層の場合にはFeとCoはほぼ同時に磁化反転しているのに対し，Feの厚さが5原子層の場合にはFeの方に磁化反転が遅い成分があることを示している．なお，この方法で得られる磁化曲線はあくまでも相対的な磁化の変化であるので，絶対値を求めるためには例えば両端の磁場でXMCDスペクトルを測定してその磁場における磁気モーメントを求めるなどの手続きが必要となる．

5.2 ■ 硬X線磁気円二色性

　X線磁気円二色性(XMCD)は，強磁性体またはフェリ磁性体といった時間反転対称性が破られた系において生じる磁気光学活性である．XMCDが最初に報告されたのは純鉄のFe K吸収端においてであり，硬X線領域であった[17]．この報告から四半世紀を経た現在，硬X線領域でのXMCD測定法は，格段の進歩を遂げた．移相子の導入により，円偏光の高速切換が可能となり，S/N比の高いスペクトルが得られている[18]だけでなく，高速円偏光切換によるXMCD測定は，元素選択的ヒステリシス測定を可能にした．これにより，XMCD測定は永久磁石やハードディスクといった磁性材料の評価手段としての地位を確立している．一方，基礎科学の面においても，試料環境が一昔前と比べて格段に整っており，圧力は約100 GPaを超え，温度は約2 Kまで到達，磁場はパルス磁場を用いることで約40 Tを超える極限領域まで到達している[19,20]．またXMCD測定を応用した実験方法も多く開発されており，空間分解能100 nm程度をもつ光学系を用いた顕微XMCD測定や，時間分解能をもつ時分割XMCD測定などが実行可能となっている[21]．本節では，XMCDの理論についてふれた後，磁気モーメントを求めるための磁気光学総和則について述べた後，XMCD測定システムを紹介する．また最先端の研究例として超高圧下でのXMCDと超強磁場下でのXMCD測定を取り上げる．そのほかにも磁気EXAFSによる磁気構造を決定する研究[22]，顕微分光測定システムを用いた局所元素選択的ヒステリシスによる局所領域の磁気的性質に関する研究[21]など，多くのすぐれた研究がなされているが，本書の範囲を越えるので割愛する．

5.2.1 ■ 理論：総和則（5.1.1 項も参照）

　XMCD測定は通常のX線吸収の偏光依存性を観測するものであるため，その理論はXASとほとんど同じであり，XMCD測定とXASが異なるのは偏光をあらわに考慮するか否かだけである．その理論の詳細は本書の第2章を読んでいただくことにする．以下では，ごく簡単に硬X線領域でのXMCDの理論を説明する．XMCDは磁性元素を調べる手段であり，対象元素は3d遷移金属・4f希土類金属・5d貴金属である．硬X線領域には，磁性元素である3d遷移金属のK吸収端，4f希土類元素および5d貴金属元素のL_3, L_2吸収端が存在する．以降は上述した吸収端を念頭に置いていただく．

　XMCDの強度$\Delta I(E)$は，以下の式で定義される．

$$\Delta I = I^+(E) - I^-(E) \tag{5.2.1}$$

$$I^{\pm}(E) \propto \sum_f |\langle f|\boldsymbol{\varepsilon}_{\pm}\cdot\mathbf{r}|i\rangle|^2 \delta(E_f - E_i - E) \tag{5.2.2}$$

ここで，$\boldsymbol{\varepsilon}_{\pm}\cdot\mathbf{r}$は各々の偏光をもった双極子演算子，$|i\rangle$, $|f\rangle$は遷移のそれぞれ始状態，終状態，E_i, E_fはそれぞれのエネルギーを表す．この演算子により始状態と終状態が，双極子選択則という強い選択則で結びつけられる．つまり，3d遷移金属のK吸収端は，1s→4p, 4f希土類・5d遷移金属のL吸収端は2p→5dの遷移を起こす．ここで式(5.2.2)をもう少し具体的に考えてみる．双極子演算子や始状態は，球面調和関数で表せることを考慮すれば，以下のように書き換えることができる．

$$I^{\pm}(E) \propto |\langle Y_{m'}^{l'}|Y_{\pm 1}^{1}|Y_m^l\rangle|^2 \qquad (5.2.3) \quad (式(5.1.8)に対応)$$

この式と球面調和関数の性質により，

$$l' = l \pm 1 \tag{5.2.4}$$
$$m' = m \pm 1 \tag{5.2.5}$$

となる．式(5.2.4)は上述した双極子遷移を表し，式(5.2.5)はX線の光学遷移の前後における光の角運動量も含めた角運動量保存則を表している．

ここでは硬X線による5d遷移金属元素(AuやPtなど)の例を考え，XMCD強度が系のどんな物理量と関連しているかを検討する．上述したように5d遷移金属のL吸収端では2p軌道から5d軌道への遷移が起こる．この場合，式(5.2.3)において$l=1$, $l'=2$である．各磁気量子数に対する吸収強度の比は式(5.2.3), (5.2.4), (5.2.5)から3つの球面調和関数の積分で与えられ，Clebsch–Gordan係数の二乗で表される．それらの値を10個の5d軌道について図5.2.1に示す．2p内殻励起はスピン軌道相互作用が大きく，L吸収端は$L_3(2p_{3/2})$と$L_2(2p_{1/2})$の2つに分裂する．5d遷移金属の場合，1.7 keV程度の大きさになる．5d軌道自身のスピン軌道相互作用も他の遷移金属に比べれば大きく，0.25 eV程度であるが，今は簡単のため無視する．L_3吸収端では＋偏光X線の場合，up spinの電子に対しては，終状態の磁気量子数$m' = 2, 1, 0$への遷移強度の比は18 : 6 : 1，down spinの電子に対しては，6 : 6 : 3である(図5.2.1中の数字を参照)．Pt原子を例にとると，5d軌道に電子は9個存在する．図5.2.1の1つの枠が1つの電子に相当するので，Pt原子の場合down spinの$m' = -2$の箱のみ非占有状態で，2p内殻から励起された光電子はこの箱にしか遷移できない．L_3吸収端では，＋偏光に対しては遷移強度はなく，－偏光に対しては18の遷移強度をもつ．したがって，MCD強度は-18となる．同様にL_2吸収端では，±両偏光ともに偏光遷移強度はなくMCD強度は0となる．この例のようにup spinとdown spinの数に差がある場合に，MCDは観測されることになる．固体になった場合，すべての原子のスピン磁気モーメントが同じ方向を向いていなければ，つまり強磁性でなければMCD強度は観測されない．これにより，MCD強度はスピン磁気モーメントと相関があることがわかる．またMCD

5.2 硬X線磁気円二色性

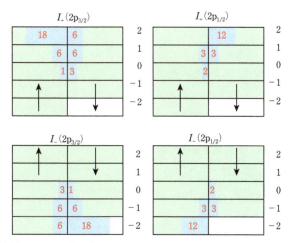

図5.2.1 L吸収端における遷移確率と5d電子配置の概念図．この図では，Pt原子を考えており，$5d^9$の電子配置である．赤の数字は遷移強度比を示し，黒の数字は5d軌道の磁気量子数を示す．矢印はスピンを表す．左がL_3吸収端，右がL_2吸収端である．

強度は，軌道磁気モーメントとも相関があることが知られている．磁気量子数m'ごとに$(m'=2,1,0,-1,-2)$のホール数を$H_{m'}$と書くと，軌道角運動量は下記のように記述できる．

$$\langle L_z \rangle = 2H_2 + 1H_1 + 0H_0 - 1H_{-1} - 2H_{-2} \tag{5.2.6}$$

一方，L_3およびL_2のエネルギー領域を積分したMCD強度は

$$\begin{aligned}\Delta I &= \Delta I_{L_3} + \Delta I_{L_2} \\ &= (6H_2 + 6H_1 + 3H_0 - 1H_0 - 6H_{-1} - 6H_{-2}) + (12H_2 + 3H_1 - 2H_0 - 3H_{-1}) \\ &= 9(2H_2 + 1H_0 + 0H_0 - 1H_{-1} - 2H_{-2}) = 9\langle L_z \rangle \end{aligned} \tag{5.2.7}$$

となり，MCD積分強度は軌道角運動量，すなわち軌道磁気モーメントを示していることがわかる．

Pt原子の場合は図5.2.1で示したように，$H_{-2}=1$でその他の$H_{m'}$は0となる．この場合MCD積分強度は$-18H_{-2}$と有限の値をもち，軌道磁気モーメントが存在することがわかる．一方，PtがFePtのように強磁性金属となると，down spinだけの$H_{m'}$ ($m'=2,1,0,-1,-2$) が有限値をもち，ほぼ等しくなる．この場合，式(5.2.7)の(　)の中は0となる．すなわち軌道磁気モーメントは0となる．これが，以下に示す磁気光学総和則の簡単な説明である．磁気光学総和則とは，Thole, Carraらによって1990

年代に提唱されたXMCDスペクトル強度と磁気モーメントを定量的につなぐ法則である[3]. 総和則はスピン磁気モーメントと軌道磁気モーメントに関する2つの式からなり，下記のように表される．

軌道磁気モーメントに関する総和則：

$$\frac{\int_{L_3+L_2}(I^+-I^-)dE}{\int_{L_3+L_2}(I^++I^-)dE} = \frac{-3}{4n_h\hbar}\langle L_z \rangle \quad (5.2.8)\ （式(5.1.11)に対応）$$

スピン磁気モーメントに関する総和則：

$$\frac{\int_{L_3}(I^+-I^-)dE - 2\int_{L_2}(I^+-I^-)dE}{\int_{L_3+L_2}(I^++I^-)dE} = \frac{-1}{4n_h\hbar}\left(\langle S_z \rangle + \frac{7}{2}\langle T_z \rangle\right)$$

(5.2.9)（式(5.1.12)に対応）

ここで，n_h は5d軌道のホール数，$\langle T_z \rangle$ は磁気双極子演算子の期待値である．$\langle T_z \rangle$ の項があるため，解釈や定量的評価が困難になるが，等方的な物質であれば，これを無視することができる．この総和則により，XMCD測定は定量的評価手段として確立された．

5.2.2 ■ 実験方法

実験の場合のXMCDはX線吸収量（μt：t は試料厚さ）の左右円偏光による差（$\Delta\mu t$）として観測される．右円偏光X線を入射したときの吸収量から左円偏光を入射したときのそれを引くことで定義され，

$$\Delta\mu t = \mu^+ t - \mu^- t \quad (5.2.10)$$

で表される．これが理論式(5.2.1)に対応する．

基本的にXAS測定であり，通常のXASと異なるのは移相子と磁場印加装置である磁石があることだけである．SPring-8のBL39XUにおける透過法での測定系の例を図5.2.2に示す[23]．蓄積リング内に設置されたアンジュレータにおいて発生した水平偏光X線をSi(111)面で構成された二結晶分光器で単色化し，ダイヤモンド移相子を用いて左右円偏光を発生させ，その左右円偏光を磁場により磁化を飽和させた試料に照射する．入射光（I_0）および透過光（I）強度の測定を試料前後に設置した電離箱により行い，吸収強度 $\mu t = -\log(I/I_0)$ を得る．吸収強度 μt の入射エネルギー依存性を測定することで各円偏光のXASスペクトル $\mu^{\pm} t$ が得られ，それらを引き算することでXMCD（$\Delta\mu t$）スペクトルが得られる．SPring-8のBL39XUでは，ダイヤモンド移相子による40 Hz以上の高速円偏光切換とX線強度検出をロックインアンプで同期させる偏光変調測定を行い，高いS/N比を実現している．偏光変調測定については文献[24]に

5.2 硬X線磁気円二色性

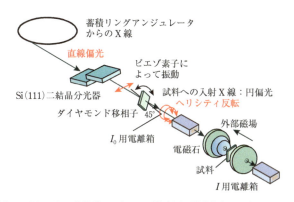

図5.2.2 SPring-8 BL39XUの光学系セットアップ概念図．透過法を用いたXMCD測定の場合[23]．

詳細に記述されているので，ご覧いただきたい．またダイヤモンド移相子を用いることにより，円偏光度P_cがほぼ1となり，高効率な測定が可能となっている．

5.2.3 ■ 測定例

現在では5.2.1項でも示したように，XMCD測定は超高圧下，超強磁場などの極限環境下で行うことが可能となっている．これにより，圧力-磁場-温度相図が広い範囲で描けることとなり，電気伝導や磁化測定などから決定された相図と比較することにより，ミクロスコピックな観点から相図を理解できるようになった．つまり，XMCD測定は，磁気光学総和則に頼らずとも電子物性へアプローチ可能な手法となっている．本節ではその一端を紹介する．

A. 超高圧下XMCD：β-Co（fcc）の磁性[25]

圧力は波動関数の重なりを直接的に制御することができるという点において，他の外場とは大きく異なる．圧力つまり波動関数の重なりを制御すると，磁性がどのように変化するのかについては，これまで多くの研究者によって研究されてきた．特に基本的な磁性物質であるα-Feやε-Coについては実験および理論研究が盛んに行われている．Coに関して言えば，~100 GPa付近でε相（hcp構造）からβ相（fcc構造）への構造相転移が発見されて以来，β相（fcc構造）が非磁性か否かが活発に議論されてきた．Yooらは Fe の磁気相転移（強磁性-非磁性）との類似性から，Co のこの相転移も強磁性-非磁性転移であると予想した[26]．この予想を実験的に確かめるために，Ishimatsuらは100 GPaを超える超高圧下でのXMCD測定を試みた．100 GPaを超える超高圧下の磁化測定は不可能である．そこで，IshimatsuらはX線円偏光二色性を磁化のプローブとして用い，超高圧下での磁性を調べた．XMCD測定は室温で行われ，圧力は構造相転移圧力をはるかに超える170 GPaまで印加された．その結果を**図5.2.3**

263

第5章 関連手法

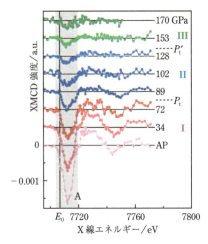

図5.2.3 純金属CoにおけるCo K吸収端XMCDスペクトルの圧力依存性

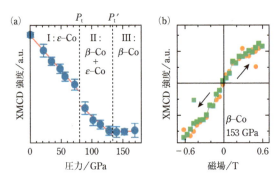

図5.2.4 (a) 図5.2.3のピークAにおける積分強度の圧力依存性，(b) $P=153$ GPaにおけるXMCDの磁場依存性

に示す．圧力領域を3つの領域（ε相[I]，$\varepsilon+\beta$相[II]：共存相，β相[III]）に分ける．XMCDスペクトルの形状は，どの圧力領域においてもそれほど変化せず，吸収端直上に負の大きな強度をもち（ピークA），その高エネルギー側に比較的小さな正のピークをもっている．ピークAの積分強度を圧力に対してプロットしたものを**図5.2.4**(a)に示す．XMCDの信号強度は印加する圧力を大きくするに従って単調に減少するが，80 GPa付近で不連続に減少し，130 GPa付近から有限の一定値になる．この変化は構造変化と密接に関係していることがわかる．130 GPaを超えた圧力でもXMCDの強度は非常に小さいが，有限の強度が残っている．このことはβ相においても，Coは有

限の磁気モーメントを有していることを示している．これは「Coのβ相は非磁性である」というYooらの予想とは異なる．さらにβ相が強磁性であるか否かを判断するために，153 GPaの圧力下におけるXMCD強度の磁場依存性を測定した．結果を図5.2.4(b)に示す．有意なヒステリシス挙動は見られず，ほぼ直線的であった．このことは，153 GPa，温度300 KにおいてCoのβ相は常磁性的であることを示している．この実験において，Coのβ相は非磁性ではなく常磁性であることが証明された．将来的には，β相をとる圧力領域において温度変化を追跡することにより，β相が強磁性なのか反強磁性なのかが明らかにされるであろう．

B. 超強磁場下XMCD：Eu^{2+}とEu^{3+}（価数選択的XMCD）[27]

温度・圧力に加えて重要な外場である磁場を制御し，磁場印加に対する物性の応答・変化を調べることは，電子・スピンの状態を理解するうえで非常に有効な手段である．磁場エネルギーは1 Tでも温度変化にして0.1 K程度と非常に小さく，電子状態のエネルギー変化（1～10 K）と同等のエネルギーを与えるには，対象物質にもよるが数10 Tから100 T程度は必要である．しかし，磁場を精密に制御することが現在は可能である．また光は荷電粒子でないため磁場の影響を受けず，磁場とXAS分光との相性は良いといえる．Matsudaらは，最大磁場約40 Tのパルスマグネットを作製し，超強磁場下XAS測定を可能にした．その一例を下記に示す．

4f電子を含む強相関電子系は，磁気秩序・多極子秩序や重い電子的なふるまい，あるいはそれを起源とする超伝導や量子臨界現象を示す．また，価数が外場で変化する価数揺動といった興味深い現象も示す．2つの価数をとることができる典型的な4f希土類イオンはCe, Sm, Eu, Ybである．特にEuイオンの場合，Eu^{3+}とEu^{2+}の電子配置はそれぞれ，$4f^6$（$J=0$：非磁性）と$4f^7$（$J=7/2$：磁性）である．もし化合物中でEu^{3+}とEu^{2+}の存在比が変われば，その化合物の磁気的性質が変化することは想像に難くない．しかしそれぞれのイオンが外部磁場に対してどのようにふるまうのかは自明ではない．そこでMatsudaらは，典型的価数揺動物質$EuNi_2(Si_{0.18}Ge_{0.82})_2$の$Eu^{3+}$と$Eu^{2+}$イオンの磁気モーメントのそれぞれの磁場に対するふるまいを，価数敏感な手法であるXMCD測定により調べた．測定は温度5 KにおいてEu L_2, L_3吸収端を用いて行われた．磁場はパルスマグネットにより最大40 Tまで印加した．その結果を**図5.2.5**に示す．XASスペクトルは両吸収端とも2つのピークを示し，スペクトル形状は酷似している．この2つのピークはそれぞれ高エネルギー側がEu^{3+}に，低エネルギー側がEu^{2+}に対応している．XMCDスペクトルでもXASの2つのピークに対応する2つのピークが，L_3では負に，L_2では正に現れている．XMCDスペクトルにおける2つのピークは，Eu^{2+}だけではなく非磁性イオンであるEu^{3+}イオンの5d軌道も磁気分極していることを示している．非磁性イオンであるEu^{3+}がXMCDシグナルをもつ理由は現段階ではよくわからないが，(1)伝導バンドと4f軌道の混成を通したEu^{3+}($J=0$)とEu^{3+}

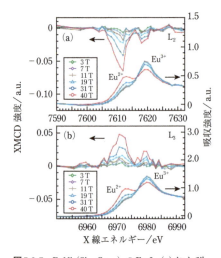
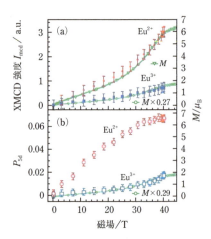

図5.2.5 EuNi$_2$(Si$_{0.18}$Ge$_{0.82}$)$_2$のEu L$_2$ (a) および L$_3$ (b) 吸収端XASおよびXMCDスペクトルの磁場依存性.

図5.2.6 (a) Eu L$_2$吸収端におけるXMCD積分強度の磁場依存性,(b) Eu-5dバンドの磁気偏極P_{5d}の磁場依存性.Mは右軸.

($J=1$) 状態の混成,(2) 混成効果による伝導電子のスピン分極の2つが提案されている.

Eu^{3+}とEu^{2+}のそれぞれについてMCD強度を積分したものをI_{mcd},I_{mcd}をXASの積分強度で割ったものをP_{5d}とし,これらの値を磁場に対してプロットしたものを**図5.2.6**に示す.また磁化をそれぞれの曲線に規格化したものも示す.図からわかるようにI_{mcd}はEu^{3+}とEu^{2+}イオンともに磁化に規格化する.一方,P_{5d}はEu^{3+}が磁化に規格化するがEu^{2+}は定性的に違うふるまいをする.この違いは,Eu^{3+}とEu^{2+}それぞれのXMCDの起源が異なるためである.Eu^{2+}の起源は局在電子,つまり4f電子と5dの交換相互作用が主たる原因であり,Eu^{3+}の起源は伝導電子の分極であるため,磁場に対するふるまいが異なっている.

このようにXMCD測定を用いれば,元素選択的であることはもちろん化学シフトを利用し,価数を選択したうえで電子状態を議論することも可能となる.将来的にはここで示した超高圧・超強磁場・極低温といった極限環境下での実験が1つの外場だけでなく,多重極限下で行われることで,XMCD測定を用いた価数や磁性状態の相図が描かれ,マクロな測定から得られた相図との比較をすることにより,より詳細に物性を理解できるようになるであろう.

5.3 ■ 2光子過程を利用したXAFS測定

n個の光子が関与する過程を**n光子過程**という．X線吸収は，電子系が1つの光子を吸収し，始状態から終状態に遷移する1光子過程である．$n=2$の2光子過程には，2つの光子を同時吸収する2光子吸収や，1つの光子を吸収して他の1つの光子を放出する散乱や共鳴発光がある．散乱には，電子系と光子のエネルギーが変化する**非弾性散乱**とどちらも変化しない弾性散乱がある．可視・紫外光領域で観測される非弾性散乱がラマン散乱（後述の「X線ラマン散乱」と区別するため，本節では「光学的ラマン散乱」という）である．レーザーの発明以降，可視・紫外光領域における多光子過程の研究は非常に進展しており[28,29]，CARS (coherent anti-Stokes Raman scattering) など，4光子過程を利用した分光法も実現している．一方，X線領域では2光子過程までの利用が主である．ただし，X線自由電子レーザーの登場により（4.1.3項参照），今後X線領域でも$n \geq 3$の多光子過程の応用が進む可能性がある[30]．

一般に2光子過程は，1光子過程における理論的・実験的な制約を破るために用いられる．実際，可視・紫外光領域においては，2光子過程は1光子過程では不活性なモードの観測（光学的ラマン散乱）や，使用する光源の上限エネルギーを超えた実験（2光子吸収）を可能にした．原理的な観点に立てば，XAFS測定においても，2光子過程を考慮することは自然である．一方で，2光子過程には，1光子過程より実験も理論も複雑という難点がある．挑戦的な要素が多いので，2光子過程のXAFSへの応用は若手研究者にふさわしいテーマであると思う．

5.3.1 ■ 理論

X線の散乱・発光は，可視・紫外光の散乱・発光と似ている点と違っている点がある．両者の違いを明確にするため，ここではX線の散乱・発光理論について少し詳しく見ておきたい．

X線でも可視・紫外光でも，電磁場中の電子のハミルトニアンは，非相対論の枠内で

$$H = \frac{(\mathbf{p}+e\mathbf{A})^2}{2m} - e\phi \tag{5.3.1}$$

で与えられる[28]．ここで，$\mathbf{p}$は電子の運動量演算子，eは電気素量，$\mathbf{A}$は電磁場のベクトルポテンシャル，mは電子の静止質量，$-e\phi$は電子のポテンシャルエネルギーである．この式を展開して得られる項のうち

$$H_0 = \frac{\mathbf{p}^2}{2m} - e\phi \tag{5.3.2}$$

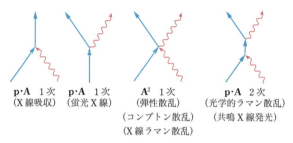

図5.3.1 電子系と電磁場の相互作用のダイヤグラム[32]

は，電磁場との相互作用のないときの電子系のハミルトニアンに相当する．残りの部分，

$$H_I = \frac{e}{2m}(\mathbf{p}\cdot\mathbf{A} + \mathbf{A}\cdot\mathbf{p}) + \frac{e^2}{2m}\mathbf{A}^2 \tag{5.3.3}$$

が電子場と電磁場の相互作用を表すハミルトニアンである．ここで，$\nabla\cdot\mathbf{A} = 0$ という制限（クーロンゲージ）を課すと，$\mathbf{p}\cdot\mathbf{A} = \mathbf{A}\cdot\mathbf{p}$ が成立し，式(5.3.3)は

$$H_I = \frac{e}{m}\mathbf{p}\cdot\mathbf{A} + \frac{e^2}{2m}\mathbf{A}^2 \tag{5.3.4}$$

とさらに簡単な式になる．本節では式(5.3.4)の第1項を$\mathbf{p}\cdot\mathbf{A}$項，第2項を$\mathbf{A}^2$項と呼ぶ．通常，$H_I$は$H_0$に比べて十分小さいと考えられるので，$H_I$は摂動項として扱える．つまり，$H_I$を電子系の波動関数に作用させ，1次あるいは2次の摂動計算をすることで，吸収や非弾性散乱を含む，光子と電子系のあらゆる遷移についての遷移確率が求められるわけである．

$\mathbf{A}$の演算子としての実体は光子の生成演算子と消滅演算子の線型結合であり，$\mathbf{A}$を電子系の波動関数に作用させるたびに，光子数が± 1だけ変化する[31]．このため1次摂動の範囲内では，$\mathbf{A}$を1つ含む$\mathbf{p}\cdot\mathbf{A}$項が吸収・放射など1光子過程に対応し，$\mathbf{A}$を2つ含む$\mathbf{A}^2$項が2光子過程である散乱に対応する．2次摂動まで考慮すると，$\mathbf{p}\cdot\mathbf{A}$項が波動関数に2回作用するので，$\mathbf{p}\cdot\mathbf{A}$項も散乱過程に対応するようになる．このように光散乱の過程には，$\mathbf{p}\cdot\mathbf{A}$項の2次摂動と$\mathbf{A}^2$項の1次摂動という，2つのメカニズムが存在する．**図5.3.1**にこれらの過程のダイヤグラムを，発光や吸収のダイヤグラムとあわせて示した[32]．

可視・紫外光の散乱・発光とX線の散乱・発光の相違点を理解するため，各項の中身を少し詳しく見ておく．$\mathbf{A}^2$項の一次摂動による散乱断面積を規定するのは，

$$|\langle f|\exp(\mathrm{i}\mathbf{q}\cdot\mathbf{r})|i\rangle|^2 \tag{5.3.5}$$

という項である[28,33~35]．ここで，$|i\rangle$は電子系の始状態で$|f\rangle$は終状態，$\mathbf{r}$は電子の座標，$\mathbf{q}$は散乱ベクトルであり，散乱で移行する光子(X線)の運動量に等しい．$\mathbf{q}$の絶対値qは，2θを散乱角，λを入射光子の波長として，近似的に

$$q \approx \frac{4\pi}{\lambda}\sin\theta \tag{5.3.6}$$

で与えられる．

$\mathbf{A}^2$項の1次摂動がどれくらい散乱に寄与するかは，$\mathbf{q}\cdot\mathbf{r}$の大きさで決まる．可視・紫外光の場合，原子内電子の波動関数の空間的な広がりは1～3Å程度で，波長は10^3Åのオーダーであるから，$q(=2\pi/\lambda)\approx 0.002\,\text{Å}^{-1}\to\mathbf{q}\cdot\mathbf{r}\approx 10^{-3}\approx 0\to\exp(i\mathbf{q}\cdot\mathbf{r})\approx 1$と近似できる．これが可視・紫外光領域で双極子近似と呼ばれている近似である[31]（本節では，「可視・紫外光領域の双極子近似」と呼ぶ）．波動関数の直交性より，可視・紫外光領域の双極子近似の下では，式(5.3.5)が有意な値をとるのは，$|f\rangle=|i\rangle$，つまり終状態が始状態と同じ場合だけである．この散乱過程では，電子系のエネルギーが変化せず，したがって光子のエネルギーも変化しない．これが弾性散乱である．弾性散乱は，可視・紫外分光やX線分光の分野ではレイリー散乱と呼ばれ，X線回折の分野ではトムソン散乱と呼ばれる[33]．

一方，X線の波長は波動関数の広がりと同じく1～3Å程度であるから，$q\approx 6\,\text{Å}^{-1}$→$\mathbf{q}\cdot\mathbf{r}\approx 10$となり，可視・紫外光領域の双極子近似は成り立たない．そして，式(5.3.6)で与えられるq，ひいては散乱角の影響が非常に大きくなる．これがX線の散乱と可視・紫外光の散乱との最大の違いである．X線の場合では，$\exp(i\mathbf{q}\cdot\mathbf{r})$の展開は，最低でも第2項までとらなければならない：

$$\exp(i\mathbf{q}\cdot\mathbf{r})\approx 1+i\mathbf{q}\cdot\mathbf{r} \tag{5.3.7}$$

これがX線領域で双極子近似と呼ばれている近似である[34]（本節では，「X線領域の双極子近似」と呼ぶ）．

X線領域の双極子近似の下では，式(5.3.5)は

$$|\langle f|i\rangle|^2+|\langle f|\mathbf{q}\cdot\mathbf{r}|i\rangle|^2 \tag{5.3.8}$$

と書くことができ，終状態が始状態と異なっても第2項は生き残る．つまり，X線領域では，$\mathbf{A}^2$項の1次摂動で与えられる相互作用により，電子系のエネルギーが変化し，その分だけ光子のエネルギーが失われる散乱(非弾性散乱)が起こりうる．X線領域の双極子近似を満たす非弾性散乱は，歴史的な経緯により[36]，**X線ラマン散乱**と呼ばれている[33~35]．式(5.3.8)第2項の行列要素は，散乱ベクトル＝移行運動量$\mathbf{q}$を偏光ベクトル$\boldsymbol{\varepsilon}$に置き換えれば吸収の行列要素とまったく同じであり[35~37]，X線ラマン散乱スペクトルに吸収(XAFS)と等価な微細構造を与える．式(5.3.7)の展開は，電子の広が

りの程度が小さいほど成立しやすい．また，電子の広がりが抑制されていれば，多少 q が大きくなっても影響は受けにくい．これらのことから，X線ラマン散乱は，電子の広がりが小さな内殻電子による非弾性散乱スペクトルとしてまず見出され[36]，長らく「X線ラマン散乱＝内殻電子によるX線非弾性散乱」と思われてきた．しかしながら，散乱角を小さくして q を小さくすれば，価電子帯によるX線ラマン散乱も観測されるはずである．実際，液体の水について価電子帯からのX線ラマン散乱も測定されている[37～39]．

X線ラマン散乱を光学的ラマン散乱と混同してはならない．図5.3.1が示すとおり，両者は本質的に別物である．例えば，光学的ラマン散乱の選択律は対応する吸収（赤外吸収）と異なるが，X線ラマン散乱の選択律は対応する吸収（軟X線吸収）と同じである．X線ラマン散乱と本質的に似ているのは，光学的ラマン散乱ではなく，**電子エネルギー損失分光**（electron energy loss spectroscopy, EELS）とも呼ばれる電子線の非弾性散乱[40]である（5.7節）．入射電子が十分高速で，電子系によって受ける散乱電子の波動関数の変調が小さい場合，1次のBorn近似が適用でき，非弾性散乱された電子の散乱断面積は，興味深いことに式(5.3.5)と同じ式で規定される[33,39,40]．当然，q を小さくとれば，電子線の非弾性散乱でもX線領域の双極子近似が成立し，XAFSに相当するスペクトルが得られる．電子線の散乱断面積は q^{-4} に比例するので[33,39]，十分な信号強度を確保するため，多くのEELS実験はX線領域の双極子近似が成立しやすい小さな q 領域で行われてきた．そのためか，EELSの研究者は，非弾性散乱から吸収と同じ情報が得られるのは当たり前と感じていた節がある．実際，内殻電子による電子線非弾性散乱スペクトルには，特別な名称はつけられず，単にコアロス（core loss）と呼ばれている[40]．

電子の広がりが大きな価電子が関与する場合（r が大）や，散乱角が大きいか入射X線の波長が短い場合（q が大）は，$\exp(i\mathbf{q}\cdot\mathbf{r})$ を多項式展開することはできない．こうした $\mathbf{q}\cdot\mathbf{r} \gg 1$ という条件下では，インパルス近似[41,42]と呼ばれる別の近似が有効になり，X線非弾性散乱は空準位の状態密度ではなく，被占準位の電子運動量分布を反映するようになる．こうした散乱が，古くからX線非弾性散乱の代名詞にもなってきた**コンプトン散乱**[41,42]である．コンプトン散乱やコンプトン散乱とラマン散乱の中間的な散乱については文献[37,41,42]を参照されたい．

一方，$\mathbf{p}\cdot\mathbf{A}$ 項の2次摂動による非弾性散乱の散乱断面積を規定するのは，

$$\sum (\mathbf{p}\cdot\boldsymbol{\varepsilon}_2)(\mathbf{p}\cdot\boldsymbol{\varepsilon}_1)/(E_n - E_i - \hbar\omega + i\Gamma_n) \tag{5.3.9}$$

という項である[28,33～35]．ここで，E_i は電子系の始状態のエネルギーで，E_n は寿命幅 Γ_n をもつ電子系の中間状態（今の場合は吸収の終状態と同じ）のエネルギー，$\boldsymbol{\varepsilon}_1$ は入射光子の偏光ベクトル，$\boldsymbol{\varepsilon}_2$ は放射光子の偏光ベクトル，$\hbar\omega$ は入射光子のエネルギーである．

光学的ラマン散乱の量子論的な表現として文献[28]に記載されているとおり，可視・紫外光領域の双極子近似の下で，非弾性散乱の遷移確率を与えるのはこの項である．

一般に一次摂動で記述される過程の方が，2次摂動で記述される過程より遷移確率が大きいので，通常のX線非弾性散乱はA^2項の1次摂動で与えられる散乱（コンプトン散乱やX線ラマン散乱）が主である．ただし，ある特定の状態に遷移する確率がその周辺の状態へ遷移する確率に比べて特異的に大きく（$\mathbf{p}\cdot\boldsymbol{\varepsilon}_1$大），かつ，入射X線のエネルギーがその状態への遷移エネルギーに近い場合（$E_n - E_i \approx \hbar\omega$），X線領域でも$\mathbf{p}\cdot\mathbf{A}$項の2次摂動による非弾性散乱が観測されうる．上記の条件は共鳴条件にほかならないので，このようなX線領域の発光は**共鳴非弾性X線散乱**，あるいは**共鳴X線ラマン散乱**と呼ばれてきた[41]．つまり，「共鳴」非弾性散乱は，X線でも可視・紫外光でも同じ形式で与えられるわけである．

ところで約10 keVのエネルギーをもつX線で，数eVの束縛エネルギーをもつ価電子を励起する場合，価電子はエネルギー 10 keVの連続帯に到達する．こうした高エネルギーの連続帯に「吸収の特異点」がある可能性は低い．一方，X線で内殻電子を励起する場合には，状況が異なる．第4周期以降の元素の内殻電子の束縛エネルギーは数keV以上のオーダーで，X線のエネルギーに匹敵する．そして，これら内殻電子の吸収端近傍のスペクトル（XANESスペクトル）には，3.1節で扱われているように，吸収強度のジャンプ（エッジジャンプ）やホワイトライン（吸収の特異点）の形成が見られる．これらの効果によって，吸収端近傍のエネルギーで系を励起したときには，式(5.3.9)で記述されるような，共鳴的なX線発光が観測される．

吸収端近傍の励起であろうとなかろうと，内殻に空孔が生成したとき，X線を放射しながら空孔へ電子が遷移する過程は多様である．例えば，第4周期元素のK殻に生成した空孔は，L_3殻の電子によって埋められれば$K\alpha_1$線，L_2殻の電子によるならば$K\alpha_2$線，M_2, M_3殻の電子によるならば$K\beta_{1,3}$線，価電子によるならば$K\beta_{2,5}$線がそれぞれ生じる．式(5.3.9)はこれらすべての発光線に対する共鳴的な散乱－発光現象を規定する．式(5.3.9)で記述されるX線発光過程の中には，光学的（共鳴）ラマン散乱に近いものとやや異なるものがある．典型的な例を**図5.3.2**に模式的に示した．ポイントは，(a)終状態に空孔がないか，(b)終状態の空孔が価電子帯にできるか，(c)中間状態とは別の内殻にできるかである．(a)の過程では電子系からX線光子へのエネルギー移動は起こらず，X線のエネルギーは変化しない．これは共鳴X線弾性散乱である．(b)の場合，スペクトル構造は弾性散乱のすぐ低エネルギー側に現れ，エネルギー損失は価電子帯から伝導帯への励起エネルギーに相当する．(c)の場合，共鳴発光に由来する構造は内殻B→内殻Aへの遷移にともなう「蛍光X線」の低エネルギー側に現れ，スペクトルのエネルギー損失は内殻Bから伝導帯への励起エネルギーに相当する．最近，図5.3.2のように，式(5.3.9)で表現されるX線発光一般を**X線共鳴発光**と呼び，そ

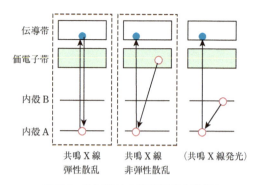

図5.3.2 さまざまな共鳴X線発光の模式図

のカテゴリーの中で，比較的光学的ラマン散乱に近い(b)を共鳴X線非弾性散乱と呼ぼうという提案がなされ[43,44]，広く受け入れられつつある．本節でもこの提案に従って，以下を記述する．

XAFS分光に深い関わりがあるのは，上の用語法でいえば「共鳴X線(弾性/非弾性)散乱以外の共鳴X線発光」である．簡単のため，こうした発光を，以下では単に「共鳴X線発光」と呼ぶ．共鳴X線発光の遷移確率は式(5.3.9)の二乗の絶対値で与えられるので[28,33〜35,43]，一般的には，$\mathbf{p}\cdot\boldsymbol{\varepsilon}_1$項と$\mathbf{p}\cdot\boldsymbol{\varepsilon}_2$項による干渉効果(多体効果)が含まれる．こうした干渉効果は，特に比較的寿命が長いプリエッジ領域への励起で重要である[43,45]．一方，プリエッジ以外の吸収構造への励起では，こうした効果は小さく，一電子近似が有効である[45〜47]．一電子近似の下では，散乱という1段階過程と，吸収とそれに続く発光という2段階過程は区別できない[35,48]．そして，一電子近似が成立する場合では，共鳴にともなう発光線の先鋭化(line sharpening)により，<u>寿命幅を超えた高い分解能</u>でXAFSスペクトルを得ることができる[41,43,45〜49]．この特性こそ，共鳴X線発光をXAFS分光に適用する大きな理由の1つである．ただし，得られる「高分解能」スペクトルはあくまでXAFSの近似であり，吸収と発光の干渉効果や[50,51]終状態の空孔生成効果[51,52]，さらには自己吸収[52,53]が起こることによってスペクトルが変調しうることを忘れてはならない．この問題は5.3.3項でもふれる．

5.3.2 ■ 実験方法

2光子過程を利用し，より"高度な"XAFSスペクトルを得るには，試料からの発光X線を1 eV程度の高分解能で，そしてできれば高感度で測定できるような結晶分光器を，XAFSビームラインに導入する必要がある．21世紀になってから，世界中でXAFSビームラインの高度化が進み，結晶分光器を備えたビームラインの数も増えてきた．放射光用の結晶分光器の多くは，湾曲結晶を高いブラッグ角(〜70°以上)で用

5.3 2光子過程を利用したXAFS測定

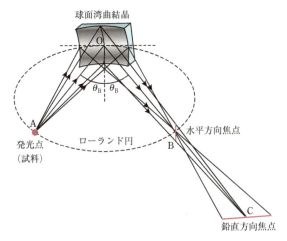

図5.3.3 球面湾曲結晶の集光特性[54]

いて，大きな立体角を維持しながら高分解能を確保するタイプの光学系を採用している．こうした光学系の基本的性質は，球面湾曲結晶による集光特性(**図5.3.3**)を通じて容易に理解できる[54]．

球面湾曲結晶の焦点は2つあり，このうち水平方向の焦点は，結晶の曲率半径Rを直径とする円（ローランド円）上にある．すなわち，ローランド円上の1点Aから出発したある波長のX線は，球面湾曲結晶で回折された後，ローランド円上の別の1点Bにおいて水平方向に集光する．焦点距離(OA=OB)は，ブラッグ角θ_Bと結晶の曲率半径Rより

$$OA = OB = R\sin\theta_B \tag{5.3.10}$$

で与えられる．もう一方の鉛直方向の焦点距離(OC)は，

$$OC = R/\sin\theta_B \tag{5.3.11}$$

で与えられる[55]．こちらは波長の分散方向に延びた線となる．式(5.3.10)と式(5.3.11)で与えられる2つの焦点距離は，$\theta_B = 90°$の直入出射の場合を除いて一致しないので，それぞれの焦点では直線の結像が現れる．ただし，$\theta_B \geq 80°$ならば，良い近似で水平方向と鉛直方向の焦点を等しいとみなすことができ，球面湾曲結晶をすぐれた点集光の高分解能分光素子として利用できる．現在，X線発光分光に多く用いられているのは，このタイプの光学系である[35,37,38,41,45,56,57]．

$\theta_B \lesssim 70°$では，球面湾曲結晶の焦点距離の不一致が大きくなり，どちらかの焦点し

273

か利用できなくなる．そうした場合は，使用しない方の曲率半径を無限大にしても状況は変わらない．片方の曲率半径を無限大にすることは，球面湾曲結晶ではなく，円筒面湾曲結晶を使うことに等しい．光学の分野では，1枚の凹面鏡による1方向の集光を，光の進行方向と鏡の曲げ方向の違いに応じて区別して呼んでいる．光の進行方向を含む平面内に曲率をもつ場合をタンジェンタル(tangental)集光，その面内に垂直な面に曲率をもつ場合をサジタル(sagittal)集光という[34]．X線分光で伝統的に採用されてきたローランド配置は，円筒面湾曲結晶と位置検出機能のないX線検出器(0次元検出器)をローランド円上に設置してタンジェンタル集光し，鉛直方向には延びているが水平方向に集光している単色光を，θと焦点距離を変化させながら掃引していく方式であった．球面湾曲結晶をローランド配置で用いる光学系は，タンジェンタル集光に近似的なサジタル集光を加えたものといえる．

一方，円筒面湾曲結晶をローランド配置から90°回転させることで，鉛直方向の焦点も利用できる．この方式は，フォン・ハモス(von Hámos)方式と呼ばれ，鉛直方向焦点に1次元検出器を設置し，サジタル集光した分散光を同時計測するものである[48]．観測するエネルギー範囲が同じならば，球面湾曲結晶をローランド配置で用いる方法と円筒面湾曲結晶をフォン・ハモス方式で用いる方法の間に感度面で原理的な差はない．ただし目的に応じた，実用上の有利不利はある．点集光を使う前者の方法は，迷光を除去しやすく，かつ，特定の発光エネルギーの信号を効率良く収集できる．よってこの方法は，比較的弱い発光X線を，狭いエネルギー範囲で集中的に測定する

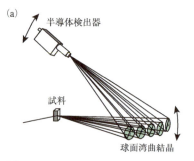
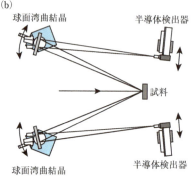
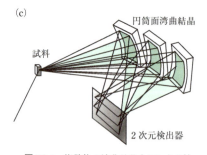

図5.3.4 複数枚の湾曲結晶を用いたX線発光分光器の模式図．(a)はESRFにあるローランド配置型分光器[45,56,57]，(b)はSPring-8にあるローランド配置型分光器[46,48]，(c)はフォン・ハモス型分光器[58]．

のに適している．一方，後者の方法は，ブラッグ角が多少小さくなっても分解能が落ちにくいので[55]，広いエネルギー範囲にわたって発光スペクトルを概観するのに適している．

現在でも第3世代放射光施設を中心にして，よりいっそうの検出感度増大を指向したX線結晶分光器の開発が続いている．そうした先端的な分光器の特長は，立体角を可能な限り大きく見込めるように複数枚の分光結晶が使われていることと，検出効率が上がるように検出器が多数化・多次元化されていることである．複数枚の球面湾曲結晶を使ったローランド配置の例[45,46,48,56,57]と複数枚の円筒面湾曲結晶を使ったフォン・ハモス配置の例[58]を**図5.3.4**に示す．

さまざまな利点がある反面，図5.3.4に示したような結晶分光器には，高分解能を実現するために$\theta_B \approx 80°$で分光しなければならないという制約がある．これは，結晶面間隔の2倍程度の波長をもつX線しか分光できないということを意味する．この制約のため，原理的には，測定対象となる元素ごとに専用の分光結晶を用意しなければならず，特に複数枚の結晶を使う場合，コスト面で深刻な問題になりうる．また，発光X線測定用の結晶分光器が常備されている放射光共用ビームラインは，日本にはまだない．SPring-8のBL39XUではビームラインのオプションとして図5.3.4(b)のタイプの分光器が利用できるが，通常はハッチ外に置かれており，ユーザーは分光器の立ち上げから始めなければならない．今後，2光子過程を利用したXAFS分光の応用をさらに進めるには，研究者間で分光結晶を共有できるシステムづくりや，発光分光実験をルーチンで行える共用ビームラインの整備が重要と思われる[48]．

5.3.3 ■ 測定例

A. X線ラマン散乱

第2周期元素からなる試料に約10 keVのエネルギーのX線を入射し，散乱角60～90°で非弾性散乱スペクトルを測定するとする．第2周期元素における内殻電子の束縛エネルギーは最大でもFのK殻電子の686 eVなので，共鳴条件は満たされず，$\mathbf{A}^2$項の1次摂動で記述される非共鳴の非弾性散乱が起こる．上記の実験条件では，価電子帯にある電子はインパルス近似をおよそ満足し，K殻にある電子はX線領域の双極子近似を満たす．こうして，非弾性散乱スペクトルには価電子によるコンプトン散乱と，K殻電子によるX線ラマン散乱が重畳して観測される．**図5.3.5**にベンゼンに7.3 keVのX線を入射し，散乱角60°で測定したX線非弾性散乱スペクトル[59]を示す．コンプトン散乱の高エネルギー損失側で，C K殻電子の束縛エネルギー286 eVに相当する部分からX線ラマン散乱のバンドが立ち上がっているのがわかる．

5.3.1項で述べたように，X線ラマン散乱は内殻電子の吸収スペクトルと等価な情報を与える[35,37,60~63]．第2周期元素のK殻電子の束縛エネルギーは100～700 eVの軟X線

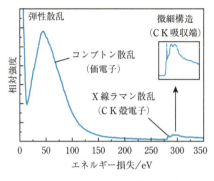
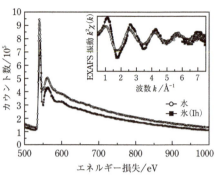

図5.3.5 ベンゼンの非共鳴X線非弾性散乱スペクトル[59]

図5.3.6 水と氷(Ih)のX線ラマン散乱スペクトル[65]．挿入図では，スペクトルから抽出された水と氷のEXAFS振動を比較している．

領域にあり，吸収スペクトルの測定には，軟X線特有の実験的問題——例えば，真空中での試料設置が不可欠な一方で，そこで必要な窓材の吸収が甚大なこと——が生じる．こうした真空や窓材の問題はEELS実験にもついてまわる．一方，励起光も発光も硬X線であるX線ラマン散乱では，そのような面倒なしに測定ができる．こうした実験的手軽さがX線ラマン散乱分光の最大の魅力であり[62,63]，液体，高圧下の試料(4.4.1項)，ガス雰囲気下の試料など，何らかの「窓」が必要な系の測定に最もよく活かされる．

こうした対象の中でも，化学や生物学における重要性から，液体の水は特に関心を寄せられていたが，2000年代に入り，第3世代放射光によって散乱断面積の小ささという非弾性散乱固有の障害が乗り越えられ，X線ラマン散乱から水のO K吸収端XANES[64]，O K吸収端EXAFS[65]が高精度で得られた．水と氷(Ih)のX線ラマン散乱スペクトルとEXAFS振動[65]を図5.3.6に示す．この測定では，コンプトン散乱の寄与 ($\sim 1 \times 10^5$ photons s^{-1})を差し引いても，ホワイトラインで約8×10^5 photons s^{-1}の計数ができており，挿入図のようにEXAFS振動($k^2\chi(k)$)も抽出できている．同じセットアップで氷でも水でも測定できるというX線ラマン散乱法の特長を活かして，氷(Ih)のEXAFS振動も得られた．水や氷の場合，水素はX線にほぼ透明なので，EXAFS振動を決めているのは酸素-酸素間距離(O-O距離)，特に最近接のO-O距離である[65]．水と氷のEXAFS振動を比較すると，水の方が振幅が小さく，期待通り，O-O距離の乱れは水の方が大きいことがわかる．よく見ると，わずかながら水と氷のEXAFS振動には位相の違いもあり，O-O距離の分布に違いがあることも示唆されている．意外かもしれないが，水の最近接のO-O平均距離は，いまだにはっきりと定まっておらず，2.73 Åと2.89 Åの間でゆれており，氷(Ih)より長いのか短いのかに

ついても議論があった[66]．文献68では，図5.3.6のEXAFS振動から水と氷のO-O距離の分布関数を求めた結果，分布関数のピークに相当する長さは水と氷でほぼ同じだが（水：2.70Å，氷：2.71Å），水の分布関数の方が長距離側に長く裾を引く（水：2.81Å，氷：2.76Å）ことが示されている．こうした知見は，水の理論モデルへの重要な制限事項になりうる．この例が示すとおり，21世紀に入り，X線ラマン散乱は軽元素の局所構造の実用的な研究手段となった．水-氷系に関しては，0.25 GPaの高圧下の氷におけるO K吸収端XANESのプリエッジの温度変化[67]や，氷の構造の乱れに応じたO K吸収端XANESのメインエッジの変化[68]なども，X線ラマン散乱法を通じて発見された．

X線ラマン散乱法が，（特に水-氷系の）実用的な分析法に成長したのは良いニュースである．しかし，例えば水の研究には，X線分光法に限っても軟X線発光[69]やコンプトン散乱[70]など，他の強力な方法も利用できるようになった．また，マイクロジェットからの全電子収量(4.3.3項)を測定することで，軟X線を使って水のO K吸収端EXAFSを直接得られるようになった[71]．これら他の実験技術の進歩はX線ラマン散乱法に対して，水-氷系以外への応用展開を強く促している．ところが，そのような展開は思うほど簡単ではない．そもそもXAFS分光法の魅力は，複雑な系の中に少量存在する元素について局所構造が選択的にわかることにある．ところが，X線ラマン散乱は信号強度が弱いため，微量成分への応用はまだできない．このため，「主成分元素の局所構造自体が興味あるもので，測定に窓が必要な系」を当面の研究対象とせざるをえない．これが多くのX線ラマン散乱実験が水-氷系に限られている所以である．ただし，水-氷以外にX線ラマン散乱が有効な系が皆無というわけではない．例えば，アスファルト中の芳香族を定量する手段として，X線ラマン散乱の応用が提案されている[72]．X線ラマン散乱ではないが，価電子帯からの興味深いX線非弾性散乱[73,74]が測定されているLi-NH_3系[75]の実験も面白い．また，新奇な軽元素系材料の中には，X線ラマン散乱による評価が有効なものがあるかもしれない．X線ラマン散乱の検出感度を向上させるために，ロックインアンプを用いた変調分光[76]を導入することも一考の余地があるかもしれない．こうした新しいアイデアや材料の適用によって，X線ラマン散乱法が今後さらに発展することを期待したい．

B. 高分解能XAFS

まず，共鳴X線発光データの例として，Dy(NO_3)$_3$のDy Lα_1線およびLα_2線領域のX線共鳴発光スペクトル[48,52]を3次元図として**図5.3.7**(a)に示す．図5.3.7(b)には，共鳴発光と密接な関係のある，さまざまなDy L_3吸収端XAFSスペクトル(後述)を示した．図5.3.7(b)から，通常のDy L_3吸収端XAFSスペクトル(通常XAFS)が2p→5d双極子遷移による強い吸収(ホワイトライン)と，その低エネルギー側の弱い裾構造(プリエッジ)を形成しているのがわかる．図5.3.7(b)横軸のエネルギーを励起に用いた

第5章 関連手法

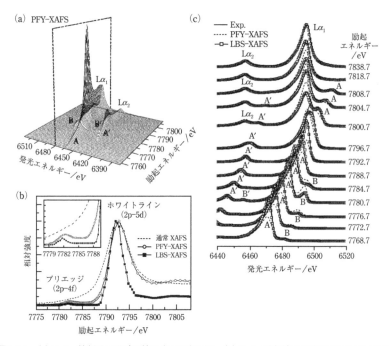

図5.3.7 (a) Dy Lα線領域の共鳴X線発光の3次元図. (b) Dy L_3 吸収端の通常XAFS, PFY-XAFS, LBS-XAFSスペクトル. (c) PFY-XAFSとLBS-XAFSから計算した共鳴X線発光の実験値との比較[48,52].

ときに観測される発光スペクトルが,図5.3.7(a)のグリッドで示されているものである.励起エネルギー7792 eV付近(ホワイトラインに対応)より高エネルギー領域を見ると,Dy $L\alpha_1$, $L\alpha_2$ 線がともにピーク位置を変えないまま,吸収強度に応じて強度が変化している様子が伺える.これが,蛍光XAFS法(4.3.2項)の基礎となる現象である.

一方,Dy L_3 吸収端以下の低励起エネルギー領域では,通常の Dy $L\alpha_1$ 線や $L\alpha_2$ 線とは異なるふるまいが見られる.例えば励起エネルギー7780 eVのプリエッジ付近では,通常XAFSスペクトルには明確な構造がないにもかかわらず,$L\alpha_1$ 線も $L\alpha_2$ 線も,図中でそれぞれB, B'と示したような離散的なピークを与える.そして,励起エネルギーをさらに下げるにつれて,A, A'のように,低い発光エネルギー側へピークシフトしながら,強度が減衰していく.AやA'のようなエネルギーシフトはしばしば「ラマンシフト」と称される.かつてはラマンシフトを示す成分のみを指して,共鳴X線非弾性(ラマン)散乱と呼ぶことも多かった[41].

すぐ後で示すように,図5.3.7(a)の発光スペクトルの変化は,励起・発光エネルギーの全域にわたって,タルッキ―オーバーグ(Tulkki-Åberg, TA)の式[77]で良く近似でき

る[52]．TA式は，**p**・**A**項の二次摂動に一電子近似を施して得られる式で，「寿命幅制限のない（lifetime-broadening suppressed, LBS）」XAFS（LBS-XAFS）と共鳴X線発光を簡単な積分方程式で結んでいる[35,77]．TA式からわかる共鳴X線発光の基本メカニズムについては文献[35,46~48]を参照されたい．TA式が良い近似で成立しているときは，共鳴X線発光から，通常のXAFS測定より高分解能でXAFSスペクトルを得ることができる（5.3.1項）．その方法には2種類ある．1つは発光スペクトルのピーク付近の発光強度をモニターしながら，蛍光励起スペクトルを測定する方法である[49]．蛍光X線の一部だけを用いることから，こうして得られるXAFSを蛍光部分収量（PFY）XAFSと呼ぶ．PFY-XAFS測定は，図5.3.7(a)では，発光強度分布を「PFY-XAFS」とラベルされた平面で切断し，その断面図を得ることにあたる．

図5.3.7(b)でDy L_3 吸収端のPFY-XAFSスペクトルを通常のXAFSスペクトルと比べてみると，ホワイトラインがシャープになり，プリエッジ部分のピーク構造がうかがえるなど，高分解能化の効果が顕著である．ただし，このPFY-XAFSスペクトルをTA式に入れて，共鳴X線発光スペクトルを「逆算」してみると（図5.3.7(c)の点線），実験値と大まかには一致しているものの，ピークBや～7780 eV以下のエネルギーで励起したスペクトルのバンドAに明らかに不一致が見られる．これは，プリエッジより低エネルギー領域においては，理論が裏づけるように(5.3.1項)，PFY-XAFSがXAFSの良い近似になっていないことを示唆している．ホワイトライン近辺の励起でも一致は良くないが，こちらは蛍光X線の自己吸収効果のためと思われる．

高分解能XAFSを得るもう1つの方法は，あるLBS-XAFSプロファイルを仮定して，TA式を用いて共鳴X線発光スペクトルを計算し，共鳴発光の実験値と比較しながら，LBS-XAFSを最適化するというものである．Dy$(NO_3)_3$系において「最適化したLBS-XAFS（以下，LBS-XAFSと略称する）」を図5.3.7(b)に─■─として，そこから計算された共鳴X線発光を図5.3.7(c)に□として，それぞれ示した．図5.3.7(c)中の記号(A, A′, B, B′)は，図5.3.7(a)のものと同じスペクトル構造を示す．

図5.3.7(c)が示すとおり，図5.3.7(b)のLBS-XAFSが与える計算値は，広い励起エネルギーにわたって，共鳴X線発光スペクトルの強度と形状変化をほぼ再現できている．これは，Dy Lα共鳴X線発光が一電子近似の枠内（TA式）でよく解釈できることを意味する．こうした解析を通じて，構造AとA′は図5.3.7(b)のホワイトラインへの，そして構造BとB′はプリエッジ部分にある弱いピークへの励起にともなう共鳴発光と判明した[52]．

図5.3.7(b)が示すとおり，LBS-XAFSはPFY-XAFSよりもさらにシャープである．これは，LBS-XAFSでは，PFY-XAFSに残されていた終状態の寿命幅の影響が除去されたためと考えられる．類似の結果はCu Kα線[46,78~81]，Ga Kβ線[46]，Ce Lα線[82]，Ho Lα線[83]についても得られている．

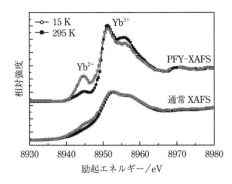

図5.3.8 YbInCu$_4$のYb L$_3$吸収端通常XAFSスペクトルおよびPFY-XAFSスペクトルの温度変化[84]

共鳴X線発光から高分解能XAFSを得る上記2つの方法にはそれぞれ得失がある．PFY-XAFS法は概念的にも実験的にもシンプルで，フィッティングなどの解析もいらない．しかし，図5.3.7(c)が示唆するとおり，XAFSの近似としての妥当性は必ずしも保証されない．一方，フィッティングでLBS-XAFSを求める方法は，自己吸収や終状態の効果を包含できるので，一電子近似の範囲内でより高精度な高分解能XAFSが得られる．しかし，解析には複数の共鳴X線発光スペクトルが必要であり，最近簡便な解析ソフト(SIM-RIXS)[47]が開発されたとはいえ，やや煩雑である．こうした得失を考えると，高分解能XAFSの全体像を概観するにはPFY-XAFS法，より詳細な情報[82]を得るにはLBS-XAFS法と，必要に応じて2つの方法を使いわけるのが得策と思う．

PFY-XAFS法は，ランタノイドを含む価数揺動材料について広く用いられるようになった[41,43,84~89]．特に，ランタノイドのLα線を使ったL$_3$吸収端でのPFY-XAFS測定が多い．例として，YbInCu$_4$のYb L$_3$吸収端における通常のXAFSスペクトルとYb Lα_1におけるL$_3$吸収端PFY-XAFSスペクトル[84]を図5.3.8に示す．8944 eV付近の弱いピークはYb^{2+}による遷移，8951 eV付近の強いピークはYb^{3+}による遷移に帰属される．なお，YbInCu$_4$は42 KでYbの平均価数が変化する[84]．通常XAFSではYb L$_3$殻の寿命幅(4.60 eV)[90]のため，スペクトルの温度変化はあまりはっきりしないが，PFY-XAFSでは明瞭である．PFY-XAFSの解析から，それぞれの温度の平均価数が2.83 (15 K)→2.96 (295 K)と見積もられている[84]．こうした比較的小さなプロファイル変化も追跡できるのが高分解能XAFS法の魅力である．ただし，それぞれのピークに価数に依存しない成分(高エネルギー側の平らな成分)がどの程度入っているかは，高分解能実験でも決められない．このため，高分解能XAFS測定は平均価数の相対的な変化を追跡する手法としては強力だが，価数の絶対値を決めるうえではなお問題を残し

ている[91]．こうした難点をカバーするため，ランタノイドのLγ_4線（5p→2s）の高分解能測定を通じて，XAFSで求めた平均価数を検証する試み[91]が始められている．

3d遷移金属元素のプリエッジも，高分解能XAFSによって，近年非常に活発に研究されている[43,45,56,92~100]．これらの研究においては，共鳴X線発光の高分解能性を活かして，プリエッジ構造の起源，例えば局在的な四重極子遷移が主か，非局在的な双極子遷移が主かが探索されている[94,97~100]．特に，Fe系[93,94,96,98]やMn系[95,100]の研究が盛んであり，光合成の光化学系IIにおける電子授受過程の解析にも応用されている[95]．プリエッジ領域では一電子近似が必ずしも成立しないこともあり，共鳴X線発光をXAFSに変換せず，そのまま理論解析することが多い．関心のある読者は，最近のレビュー[43,45,56,57]を参照されたい．こうした研究をさらに広範囲の分析に応用するには，EXAFS理論くらい実験者に扱いやすい共鳴発光理論の開発が望まれる[57]．

触媒のような希薄で複雑な系に対して，指紋法的に高分解能XAFSを適用する試みもはじまっており，Feゼオライト（0.3 wt% Fe）[93]やCuO/ZnO（1 mol% Cu）[79]，Pt-Sn/SiO$_2$（2.5 wt% Pt; Sn/Pt=1.0）[101]などについて報告がある．なお，高分解能化の効果は，プリエッジを含むXANES領域に限られる．つまり，もともとバンド幅が広いEXAFS振動については，高分解能化を図ってもあまり意味がない．寿命幅以外の原因でブロードになっている場合は，ホワイトラインについても高分解能化の効果は小さい[102]．

C. 状態選別XAFSと蛍光X線の化学効果

3d遷移金属のKβ線（3p→1s）のように，比較的外殻からの電子遷移にともなって生じる蛍光X線はしばしば大きな化学効果（＝化合物の違いがX線スペクトルに与える効果）を示す．蛍光X線スペクトルの化学効果は，(1)ピークシフト（しばしば「化学シフト」と呼ばれる），(2)プロファイル変化，(3)強度変化に大別できる[103]．化学効果の例として，Mn酸化物のMn Kβスペクトル[45]を図5.3.9に示す．主線であるMn K$\beta_{1,3}$線が酸化数に応じてシフトしているのがわかる．また，低エネルギー側にあるサテライトはKβ'線であり，3d準位の電子スピンを反映して強度変化する線として昔から有名である[41,43,45,104]．状態を選別したXAFS（状態選別XAFS）は，こうした蛍光X線の化学効果を利用して，特定の状態を強く反映する発光エネルギーに注目しながら，共鳴X線発光を高分解能測定し，本節B項で説明した手法を使って抽出する．例えば，Mn Kβについては，Kβ'線とK$\beta_{1,3}$線のスピンに対する敏感性の違いを利用した「スピンを選別したXAFS（スピン選別XAFS）」[43,46,92,105~107]や，K$\beta_{1,3}$線の化学シフトを利用した「酸化数を選別したXAFS（酸化数選別XAFS）」[43,46,92,106,108,109]が得られる．スピン選別XAFSの例として，MnOのMn K$\beta_{1,3}$－Kβ'共鳴発光をTA式で解析して求めた「LBS－スピン選別Mn K吸収端XAFS」[46,110]を図5.3.10(a)に示す．MnOのMn 3d電子は高スピン状態（5つの3dスピンが向きをそろえている状態）にあるが，

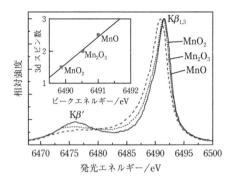

図5.3.9 Mn酸化物のMn Kβスペクトル[45]

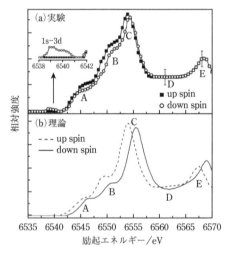

図5.3.10 (a) Mn Kβ共鳴X線発光から導出したMnOのスピン選別XAFSスペクトル[110].
(b) 多重散乱計算による理論スペクトル[111].

図5.3.10 (a) では，これら3dスピンと同じ向きのスピンをもつ電子を「up spin」，逆向きのスピンをもつ電子を「down spin」と呼び，それぞれの電子を反映するXAFSをプロットした．MnOのような八面体配置の化合物のプリエッジは1s→3dの四重極子遷移によるが[110]，高スピン状態にあるMnOでは，up spinの1s→3d遷移は，パウリの排他原理から禁制である．実際，図5.3.10 (a) のスピン選別XAFSでは，プリエッジ領域にup spin成分はまったくない．一方，ホワイトラインを含むXANES部分は，どちらのスピン成分もショルダーA, Bをもった主ピークCの後にDの谷が続き，さらにピークEをもつ．ただし，吸収端近傍では，明らかにup spin成分が低エネルギー

シフトしている.こうしたスピン選別XAFSの特徴は,図5.3.10(b)に示した多重散乱計算による理論スペクトル(四重極子遷移は含まない)[111]と定性的に一致している.こうした結果から,MnOについて,$K\beta_{1,3}$-$K\beta'$共鳴X線発光からスピン選別XAFSが正しく抽出できたことを裏づけられる.MnOのような反強磁性体(低温)/常磁性体(常温)について,このようなスピン別の情報を与える実験手段はそれほど多くない.こうした特長を活かして,例えば磁性材料$LaMnO_3$では低温時の反強磁性的な磁気秩序が,常磁性体になっても局所的に残存している[112]など,この方法を通じて興味ある結果が得られている.

酸化数選別XAFSの例として,Fe $K\beta$ 線の化学シフトを利用してPFY法で得られたプルシアンブルーの酸化数敏感EXAFS振動[109]を図5.3.11に示す.プルシアンブルーではFe^{2+}とFe^{3+}は異なったスピン状態にあり(Fe^{2+}:低スピン状態(t_{2g}^6),Fe^{3+}:高スピン状態$(t_{2g}^3 e_g^2)$),配位環境も異なる[109,113].Fe^{2+}イオンの第1近接原子は1.92Åにある6個のCで,第2近接原子が3.05Åにある6個のN,第3近接原子が5.08Åにある6個のFe^{3+}イオンである.一方,Fe^{3+}イオンの第1近接原子は2.03Åにある4.5個のN,第2近接原子が2.14Åにある1.5個のO,第3近接原子が3.16Åにある4個のCで,第4近接原子が5.08Åにある4.5個のFe^{2+}イオンである.このように化学的環境が大きく異なるため,$K\beta_{1,3}$線の化学効果もかなり大きく,酸化数に応じた分離が(ある程度)可能であり,異なるサイトにあるFeイオンのEXAFSが別々に得られる.図5.3.11(a)が通常のEXAFS,(b)がFe^{2+} 62%領域,(c)がFe^{3+} 76%領域の酸化数敏感EXAFSである.期待通り,波形には明らかに違いがある.通常XAFSはこれらの平均である.これらの酸化数敏感スペクトルを加減することで,Fe^{2+}サイトのEXAFSとFe^{3+}サイトのEXAFSを抽出できる[109].類似の試みは,Mnの混合原子価錯体についても行われている[108].

ランタノイド(4f電子系)については,$K\beta$線ほど状態敏感な発光線は知られていなかった.しかし最近,ランタノイドの$L\gamma_4$線が顕著なスピン選別性と酸化数敏感性をもっていることが発見された[91,114~116].EuSについてのスピン選別XAFS[114],$Eu_3Pd_{20}Ge_6$についての酸化数敏感XANES[114],$EuPd_2Si_2$についての酸化数敏感EXAFS[115]がそれぞれ得られている.

本書の旧版にあたる書籍[117]において,状態選別XAFS法は「夢の分光学的実験法」と期待された.現在,その「夢」の多くが実現した一方で,課題も明らかになった.本法の本質的な問題は,図5.3.11の結果も示唆しているように,蛍光X線の化学効果が一般に小さく,状態を完全に分離できるケースがほとんどないことにある.つまり,状態「敏感」測定は比較的容易だが,状態「選別」測定が困難なのである[118].この問題は,PFY-XAFSを測定する代わりに,図5.3.7のようにTA式を用いた測定・解析を行えば緩和される[110].その代わり,蛍光X線に寄与している状態のそれぞれにつ

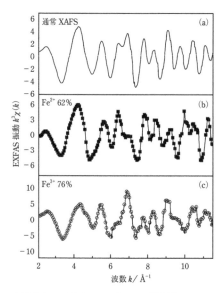

図5.3.11 プルシアンブルーのEXAFSスペクトル．(a)通常EXAFS，(b) Fe^{2+}敏感EXAFS（62%），(c) Fe^{3+}敏感EXAFS（76%）[109]．

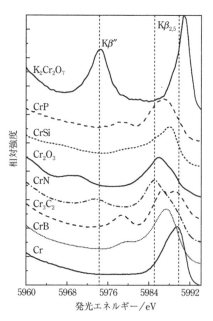

図5.3.12 Cr化合物のCr $K\beta''$-$K\beta_5$スペクトル[120]．

いての分布関数が必要なので，理論計算の助けが必須となる．どちらにしても，状態の分離には注意深い準備・解析を必要とし，どんな試料でも簡単にというわけにはいかない．

 もう一点，強度は弱いものの高い状態敏感性（配位子敏感性）のため，状態選別XAFSの有望なプローブと考えられていた3d遷移金属の$K\beta''$線[92]が，PFY-XAFS測定には使えないことも判明した[119]．これは，$K\beta''$線と比べると化学効果が小さな隣接線—$K\beta_{1,3}$線—がラマンシフトによって重なってくるため，最も状態敏感性が高まる吸収端で$K\beta''$線の信号がほとんど埋もれてしまうためである．こうしたこともあって，最近は$K\beta''$線など価電子帯近くからの発光線は，状態選別XAFSのプローブとしてではなく，それ自身XAFS分光と相補的な独自の分析手段として見直されてきている．

 3d遷移金属化合物の価電子帯近くの発光線は，大きく$K\beta''$線と$K\beta_5$線に分けられる．$K\beta''$線は主に配位子のnpとns軌道（$n=2,3$）からの交差遷移に，$K\beta_5$線は金属の4pからの遷移に帰属される[43,45,92]．ここで，選択則は同じ原子の軌道間の遷移に対して適用されるものなので，配位子のnsから金属K殻への電子遷移は禁制ではないことに注意されたい．図5.3.12にCr化合物のCr $K\beta''$-$K\beta_5$スペクトルを示す[120]．スペクトルが配位子と酸化数の両方に応じて大きく変化しているのがわかる．こうした特

徴を活かしてXAFSからの情報と組み合わせれば，たとえPFY-XAFSのプローブとして使えなくても，$K\beta''-K\beta_5$スペクトル測定には十分な意味がある．現在,この線に沿った研究が環境試料[120]やナノマテリアル[120]，ファイトレメディエーション材料[121]，生体触媒[122]など，広範な分野で進められつつある．XAFSと2光子過程の新たな組み合わせとして，今後に注目したい．

5.4 ■ X線異常散乱

X線原子散乱因子fは，入射X線の波数$\mathbf{k}_i$と散乱X線の波数$\mathbf{k}_f$の差である散乱ベクトル$\mathbf{Q}(=\mathbf{k}_f-\mathbf{k}_i, |\mathbf{Q}|=Q=4\pi\sin\theta/\lambda)$および入射X線のエネルギー$E$の関数として，

$$f(Q,E) = f^0(Q) + f'(E) + if''(E) \tag{5.4.1}$$

で表される．右辺第1項は，通常，X線原子散乱(形状)因子と呼ばれるQに依存する関数である．一方，第2, 第3項はそれぞれX線異常分散(共鳴散乱)項の実部と虚部であり，内核電子の励起に起因するためQには依存せず，Eのみに依存する関数である．この異常分散項は，吸収端近傍でエネルギーに対して急激な変化を示し，それ以外ではほぼ一定の値となる．X線異常散乱(anomalous X-ray scattering, AXS)法は，異常分散項が大きく変化するエネルギー領域で，試料からの回折強度の差分を実験的に求め，吸収端に該当する元素が関連する構造情報を選択的に決定する方法である[123,124]．

異常分散項は入射X線のエネルギー変化にともなうフォトンの発生と電荷分布の散乱断面積の変化を表しており，実部と虚部はKramers-Kronigの関係式で結びつけられる．特に虚部$f''(E)$は線吸収係数$\mu(E)$と$f''(E) \propto -E\mu(E)$の関係にあり吸収断面積を直接表す量である[125,126]．XAFS法では，吸収端の高エネルギー側で，異常散乱原子の配位環境を反映して異常分散項に観察される振動を，透過光強度の入射光エネルギー依存性として直接実験的に決定するのに対し，入射エネルギーによる回折強度の変化であるDAFS(diffraction anomalous fine structure)から構造因子に含まれる異常分散項f', f''を決定し，XAFS法と同様の方法で異常散乱原子まわりの配位構造を決定する方法が共鳴X線回折分光法(resonant X-ray diffraction spectroscopy, RXDS)である[125~130]．

5.4.1 ■ AXS法

AXS法は，EXAFS法同様，結晶，非晶質を問わず，さまざまな状態にある物質中の特定元素まわりの構造解析に適用できる[131]．しかし，電子の干渉に基づくEXAFS法に対してX線の干渉を用いるAXS法では，中心原子からより遠い距離の構造情報も実験的に精度良く見積もることができるため，第2近接以降の原子相関が急速に減衰

するアモルファス金属や液体など，非周期物質のEXAFS解析の補完的方法として有効である[124]．

AXS法では，非周期物質特有のブロードな回折強度プロファイルを精密に測定し，空気散乱強度・吸収・偏光などを補正後，規格化し，非弾性散乱強度，多重散乱強度の補正を行い，得られた干渉関数をフーリエ変換して動径分布関数(radial distribution function, RDF)を得る[132]．このRDFのピーク位置と面積から，最近接領域での原子間距離と配位数を見積もり，非周期物質の局所構造を決定する．元素をN種類含む系のRDFは，系に含まれるすべての原子対相関を表す部分RDF ($4\pi r^2 \rho_{jk}(r)$) に，原子分率c_j，X線原子散乱因子f_j, f_k，平均のX線原子散乱因子$\langle f \rangle$からなる係数をかけて足し合わせた次式で与えられる．

$$4\pi r^2 \rho(r) = \sum_{j=1}^{N} \sum_{k=1}^{N} c_j \frac{f_j f_k}{\langle f \rangle^2} 4\pi r^2 \rho_{jk}(r) \tag{5.4.2}$$

したがって，試料中の元素数が2, 3, 4, …へと増加すると，部分RDFの数は3, 6, 10, …へと急激に増え，通常のX線回折実験によって決定される式(5.4.2)のRDFから原子構造を精密に見積もることが難しくなり，元素選択性をもつAXS法が有効となる．

吸収端の高エネルギー側では，試料から非常に強度の強い蛍光X線が発生し，異常分散項にXAFS振動などが重畳するため，通常，AXS法では，吸収端の低エネルギー側の異常分散項の実部f'の変化を利用する．例えば，元素Aの吸収端近傍の低エネルギー側に位置する2つのエネルギー(E_1および$E_2 : E_1 < E_2$)を使い測定した散乱強度を，補正，規格化した後，弾性散乱強度$I_{eu}(Q, E_1)$と$I_{eu}(Q, E_2)$の強度差からエネルギー差分干渉関数を計算する．

$$Q\Delta i_A(Q, E_1, E_2) = \frac{\{(I_{eu}(Q, E_1) - \langle f^2(Q, E_1) \rangle) - (I_{eu}(Q, E_2) - \langle f^2(Q, E_2) \rangle)\}}{W(Q, E_1, E_2)} \tag{5.4.3}$$

ここで，$\langle f^2 \rangle$は二乗の平均，$W(Q, E_1, E_2) = \sum_{j=1}^{N} x_j \text{Re}[f_j(Q, E_1) + f_j(Q, E_2)]$，Reは括弧内の数値の実部を表している．式(5.4.3)のフーリエ変換により次式で与えられる元素AまわりのRDF(環境RDF)を実験的に決定できる．

$$4\pi r^2 \rho_A(r) = 4\pi r^2 \rho_0 + \frac{2r}{c_A (f'_A(E_1) - f'_A(E_2))} \int_0^{Q_{max}} Q\Delta i_A(Q) \sin(Qr) dQ \tag{5.4.4}$$

EXAFS法の場合，測定の簡便さや検出方法選択の多様性，およびAXS法のように回折強度のエネルギー差分を必要としないことなどから，複雑物質中の微量元素の環境構造の決定や迅速測定などが可能である．しかし，先に述べたように原子配列が乱

表5.4.1 亜鉛フェライトガラスの原子間距離と配位数[133]

	EXAFS法による測定		AXS法による測定		スピネル構造モデル ($\alpha = 0.39$)		
	r/Å	N	r/Å	N	r/Å	N	
Zn–O	2.01	4.6	2.02	5.4	2.03	5.6	四面体位置―酸素
Fe–O	1.96	5.4	1.98	5.7	2.01	5.2	八面体位置―酸素
Zn–Zn			3.11	11.6	2.98	12.0	
Zn–Fe			2.95	1.8	2.98	1.8	
Zn–Fe			3.10	2.6	2.98	2.9	八面体位置―八面体位置
Fe–Fe			2.95	1.8	2.98	2.3	
Zn–Zn			3.51	2.1	3.49	2.1	
Zn–Fe			3.38	2.0	3.49	5.3	四面体位置―八面体位置
Fe–Fe			3.41	3.7	3.49	5.7	
Zn–O			3.71	7.7	3.60	8.9	四面体位置―酸素
Fe–O			3.53	8.7	3.57	9.6	八面体位置―酸素
Zn–Zn			3.69	0.2	3.64	0.2	
Zn–Fe			3.60	0.6	3.64	0.7	四面体位置―四面体位置
Fe–Fe			3.70	0.9	3.64	1.2	

れた結晶物質や非晶質物質などの解析においては第2近接以降の原子相関の見積もりが困難になる．一方AXS法の場合，測定時間がEXAFS法に比べ約10倍かかり，検出濃度の限界が1％程度であるという欠点はあるが，得られる環境RDFから原子間距離および配位数を直接決定し，第2，第3近接についても第1近接と同様，構造パラメータを決定することができる．したがって実際の解析では，これら2種類の方法を相補的に組み合わせて構造解析を実施することが望ましい．

亜鉛フェライトガラス中の亜鉛イオンと鉄イオンは周期表で近接した元素であり，原子サイズもほぼ同じであるため，Zn–O, Fe–O, O–O, Zn–Zn, Zn–Fe, Fe–Feの6種類の原子ペア相関の和である通常のRDFからは，例えば最近接での亜鉛イオンと鉄イオンまわりの酸素イオンの配位数を独立に決定できない．そこで亜鉛と鉄の各K吸収端の低エネルギー側の入射エネルギーを使ってAXS測定を行い，亜鉛と鉄の環境RDFを決定することにより，表5.4.1に示すように，第1近接での亜鉛イオンおよび鉄イオンのまわりの酸素イオンの配位数をはじめ，最近接領域での原子相関を決定できる．最近接の亜鉛イオン，鉄イオンのまわりの酸素イオンの原子相関についてはEXAFS法によりAXS法とほぼ同じ結果が得られる．ただし，第2近接以降についてはEXAFS法から精度良く解析することは難しい．AXS法の結果より，亜鉛イオンが

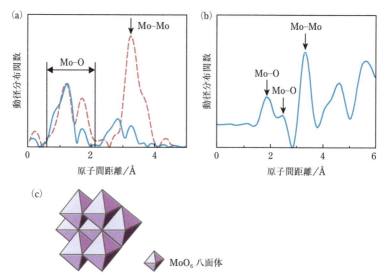

図 5.4.1 (a) 1.0 mol L^{-1} モリブデン酸ナトリウム水溶液(実線)と MoO$_3$ 結晶(点線)中の Mo K 吸収端での EXAFS スペクトルから求めたモリブデンイオンまわりの動径分布関数. (b) 1.0 mol L^{-1} モリブデン酸ナトリウム水溶液中の Mo イオンの環境動径分布関数. (c) モリブデン酸イオンの構造モデル.

四面体位置を占める割合 $P_{Zn,t}$ から計算される α 値 ($= (1-P_{Zn,t})/2$) は 0.39 であることがわかる. すなわち, 亜鉛フェライトガラスの場合, 亜鉛イオンが四面体位置のみを占める正スピネル構造の結晶状態とは異なり, 亜鉛イオンが四面体位置と八面体位置の両方を占める構造を強いられていることがわかる[133].

モリブデンやタングステンは水溶液から単独では電析しないが, Fe, Ni, Co などの 3d 遷移金属のイオンが溶液中に存在すると合金を形成しながら電析する. このような合金めっきの機構を誘起共析型めっきと呼ぶ. この不思議な電析機構を理解する目的で, モリブデンイオンおよびニッケルイオンのまわりの錯体構造を AXS 法と EXAFS 法を併用して解析した[134]. **図 5.4.1** (a) にモリブデン K 吸収端でのモリブデンイオンを含む溶液の EXAFS スペクトルから得られるモリブデンイオンまわりの動径構造関数を示す. EXAFS 法により, モリブデンイオンを取り囲む6個の酸素イオンの構造について詳細を知ることができる. モリブデン K 吸収端での AXS 測定からも, 図 5.4.1(b) に示すようにモリブデンイオンまわりの環境 RDF を決定できる. この環境 RDF の解析により, EXAFS 法の結果同様, モリブデンイオンは水溶液中で, 4個の酸素イオンとそれから少し離れた距離にある2個の酸素イオンに囲まれた MoO$_6$ 八面体を基本構造単位とするモリブデン酸イオンであることがわかる. しかしながら, 最近

接の4個の酸素イオンがさらに2種類の距離に分類できるというような構造の詳細についての解析は，RDFの空間分解能の限界からAXS法では難しい．すなわち最近接での構造の詳細を知るのに，EXAFS法はAXS法よりすぐれた感度と精度を示す．

モリブデン酸イオンが溶液中でどのように連結してポリモリブデン酸イオンを形成しているかを知るには，Mo-Mo原子ペア相関に対応する第2近接付近の構造パラメータを解析する必要がある．図5.4.1(a)のEXAFS法による動径構造関数の第2近接付近での原子相関は，図5.4.1(b)のAXS法による環境RDFに比べて明らかに不明瞭である．すなわち，第2近接以降での原子相関についてはAXS法の方がEXAFS法より定量性にすぐれており，金属錯体クラスター全体の構造を解析するために不可欠な実験データを提供してくれる．例えば，$1\,\mathrm{mol\,L^{-1}}$のモリブデン酸ナトリウム水溶液の場合，Mo-Mo原子相関が3.30Åであることから，MoO_6八面体は辺共有で連結しており，その配位数から図5.4.1(c)のようなポリモリブデン酸イオンの存在が予想される[134,135]．このようなEXAFS法とAXS法の併用による溶液中の金属錯体の構造解析技術は，水溶液中の酸化物ゲルや有機溶媒中の金属錯体などの構造解析にも応用することができ，今後さらなる発展が期待される．

5.4.2 ■ DAFS法

"DAFS"という言葉が初めて出てきたのは，1992年のH. Stragierらの論文[127]である．DAFSを解析するRXDS法は，回折法とXAFS法を組み合わせた比較的新しい構造解析手法で，それぞれ単独の方法では得られなかった新しい構造情報を得ることができる魅力ある方法である[136,137]．RXDS法では基本的にはXAFS法と同様の局所構造に関する情報が得られるが，通常のXAFS法と大きく異なる点として，結晶学的サイト選択的や結晶相選択的な測定ができることがあげられる．例えば，同種原子が結晶中で2種類以上の環境の中に存在する場合，通常のXAFS法ではそれらを平均して観測してしまうが，DAFS解析ではそれぞれを区別して観測することができる．加えて，入射X線の偏光特性を積極的に利用した構造解析も行われている[128,129,138]．

DAFSの測定では，注目する元素の吸収端近傍における回折強度の入射X線エネルギー依存性を測定する．回折条件を満たすとき，結晶物質のX線によるhkl回折強度$I_{hkl}(E)$は構造因子の二乗$|F_{hkl}|^2$に比例する．構造因子は，

$$F_{hkl}(E) = \sum_n \left\{ f_n^0 + f_n'(E) + if_n''(E) \right\} e^{-M_n} \exp[2\pi i(hx_n + ky_n + lz_n)] \quad (5.4.5)$$

と記述[139]できる．ここで，$\sum_n$は単位胞中のすべての原子についての和，e^{-M_n}は温度因子，x_n, y_n, z_nはn番目の原子の分率座標である．図5.4.2に異常分散項の実部と虚部およびDAFSスペクトルを模式的にそれぞれ示す．(a)で示すf''はXAFSに対応しており，異常散乱原子の配位環境に応じてXAFS振動が観測される．一方，(b)に示す

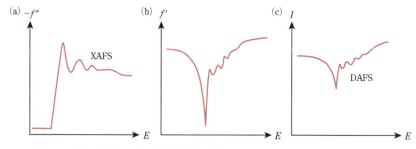

図5.4.2 異常分散項の虚部(a)と実部(b)の模式図およびDAFSスペクトルの模式図(c)

f'にはf''とKramers-Kronigの関係があるので，f'も振動することが容易に理解できる．(c)のDAFSスペクトルでは，構造因子の二乗をX線回折強度のエネルギー依存性として観測する．したがって，DAFSスペクトル形状は異常分散項の実部と虚部両者の形状を反映した複雑な形状を示す．

DAFSの解析では，このような特徴的なスペクトルから異常分散項の実部と虚部を分離して取り出し，さらにそれらの各サイトの異常散乱原子のスペクトルに対する寄与を考えることで，サイト分離を行う．これが一連の流れである．解析手法には大きく3種類の方法があり，(1)DAFSスペクトルを平滑な部分と振動部分に分けて考え，振動部分のみをとり出し解析する方法[127,140]，(2)f'とf''の間にKramers-Kronigの関係があることを用いて，DAFSスペクトルを反復計算でフィッティングすることにより，異常分散項の虚部，すなわちXAFS振動を求める方法[128]，(3)対数分散関係(logarithmic dispersion relation, LDR)を使い，反復計算でのフィッティングを行わずに直接異常分散項の虚部を求める方法[141]がある．(1)の方法はEDAFS領域(extended diffraction anomalous fine structure)，すなわちXAFS法でのEXAFS領域の解析に主眼を置いた方法であり，取り出した振動成分はEXAFS振動とEDAFS振動の位相差を考慮して解析する必要がある．(2)と(3)ではDANES (diffraction anomalous near edge structure)とEDAFS領域の両者の解析に用いられる手法で，異常分散項を取り出す方法に，(2)反復計算を用いたフィッティングを行うか，(3)実験データから直接，解析的に異常分散項を求めるかの違いがある．解析により求められたf''のスペクトルには，これまでのXAFSスペクトルと同様の解釈や解析手法が用いられる．(1), (2)に関してはすでにすぐれた解説があるので[129]，ここでは(3)の解析手法について解説を行う．

式(5.4.5)の構造因子は，位相項$e^{i\phi}$を用いて次式のようにも書くことができる．

$$F(E) = |F(E)|e^{i\phi} \tag{5.4.6}$$

この式の両辺の自然対数をとると，

$$\ln F(E) = \ln |F(E)| + i\phi \tag{5.4.7}$$

ここで，ϕには主値をとる．対数分散関係(LDR)とは，式(5.4.7)に示すように自然対数をとった後の周波数応答関数の実部と虚部の間のKramers–Kronigの関係である[142]．したがって，十分広いエネルギー領域で実験的に$|F(E)|$がわかっている場合には，その虚部で表される位相項は主値積分を用いて計算できる．

$$\phi = -\frac{2E}{\pi} P \int_0^\infty \frac{\ln|F(E)|}{E'^2 - E^2} dE' \tag{5.4.8}$$

これによりϕを実験的に求めると，構造因子の実部と虚部はϕの定義より，次式のように表される．

$$|F_{hkl}|\cos\phi = \sum_n \left(f_n^0 + f_n'(E)\right)e^{-M_n}\cos[2\pi(hx_n + ky_n + lz_n)]$$
$$- \sum_n f_n''(E)e^{-M_n}\sin[2\pi(hx_n + ky_n + lz_n)]$$

$$|F_{hkl}|\sin\phi = \sum_n \left\{f_n^0 + f_n'(E)\right\}e^{-M_n}\sin[2\pi(hx_n + ky_n + lz_n)]$$
$$+ \sum_n f_n''(E)e^{-M_n}\cos[2\pi(hx_n + ky_n + lz_n)] \tag{5.4.9}$$

実験的に得られるDAFSスペクトルのエネルギー領域は限られているので，式(5.4.8)の無限積分を実行するには補正が必要であり，例えば打ち切り誤差の補正項の導入が提案されている[143]．式(5.4.9)の左辺は実験的に求まり，右辺については実験に用いた回折ピークの指数hklと単位胞中の原子座標x_n, y_n, z_nの情報を用いて，異常分散項の実部と虚部からなる連立方程式を得ることができる．いま求めたい原子位置ごとの異常分散項の数に応じて，構造因子の異なる複数の回折ピークを観測し，それらの結果を式(5.4.9)で表される式に展開して，それらを連立させて解くことで，異常分散項のエネルギースペクトルを原子位置ごとに決定することができる．特に，中心対称のない系では，式(5.4.9)を解くために単結晶試料などを用いて$h\,k\,l$と$\bar{h}\,\bar{k}\,\bar{l}$のDAFSスペクトルを独立に測定する必要がある．

実際のDAFS解析においては，式(5.4.4)の構造因子を回折ピークの積分強度から得るために，次の式に示すようなさまざまな強度補正を行う必要がある．

$$I_{hkl}(E) = I_0 C m_{hkl} A (LP)_{hkl} |F_{hkl}|^2 \tag{5.4.10}$$

ここで，I_0は入射X線強度，CはX線の入射エネルギーに依存しない定数，m_{hkl}は多重度因子，LPはローレンツ偏光因子，Aは吸収因子である．吸収因子Aは，試料の線吸

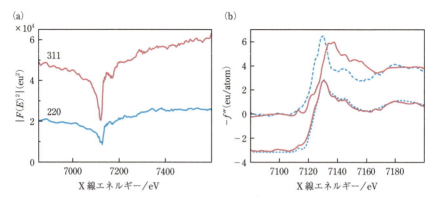

図5.4.3 (a) Fe_3O_4 の311, 220回折線から得たFe K吸収端DAFSスペクトル．(b) 上：DAFSから分離した四面体サイト（実線）と八面体サイト（破線）を占めるFeのXAFSスペクトル．下：それぞれのサイトのDAFSから得られたXAFSスペクトルを原子数比で重み付け平均をとったスペクトル（実線）と，同じ試料の吸収測定から得られたXAFSスペクトル（点線）．

収係数が吸収端近傍で不連続に変化することから，DAFS解析では正確な補正が不可欠である．したがって，DAFS測定では単結晶試料では薄膜，多結晶試料ではペレットなど，形状が規定できる試料に対して，試料の吸収や蛍光を同時に測定して，それを用いて補正するのが一般的である．

最後に，本節で説明したDAFS法による解析を用いて，単位胞中の異なる対称性を示す原子位置を占める同じ種類の元素について，各原子位置での構造情報を取り出した測定例を紹介する．スピネル構造を示すマグネタイト（Fe_3O_4）中では，立方最密充填構造をとる酸素イオンの四面体の穴（8aサイト）の1/8をFe^{3+}が占め，八面体の穴（16dサイト）の1/2を1：1の比でFe^{2+}とFe^{3+}が占有する．このマグネタイトの粉末試料を窒化ホウ素で希釈し作製したペレットを用いて，Fe K吸収端近傍で測定した311, 220回折線によるDAFSスペクトルを図5.4.3(a)に示す．これら2つの回折線の構造因子はそれぞれ異なっており，式(5.4.9)の関係から次の関係式を得ることができる．

$$|F_{220}|\sin\phi = -8f''_{Fe(8a)}\exp(-M_{Fe(8a)})$$
$$|F_{311}|\sin\phi = -4\sqrt{2}f''_{Fe(8a)}\exp(-M_{Fe(8a)}) - 8f''_{Fe(16d)}\exp(-M_{Fe(16d)})$$
(5.4.11)

式(5.4.9)から，それぞれのサイトのXAFSスペクトルを分離することができる．図5.4.3(b)上側のスペクトルは，四面体サイト（8a：実線）と八面体サイト（16d：破線）を占めるFeのXAFSスペクトルである．四面体サイトのXAFSが八面体サイトのそれと比べ高エネルギー側にシフトしている点や，顕著なプリエッジがみられる点などは，四

面体サイトをFe^{3+}が占めるとされるこれまでの報告と矛盾しない結果が得られていることがわかる．また，図5.4.3(b)下側に示す，それぞれのサイトのスペクトルを原子数比で重み付けして平均をとったスペクトル(実線)と，XAFSスペクトル(点線)は良い一致を示しており，サイト選択的なXAFSスペクトルが得られていることもわかる．

このように，最近の放射光計測技術の進歩と，対数分散関係を用いた解析手法の採用により，DAFS測定はこれまでより短時間で行えるようになり，その解析も測定データのみを用いる，より直接的なものになりつつある．今後は，RXDS法がもつ単位胞中の原子位置選択性や試料中の相選択性を活用し，XAFS法の適用が不可能な複雑系物質の解析法として普及することを期待する．

5.5 ■ X線定在波法

X線定在波(X-ray standing wave, XSW)法は，完全性の高い結晶において，X線の回折条件を満たすような入射波と回折波の干渉によって生じる定在波を利用する方法である．この定在波は，結晶格子面の面間隔と同じ周期をもち，入射角や波長を回折条件からわずかにずらすと，腹と節の位置が格子面に対して移動する．このことを利用して，注目する原子と定在波の相互作用によって生じる光電子・オージェ電子や蛍光X線を入射角や波長を変えながら測定すると，注目原子の結晶面からの距離を調べることができる．このような定在波は結晶の内部はもとより，入射波と回折波が重なる結晶外部にも生じるので，結晶表面に吸着した化学種の特定の原子の結晶面からの距離を求めることができる手法として，多くの表面構造解析に利用されている[144〜149]．

X線定在波は，Battermanによって，硬X線の回折過程で放出される蛍光X線の強度変化の異常として見出された[150]．これに続き，この現象を利用すれば表面や界面の構造解析が可能であると提案された[144,145]．その後，1985年にOhtaらはSi単結晶の(111)面についてSi K吸収端のEXAFS測定を全電子収量で行った際にXANESスペクトルの後に観測されるEXAFS領域に奇妙なプロファイルを発見した[146]．これが軟X線領域で定在波が初めて観測された例であり，同様のプロファイルはInP(100)面でも確認された[151,152]．これをきっかけに，軟X線定在波を用いて金属基板表面に吸着した原子の位置決定が数多く行われた[146]．波長が5Å($\sim$2500 eV)程度の軟X線領域では，垂直入射のときにブラッグの回折条件($2d\sin\theta=\lambda$)を満たす金属結晶が多いうえ，この条件では定在波プロファイルが現れるDarwin幅が広くなり，結晶の不完全性の影響が非常に少なくなるため，直入射軟X線定在波法として表面原子の吸着構造を調べるのに特に用いられるようになった[148,149]．

さらに，原子よりサイズが大きい分子の吸着構造を調べるためには，より周期の長い定在波が必要になる．この目的には，より波長の長い極端軟X線領域($\lambda > 12$ Å，

$E < 1000\,\text{eV}$)のX線を用いて定在波を発生させるのが1つの方法であり,面間隔が数10Å以上の人工超格子を定在波発生基板として用いることができる[153].また,波長を長くする代わりに,入射角を全反射臨界角以下の小さな角度にすれば,波長の短い硬X線でも数10Å以上の周期をもった定在波を発生させることができる[154].この場合は,全反射条件を満たす範囲内であれば,入射角を変えることによって定在波の周期を変えることができる.このように,X線定在波法では結晶面から見たいものまでの距離に応じて,それに合わせた周期の定在波を発生させることが重要である.

X線定在波法は特定の原子の結晶面からの距離を測定する方法なので,結晶面に平行な方向の秩序性は必ずしも必要ない.したがって,表面回折法では解析が難しい面内秩序性のない系や不整合(incommensurate)な系,大きな有機分子が吸着している系などの構造情報を得るのに有用である.結晶面を基準にした位置情報を与える手法なので,XAFSのような局所結合の距離や配向情報を与える手法と相補的である.以下では,X線定在波法の理論について説明した後,具体的な測定法と固体表面への吸着原子・分子の位置決定についての応用例を紹介する.

5.5.1 ■ 理論

完全に近い結晶にX線を入射したとき,ブラッグの回折条件を満たしていれば強い回折波が生じ,入射波との間で干渉を起こす.このとき結晶内外に定在波が発生するが,詳細については動力学的回折理論の教科書[155]やX線定在波の解説[144~149]を参照していただき,ここではX線定在波法を理解するうえで重要な式とその意味についてまとめておく.

回折条件において入射波$\mathbf{E}_0$と回折波$\mathbf{E}_H$が重なる領域の電場$\mathbf{E}$は,両者の重ね合わせによって,

$$\mathbf{E} = \mathbf{E}_0 \exp(-i\mathbf{k}_0 \cdot \mathbf{r}) + \mathbf{E}_H \exp(-i\mathbf{k}_H \cdot \mathbf{r}) \tag{5.5.1}$$

と表せる.$\mathbf{k}_0$と$\mathbf{k}_H$の間にはこの回折に関与する逆格子ベクトル$\mathbf{H}$を用いて,$\mathbf{k}_H - \mathbf{k}_0 = \mathbf{H}$という関係が成り立つので,$E_0$で規格化した電場強度$I$は,

$$I = \left(\frac{E}{E_0}\right)^2 = \left|1 + \frac{E_H}{E_0}\exp(-i\mathbf{H}\cdot\mathbf{r})\right|^2 = \left|1 + \frac{E_H}{E_0}\exp\left(\frac{-2\pi i \Delta z}{d_H}\right)\right|^2 \tag{5.5.2}$$

となる.逆格子ベクトル$\mathbf{H}$は長さが$2\pi/d_H$(d_Hは回折を起こす結晶面の面間隔)で方向が結晶面に垂直なベクトルなので,電場強度Iは結晶面に垂直な方向の距離Δzのみによって決まり,周期がd_Hの定在波になる.式(5.5.2)にある電磁波の振幅の比E_H/E_0は,$\mathbf{H}$と$-\mathbf{H}$で定義される構造因子F_Hと$F_{\bar{H}}$,および回折条件からのずれを表すパラメータWを使って次のように表される.

5.5 X線定在波法

$$\frac{E_H}{E_0} = \left(\frac{F_H}{F_{\bar{H}}}\right)^{1/2} \left[W \pm \left(W^2 - 1\right)^{1/2}\right] \quad (5.5.3)$$

$$W = \frac{-2(\Delta E/E_B)\sin^2\theta_B + \Gamma F_0}{|P|\Gamma(F_H F_{\bar{H}})^{1/2}} \quad (5.5.4)$$

ただし，$\Gamma = \dfrac{e^2 \lambda^2}{mc^2 \pi V}$

振幅比E_H/E_0の二乗は反射率Rに対応するので，式(5.5.3)の複号はRが1を超えないようにとる．Wは回折条件からのずれが角度による場合とX線のエネルギーによる場合があることに対応して，2通りの表記の仕方があるが，後で述べる理由によって，角度を固定してエネルギーを掃引する方法が主流なので，エネルギーのずれに対する式を示している．ΔEは回折条件を満たすE_Bからのエネルギーのずれ，F_0はミラー指数(000)に対する構造因子，Pは偏光因子，Vは単位格子の体積，λは入射X線の波長である．$|W| \leq 1$のとき反射率が大きくなり定在波が発生するが，このとき図5.5.1に示すように，Wの値に応じて定在波の位相がずれていく．$|W| \leq 1$では式(5.5.3)の[　]の中が複素数になることからわかるように，振幅比E_H/E_0は複素数になる．その位相因子をΦとすれば，E_H/E_0は次のように表される．

$$\frac{E_H}{E_0} = \left|\frac{E_H}{E_0}\right| \exp(i\Phi) \quad (5.5.5)$$

これを式(5.5.2)に代入すると，定在波の強度は，

$$I = \left|1 + \left|\frac{E_H}{E_0}\right| \exp\left[i\left(\Phi - \frac{2\pi\Delta z}{d_H}\right)\right]\right|^2 = 1 + \left|\frac{E_H}{E_0}\right|^2 + 2\left|\frac{E_H}{E_0}\right|\cos\left(\Phi - \frac{2\pi\Delta z}{d_H}\right) \quad (5.5.6)$$

となり，位相因子Φによって節と腹の位置がずれていくことがわかる．ΦがWによってどのように変化するか，次の関係式に基づいて見てみる．

$\text{Re}(E_H/E_0) > 0$の場合　　$\Phi = \tan^{-1}\left[\text{Im}(E_H/E_0)/\text{Re}(E_H/E_0)\right] + \pi \quad (5.5.7)$

$\text{Re}(E_H/E_0) < 0$の場合　　$\Phi = \tan^{-1}\left[\text{Im}(E_H/E_0)/\text{Re}(E_H/E_0)\right] \quad (5.5.8)$

いま，簡単のために反転対称性のある結晶を考え，吸収がないと仮定する．構造因子は$F_H = F_{\bar{H}}$かつ実数になるので，式(5.5.3)は$E_H/E_0 = W \pm (W^2 - 1)^{1/2}$のように簡単化され，$W$も実数になる．このとき，$\Phi$は$W$によって次のように変化する．

$$\Phi = \begin{cases} \pi & (W < -1) \\ \tan^{-1}\left[(1-W^2)^{1/2}/W\right] + 0 \text{ or } \pi & (|W| \leq 1) \\ 0 & (W > 1) \end{cases} \quad (5.5.9)$$

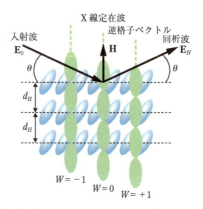

図5.5.1 結晶において発生する定在波の模式図. W によって定在波の節と腹の位置がシフトする.

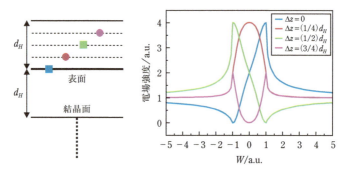

図5.5.2 結晶面から Δz 離れた4つの位置における電場強度の W 依存性

また，このときの反射率 R を $R=|E_H/E_0|^2$ から求めると，$|W|\leq 1$ のときに $R=1$ となり全反射が起こり，それ以外ではほとんどゼロに近い値になることがわかる．これらの Φ および R を式(5.5.6)に入れて電場強度 I を求めてみると，**図5.5.1**のように，$\Delta z=0$ (結晶面)の位置で $W=-1$ のときに節になり，$W=1$ のときに腹になることが確認できる．さらに式(5.5.6)より，結晶面から Δz 離れた位置における電場強度の W 依存性をプロットしたものが**図5.5.2**である．これを見ると，結晶の面間隔の中で位置が変わると，電場強度の W 依存性(定在波プロファイル)が大きく変化することがわかる．式(5.5.4)から $|W|\leq 1$ となるエネルギー幅を求めると，

$$\Delta E(|W|\leq 1) = \frac{E_\mathrm{B}|P|\Gamma(F_H F_{\bar{H}})^{1/2}}{\sin^2\theta_\mathrm{B}} \tag{5.5.10}$$

となる．例えばNi(111)の直入射の回折条件(λ = 4.05 Å, E_B = 3067 eV)では，式(5.5.10)によるエネルギー幅は0.86 eVとなる．したがって，図5.5.2のような定在波プロファイルを測定するには，裾まで入れて4〜5 eV程度を掃引すればよいことになる．これは二結晶分光器の通常の分解能(約1 eV)で十分に測定可能である．

最後に，角度掃引による定在波プロファイル測定についてふれておく．式(5.5.4)から角度掃引の場合のWと$|W| \leq 1$となる角度幅を求めると次のようになる．

$$W = \frac{-\Delta\theta\sin 2\theta_B + \Gamma F_0}{|P|\Gamma(F_H F_{\bar{H}})^{1/2}}, \quad \Delta\theta(|W| \leq 1) = \frac{|P|\Gamma(F_H F_{\bar{H}})^{1/2}}{\sin 2\theta_B} \quad (5.5.11)$$

これに基づくと，例えばNi(111)の45°入射の回折条件(λ = 2.86 Å, E_B = 4338 eV)では，角度幅$\Delta\theta$は0.016°になり，非常に高精度の角度掃引が必要になると同時に，結晶のモザイク度(場所による結晶方位のぶれの分布)もきわめて低いものが求められることがわかる．金属結晶の場合，モザイク度は典型的には0.1°程度であるので，角度掃引による定在波プロファイルの測定は難しい．ただし，直入射に近い条件では，$\theta_B \approx 90°$であり$\Delta\theta$が非常に大きくなるので，金属結晶でも測定が可能になる．金属結晶基板の定在波を用いた研究では，ほとんどの場合に直入射条件が用いられるのはこのためである．

5.5.2 ■ 実験方法および解析法

X線定在波法の測定は，定在波によって励起された注目する原子から放出される蛍光X線や光電子・オージェ電子を検出することにより行われる．多くの場合には，図5.5.3に示すような直入射配置が用いられ，試料を角度調整が可能なマニピュレーターに固定し，電子を見る場合には電子エネルギー分析器，蛍光X線で見る場合には蛍光X線検出器が設置される．よく規定された試料を作り電子検出を可能にする目的で，測定槽として超高真空槽もよく用いられる．内殻励起が可能なX線を用いるので，放出される電子や蛍光X線も元素固有のエネルギーをもつ．これを利用して，特定の元素からの定在波プロファイルを選択的に測定できる．さらに，光電子収量法でX線定在波測定を行うと，化学シフトを利用して同じ分子内にある化学状態の異なる同種の原子をそれぞれ分けて観測することができる．

このように注目する原子の定在波に対する応答を測定して定在波プロファイルが得られたら解析を行うことになるが，その際にいくつか注意が必要である．実際の測定で使うX線は完全な平行光ではなく，試料にもモザイク度があるので，測定上の角度には幅がある．また，X線のエネルギーにも分解能に応じた幅がある．これらの角度とエネルギーの分布の影響が実際の測定結果には入っているので，これらを考慮して解析する必要がある．実際には，これらの分布に対してガウス分布を仮定し，反射率

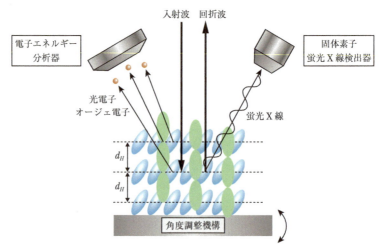

図5.5.3 直入射配置の測定セットアップの模式図

の理論カーブ$R(\theta, E)$に畳み込み積分をしたものが実測の反射率$R_{\exp}(\theta, E)$を再現するようにガウス分布を決める．すなわち，

$$R_{\exp}(\theta, E) = \iint R(\theta', E') \cdot G(\theta' - \theta, \sigma_\theta) \cdot G(E' - E, \sigma_E) d\theta' dE' \quad (5.5.12)$$

を満たすような角度の幅σ_θとエネルギーの幅σ_Eを求める．このようにして求めた角度とエネルギーのガウス分布を定在波プロファイルの解析の際にも用いる．定在波プロファイルの理論カーブは式(5.5.6)で与えられるが，実際の試料では注目する原子すべてが結晶面からΔzの位置にあるわけではなく，結晶の不完全性による分布をもっている．また熱振動による位置の分布も生じる．これらの位置の分布を考慮するために，コヒーレント因子f_cを導入する．完全にすべての原子が結晶面からΔzの位置にある場合を$f_c = 1$とし，完全にランダムに分布している場合を$f_c = 0$とする．このコヒーレント因子を式(5.5.6)に導入したものが次の式である．

$$I(\theta, E) = \left|1 + f_c \left|\frac{E_H}{E_0}\right| \exp\left[i\left(\Phi - \frac{2\pi\Delta z}{d_H}\right)\right]\right|^2 + (1 - f_c^2)\left|\frac{E_H}{E_0}\right|^2 \quad (5.5.13)$$

この式に，反射率の解析から求めたガウス分布を畳み込み積分をしたものが実測の定在波プロファイル$I_{\exp}(\theta, E)$に対応するので，次の式でフィッティングをすることでΔzとf_cを決めることができる．

$$I_{\exp}(\theta, E) = \iint I(\theta', E') \cdot G(\theta' - \theta, \sigma_\theta) \cdot G(E' - E, \sigma_E) d\theta' dE' \quad (5.5.14)$$

5.5.3 ■ 測定例

A. 金属上の原子状硫黄の吸着構造[156]

X線定在波法による表面構造解析の典型的な例として，硫黄原子が吸着した/Ni(111)表面の測定・解析結果について紹介する．この研究の特徴は，1つの結晶の2つの結晶面を利用して定在波プロファイルの解析を行っている点である．両者の結果を合わせて，高さだけでなく，位置に関する情報も引き出している．図5.5.4に(111)面と(11$\bar{1}$)面に対して発生させた定在波について，硫黄の蛍光X線と全電子収量で測定した定在波プロファイルを示す．全電子収量はNiからの二次電子を見ていることになるので，Niのプロファイルに対応する．この場合は結晶面にあるNi原子のプロファイルになるので，どちらの面であっても同じ結果になる．一方，硫黄原子の場合には，それぞれの面から見た高さが異なるので，明らかに異なるカーブになる．その解析結果は，S原子の位置が(111)面からは1.58Å，(11$\bar{1}$)面からは1.80Åとなった．両方の面から得られた高さをほぼ満足するサイトは図5.5.5に示すfcc-hollowサイトとなった．しかし，(111)面から見た硫黄原子のコヒーレント因子が0.89であるのに対し，

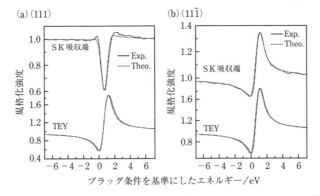

図5.5.4 S/Ni(111)における(111)面(a)と(11$\bar{1}$)面(b)の定在波プロファイル[156]

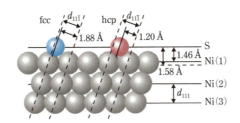

図5.5.5 硫黄原子の定在波プロファイル解析から提案される吸着サイトの構造モデル[156]

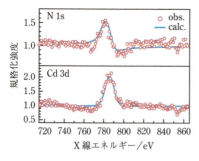

図5.5.6 光電子収量法による超格子上の長鎖カルボン酸8Az6のCd 3d, N 1sの定在波プロファイル[153]

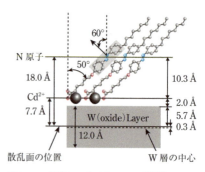

図5.5.7 長鎖カルボン酸8Az6の吸着構造モデル[153]

($11\bar{1}$)面から見た場合は0.62とかなり低かった．これは，硫黄原子が100%の割合でfcc-hollowサイトを占めているのではなく，hcp-hollowサイトが混ざっているためと推測された．このモデルに基づいて解析すると，実測を最も良く再現するのは，fccが8割，hcpが2割の混合吸着系になることがわかった．その結果，($11\bar{1}$)面から見た硫黄原子のコヒーレント因子は0.86 ± 0.09となり，(111)面からのコヒーレント因子と一致した．このように異なる結晶面を使ったX線定在波解析は非常に有効であり，三角測量のようにして原子の位置を決めることができる．

B. 有機LB膜の特定原子の高さ[153]

Langmuir–Blodgett (LB)膜などの有機薄膜の作製に用いられる有機分子は分子量が比較的大きいので，基板垂直方向に立って吸着する場合には，注目する原子と基板との距離は通常の金属や酸化物の結晶面間隔よりも大きい．このような場合は，数10Å程度の周期をもった超格子を基板に用いればよい．中心近傍にアゾベンゼンをもった長鎖カルボン酸8Az6を[W(12.0Å)/C(18.9Å)]$_{80}$（周期30.9Å）超格子基板上にLB法で単分子膜として吸着させた試料を用意した．入射角15°，光エネルギー775 eVで回折条件を満たす．この領域の光を使ってN 1sとCd 3dの光電子収量法による定在波プロファイルを測定したものが**図5.5.6**である．このLB膜にはCd^{2+}イオンを安定化剤として加えているので，Cd 3dの信号が見える．これを解析すると，**図5.5.7**のように，Cdは基板表面に位置するのに対し，NはCdから平均して10.3Åの高さに位置することがわかった．このことは，分子が表面垂直から約50°傾いていることを示し，NEXAFSによっても確認された．このように，超格子を使うことによって，大きな分子の高さ位置を定在波プロファイルから求めることができる．

C. 金属への環状有機分子の吸着配向[157]

最後の測定例として，環状金属錯体分子の金属表面への特異な吸着構造を解析した

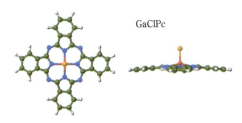

図5.5.8 GaClPcの分子構造モデル[157]

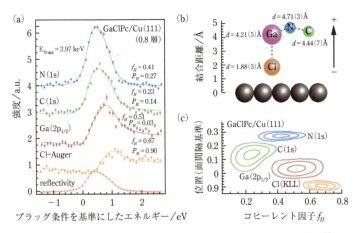

図5.5.9 GaClPc/Cu(111)の定在波プロファイル(a)と解析結果(b), (c)[157]

研究を紹介する．この研究では図5.5.8に示すような中心にGaが配位し対アニオンとしてClをもつフタロシアニン(GaClPc)をCu(111)面に吸着させた系のGa, Cl, N, Cの光電子・オージェ電子収量定在波プロファイルが解析された．図5.5.9(a)に示した定在波プロファイルはClのみが他とは大きく異なり，Cu(111)の面間隔(2.09 Å)を基準にした位置は，Ga：0.03, C：0.14, N：0.27, Cl：0.90となった．このとき，Clが一見，最も位置が高いように見えるが，そのように解釈すると，GaがCu表面とほぼ同じ高さに位置することになるので不自然であり，またGa–Cl距離も通常の自由分子の距離より0.4 Åも短くなる．そこで，Clは最も位置が低く，Gaを含むPc面はそれよりも高いところに位置していると解釈された．すなわち，Ga, C, Nの位置はCu表面レベルから面間隔2つ分高いところを基準にした位置となる（図5.5.9(b), (c)）．これによりGa–Cl距離も自由分子における距離にほぼ等しくなる．また，このときのClの高さはCu(111)にCl原子が吸着したときとほぼ同じになることから，この分子はClを下に向けて，CuとClが共有結合をしていることがわかった．このように定在波プロ

ファイルで測定する高さは結晶面を基準にしているので，どの結晶面からの高さかを注意深く検討する必要がある．このような注意点があるとしても，分子のいろいろな部位がどのような高さにあるかを詳細に調べることができる定在波法は，大きな分子と基板の相互作用を調べるうえで非常に強力な手法である．

5.6 ■ Core-hole clock 分光法

　Core-hole clock 分光は，内殻準位の電子が励起することによって生じた内殻空孔が緩和する際に，励起電子が系外に電荷移動する終状態と系内に局在する終状態への分岐の仕方に応じてオージェ電子スペクトルや光電子スペクトルが変化することを利用して，電荷移動の時間スケールに関する情報を得る手法である．内殻空孔の緩和時間は軽元素の1s軌道の空孔であれば数フェムト秒程度であるが，これを基準として，基準時間内に励起電子が移動するかしないかでスペクトルが変わるので，内殻空孔の緩和時間を内部時計として超高速電荷移動の時間を測定することができる．内殻空孔の緩和時間は，速い場合には数百アト秒程度にもなるので，超高速レーザーを用いた大がかりなポンプ・プローブ実験でもとらえるのが難しい電荷移動現象を比較的簡便に調べることができるという特徴がある．

　吸着種の内殻空孔の遮蔽に基板からの電荷移動が寄与する場合があることが認識されたのは，1970年代後半である[158,159]．それまでに，内殻空孔がよく遮蔽された（well-screened）終状態と遮蔽されない（unscreened）終状態に対応する2つの成分がオージェ電子スペクトルや光電子スペクトルで観測されることが知られていた．基板と吸着種が強く相互作用する場合には，基板からの電荷移動は内殻空孔の緩和より速く起こり，完全に遮蔽された終状態のみが観測される[1]．しかし，それほど強くない相互作用ならば，基板からの電荷移動と内殻空孔緩和の競合によってこの2つの成分の強度比は決まるはずである．このことに注目して，Mårtenssonらは，グラファイトの上に吸着した窒素分子を使って，グラファイトから窒素分子への電荷移動時間が内殻空孔の緩和時間を基準にして求められることを初めて示した[160]．これを契機として，その後の10年余りの間に C_{60}/Au(110)[161]，イソニコチン酸/TiO_2(110)[162]，S/Ru(0001)[163]，銅フタロシアニン/Au(111)[164]，チオレート系自己組織化膜/Au(111)[165,166]など，さまざまな金属や半導体基板と原子・分子との界面における電荷移動時間の見積もりに応用されるようになり，最近ではさらに測定対象に広がりを見せつつある．以下では，Core-hole clock 分光の原理について説明した後，具体的な測定・解析法と電荷移動時間の見積もりへの応用研究について紹介する．

5.6.1 ■ 原理

内殻空孔の緩和において，励起電子が原子に局在する終状態と非局在化する終状態に分岐する分岐比を測定することを通して，内殻空孔が生じた原子と近傍の基板原子の間の電荷移動時間を見積もることができる．ここではその原理について整理しておく[161,167~169]．

図 5.6.1 にX線による固体基板上の分子の励起と緩和過程を模式的に示した．X線によって内殻空孔を生じる過程の代表例として，内殻軌道から光電子が放出される過程（a: XPS）と内殻軌道から非占有軌道に電子が励起されることによるX線吸収過程（b: XAS）がある．このうち，X線吸収過程で生じる非占有軌道への励起電子は，緩和過程における一種のプローブとして電荷移動の様子を調べるのに用いることができる．すなわち，この励起電子がもとの原子に留まり，内殻空孔に緩和しながら別の価電子が放出される共鳴光電子放出（c: RPES）が起こるチャンネルと，励起電子が内殻空孔へ緩和する前に基板の伝導帯に電荷移動することによる通常のオージェ電子放出（e: normal-Auger）が起こるチャンネルへの分岐比を測定することができる．また，この励起電子がそのまま励起が起こった原子に局在しながらオージェ電子が放出される（d: R-Auger）場合もあり，この局在，非局在の2つの終状態に対応するオージェ電子を観測することによって，2つのチャンネルの分岐比を測定することもできる．(c)や(d)のような局在した終状態は，内殻空孔の緩和は分子が置かれた化学的な環境によらず，一定の内殻空孔寿命で生じる．一方，(e)のような非局在化した終状態は，基板への電荷移動によって生じるので，内殻空孔緩和と電荷移動の両チャンネルの競合によって上記の分岐比が決まる．以下では，この分岐比が，内殻空孔寿命と電荷移

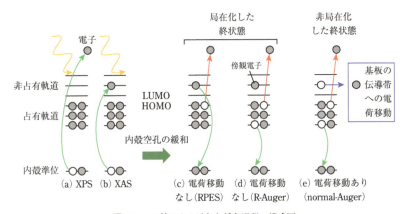

図 5.6.1 X線による励起と緩和過程の模式図

動時間とどのように定量的につながるのかを見ていく.

いま,内殻空孔緩和も電荷移動も,それぞれ独立な指数関数的緩和を示すものとする.すなわち,時間に依存する内殻空孔もしくは励起電子の数を $N(t)$ として,

$$\frac{dN(t)}{dt} = -\frac{1}{\tau}N(t) \tag{5.6.1}$$

$$N(t) = N_0 e^{-t/\tau} \tag{5.6.2}$$

と表せるものとする.このような指数関数的緩和によってある時間 T 経過したときに緩和が起こっている確率 $P_{\text{decay}}(T)$ と緩和が起こっていない確率 $P_{\text{no-decay}}(T)$ は,式 (5.6.1), (5.6.2) より,それぞれ,

$$P_{\text{decay}}(T) = \int_0^T -\frac{1}{N_0}\frac{dN(t)}{dt}dt = \int_0^T \frac{1}{\tau}e^{-t/\tau}dt \tag{5.6.3}$$

$$P_{\text{no-decay}}(T) = 1 - \int_0^T \frac{1}{\tau}e^{-t/\tau}dt \tag{5.6.4}$$

となる.いま,内殻空孔の緩和時間を τ, 励起電子が電荷移動する時間を τ_{CT} とすると,内殻空孔の緩和より前に電荷移動が起こらずに内殻空孔が緩和する確率 $P_{\text{no-CT, hole-decay}}(T)$ は次のように表せる.

$$\begin{aligned} P_{\text{no-CT,hole-decay}}(T) &= \int_0^T \frac{1}{\tau}e^{-t_2/\tau}\left\{1 - \int_0^{t_2}\frac{1}{\tau_{\text{CT}}}e^{-t_1/\tau_{\text{CT}}}dt_1\right\}dt_2 \\ &= \frac{\tau_{\text{CT}}}{\tau_{\text{CT}}+\tau}\left[1 - e^{-\{(1/\tau_{\text{CT}})+(1/\tau)\}T}\right] \end{aligned} \tag{5.6.5}$$

測定では十分に時間が経った状態を観測するので, T は無限大とみなしてよい.すると,

$$P_{\text{no-CT,hole-decay}}(T) = \frac{\tau_{\text{CT}}}{\tau_{\text{CT}}+\tau} \tag{5.6.6}$$

となり,電荷移動が起こってから内殻空孔緩和する確率 $P_{\text{CT, hole-decay}}(T)$ は同様に,

$$P_{\text{CT,hole-decay}}(T) = \frac{\tau}{\tau_{\text{CT}}+\tau} \tag{5.6.7}$$

と表せる.したがって,内殻空孔緩和における電荷移動が起こって非局在化した終状態とそれが起こらず原子に局在化した終状態のスペクトル成分を分けて観測することができ,その強度比を実験的に測定することができれば,次の式のように,内殻空孔寿命 τ と励起電子の電荷移動の時定数 τ_{CT} の比を直接求められる.

$$\frac{P_{\text{CT,hole-decay}}(T)}{P_{\text{no-CT,hole-decay}}(T)} = \frac{\tau}{\tau_{\text{CT}}} \tag{5.6.8}$$

内殻空孔寿命 τ は内殻励起スペクトルの自然幅から既知なので,このような強度比の測定から電荷移動の時定数 τ_{CT} を知ることができる.

5.6 Core-hole clock 分光法

実際のCore-hole clock分光の測定には大きく分けて2通りの方法がある．1つはX線吸収(XAS)スペクトルと共鳴光電子(RPES)スペクトルを別々に測定して比較する方法で，もう1つは共鳴オージェ(R-Auger)電子と通常オージェ(normal-Auger)電子を1つのスペクトルで測定して比較する方法である．前者の方法では，光のエネルギーを変えながらXASとRPESスペクトルを測定し，次式によって電荷移動の時定数τ_{CT}を求める．

$$\tau_{CT} = \left[\frac{I_{RPES}/I_{XAS}}{C - (I_{RPES}/I_{XAS})} \right] \tau \tag{5.6.9}$$

I_{XAS}はX線によって内殻電子が異なる空準位へ励起する確率に比例し，I_{RPES}はそれを出発点にして局在した終状態に至る確率に比例するとみなせるので，I_{RPES}/I_{XAS}は規格化された局在終状態への分岐比になる．Cは分子と基板との間の相互作用がないときの強度比I_{RPES}/I_{XAS}であり，これを基準にした強度比の変化分が基板への電荷移動の寄与になる．後者の方法では，光のエネルギーを掃引しながら共鳴オージェ過程と通常オージェ過程のスペクトル成分を測定し，次式によってτ_{CT}を求める．

$$\tau_{CT} = \frac{I_{R\text{-}Auger}}{I_{normal\text{-}Auger}} \tau \tag{5.6.10}$$

内殻空孔寿命τは，軽元素の内殻空孔の場合，数フェムト秒程度($\tau_{C\,1s} = 6$ fs, $\tau_{N\,1s} = 5$ fs, $\tau_{O\,1s} = 4$ fs)[169]なので，サブフェムト秒から10フェムト秒オーダーの超高速の電荷移動時間を見積もることができる．

5.6.2 ■ 実験方法および解析法

Core-hole clock分光の測定は前項で述べたように，XASとRPESを使う方法とオージェ電子分光を使う方法の2通りがある．どちらもX線のエネルギーを掃引しながら測定するので放射光が必要であり，放出される電子の収量測定や電子分光を行うので，MCPや電子エネルギー分析器を備えた真空装置が必要になる．ビームラインの分光器と電子エネルギー分析器が連動して自動測定できるようになっていると効率が良い．希ガスや窒素分子などの弱い吸着種を吸着させて実験を行うためには低温用クライオスタットを備えた試料マニピュレーターが必要である．また，有機薄膜の実験を行う場合には，X線照射による試料損傷を低減するために，斜入射にして光子密度を下げたり，試料を冷却する場合がある．それでも損傷が見られる場合には，スペクトルごとに試料の位置を変えて測定する必要がある．

XASとRPESを使う方法について，**図5.6.2**に示すような二量化したイソニコチン酸分子が吸着したTiO$_2$表面に対する実験と解析[162]を例にして説明する．イソニコチン酸は清浄化したルチル型TiO$_2$(110)面に真空蒸着され，カルボキシル基のOHが解離することによってTiイオンに結合する．この系の価電子帯のPESスペクトルおよ

第5章　関連手法

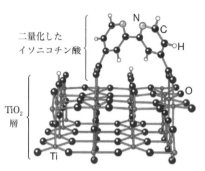

図5.6.2　イソニコチン酸が吸着したTiO_2(110)表面のモデル図[162]

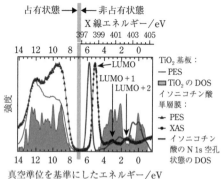

図5.6.3　イソニコチン酸／TiO_2(110)のPESとN K吸収端XASスペクトル[162]

びN K吸収端XASスペクトルと基板の状態密度(density of states, DOS)を比較したもの(図5.6.3)を見ると，真空準位(E_{vac})を基準にしたエネルギーで5〜8 eVにTiO_2のバンドギャップがあり，イソニコチン酸のLUMOはそのバンドギャップの中に位置するため，LUMOに電子が入ってもTiO_2の伝導帯への電荷移動はできないことがわかる．一方，LUMO+1とLUMO+2は伝導帯のDOSとエネルギー的に重なっているので電荷移動が可能である．もう1つ注意すべき点は，TiO_2基板だけのPESスペクトルとイソニコチン酸が吸着したPESスペクトルを比較すると，7〜12 eVにかけて，イソニコチン酸のHOMOやHOMO−1に対応すると見られるピークが強く観測される．このようなイソニコチン酸の占有軌道からの光電子は，光エネルギーをN 1sからLUMOへの遷移(398.6 eV)に合わせて測定すると増強されて共鳴光電子となる．

この共鳴光電子の積分強度を光エネルギーの掃引をしながらプロットしたものが図5.6.4に示すRPES収量スペクトルである．共鳴光電子の放出はN 1sから非占有軌道への遷移に共鳴して起こるので，遷移が100％共鳴光電子放出につながれば，RPES収量スペクトルはN K吸収端XASスペクトルと同じになるはずである．しかし，図5.6.4にあわせて示したXASスペクトルと比較すると，明らかにLUMO+1, LUMO+2のピーク強度は大きく減少しており，電荷移動の影響を強く受けていることがわかる．なお，前述のとおり，LUMOは基板の伝導帯よりも低いエネルギーレベルにあるために電荷移動が起こらないことがわかっているので，LUMOは電荷移動の影響がないものとして，LUMOピークの強度がXAS強度と同じになるようにRPES収量スペクトルを規格化している．LUMO+2のピークではXASスペクトルのピーク高さSに対して，RPESスペクトルのピークの高さはノイズレベルN以下であり，その比N/Sは0.1程度である．したがって，$I_{RPES}/I_{XAS}<0.1$とみなすことができ，これを式(5.6.9)に

5.6 Core-hole clock 分光法

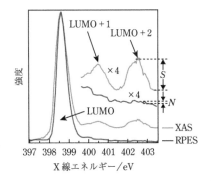

図5.6.4 イソニコチン酸/TiO$_2$(110)のRPES収量スペクトルとN K吸収端XASスペクトルの比較[162]

代入すれば，電荷移動の時定数はτ_{CT}<2.5 fsと得られる．ただし，この式の定数Cは基板の影響がないイソニコチン酸多層膜を使って同様の測定を行うことによって得られるI_{RPES}/I_{XAS}であり，ここで用いた値はC=1/3である[162]．同じ方法によってLUMO+1に対してはτ_{CT}<3 fsと見積もられる．このように，XASスペクトルとRPESスペクトルの比較によって，数fsより速い時定数で基板への電荷移動が起こることを確認することができる．

次に，オージェ電子分光を使う方法について，原子状硫黄が吸着したRu(0001)面における電荷移動[163]を例にして説明する．金属表面に直接結合した硫黄原子からの電荷移動は非常に速く，その時間スケールはサブフェムト秒領域になる．このような速い電荷移動をとらえるためには，時間の基準となる内殻空孔緩和もサブフェムト秒領域の速いものが必要になる．同じ主量子数の電子が空孔緩和をするCoster-Kronig過程とそれにともなう自動イオン化は非常に速く，速い電荷移動に対しても時間の基準として利用することができる．硫黄原子の2s電子の励起に続くS L$_1$L$_{2/3}$M$_{1/2/3}$ Coster-Kronig自動イオン化はオージェ過程を含み，2s空孔の寿命は0.5 fsと非常に短く，この電荷移動をとらえるには最適である．**図5.6.5**に原子状硫黄をRu(0001)表面単層吸着させた系に対して，S 2s吸収端近傍で光エネルギーを掃引しながら測定したS L$_1$L$_{2/3}$M$_{1/2/3}$ Coster-Kronig自動イオン化スペクトルとその解析結果を示す．この励起・緩和過程では，まずS L$_1$吸収端近傍のX線によってS 2s電子が3p空軌道に励起するS 2s→3p*遷移が起こる．その空孔緩和過程としてCoster-Kronig自動イオン化が起こり，S 2p電子が2s空孔を埋めるとともに，3sもしくは3p電子が放出される．終状態の電子配置は，2p^{-1}3s^{-1}3p^{*1}もしくは2p^{-1}3p^{-1}3p^{*1}となる．この3p*の電子はS原子に留まる傍観者になり局在終状態になる．これらの局在終状態をそれぞれl, Lと名づける．これらの終状態ではS 2s→3p*遷移に共鳴して3p*の電子を維持しなが

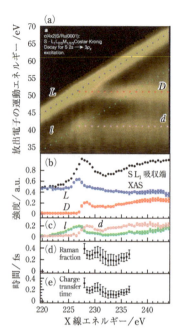

図5.6.5 S/Ru(000)のS $L_1L_{2/3}M_{1/2/3}$ Coster-Kronig自動イオン化スペクトルの光エネルギー依存性(a)および解析結果(b)～(e)[163]

らオージェ電子が放出されるので共鳴オージェ過程とみなすことができる.一方,オージェ電子が放出される前に3p*電子がRu基板に移動すると終状態は非局在化し,電子配置は$2p^{-1}3s^{-1}deloc^1$もしくは$2p^{-1}3p^{-1}deloc^1$となる.これらの非局在終状態をそれぞれd, Dと名づける.これらの終状態では硫黄原子に傍観者がない状態からオージェ電子放出が起こるので,通常のオージェ過程とみなすことができる.通常のオージェ過程で放出される電子の運動エネルギーは一定なので,図5.6.5(a)の終状態dおよびDの運動エネルギーは光のエネルギーによらず一定になる(より浅い3p軌道から放出される終状態Dの方が3sから放出される終状態dに比べて運動エネルギーは約10 eV大きくなる).それに対して,共鳴オージェ過程に対応する終状態lおよびLの運動エネルギーは,光のエネルギーに依存して変化していることがわかる.これは,この共鳴オージェ過程がラマン過程として現れているためで,エネルギー保存則に従って,光のエネルギーを増加させるとその分だけ共鳴オージェ電子の運動エネルギーが増加する.このことにより,共鳴オージェ電子と通常オージェ電子の区別が容易になる.このようなラマン効果は,内殻空孔寿命による線幅が単色化された光のエネルギー幅に比べて十分に広いときに起こることが知られているが[170～172],この系の

5.6 Core-hole clock 分光法

内殻空孔寿命 τ は 0.5 fs と非常に短いので線幅が広くなりこの条件を満たす.

このような帰属に従って, l, L, d, D の4つの成分をローレンツ関数でフィッティングし, 各成分の強度を光のエネルギーに対してプロットしたものが図5.6.5 (b), (c) である. 図5.6.5 (b) には4つの成分の和として得られるS L_1 吸収端XASスペクトルをあわせて示してある. 4つの成分のうち, 終状態 L の強度は全エネルギー領域でベースラインが上がっていることがわかるが, これはS 2p光電子放出におけるshake-upが L とまったく同じ終状態になるため, このチャンネルの寄与が加わることが原因である. そのため, 式(5.6.10)を用いて共鳴オージェ電子と通常オージェ電子の信号強度から電荷移動時間を求める際には, 他のチャンネルの寄与がない l と d の強度を用いることになる. そうして求めたラマン分率 $f = l/(l+d)$ と電荷移動時定数 $\tau_{CT}(=\tau l/d)$ が図5.6.5 (d), (e) に示されている. τ_{CT} は吸収端ピークのエネルギーで 0.32 ± 0.09 fs と見積もられる. この値は純粋な硫黄の $3p^*$ 軌道からの電荷移動時間とみなすことができる. 一方, 吸収端ピークより高エネルギー側で観測される $\tau_{CT}(=0.1 \sim 0.2$ fs$)$ は基板の状態の寄与が混ざった励起状態からの電荷移動時間と考えられる. 以上のように, 共鳴オージェ電子と通常オージェ電子の成分をオージェ電子スペクトル上で見分けることによって電荷移動時間を見積もることができる. 観測したい電荷移動時間に合わせて内殻空孔を選べば, 時間スケールの異なる電荷移動にも対応できる可能性がある.

5.6.3 ■ 測定例

この項では, 実際の系にCore-hole clock分光を応用した例をいくつか紹介する. 初めに紹介する例は, terphenyl thiol (BBB) とその水素の一部をフッ素に置き換えたもの (BFF) をAu(111)面に吸着させたときの電荷移動の違いを共鳴オージェピークの違いから見出した研究である[165]. 図5.6.6 (a) に示すようにBBBはベンゼン環が3つ連なったものの末端にチオール (SH) 基が付いた分子で, BFFはそのうちチオール基が付いていない2つのベンゼン環の水素をフッ素で置き換えた分子である. どちらも金表面に導入すると, 末端のチオール基の水素が解離し, 硫黄原子と金が共有結合をして分子がつなぎとめられる. 両者の違いは, フッ素置換したBFFはフッ素原子同士の反発によってベンゼン環が大きくねじれるのに対し, BBBは相対的にねじれが小さく, ベンゼンの共役系が分子全体に広がりやすいことである. 図5.6.6 (b) のLUMOを見ると, BBBでは分子全体に共役系が広がっていることがわかるが, BFFでは硫黄が付いたベンゼン環のπ軌道の寄与が小さく, 共役系が途切れていることがわかる.

これらの分子が吸着した金表面からのCore-hole clockスペクトルを図5.6.7に示す. 光のエネルギーをC 1s → LUMO遷移のエネルギー付近で掃引しながら, この遷移に共鳴するオージェ電子スペクトルを測定したものである. C K吸収端XAS測定の結果からC 1s → LUMO遷移に共鳴するエネルギーはBBBの場合では284.8 eV, BFFの場

第 5 章 関連手法

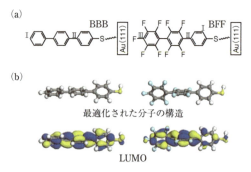

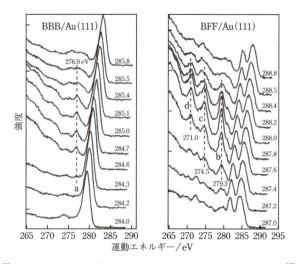

図5.6.6 (a) BBB/Au(111)とBBF/Au(111)の模式図．(b)両分子の分子構造およびLUMOの波動関数[165]

図5.6.7 BBB/Au(111)とBBF/Au(111)のCore-hole clockスペクトル[165]

合では287.6 eVであることがわかっている．このことに注意してスペクトルを見ると，BBB/Au(111)，BFF/Au(111)とも共鳴エネルギー付近で強度が強くなるピークが観測される．光のエネルギーを変えても運動エネルギーが一定なのでオージェ過程に対応し，C 1s → LUMO遷移に共鳴して強度が強くなるのでLUMOに傍観電子が局在した共鳴オージェピークに帰属される．両者を比較すると，BBBでは共鳴オージェピークaが比較的弱く観測されるのに対し，BFFでは強い3つの共鳴オージェピークb～dが観測され，明らかにBFFの方は局在終状態が支配的であることがわかる．これは，BFFのLUMOがフッ素置換部に偏在していることが金基板への電子移動を妨

5.6 Core-hole clock 分光法

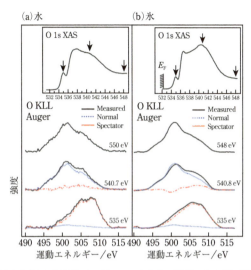

図5.6.8 水(a)と氷(b)のO KLLオージェスペクトルの励起エネルギー依存性と解析結果[173]

げているためと考えられる.このように,励起先の分子軌道の分布の仕方を反映して基板への電荷移動が大きく変わる様子をとらえることができるので,電荷移動によって機能する分子電子デバイスのデザインにも活かすことができる.

もう1つの例として水と氷の中での電子移動への応用について紹介する[173].**図5.6.8**に水と氷のO 1s XASスペクトルとO KLLオージェスペクトルの励起エネルギー依存性を示す.吸収端から15 eV近く離れた約550 eVの励起エネルギーで励起した場合のオージェスペクトルは非共鳴の通常オージェ過程によるものと考えられる.一方,XASスペクトルの吸収端前のピーク(535 eV)に共鳴させたときと吸収端後の構造(541 eV)に共鳴させたときではオージェスペクトルが大きく異なるのがわかる.すなわち,前者の方が後者に比べて運動エネルギーが約5 eV大きく終状態が安定化している.これは,535 eVの光によってO 1s電子が水素結合していないOHの反結合性軌道に励起し,これが傍観者として局在して内殻空孔を安定化するためである.後者は通常オージェ過程のスペクトル(〜550 eV)とよく似ている.これは,541 eVの光によって励起される電子は水素結合しているOHの反結合性軌道に励起し,水素結合のネットワークによってすぐに非局在化するためである.このときの通常オージェ過程の割合は0.88以上になり,電荷移動は0.5 fsより速いと見積もられる.逆に水素結合していないOHに局在する場合は,通常オージェ過程の割合は0.15以下になり,電荷移動は20 fsより遅いと見積もられる.このことから水の中の自由電子のふるまいを考え

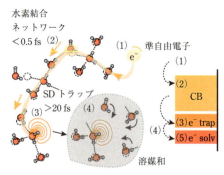

図5.6.9 水の中での電子トラップのモデル[173]

ると，**図5.6.9**に示すように，水素結合のネットワークの中では0.5 fs以下の時間でホッピングするが，水素結合していないOHのサイト（single-donor site）にやってくるとトラップされ（SDトラップ），そこでの滞在時間は20 fs以上になる．このとき，まわりの水分子の核の運動が起こる十分な時間があるので，電子の水和状態に配向変化が起こると推定できる．このように，Core-hole clock分光によって，従来のレーザーポンプ・プローブ法では観測が難しい水中での電子トラップの初期ダイナミクスをとらえることができる．

5.7 ■ 電子エネルギー損失分光法

電子エネルギー損失分光（electron energy loss spectroscopy, EELS）は，物質へ入射した電子が物質を構成する原子の内殻電子や価電子によって非弾性散乱されるときに失うエネルギー分布を測定するものであり，局所構造やバンド構造など基本的にX線吸収分光法（XAS）と同様な情報を得ることができる．以下にこれらの分光法を固体触媒表面のキャラクタリゼーションに応用した例を示す．

5.7.1 ■ 測定例

固体触媒表面ではさまざまな配位不飽和サイトや化学状態が混在しているため，その中から触媒機能を発現する活性種を選択し分析することは容易ではない．これに対して，X線吸収スペクトルと，透過電子顕微鏡を用いて測定される電子エネルギー損失（EELS）スペクトルを組み合わせ，さらに統計学的数値処理を援用すると，固体触媒中の異なる化学状態を区別した定量的分析や可視化（マッピング）が可能となる．この手法をチタニア光触媒に添加した窒素の化学状態解析に応用し，可視光応答性発現メカニズムについて考察した研究例[174,175]について紹介しよう．

A. チタニア光触媒可視光応答化に関わる添加窒素の化学状態解析

チタニア(TiO_2)は代表的な光触媒であるが,バンドギャップが大きく紫外光より波長の長い光を吸収しない.これに対して近年,窒素を添加することで可視光照射下でも触媒作用を発現する(可視光応答化する)ことが見出された[176].しかし,窒素添加量にともなう可視光領域吸光度の増加が,必ずしも触媒活性とは対応しておらず,添加した窒素の詳細な化学結合状態や最適な窒素添加濃度に対する知見が不足している[177].

筆者らは,イオン注入法を用いてチタニアに窒素を添加し,触媒活性と窒素の化学状態との関係について調べた.イオン注入法の特徴は,窒素イオンの加速エネルギーと注入時間を制御することによって,目的とする深さ領域に適当量窒素を添加できることである.N^+イオンを50 keVでTiO_2(100)ルチル型単結晶に注入する場合には,窒素は表面から約180 nmの深さ領域まで分布し,窒素濃度は深さ90 nmまで単調に増加することが,SRIMコード[178]によるモンテカルロ・シミュレーションから予測できる.この条件で窒素を注入した試料の光触媒活性を,可視光照射($\lambda > 430$ nm)によるメチレンブルー水溶液の分解量で評価した結果,触媒活性は注入量が$3 \times 10^{17} N^+ cm^{-2}$のときに最大となり,それ以上注入すると活性は低下することがわかった.特に$5 \times 10^{17} N^+ cm^{-2}$注入後熱処理した試料では可視光応答触媒活性はほとんど消失した.

$3 \times 10^{17} N^+ cm^{-2}$注入後の高活性試料(H-cat)と,$5 \times 10^{17} N^+ cm^{-2}$注入後加熱処理した不活性試料(I-cat)について,UVSOR BL-4Bにおいて全電子収量法でN K吸収端のXANESスペクトルの測定を行った.全電子収量法で測定した場合,表面から数〜十数nm程度の深さ領域に存在する窒素の化学状態についての情報が得られる[179,180].図5.7.1(a),(c),(e)にTiN粉末,高活性試料,および不活性試料のN K吸収端XANESスペクトルを示す.高活性試料ではTiNと類似のXANESを示すが,2つの主ピークの位置と相対強度が異なることから,TiNとTiO_2の相分離は起こっていないことがわかる.高活性試料のXANESには398 eVと401 eVの2本の吸収ピークが存在するが,不活性試料のXANESには401 eV付近に1つの鋭い吸収ピークが認められる.したがって,可視光応答触媒反応には図5.7.1(c)に対応する窒素化学状態が有効であることが示唆される.

高活性試料と不活性試料における窒素の化学状態について明らかにするために,FEFFコード[181]によるXANESのシミュレーションを行った.ここで対象とした構造モデルはTiO_2構造の酸素原子をN, NO_2, NOがそれぞれ置換したモデル(図5.7.1(d),(f),(h))とTiO_2構造の格子間にN, NOが存在するモデル(図5.7.1(g),(i))である[182].高活性試料のXANESは図5.7.1(d)のモデルで再現することができ,可視光応答性を発現する活性窒素種は,酸素原子を置換したN原子と結論できる.一方,不活性試料

第5章 関連手法

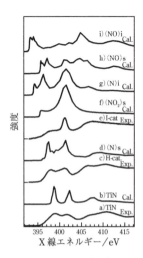

図5.7.1 測定したN K吸収端XANESスペクトル(a)(c)(e)および計算スペクトル(b)(d)(f)(g)(h)．測定スペクトル：(a) TiN粉末，(c) TiO_2 にN^+ を 3×10^{17} cm^{-2} 注入した試料，(e) TiO_2 に N^+ を 5×10^{17} cm^{-2} 注入後加熱処理をした試料．計算スペクトル：(b) TiN，(d) TiO_2 の酸素原子を NO_2 で置換，(f) TiO_2 の酸素原子をN原子で置換，(g) TiO_2 の格子間にN原子が存在，(h) TiO_2 の酸素原子をNOで置換，(i) TiO_2 の格子間にNOが存在．

のXANESで認められた401 eVの1つの鋭いピークは NO_2 が酸素原子を置換している図5.7.1(f)のモデルで良く再現され，本研究では酸素原子を置換した NO_2 が不活性窒素種であることが明らかとなった．これら2つのモデルについて，FEFFコードを用いて電子状態密度（DOS）を計算した結果，N原子が酸素原子を置換したときには，価電子帯上方にN 2p軌道準位が形成されたことから，見かけ上 TiO_2 のバンドギャップが狭まり，可視光照射下で反応が進行したと理解できる．一方，NO_2 が酸素原子を置換しているモデルでは，バンドギャップ内の伝導帯に近い側にN 2p準位が形成されることが示唆された．この局在電子準位は，光照射により生成される電子－正孔再結合を促進する可能性があり，触媒活性を相殺すると推測される．

B．チタニア光触媒の位置分解EELSによる深さ分析およびエネルギーフィルターTEM（EFTEM）-EELSによる化学状態マッピング

上記の高活性試料（H-cat）と不活性試料（I-cat）について断面TEM測定用の試料を作製し，透過電子顕微鏡と電子線エネルギー損失スペクトル分光装置を用いてN K吸収端ELNESスペクトルを測定した．ここでは，電子線の加速電圧200 keVで図5.7.2に示した断面TEM試料についての図の点線で囲まれた位置に検出器の絞りを挿入し，試料表面が検出器のエネルギー分散方向に平行になるようにEELS（0.2 eV/channel）像を記録した．これは言い換えれば，分散垂直方向（y方向）にはもとのTEM像の位置

5.7 電子エネルギー損失分光法

図5.7.2 TiO_2にN^+を3×10^{17} cm^{-2}注入して作製した試料断面のTEM像．rはビーム半径．

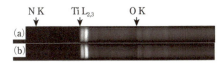

図5.7.3 TiO_2にN^+を3×10^{17} cm^{-2}注入後作製した断面試料のN K吸収端ELNES 2次元データ．(a) 測定データ．(b) PIXON処理後のデータ．

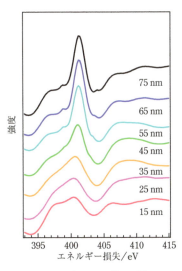

図5.7.4 TiO_2にN^+を3×10^{17} cm^{-2}注入した試料の位置敏感N K吸収端ELNESスペクトル．右の値は表面からの深さ．

情報を反映したスペクトルが並ぶことになる．つまり，断面TEM試料を作製すれば，像のy方向の各行から1画素幅の空間分解能で試料における深さ依存スペクトルを取り出すことができる．

しかし，実際に測定された1画素列のスペクトルは，装置関数によるスペクトルの広がりや色収差，各画素の検出感度の時間的揺らぎに起因する統計ノイズを含むため，濃度の低い元素などに対する詳細な電子状態解析は困難となる．そこで筆者らは，局所的なノイズ処理にすぐれたPIXON法[183～185]とよばれるアルゴリズムを採用した情報回復を行っている．実際に図5.7.3(a)に示す測定された2次元データに対してPIXON処理をした結果を図5.7.3(b)に示す．もとのデータに比べてシグナルがシャープになっており，スペクトル像の各行は，それ自身ノイズが除去された位置依存スペクトルとなっている．

高活性試料の断面TEM試料について測定し，PIXON処理を施した後の位置敏感N K吸収端ELNESスペクトルを図5.7.4に示す．XANESスペクトルと比較すると，試料表面近傍には，活性窒素種（置換型N）に帰属される398 eVと401 eVの2本の吸収ピークが認められるが，試料深さ方向に進むに従って不活性窒素種（置換型NO_2）に特

有な 401 eV 付近の吸収ピークが顕著に現れてくることがわかる．これらの結果は，可視光応答する高活性試料であっても，化学状態の異なる活性窒素種(置換型N)と不活性窒素種(置換型NO_2)が混在していることを示している．

そこで，高活性試料についてN K吸収端によるエネルギーフィルターTEM (EFTEM)像を測定した．エネルギー分散軸において2 eV幅のエネルギースリットを損失エネルギー 380 eVから420 eVまで2 eVずつずらして測定し，20枚のフィルター像を得た．像の各点の強度をフィルター像の順番に並べるとその点におけるEELSスペクトルとなる[186]．すなわち像を構成している画素の数だけスペクトルがある．この空間領域に異なる化学状態が分布していれば，各点から抽出したスペクトルは，それぞれの化学状態が異なる混合割合で足し合わされたデータの組となる．本研究では，抽出した約2万画素の各点からのEELSデータに対して modified alternating least-square (MALS) アルゴリズム[187,188]を用いた多変量解析を行い，各化学状態に対応する成分スペクトルに分解した．この手法によって，各測定点における各成分の混合割合がわかるため，それらをもとの測定点上に2次元プロットすれば各化学状態の相対的な空間濃度分布が表示される．

成分ごとに分解されたスペクトルを図5.7.5(a)に，それぞれの成分スペクトルを利用してプロットした各化学状態の空間分布マッピングを図5.7.5(b),(c)に示す．用いたエネルギースリット幅によってスペクトルの分解能は2 eVとやや大きいが，それでも活性窒素種と不活性窒素種に特徴的な吸収端近傍のスペクトル形状が現れている．またマッピング像から，活性窒素種(図5.7.5(b))は窒素添加領域全体にわたって，また不活性窒素種(図5.7.5(c))は表面から約 40 nm以上の試料内部に分布していることがわかる．不活性試料についても，位置敏感N K吸収端ELNESスペクトルを測定し，同様の分析を行った結果，やはり活性窒素種と不活性窒素種に特徴的な吸収端近傍のスペクトルが抽出された．空間分布マッピングから，不活性試料においても活性窒素種(置換型N)は窒素添加領域全体に分布しているが，不活性窒素種(置換型NO_2)が表面近傍にも分布していることが示唆され，これによって活性窒素種の触媒機能が相殺されたと考えられる．可視光応答性発現には添加窒素の化学状態だけでなく，活性窒素と不活性窒素種の試料内での空間分布も重要な因子であることが明らかとなった．

C. チタニア光触媒における局所窒素濃度測定および可視光応答性発現のための最適窒素添加濃度の決定

本条件で調製した試料では深さに対する窒素の濃度勾配があり，また添加した窒素の化学状態は局所的な窒素濃度に依存する．可視光応答性を発現させる活性窒素種(置換型N)のみを生成させるためには，窒素濃度をどれくらいにすればよいのだろうか？筆者らは，高活性試料の各深さ領域についてN, O K吸収端および Ti L_2, L_3 吸収端

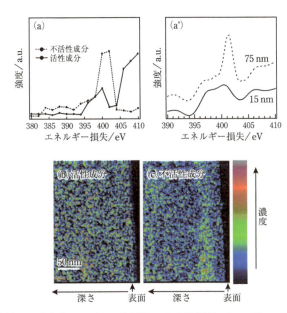

図5.7.5 (a) 分解された成分スペクトル，(a') 図5.7.4における深さ15 nm, 75 nmのEELSスペクトル，(b), (c) それぞれの成分スペクトル(a)を利用してプロットした各化学状態の空間分布マッピング．

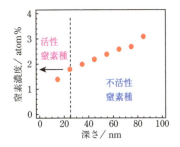

図5.7.6 ELNESスペクトルから求めた各深さ領域における局所窒素濃度

ELNESを測定し，スペクトル強度比から各深さ領域における局所的な窒素濃度を実際に計算してみた．具体的には，組成が既知であるTiO$_2$, TiN粉末のN, O K吸収端およびTi L$_2$, L$_3$吸収端ELNESの強度比と組成比の関係をあらかじめ調べておき，この結果をもとに，各深さ領域におけるN, Ti, Oの原子数比を計算することによって窒素濃度を求めた．

結果を**図5.7.6**に示す．N (窒素) は表面から深さ85 nmの領域まで深さに対して単調に増加しており，これはSRIMコードによる計算結果と対応している．図5.7.4にお

いて，表面から25 nmの深さ領域のELNESスペクトルには不活性窒素種（置換型NO_2）に特有な401 eVの鋭いピークが成長し始めていることに注目し，活性窒素種のみを生成させるための局所的な窒素濃度上限値は図5.7.6から1.8 atom％と見積もられた．

5.7.2 ■ おわりに

X線吸収分光法（XAFS）と電子分光法（EELS, EFTEM）を組み合わせ，さらに統計学的数値処理を援用することによって，ナノレベルでの深さ分析や，触媒活性種・不活性種を区別したマッピングが実現した．放射光と電子顕微鏡の融合によって，空間分解能の低いXAFS測定の弱点が補われる一方，エネルギー分解能の高いXANESとの比較によって，低濃度ELNES測定における信号（シグナル）処理の妥当性を確認することができる．またEFTEM像から多数のELNESスペクトルが得られることを利用して，多変量解析により各化学状態に対応する成分スペクトルに分解したが，これは構造既知の参照試料スペクトルが得られなくても，統計的処理を施すことによって局所構造・化学状態分析が可能となることを意味する．このように，放射光と電子顕微鏡の組み合わせによって，相補的な情報が得られる．本節で紹介した手法は特殊な装置を開発するものはないので，固体触媒に限らずさまざまな材料分析に応用されることを今後期待したい．

第5章参考文献

1) C. T. Chen, F. Sette, Y. Ma, S. Modesti, *Phys. Rev. B*, **42** (1990) 7262.
2) B. T. Thole, P. Carra, F. Sette, G. van der Laan, *Phys. Rev. Lett.*, **68** (1992) 1943.
3) P. Carra, B. T. Thole, M. Altarelli, X. Wang, *Phys. Rev. Lett.*, **70** (1993) 694.
4) T. Koide, H. Miyauchi, J. Okamoto, T. Shidara, A. Fujimori, H. Fukutani, K. Amemiya, H. Takeshita, S. Yuasa, T. Katayama, Y. Suzuki, *Phys. Rev. Lett.*, **87** (2001) 257201.
5) J. Stöhr, *J. Magn. Magn. Mater.*, **200** (1999) 470.
6) P. Bruno, *Phys. Rev. B*, **39** (1989) 865.
7) 松村大樹，雨宮健太（太田俊明，横山利彦 編著），内殻分光―元素選択性をもつX線内殻分光の歴史・理論・実験法・応用，アイピーシー（2007），6章1節．
8) 佐藤勝昭，光と磁気，朝倉書店（2001）．
9) 小出常晴，新しい放射光の科学，講談社（2000），第4章．
10) G. van der Laan, *Phys. Rev. B*, **55** (1997) 8086.
11) L. Nahon, M. Corlier, P. Peaupardin, F. Marteau, O. Marcouille, C. Alcaraz, *J. Synchrotron Rad.*, **5** (1998) 428.

12) T. Bizen, T. Shimada, M. Takao, Y. Hiramatu, Y. Miyahara, *J. Synchrotron Rad.*, **5** (1998) 465.
13) T. Hara, T. Tanaka, T. Tanabe, X. M. Marechal, K. Kumagai, H. Kitamura, *J. Synchrotron Rad.*, **5** (1998) 426.
14) F. Wilhelm, P. Srivastava, A. Ney, N. Haack, G. Ceballos, M. Farle, K. Baberschke, *J. Magn. Magn. Mater.*, **198** (1999) 458.
15) H. Abe, K. Amemiya, D. Matsumura, S. Kitagawa, H. Watanabe, T. Yokoyama, T. Ohta, *J. Magn. Magn. Mater.*, **302** (2006) 86.
16) M. Sakamaki, K. Amemiya, M. O. Liedke, J. Fassbender, P. Mazalski, I. Sveklo, A. Maziewski, *Phys. Rev. B*, **86** (2012) 24418.
17) G. Schütz, W. Wagner, W. Wilhelm, P. Kienle, R. Zeller, R. Frahm, G. Materlik, *Phys. Rev. Lett.*, **58** (1987) 737.
18) M. Suzuki, N. Kawamura, M. Mizumaki, A. Urata, H. Maruyama, S. Goto, T. Ishikawa, *Jpn. J. Appl. Phys.*, **37** (1998) L1488.
19) N. Kawamura, N. Ishimatsu, H. Maruyama, *J. Synchrotron Rad.*, **16** (2009) 730.
20) 松田康弘, 放射光, **24** (2011) 131.
21) T. Nakamura, M. Suzuki, *J. Phys. Soc. Jpn.*, **82** (2013) 021006.
22) T. Nakamura, M. Mizumaki, Y. Watanabe, S. Nanao, *J. Phys. Soc. Jpn.*, **67** (1998) 3964.
23) H. Maruyama, M. Suzuki, N. Kawamura, M. Ito, E. Arakawa, J. Kokubun, K. Hirano, K. Horie, S. Uemura, K. Hagiwara, *J. Synchrotron Rad.*, **6** (1999) 1133.
24) 鈴木基寛, 放射光, **13** (2000) 12.
25) N. Ishimatsu, N. Kawamura, H. Maruyama, M. Mizumaki, T. Matsuoka, H. Yumoto, H. Ohashi, M. Suzuki, *Phys. Rev. B*, **84** (2011) 180409 (R).
26) C. S. Yoo, H. Cynn, P. Söderlind, V. Iota, *Phys. Rev. Lett.*, **84** (2000) 4132.
27) Y. H. Matsuda, Z. W. Ouyang, H. Nojiri, T. Inami, K. Ohwada, M. Suzuki, N. Kawamura, A. Mitsuda, H. Wada, *Phys. Rev. Lett.*, **103** (2009) 46402.
28) 堀江一之, 牛木秀治, 光機能分子の科学—分子フォトニクス, 講談社 (1992).
29) W. T. Hill, III, C. H. Lee, *Light-Matter Interaction −Atoms and Molecules in External Fields and Nonlinear Optics*, Wiley-VCH, Weinheim (2007).
30) 玉作賢治, 澤田桂, 石川哲也, 放射光, **21** (2008) 213.
31) 中島貞夫, 物理入門コース6:量子力学II—基本法則と応用, 岩波書店 (1985).
32) 菊田惺志, X線散乱と放射光科学 基礎編, 東京大学出版会 (2011).
33) 加藤範夫, 回折と散乱(物性物理学シリーズ), 朝倉書店 (1978).
34) 渡辺誠, 佐藤繁編, 放射光科学入門, 東北大学出版会 (2004).
35) 林久史, 宇田川康夫(太田俊明, 横山利彦編著), 内殻分光—元素選択性をもつX線内殻分光の歴史・理論・実験法・応用, アイピーシー (2007), 6章5節.

36) 林 久史, X線分析の進歩, **45** (2014) 11.
37) H. Hayashi, Y. Udagawa, J. M. Gillet, W. A. Caliebe, C. C. Kao (T. K. Sham ed.), *Chemical Application of Synchrotron Radiation*, World Scientific, Singapore (2002).
38) H. Hayashi, N. Watanabe, Y. Udagawa, C. C. Kao, *Proc. Natl. Acad. Sci. USA*, **97** (2000) 6264.
39) H. Hayashi, Y. Udagawa (Y. Hatano, Y. Katsumura, A. Mozumder eds.), *Charged Particle and Photon Interactions with Matter: Recent Advances, Applications, and Interfaces, 1st Ed.*, CRC Press, Boca Raton (2010), p.87.
40) R. Egerton, *Electron Energy-loss Spectroscopy in the Electron Microscope*, Springer Science & Business Media, New York (2011).
41) W. Schülke, *Electron Dynamics by Inelastic X-ray Scattering*, Oxford University Press, New York (2007).
42) B. Williams ed., *Compton Scattering: The Investigation of Electron Momentum Distributions*, McGraw-Hill, New York (1977).
43) F. De Groot, A. Kotani, *Core Level Spectroscopy of Solids*, CRC Press, Boca Raton (2008).
44) A. Kotani, *Eur. Phys. J. B*, **47** (2005) 3.
45) P. Glatzel, U. Bergmann, *Coord. Chem. Rev.*, **249** (2005) 65.
46) H. Hayashi, *Anal. Sci.*, **24** (2008) 15.
47) H. Hayashi, *X-Ray Spectrom.*, **40** (2011) 24.
48) 林 久史, 分析化学, **59** (2010) 425.
49) K. Hämäläinen, D. P. Siddons, J. B. Hastings, L. E. Berman, *Phys. Rev. Lett.*, **67** (1991) 2850.
50) P. Carra, M. Fabrizio, B. T. Thole, *Phys. Rev. Lett.*, **74** (1995) 3700.
51) P. W. Loeffen, R. F. Pettifer, S. Müllender, M. A. Van Veenendaal, J. Röhler, D. S. Sivia, *Phys. Rev. B*, **54** (1996) 14877.
52) H. Hayashi, R. Takeda, M. Kawata, Y. Udagawa, N. Kawamura, Y. Watanabe, S. Nanao, *Phys. Rev. B*, **70** (2004) 155113.
53) H. Hayashi, Y. Udagawa, W. A. Caliebe, C.-C. Kao, *Chem. Phys. Lett.*, **371** (2003) 125.
54) 林 久史 (日本学術振興会マイクロビームアナリシス第141委員会 編), マイクロビームアナリシス・ハンドブック, オーム社 (2014), p.92.
55) 林 久史 (日本化学会 編), 第5版実験化学講座10：物質の構造II―分光 (下), 丸善 (2005), p.155.
56) U. Bergmann, P. Glatzel, *Photosynthesis Research*, **102** (2009) 255.
57) P. Glatzel, M. Sikora, G. Smolentsev, M. Fernandez-Garcia, *Catal. Today*, **145** (2009) 294.
58) H. Hayashi, M. Kawata, R. Takeda, Y. Udagawa, Y. Watanabe, T. Takano, S. Nanao, N.

Kawamura, *J. Electro. Spectrosc.*, **136** (2004) 191.
59) Y. Udagawa, N. Watanabe, H. Hayashi, *Le J. de Phys. IV*, **7** (1997) C2.
60) Y. Mizuno, Y. Ohmura, *J. Phys. Soc. Jpn.*, **22** (1967) 445.
61) T. Suzuki, *J. Phys. Soc. Jpn.*, **22** (1967) 1139.
62) K. Tohji, Y. Udagawa, *Phys. Rev. B*, **36** (1987) 9410.
63) K. Tohji, Y. Udagawa, *Phys. Rev. B*, **39** (1989) 7590.
64) D. T. Bowron, M. H. Krisch, A. C. Barnes, J. L. Finney, A. Kaprolat, M. Lorenzen, *Phys. Rev. B*, **62** (2000) R9223.
65) U. Bergmann, A. Di Cicco, P. Wernet, E. Principi, P. Glatzel, A. Nilsson, *J. Chem. Phys.*, **127** (2007) 174504.
66) T. Head-Gordon, G. Hura, *Chem. Rev.*, **102** (2002) 2651.
67) Y. Cai, H.-K. Mao, P. Chow, J. Tse, Y. Ma, S. Patchkovskii, J. Shu, V. Struzhkin, R. Hemley, H. Ishii, *Phys. Rev. Lett.*, **94** (2005) 025502.
68) S. T. John, D. M. Shaw, D. D. Klug, S. Patchkovskii, G. Vankó, G. Monaco, M. Krisch, *Phys. Rev. Lett.*, **100** (2008) 095502.
69) T. Tokushima, Y. Harada, O. Takahashi, Y. Senba, H. Ohashi, L. G. Pettersson, A. Nilsson, S. Shin, *Chem. Phys. Lett.*, **460** (2008) 387.
70) M. Hakala, K. Nygård, S. Manninen, S. Huotari, T. Buslaps, A. Nilsson, L. Pettersson, K. Hämäläinen, *J. Chem. Phys.*, **125** (2006) 084504.
71) K. R. Wilson, B. S. Rude, T. Catalano, R. D. Schaller, J. G. Tobin, D. T. Co, R. Saykally, *J. Phys. Chem. B*, **105** (2001) 3346.
72) U. Bergmann, O. C. Mullins, S. Cramer, *Anal. Chem.*, **72** (2000) 2609.
73) C. Burns, P. Abbamonte, E. Isaacs, P. Platzman, *Phys. Rev. Lett.*, **83** (1999) 2390.
74) H. Hayashi, Y. Udagawa, C.-C. Kao, J.-P. Rueff, F. Sette, *J. Electro. Spectrosc.*, **120** (2001) 113.
75) N. Mott, *Metal–Insulator Transitions*, Taylor & Francis, New York (1990).
76) 林 久史，河村直己，七尾 進，X線分析の進歩，**36** (2005) 259.
77) J. Tulkki, T. Åberg, *J. Phys. B*, **15** (1982) L435.
78) H. Hayashi, R. Takeda, Y. Udagawa, T. Nakamura, H. Miyagawa, H. Shoji, S. Nanao, N. Kawamura, *Phys. Rev. B*, **68** (2003) 045122.
79) H. Hayashi, *AIP Conf. Proc.*, **882** (2007) 833.
80) H. Hayashi, R. Takeda, M. Kawata, Y. Udagawa, Y. Watanabe, T. Takano, S. Nanao, N. Kawamura, T. Uefuji, K. Yamada, *J. Electro. Spectrosc.*, **136** (2004) 199.
81) H. Hayashi, T. Azumi, A. Sato, R. Takeda, M. Kawata, Y. Udagawa, N. Kawamura, K. Yamada, K. Ikeuchi, *Rad. Phys. Chem.*, **75** (2006) 1586.
82) L. Liu, T.-K. Sham, H. Hayashi, N. Kanai, Y. Takehara, N. Kawamura, M. Mizumaki, R. A.

Gordon, *J. Chem. Phys.*, **136** (2012) 194501.
83) H. Hayashi, M. Kawata, A. Sato, Y. Udagawa, T. Inami, K. Ishii, H. Ogasawara, S. Nanao, *Phys. Rev. B*, **72** (2005) 045114.
84) C. Dallera, M. Grioni, A. Shukla, G. Vankó, J. Sarrao, J. Rueff, D. Cox, *Phys. Rev. Lett.*, **88** (2002) 196403.
85) C. Dallera, E. Annese, J.-P. Rueff, A. Palenzona, G. Vankó, L. Braicovich, A. Shukla, M. Grioni, *Phys. Rev. B*, **68** (2003) 245114.
86) C. Dallera, M. Grioni, *Struct. Chem.*, **14** (2003) 57.
87) E. Annese, J. Rueff, G. Vankó, M. Grioni, L. Braicovich, L. Degiorgi, R. Gusmeroli, C. Dallera, *Phys. Rev. B*, **70** (2004) 075117.
88) I. Jarrige, H. Ishii, Y. Cai, J.-P. Rueff, C. Bonnelle, T. Matsumura, S. R. Shieh, *Phys. Rev. B*, **72** (2005) 075122.
89) K. Yamamoto, H. Yamaoka, N. Tsujii, A. Mihai Vlaicu, H. Oohashi, S. Sakakura, T. Tochio, Y. Ito, A. Chainani, S. Shin, *J. Phys. Soc. Jpn.*, **76** (2007) 124705.
90) M. O. Krause, J. Oliver, *J. Phys. Chem. Ref. Data*, **8** (1979) 329.
91) H. Hayashi, N. Kanai, N. Kawamura, M. Mizumaki, K. Imura, N. K. Sato, H. S. Suzuki, F. Iga, *J. Anal. At. Spectro.*, **28** (2013) 373.
92) F. De Groot, *Chem. Rev.*, **101** (2001) 1779.
93) W. M. Heijboer, P. Glatzel, K. R. Sawant, R. F. Lobo, U. Bergmann, R. A. Barrea, D. C. Koningsberger, B. M. Weckhuysen, F. M. de Groot, *J. Phys. Chem. B*, **108** (2004) 10002.
94) J.-P. Rueff, L. Journel, P.-E. Petit, F. Farges, *Phys. Rev. B*, **69** (2004) 235107.
95) P. Glatzel, U. Bergmann, J. Yano, H. Visser, J. H. Robblee, W. Gu, F. M. de Groot, G. Christou, V. L. Pecoraro, S. P. Cramer, *J. Am. Chem. Soc.*, **126** (2004) 9946.
96) F. M. De Groot, P. Glatzel, U. Bergmann, P. A. van Aken, R. A. Barrea, S. Klemme, M. Hävecker, A. Knop-Gericke, W. M. Heijboer, B. M. Weckhuysen, *J. Phys. Chem. B*, **109** (2005) 20751.
97) F. De Groot, *AIP Conf. Proc.*, **882** (2007) 37.
98) P. Glatzel, A. Mirone, S. G. Eeckhout, M. Sikora, G. Giuli, *Phys. Rev. B*, **77** (2008) 115133.
99) F. M. de Groot, *J. Phys. Conf. Ser.*, **190** (2009) 012004.
100) F. De Groot, G. Vankó, P. Glatzel, *J. Phys.: Condens. Matter*, **21** (2009) 104207.
101) Y. Izumi, H. Nagamori, F. Kiyotaki, D. Masih, T. Minato, E. Roisin, J.-P. Candy, H. Tanida, T. Uruga, *Anal. Chem.*, **77** (2005) 6969.
102) A. Mijovilovich, H. Hayashi, N. Kawamura, H. Osawa, P. C. A. Bruijnincx, R. J. M. Klein Gebbink, F. M. F. de Groot, B. M. Weckhuysen, *Eur. J. Inorg. Chem.*, **2012** (2012) 1589.

103) A. A. Markowicz (R. E. Van Grieken, A. A. Markowicz eds.), *Handbook of X-Ray Spectrometry, 2nd Edition, Revised and Expanded*, Marcel Dekker, New York (2002), p.1.
104) K. Tsutsumi, *J. Phys. Soc. Jpn.*, **14** (1959) 1696.
105) G. Peng, X. Wang, C. Randall, J. Moore, S. Cramer, *Appl. Phys. Lett.*, **65** (1994) 2527.
106) G. Peng, F. M. F. deGroot, K. Haemaelaeinen, J. A. Moore, X. Wang, M. M. Grush, J. B. Hastings, D. P. Siddons, W. H. Armstrong, *J. Am. Chem. Soc.*, **116** (1994) 2914.
107) X. Wang, F. M. de Groot, S. P. Cramer, *Phys. Rev. B*, **56** (1997) 4553.
108) M. M. Grush, G. Christou, K. Haemaelaeinen, S. P. Cramer, *J. Am. Chem. Soc.*, **117** (1995) 5895.
109) P. Glatzel, L. Jacquamet, U. Bergmann, F. M. de Groot, S. P. Cramer, *Inorg. Chem.*, **41** (2002) 3121.
110) H. Hayashi, M. Kawata, Y. Udagawa, N. Kawamura, S. Nanao, *Phys. Rev. B*, **70** (2004) 134427.
111) A. Soldatov, T. Ivanchenko, A. Kovtun, S. Della Longa, A. Bianconi, *Phys. Rev. B*, **52** (1995) 11757.
112) H. Hayashi, A. Sato, T. Azumi, Y. Udagawa, T. Inami, K. Ishii, K. Garg, *Phys. Rev. B*, **73** (2006) 134405.
113) H. Buser, D. Schwarzenbach, W. Petter, A. Ludi, *Inorg. Chem.*, **16** (1977) 2704.
114) H. Hayashi, N. Kawamura, M. Mizumaki, T. Takabatake, *Anal. Chem.*, **81** (2009) 1522.
115) H. Hayashi, N. Kanai, Y. Takehara, N. Kawamura, M. Mizumaki, A. Mitsuda, *J. Anal. At. Spectro.*, **26** (2011) 1858.
116) H. Hayashi, N. Kanai, N. Kawamura, Y. H. Matsuda, K. Kuga, S. Nakatsuji, T. Yamashita, S. Ohara, *X-Ray Spectro.*, **42** (2013) 450.
117) 渡辺 巌, 石井眞史 (太田俊明 編), X線吸収分光法—XAFSとその応用, アイピーシー (2002), 4章9節.
118) H. Yamaoka, M. Oura, M. Taguchi, T. Morikawa, K. Takahiro, A. Terai, K. Kawatsura, A. M. Vlaicu, Y. Ito, T. Mukoyama, *J. Phys. Soc. Jpn.*, **73** (2004) 3182.
119) 林 久史, X線分析の進歩, **39** (2008) 129.
120) S. G. Eeckhout, O. V. Safonova, G. Smolentsev, M. Biasioli, V. A. Safonov, L. N. Vykhodtseva, M. Sikora, P. Glatzel, *J. Anal. At. Spectro.*, **24** (2009) 215.
121) A. N. Módenes, F. R. Espinoza-Quiñones, S. M. Palácio, A. D. Kroumov, G. Stutz, G. Tirao, A. S. Camera, *Chem. Eng. J.*, **162** (2010) 266.
122) Y. Pushkar, X. Long, P. Glatzel, G. W. Brudvig, G. C. Dismukes, T. J. Collins, V. K. Yachandra, J. Yano, U. Bergmann, *Angew. Chem. Int. Ed.*, **49** (2010) 800.
123) Y. Waseda ed., *Novel Application of Anomalous X-ray Scattering*, Springer, Berlin and New York (1984), p.25.

124) E. Matsubara, Y. Waseda eds., *Resonant Anomalous X-ray Scattering*, Springer, Amsterdam (1994), p.345.
125) J. Als-Nielsen, D. McMorrow, *Elements of Modern X-ray Physics, 2nd Editon*, John Wiley & Sons, New York (2011)：(日本語訳) 雨宮慶幸，高橋敏男，百生 敦 監訳，X線物理学の基礎，講談社 (2012).
126) R. W. James, *The Optical Principles of the Diffraction of X-rays*, G. Bell and Sons, London (1952).
127) H. Stragier, J. O. Cross, J. J. Rehr, L. B. Sorensen, C. E. Bouldin, J. C. Woicik, *Phys. Rev. Lett.*, **69** (1992) 3064.
128) I. J. Pickering, M. Sansone, J. Marsh, G. N. George, *J. Am. Chem. Soc.*, **115** (1993) 6302.
129) L. B. Sorensen, J. Cross, M. Newville, B. Ravel, J. J. Rehr, H. Stragier, C. E. Bouldin, J. C. Woicik (G. Materlik, C. J. Sparks, K. Fischer eds.), *Diffraction Anomalous Fine Structure: Unifying X-ray Absorption with DAFS*, Elsevier Science, Amsterdam (1994), p.389.
130) T. Kawaguchi, K. Fukuda, E. Matsubara, *J. Phys.: Condens. Matter*, **29**, 113002 (2017).
131) 早稲田嘉夫 (日本化学会 編)，第4版 実験化学講座10：回折，丸善 (1990), p.335.
132) Y. Waseda, *The Strcuture of Non-crystalline Materials*, McGraw-Hill, New York (1980).
133) Y. Waseda, E. Matsubara, K. Okuda, K. Omote, K. Tohji, S. N. Okuno, K. Inomata, *J. Phys.: Condens. Matter*, **4** (1992) 6355.
134) K. Shinoda, E. Matsubara, M. Saito, Y. Waseda, T. Hirato, Y. Awakura, *Z. Naturforsch. A*, **52** (1997) 855.
135) E. Matsubara, K. Shinoda, *High Temp. Mater. Proc.*, **17** (1998) 133.
136) J. Mizuki, まてりあ, **34**, (1994) 872.
137) J. Mizuki, 応用物理, **68**, (1999) 1271.
138) K. Kobayashi, H. Kawata, K. Mori, *J. Synchrotron Rad.*, **5** (1998) 972.
139) B. E. Warren, *X-ray Diffraction*, Addison-Wesley Publishing, Masasachusetts (1969), p.49.
140) D. J. Tweet, K. Akimoto, I. Hirosawa, T. Tatsumi, H. Kimura, J. Mizuki, L. B. Sorensen, C. E. Bouldin, T. Matsushita, *Jpn. J. Appl. Phys.*, **32** (1993) 203.
141) 河口智也，徳田一弥，島田康気，大石昌嗣，松原英一郎，福田勝利，谷田 肇，水木純一郎，内本喜晴，小久見善八，放射光, **26** (2013) 102.
142) R. E. Burge, M. A. Fiddy, A. H. Greenaway, G. Ross, *Proc. R. Soc. Lond. A*, **350** (1976) 191.
143) D. M. Roessler, *British J. Appl. Phys.*, **17** (1966) 1313.
144) 高橋敏男，菊田惺志，応用物理, **47** (1978) 853.

145) 菊田惺志, 応用物理, **55** (1986) 697.
146) 太田俊明, 表面科学, **13** (1992) 26.
147) J. Zegenhagen, *Surf. Sci. Reports*, **18** (1993) 202.
148) D. P. Woodruff, *Prog. Surf. Sci.*, **57** (1998) 1.
149) 高田恭孝, 内殻分光(太田俊明, 横山利彦 編)―元素選択性をもつX線内殻分光の歴史・理論・実験法・応用, アイピーシー(2007), 6章3節.
150) B. W. Batterman, *Appl. Phys. Lett.*, **1** (1962) 68 ; B. W. Batterman, H. Cole, *Rev. Mod. Phys.*, **36** (1964) 681.
151) T. Ohta, H. Sekiyama, Y. Kitajima, H. Kuroda, T. Takahashi, S. Kikuta, *Jpn. J. Appl. Phys.*, **24** (1985) L475.
152) T. Ohta, Y. Kitajima, H. Kuroda, T. Takahashi, S. Kikuta, *Nucl. Instrum. Methods A*, **246** (1986) 760.
153) H. Kondoh, R. Yokota, K. Amemiya, T. Shimada, I. Nakai, M. Nagasaka, T. Ohta, T. Nakamura, H. Takenaka, *Appl. Phys. Lett.*, **87** (2005) 31911.
154) M. J. Bedzyk, G. M. Bommarito, J. S. Schildkraut, *Phys. Rev. Lett.*, **62** (1989) 1376.
155) 三宅静雄, X線の回折, 朝倉書店(1988) ; R. W. James, *The Optical Principles of the Diffraction of X-rays*, G. Bell, London (1962).
156) S. Takenaka, T. Yokoyama, S. Terada, M. Sakano, Y. Kitajima, T. Ohta, *Surf. Sci.*, **372** (1997) 300.
157) A. Gerlach, T. Hosokai, S. Duhm, S. Kera, O. T. Hofmann, E. Zojer, J. Zegenhagen, F. Schreiber, *Phys. Rev. Lett.*, **106** (2011) 156102.
158) J. C. Fuggle, E. Umbach, D. Menzel, K. Wandelt, C. R. Brundle, *Solid State Commun.*, **27** (1978) 65.
159) K. Schönhammer, O. Gunnarsson, *Surf. Sci.*, **89** (1979) 575.
160) O. Björneholm, A. Nilsson, A. Sandell, B. Hernnäs, N. Mårtensson, *Phys. Rev. Lett.*, **68** (1992) 1892.
161) P. A. Brühwiler, O. Karis, N. Mårtensson, *Rev. Mod. Phys.*, **74** (2002) 703.
162) J. Schnadt, P. A. Brühwiler, L. Patthey, J. N. O'Shea, S. Södergren, M. Odelius, R. Ahuja, O. Karis, M. Bässler, P. Persson, *Nature*, **418** (2002) 620.
163) A. Föhlisch, P. Feulner, F. Hennies, A. Fink, D. Menzel, D. Sanchez-Portal, P. M. Echenique, W. Wurth, *Nature*, **436** (2005) 373.
164) W. Chen, L. Wang, D. C. Qi, S. Chen, X. Y. Gao, A. T. S. Wee, *Appl. Phys. Lett.*, **88** (2006) 184102.
165) W. Chen, L. Wang, C. Huang, T. T. Lin, X. Y. Gao, K. P. Loh, Z. K. Chen, A. T. S. Wee, *J. Am. Chem. Soc.*, **128** (2006) 935.
166) L. Wang, L. Liu, W. Chen, Y. Feng, A. T. S. Wee, *J Am Chem Soc*, **128** (2006) 8003.

167) D. Menzel, *Chem. Soc. Rev.*, **37** (2008) 2212.
168) L. Wang, W. Chen, A. T. S. Wee, *Surf. Sci. Reports*, **63** (2008) 465.
169) A. Föhlisch, *Appl. Phys. A*, **85** (2006) 351.
170) G. S. Brown, M. H. Chen, B. Crasemann, G. E. Ice, *Phys. Rev. Lett.*, **45** (1980) 1937.
171) G. B. Armen, H. Wang, *Phys. Rev. A*, **51** (1995) 1241.
172) E. Kukk, S. Aksela, H. Aksela, *Phys. Rev. A*, **53** (1996) 3271.
173) D. Nordlund, H. Ogasawara, H. Bluhm, O. Takahashi, M. Odelius, M. Nagasono, L. G. Pettersson, A. Nilsson, *Phys. Rev. Lett.*, **99** (2007) 217406.
174) T. Yoshida, S. Muto, *Trans. Mater. Res. Soc. Jpn.*, **33** (2008) 339.
175) T. Yoshida, S. Muto, J. Wakabayashi, *Mater. Trans.*, **48** (2007) 2580.
176) R. Asahi, T. Morikawa, T. Ohwaki, K. Aoki, Y. Taga, *Science*, **293** (2001) 269.
177) H. Irie, Y. Watanabe, K. Hashimoto, *J. Phys. Chem. B*, **107** (2003) 5483.
178) http://www.srim.org/SRIM/SRIM2003.htm
179) W. T. Elam, J. P. Kirkland, R. A. Neiser, P. D. Wolf, *Phys. Rev. B*, **38** (1988) 26.
180) A. Erbil, G. S. Cargill Iii, R. Frahm, R. F. Boehme, *Phys. Rev. B*, **37** (1988) 2450.
181) A. L. Ankudinov, B. Ravel., J. J. Rehr, S. D. Conradson, *Phys. Rev. B*, **58** (1998) 7565.
182) R. Asahi, T. Morikawa, *Chem. Phys.*, **339** (2007) 57.
183) P. K. Pina, R. C. Puetter, *Astr. Soc. Pac.*, **105** (1993) 630.
184) S. Muto, R. C. Puetter, K. Tatsumi, *J. Electr. Microsc.*, **55** (2006) 215.
185) S. Muto, K. Tatsumi, R. C. Puetter, T. Yoshida, Y. Yamamoto, Y. Sasano, *J. Electr. Microsc.*, **55** (2006) 225.
186) J. M. Martin, B. Vacher, L. Ponsonnet, V. Dupuis, *Ultramicroscopy*, **65** (1996) 229.
187) S. Muto, T. Yoshida, K. Tatsumi, *Mater. Trans.*, **50** (2009) 964.
188) J.-H. Wang, P. K. Hopke, T. M. Hancewicz, S. L. Zhang, *Anal. Chim. Acta*, **476** (2003) 93.

付録A（1） 特性X線のエネルギー* (keV)

原子番号	元素	$K\alpha_1$	$K\alpha_2$	$K\beta_1$	$L\alpha_1$	$L\alpha_2$	$L\beta_1$	$L\beta_2$	$L\gamma_1$
1	H								
2	He								
3	Li	0.0543							
4	Be	0.1085							
5	B	0.1833							
6	C	0.277							
7	N	0.3924							
8	O	0.5249							
9	F	0.6768							
10	Ne	0.8486	0.8486						
11	Na	1.04098	1.04098	1.0711					
12	Mg	1.2536	1.2536	1.3022					
13	Al	1.4867	1.48627	1.55745					
14	Si	1.73998	1.73938	1.83594					
15	P	2.0137	2.0127	2.1391					
16	S	2.30784	2.30664	2.46404					
17	Cl	2.62239	2.62078	2.8156					
18	Ar	2.9577	2.95563	3.1905					
19	K	3.3138	3.3111	3.5896					
20	Ca	3.69168	3.68809	4.0127	0.3413	0.3413	0.3449		
21	Sc	4.0906	4.0861	4.4605	0.3954	0.3954	0.3996		
22	Ti	4.51084	4.50486	4.93181	0.4522	0.4522	0.4584		
23	V	4.9522	4.94464	5.42729	0.5113	0.5113	0.5192		
24	Cr	5.41472	5.40551	5.94671	0.5728	0.5728	0.5828		
25	Mn	5.89875	5.88765	6.49045	0.6374	0.6374	0.6488		
26	Fe	6.40384	6.39084	7.05798	0.705	0.705	0.7185		
27	Co	6.93032	6.9153	7.64943	0.7762	0.7762	0.7914		
28	Ni	7.47815	7.46089	8.26466	0.8515	0.8515	0.8688		
29	Cu	8.04778	8.02783	8.90529	0.9297	0.9297	0.9498		
30	Zn	8.63886	8.61578	9.572	1.0117	1.0117	1.0347		

付録

原子番号	元素	$K\alpha_1$	$K\alpha_2$	$K\beta_1$	$L\alpha_1$	$L\alpha_2$	$L\beta_1$	$L\beta_2$	$L\gamma_1$
31	Ga	9.25174	9.22482	10.2642	1.09792	1.09792	1.1248		
32	Ge	9.88642	9.85532	10.9821	1.188	1.188	1.2185		
33	As	10.5437	10.5080	11.7262	1.282	1.282	1.317		
34	Se	11.2224	11.1814	12.4959	1.3791	1.3791	1.41923		
35	Br	11.9242	11.8776	13.2914	1.48043	1.48043	1.5259		
36	Kr	12.649	12.598	14.112	1.586	1.586	1.6366		
37	Rb	13.3953	13.3358	14.9613	1.69413	1.69256	1.75217		
38	Sr	14.165	14.0979	15.8357	1.80656	1.80474	1.87172		
39	Y	14.9584	14.8829	16.7378	1.92256	1.92047	1.99584		
40	Zr	15.7751	15.6909	17.6678	2.04236	2.0399	2.1244	2.2194	2.3027
41	Nb	16.6151	16.521	18.6225	2.16589	2.163	2.2574	2.367	2.4618
42	Mo	17.4793	17.3743	19.6083	2.29316	2.28985	2.39481	2.5183	2.6235
43	Tc	18.3671	18.2508	20.619	2.424		2.5368		
44	Ru	19.2792	19.1504	21.6568	2.55855	2.55431	2.68323	2.836	2.9645
45	Rh	20.2161	20.0737	22.7236	2.69674	2.69205	2.83441	3.0013	3.1438
46	Pd	21.1771	21.0201	23.8187	2.83861	2.83325	2.99022	3.17179	3.3287
47	Ag	22.1629	21.9903	24.9424	2.98431	2.97821	3.15094	3.34781	3.51959
48	Cd	23.1736	22.9841	26.0955	3.13373	3.12691	3.31657	3.52812	3.71686
49	In	24.2097	24.002	27.2759	3.28694	3.27929	3.48721	3.71381	3.92081
50	Sn	25.2713	25.044	28.486	3.44398	3.43542	3.6628	3.90486	4.13112
51	Sb	26.3591	26.1108	29.7256	3.60472	3.59532	3.84357	4.10078	4.34779
52	Te	27.4723	27.2017	30.9957	3.76933	3.7588	4.02958	4.3017	4.5709
53	I	28.612	28.3172	32.2947	3.93765	3.92604	4.22072	4.5075	4.8009
54	Xe	29.779	29.458	33.624	4.1099				
55	Cs	30.9728	30.6251	34.9869	4.2865	4.2722	4.6198	4.9359	5.2804
56	Ba	32.1936	31.8171	36.3782	4.46626	4.4509	4.82753	5.1565	5.5311
57	La	33.4418	33.0341	37.801	4.65097	4.63423	5.0421	5.3835	5.7885
58	Ce	34.7197	34.2789	39.2573	4.8402	4.823	5.2622	5.6134	6.052
59	Pr	36.0263	35.5502	40.7482	5.0337	5.0135	5.4889	5.85	6.3221
60	Nd	37.361	36.8474	42.2713	5.2304	5.2077	5.7216	6.0894	6.6021
61	Pm	38.7247	38.1712	43.826	5.4325	5.4078	5.961	6.339	6.892
62	Sm	40.1181	39.5224	45.413	5.6361	5.609	6.2051	6.586	7.178
63	Eu	41.5422	40.9019	47.0379	5.8457	5.8166	6.4564	6.8432	7.4803
64	Gd	42.9962	42.3089	48.697	6.0572	6.025	6.7132	7.1028	7.7858
65	Tb	44.4816	43.7441	50.382	6.2728	6.238	6.978	7.3667	8.102

付録 A

原子番号	元素	$K\alpha_1$	$K\alpha_2$	$K\beta_1$	$L\alpha_1$	$L\alpha_2$	$L\beta_1$	$L\beta_2$	$L\gamma_1$
66	Dy	45.9984	45.2078	52.119	6.4952	6.4577	7.2477	7.6357	8.4188
67	Ho	47.5467	46.6997	53.877	6.7198	6.6795	7.5253	7.911	8.747
68	Er	49.1277	48.2211	55.681	6.9487	6.905	7.8109	8.189	9.089
69	Tm	50.7416	49.7726	57.517	7.1799	7.1331	8.101	8.468	9.426
70	Yb	52.3889	51.354	59.37	7.4156	7.3673	8.4018	8.7588	9.7801
71	Lu	54.0698	52.965	61.283	7.6555	7.6049	8.709	9.0489	10.1434
72	Hf	55.7902	54.6114	63.234	7.899	7.8446	9.0227	9.3473	10.5158
73	Ta	57.532	56.277	65.223	8.1461	8.0879	9.3431	9.6518	10.8952
74	W	59.3182	57.9817	67.2443	8.3976	8.3352	9.67235	9.9615	11.2859
75	Re	61.1403	59.7179	69.31	8.6525	8.5862	10.01	10.2752	11.6854
76	Os	63.0005	61.4867	71.413	8.9117	8.841	10.3553	10.5985	12.0953
77	Ir	64.8956	63.2867	73.5608	9.1751	9.0995	10.7083	10.9203	12.5126
78	Pt	66.832	65.112	75.748	9.4423	9.3618	11.0707	11.2505	12.942
79	Au	68.8037	66.9895	77.984	9.7133	9.628	11.4423	11.5847	13.3817
80	Hg	70.819	68.895	80.253	9.9888	9.8976	11.8226	11.9241	13.8301
81	Tl	72.8715	70.8319	82.576	10.2685	10.1728	12.2133	12.2715	14.2915
82	Pb	74.9694	72.8042	84.936	10.5515	10.4495	12.6137	12.6226	14.7644
83	Bi	77.1079	74.8148	87.343	10.8388	10.7309	13.0235	12.9799	15.2477
84	Po	79.29	76.862	89.8	11.1308	11.0158	13.447	13.3404	15.744
85	At	81.52	78.95	92.3	11.4268	11.3048	13.876		16.251
86	Rn	83.78	81.07	94.87	11.727	11.5979	14.316		16.77
87	Fr	86.1	83.23	97.47	12.0313	11.895	14.77	14.45	17.303
88	Ra	88.47	85.43	100.13	12.3397	12.1962	15.2358	14.8414	17.849
89	Ac	90.884	87.67	102.85	12.652	12.5008	15.713		18.408
90	Th	93.35	89.953	105.609	12.9687	12.8096	16.2022	15.6237	18.9825
91	Pa	95.868	92.287	108.427	13.2907	13.1222	16.702	16.024	19.568
92	U	98.439	94.665	111.3	13.6147	13.4388	17.22	16.4283	20.1671
93	Np				13.9441	13.7597	17.7502	16.84	20.7848
94	Pu				14.2786	14.0842	18.2937	17.2553	21.4173
95	Am				14.6172	14.4119	18.852	17.6765	22.0652

* J. A. Bearden, "X-Ray Wavelengths," *Rev. Mod. Phys.*, **39** (1967) 78.

付録A(2)　X線吸収端エネルギー**(keV)

原子番号	元素	K	L_1	L_2	L_3	M_4
1	H	0.0136				
2	He	0.0246				
3	Li	0.055				
4	Be	0.111				
5	B	0.188				
6	C	0.284				
7	N	0.402				
8	O	0.532				
9	F	0.685				
10	Ne	0.867	0.045	0.018	0.018	
11	Na	1.072	0.063	0.031	0.031	
12	Mg	1.305	0.089	0.051	0.051	
13	Al	1.560	0.118	0.073	0.073	
14	Si	1.839	0.149	0.099	0.099	
15	P	2.146	0.189	0.132	0.132	
16	S	2.472	0.229	0.165	0.165	
17	Cl	2.822	0.270	0.202	0.200	
18	Ar	3.203	0.320	0.247	0.245	
19	K	3.607	0.377	0.296	0.294	
20	Ca	4.038	0.438	0.350	0.346	
21	Sc	4.493	0.500	0.407	0.402	
22	Ti	4.966	0.564	0.462	0.456	
23	V	5.465	0.628	0.521	0.513	
24	Cr	5.989	0.695	0.584	0.575	
25	Mn	6.539	0.769	0.651	0.640	
26	Fe	7.112	0.846	0.721	0.708	
27	Co	7.709	0.926	0.794	0.779	
28	Ni	8.333	1.008	0.872	0.855	
29	Cu	8.979	1.097	0.951	0.931	
30	Zn	9.659	1.194	1.043	1.020	
31	Ga	10.367	1.298	1.142	1.115	0.017

付録 A

原子番号	元素	K	L_1	L_2	L_3	M_4
32	Ge	11.103	1.414	1.248	1.218	0.029
33	As	11.867	1.527	1.359	1.323	0.041
34	Se	12.658	1.654	1.476	1.436	0.057
35	Br	13.474	1.782	1.596	1.550	0.069
36	Kr	14.326	1.921	1.727	1.675	0.089
37	Rb	15.200	2.065	1.864	1.804	0.110
38	Sr	16.105	2.216	2.007	1.940	0.133
39	Y	17.038	2.373	2.156	2.080	0.157
40	Zr	17.998	2.532	2.307	2.222	0.180
41	Nb	18.986	2.698	2.465	2.371	0.205
42	Mo	20.000	2.866	2.625	2.520	0.227
43	Tc	21.044	3.043	2.793	2.677	0.253
44	Ru	22.117	3.224	2.967	2.838	0.279
45	Rh	23.220	3.412	3.146	3.004	0.307
46	Pd	24.350	3.604	3.330	3.173	0.335
47	Ag	25.514	3.806	3.524	3.351	0.367
48	Cd	26.711	4.018	3.727	3.538	0.404
49	In	27.940	4.238	3.938	3.730	0.443
50	Sn	29.200	4.465	4.156	3.929	0.485
51	Sb	30.491	4.698	4.380	4.132	0.528
52	Te	31.814	4.939	4.612	4.341	0.572
53	I	33.169	5.188	4.852	4.557	0.619
54	Xe	34.561	5.452	5.104	4.782	0.672
55	Cs	35.955	5.714	5.359	5.012	0.726
56	Ba	37.441	5.989	5.624	5.247	0.781
57	La	38.925	6.266	5.891	5.483	0.832
58	Ce	40.443	6.549	6.164	5.723	0.883
59	Pr	41.991	6.835	6.440	5.964	0.931
60	Nd	43.569	7.126	6.722	6.208	0.978
61	Pm	45.184	7.428	7.013	6.459	1.027
62	Sm	46.834	7.737	7.312	6.716	1.080
63	Eu	48.519	8.052	7.617	6.977	1.131
64	Gd	50.239	8.376	7.930	7.243	1.185
65	Tb	51.996	8.708	8.252	7.514	1.241
66	Dy	53.789	9.046	8.581	7.790	1.295
67	Ho	55.618	9.394	8.918	8.071	1.351

付録

原子番号	元素	K	L_1	L_2	L_3	M_4
68	Er	57.486	9.751	9.264	8.358	1.409
69	Tm	59.390	10.116	9.617	8.648	1.468
70	Yb	61.332	10.486	9.978	8.944	1.528
71	Lu	63.314	10.870	10.349	9.244	1.589
72	Hf	65.351	11.271	10.739	9.561	1.662
73	Ta	67.416	11.682	11.136	9.881	1.735
74	W	69.525	12.100	11.544	10.207	1.809
75	Re	71.676	12.527	11.959	10.535	1.883
76	Os	73.871	12.968	12.385	10.871	1.960
77	Ir	76.111	13.419	12.824	11.215	2.040
78	Pt	78.375	13.880	13.272	11.564	2.122
79	Au	80.725	14.353	13.734	11.919	2.206
80	Hg	83.102	14.839	14.209	12.284	2.295
81	Tl	85.530	15.347	14.698	12.658	2.389
82	Pb	88.005	15.861	15.200	13.035	2.484
83	Bi	90.526	16.388	15.711	13.419	2.580
84	Po	93.105	16.939	16.244	13.814	2.683
85	At	95.730	17.493	16.785	14.214	2.787
86	Rn	98.404	18.049	17.337	14.619	2.892
87	Fr	101.137	18.639	17.907	15.031	3.000
88	Ra	103.922	19.237	18.484	15.444	3.105
89	Ac	106.755	19.840	19.083	15.871	3.219
90	Th	109.651	20.472	19.693	16.300	3.332
91	Pa	112.601	21.105	20.314	16.733	3.442
92	U	115.606	21.757	20.948	17.166	3.552
93	Np	118.678	22.427	21.601	17.610	3.666
94	Pu	121.818	23.097	22.266	18.057	3.778
95	Am	125.027	23.773	22.944	18.504	3.887

** J. A. Bearden and A. F. Burr, *Rev. Mod. Phys.*, **39** (1967) 125.

付録B(1) 主なK吸収端に関するブラッグ角の計算値

(シリコンの格子定数 $a = 5.4310196$ Å から計算)

原子番号	吸収端		質量数	エネルギー (eV)	Si (111) 3.13560 Å	Si (220) 1.92016 Å	Si (311) 1.63751 Å	Si (511) 1.04520 Å
15	P	K	30.97	2143.5	67.2721			
16	S	K	32.07	2470.5	53.1555			
17	Cl	K	35.45	2819.6	44.5220			
18	Ar	K	39.95	3202.9	38.1171			
19	K	K	39.10	3607.8	33.2296	63.4917		
20	Ca	K	40.08	4038.1	29.3143	53.0836	69.6385	
21	Sc	K	44.96	4489.0	26.1308	45.9889	57.4953	
22	Ti	K	47.88	4964.5	23.4681	40.5657	49.6914	
23	V	K	50.94	5463.9	21.2132	36.2195	43.8579	
24	Cr	K	52.00	5988.8	19.2764	32.6218	39.2085	82.0451
25	Mn	K	54.94	6537.6	17.6026	29.5931	35.3858	65.1267
26	Fe	K	55.85	7111.2	16.1421	27.0009	32.1657	56.5181
27	Co	K	58.93	7709.5	14.8592	24.7570	29.4099	50.2940
28	Ni	K	58.69	8331.7	13.7268	22.7989	27.0253	45.3881
29	Cu	K	63.55	8980.3	12.7181	21.0701	24.9335	41.3353
30	Zn	K	65.39	9660.7	11.8090	19.5233	23.0712	37.8755
31	Ga	K	69.72	10368.2	10.9927	18.1428	21.4158	34.8936
32	Ge	K	72.61	11103.6	10.2565	16.9036	19.9348	32.2874
33	As	K	74.92	11865.0	9.5919	15.7895	18.6068	29.9926
34	Se	K	78.96	12654.5	8.9883	14.7811	17.4075	27.9500
35	Br	K	79.90	13470.0	8.4401	13.8678	16.3231	26.1246
36	Kr	K	83.80	14324.4	7.9333	13.0255	15.3247	24.4602
37	Rb	K	85.47	15202.3	7.4725	12.2613	14.4199	22.9638
38	Sr	K	87.62	16107.0	7.0506	11.5628	13.5940	21.6068
39	Y	K	88.91	17038.0	6.6635	10.9230	12.8381	20.3720
40	Zr	K	91.22	17998.9	6.3063	10.3332	12.1419	19.2402
41	Nb	K	92.91	18986.9	5.9769	9.7901	11.5012	18.2029
42	Mo	K	95.94	20003.9	5.6720	9.2878	10.9092	17.2475
43	Tc	K	99.00	21047.3	5.3900	8.8236	10.3622	16.3678

付録

原子番号	吸収端	質量数	エネルギー (eV)	Si (111) 3.13560 Å	Si (220) 1.92016 Å	Si (311) 1.63751 Å	Si (511) 1.04520 Å
44	Ru	K	101.1	22119.3	5.1280	8.3928	9.8549	15.5539
45	Rh	K	102.9	23219.8	4.8844	7.9924	9.3835	14.7994
46	Pd	K	106.4	24348.0	4.6575	7.6198	8.9450	14.0991
47	Ag	K	107.9	25516.5	4.4438	7.2689	8.5323	13.4410
48	Cd	K	112.4	26715.9	4.2439	6.9409	8.1465	12.8271
49	In	K	114.8	27942.0	4.0574	6.6350	7.7868	12.2553
50	Sn	K	118.7	29194.7	3.8830	6.3491	7.4507	11.7218
51	Sb	K	121.8	30486.0	3.7183	6.0791	7.1335	11.2187
52	Te	K	127.6	31811.4	3.5632	5.8249	6.8348	10.7456
53	I	K	126.9	33166.5	3.4174	5.5862	6.5543	10.3016
54	Xe	K	131.3	34590.0	3.2766	5.3556	6.2835	9.8733
55	Cs	K	132.9	35987.0	3.1493	5.1471	6.0386	9.4864
56	Ba	K	137.3	37452.0	3.0260	4.9453	5.8016	9.1121
57	La	K	138.9	38934.0	2.9107	4.7566	5.5800	8.7625
58	Ce	K	140.1	40453.0	2.8013	4.5776	5.3699	8.4310

付録B(2)　主なL₃吸収端に関するブラッグ角の計算値

（シリコンの格子定数 $a = 5.4310196$ Å から計算）

原子番号	吸収端	質量数	エネルギー (eV)	Si (111) 3.13560 Å	Si (220) 1.92016 Å	Si (311) 1.63751 Å	Si (511) 1.04520 Å
42	Mo	L_3	95.94	2523.4	51.5812			
43	Tc	L_3	99.00	2678.0	47.5833			
44	Ru	L_3	101.1	2837.7	44.1637			
45	Rh	L_3	102.9	3002.1	41.1900			
46	Pd	L_3	106.4	3173.0	38.5420			
47	Ag	L_3	107.9	3351.0	36.1563	74.4608		
48	Cd	L_3	112.4	3537.6	33.9777	65.8711		
49	In	L_3	114.8	3730.2	32.0064	59.9406		
50	Sn	L_3	118.7	3928.8	30.2134	55.2609	74.4931	
51	Sb	L_3	121.8	4132.3	28.5836	51.3786	66.3688	
52	Te	L_3	127.6	4341.8	27.0877	48.0380	60.6847	

付録 B

原子番号	吸収端		質量数	エネルギー (eV)	Si (111) 3.13560 Å	Si (220) 1.92016 Å	Si (311) 1.63751 Å	Si (511) 1.04520 Å
53	I	L_3	126.9	4558.7	25.7019	45.0894	56.1453	
54	Xe	L_3	131.3	4782.2	24.4199	42.4627	52.3391	
55	Cs	L_3	132.9	5011.3	23.2360	40.1092	49.0647	
56	Ba	L_3	137.3	5247.0	22.1355	37.9742	46.1796	
57	La	L_3	138.9	5484.0	21.1317	36.0659	43.6565	
58	Ce	L_3	140.1	5723.0	20.2098	34.3419	41.4146	
59	Pr	L_3	140.9	5963.0	19.3631	32.7806	39.4110	84.0774
60	Nd	L_3	144.2	6209.2	18.5667	31.3293	37.5682	72.7893
61	Pm	L_3	145.0	6460.5	17.8197	29.9822	35.8729	66.6451
62	Sm	L_3	150.4	6717.2	17.1172	28.7268	34.3048	62.0043
63	Eu	L_3	152.0	6980.6	16.4526	27.5484	32.8424	58.1752
64	Gd	L_3	157.3	7243.0	15.8405	26.4708	31.5123	54.9732
65	Tb	L_3	158.9	7515.3	15.2524	25.4417	30.2480	52.1120
66	Dy	L_3	162.5	7789.7	14.7027	24.4853	29.0779	49.5888
67	Ho	L_3	164.9	8067.6	14.1855	23.5896	27.9861	47.3228
68	Er	L_3	167.3	8357.5	13.6836	22.7245	26.9351	45.2091
69	Tm	L_3	168.9	8649.6	13.2130	21.9165	25.9562	43.2920
70	Yb	L_3	173.0	8944.1	12.7705	21.1595	25.0413	41.5396
71	Lu	L_3	175.0	9249.0	12.3427	20.4302	24.1620	39.8871
72	Hf	L_3	178.5	9557.7	11.9381	19.7424	23.3345	38.3574
73	Ta	L_3	180.9	9876.6	11.5472	19.0798	22.5388	36.9077
74	W	L_3	183.9	10199.9	11.1764	18.4528	21.7871	35.5556
75	Re	L_3	186.2	10530.6	10.8212	17.8535	21.0697	34.2796
76	Os	L_3	190.2	10868.3	10.4811	17.2810	20.3854	33.0746
77	Ir	L_3	192.2	11212.0	10.1563	16.7354	19.7341	31.9381
78	Pt	L_3	195.1	11562.0	9.8457	16.2145	19.1131	30.8631
79	Au	L_3	197	11921.2	9.5463	15.7131	18.5159	29.8368
80	Hg	L_3	200.6	12286.0	9.2603	15.2351	17.9471	28.8657
81	Tl	L_3	204.4	12660.0	8.9844	14.7746	17.3997	27.9368
82	Pb	L_3	207.2	13040.6	8.7201	14.3340	16.8764	27.0536
83	Bi	L_3	209	13426.0	8.4679	13.9141	16.3781	26.2167
88	Ra	L_3	226	15444.0	7.3549	12.0665	14.1895	22.5844
90	Th	L_3	232	16299.0	6.9671	11.4247	13.4308	21.3398
92	U	L_3	238	17165.0	6.6140	10.8412	12.7415	20.2147

付録B(3) 主なL_2吸収端に関するブラッグ角の計算値

(シリコンの格子定数 $a = 5.4310196$ Å から計算)

原子番号	吸収端		質量数	エネルギー (eV)	Si (111) 3.13560 Å	Si (220) 1.92016 Å	Si (311) 1.63751 Å	Si (511) 1.04520 Å
42	Mo	L_2	95.94	2627.4	48.8054			
43	Tc	L_2	99.00	2794.8	45.0242			
44	Ru	L_2	101.1	2966.3	41.7980			
45	Rh	L_2	102.9	3144.8	38.9524			
46	Pd	L_2	106.4	3330.3	36.4170	75.7978		
47	Ag	L_2	107.9	3525.8	34.1070	66.3028		
48	Cd	L_2	112.4	3728.0	32.0275	59.9991		
49	In	L_2	114.8	3939.3	30.1245	55.0413	73.9519	
50	Sn	L_2	118.7	4157.3	28.3960	50.9493	65.5933	
51	Sb	L_2	121.8	4381.9	26.8199	47.4581	59.7641	
52	Te	L_2	127.6	4612.6	25.3801	44.4217	55.1598	
53	I	L_2	126.9	4854.0	24.0356	41.6918	51.2542	
54	Xe	L_2	131.3	5103.7	22.7914	39.2409	47.8826	
55	Cs	L_2	132.9	5358.1	21.6530	37.0526	44.9552	
56	Ba	L_2	137.3	5623.3	20.5842	35.0388	42.3170	
57	La	L_2	138.9	5889.0	19.6163	33.2455	40.0052	
58	Ce	L_2	140.1	6161.0	18.7173	31.6026	37.9138	74.3009
59	Pr	L_2	140.9	6439.0	17.8812	30.0926	36.0114	67.0922
60	Nd	L_2	144.2	6723.4	17.1009	28.6978	34.2688	61.9051
61	Pm	L_2	145.0	7014.0	16.3720	27.4062	32.6664	57.7383
62	Sm	L_2	150.4	7313.2	15.6846	26.1973	31.1757	54.1960
63	Eu	L_2	152.0	7619.9	15.0380	25.0681	29.7904	51.1124
64	Gd	L_2	157.3	7931.0	14.4350	24.0212	28.5118	48.4042
65	Tb	L_2	158.9	8252.7	13.8609	23.0296	27.3054	45.9468
66	Dy	L_2	162.5	8583.0	13.3174	22.0955	26.1728	43.7123
67	Ho	L_2	164.9	8916.4	12.8108	21.2284	25.1245	41.6975
68	Er	L_2	167.3	9262.2	12.3249	20.3998	24.1254	39.8189
69	Tm	L_2	168.9	9617.1	11.8633	19.6154	23.1819	38.0779
70	Yb	L_2	173.0	9976.1	11.4305	18.8823	22.3018	36.4797

原子番号	吸収端		質量数	エネルギー (eV)	Si (111) 3.13560 Å	Si (220) 1.92016 Å	Si (311) 1.63751 Å	Si (511) 1.04520 Å
71	Lu	L_2	175.0	10344.8	11.0179	18.1852	21.4667	34.9840
72	Hf	L_2	178.5	10736.2	10.6115	17.5004	20.6476	33.5350
73	Ta	L_2	180.9	11132.0	10.2301	16.8592	19.8818	32.1951
74	W	L_2	183.9	11538.0	9.8664	16.2492	19.1544	30.9343
75	Re	L_2	186.2	11954.0	9.5198	15.6689	18.4632	29.7467
76	Os	L_2	190.2	12381.0	9.1886	15.1154	17.8047	28.6237
77	Ir	L_2	192.2	12820.0	8.8714	14.5861	17.1757	27.5582
78	Pt	L_2	195.1	13272.3	8.5667	14.0786	16.5732	26.5439
79	Au	L_2	197.0	13736.1	8.2754	13.5939	15.9983	25.5815
80	Hg	L_2	200.6	14215.0	7.9948	13.1276	15.4456	24.6609
81	Tl	L_2	204.4	14699.0	7.7299	12.6880	14.9250	23.7977
82	Pb	L_2	207.2	15205.3	7.4710	12.2588	14.4170	22.9590
83	Bi	L_2	209	15719.0	7.2255	11.8523	13.9362	22.1681
88	Ra	L_2	226	18486.0	6.1395	10.0581	11.8173	18.7141
90	Th	L_2	232	19683.0	5.7648	9.4406	11.0892	17.5378
92	U	L_2	238	20945.0	5.4164	8.8671	10.4134	16.4500

付録B(4)　主なL_1吸収端に関するブラッグ角の計算値

（シリコンの格子定数 a = 5.4310196 Å から計算）

原子番号	吸収端		質量数	エネルギー (eV)	Si (111) 3.13560 Å	Si (220) 1.92016 Å	Si (311) 1.63751 Å	Si (511) 1.04520 Å
41	Nb	L_1	92.91	2710.0	46.8480			
42	Mo	L_1	95.94	2881.0	43.3332			
43	Tc	L_1	99.00	3055.0	40.3274			
44	Ru	L_1	101.1	3233.0	37.6998			
45	Rh	L_1	102.9	3417.0	35.3517			
46	Pd	L_1	106.4	3607.0	33.2379	63.5172		
47	Ag	L_1	107.9	3807.2	31.2849	57.9950		
48	Cd	L_1	112.4	4019.0	29.4674	53.4476		
49	In	L_1	114.8	4237.3	27.8128	49.6344	63.3091	
50	Sn	L_1	118.7	4464.8	26.2833	46.3113	57.9859	

付録

原子番号	吸収端		質量数	エネルギー (eV)	Si (111) 3.13560 Å	Si (220) 1.92016 Å	Si (311) 1.63751 Å	Si (511) 1.04520 Å
51	Sb	L_1	121.8	4698.4	24.8847	43.4050	53.6838	
52	Te	L_1	127.6	4939.7	23.5931	40.8124	50.0317	
53	I	L_1	126.9	5192.0	22.3826	38.4495	46.8158	
54	Xe	L_1	131.3	5452.8	21.2585	36.3050	43.9701	
55	Cs	L_1	132.9	5721.0	20.2171	34.3555	41.4323	
56	Ba	L_1	137.3	5996.0	19.2523	32.5778	39.1524	
57	La	L_1	138.9	6268.0	18.3862	31.0027	37.1559	
58	Ce	L_1	140.1	6548.0	17.5737	29.5415	35.3212	64.9311
59	Pr	L_1	140.9	6834.0	16.8159	28.1914	33.6393	60.2145
60	Nd	L_1	144.2	7129.4	16.0997	26.9264	32.0737	56.2976
61	Pm	L_1	145.0	7436.0	15.4190	25.7327	30.6049	52.9043
62	Sm	L_1	150.4	7747.8	14.7840	24.6265	29.2504	49.9541
63	Eu	L_1	152.0	8060.7	14.1979	23.6110	28.0122	47.3760
64	Gd	L_1	157.3	8386.4	13.6356	22.6419	26.8348	45.0105
65	Tb	L_1	158.9	8716.7	13.1095	21.7392	25.7416	42.8779
66	Dy	L_1	162.5	9054.8	12.6118	20.8886	24.7145	40.9220
67	Ho	L_1	164.9	9399.4	12.1422	20.0891	23.7514	39.1251
68	Er	L_1	167.3	9757.4	11.6903	19.3221	22.8296	37.4352
69	Tm	L_1	168.9	10120.6	11.2652	18.6027	21.9667	35.8772
70	Yb	L_1	173.0	10490.1	10.8634	17.9247	21.1549	34.4305
71	Lu	L_1	175.0	10874.0	10.4755	17.2716	20.3742	33.0551
72	Hf	L_1	178.5	11274.0	10.0999	16.6406	19.6211	31.7418
73	Ta	L_1	180.9	11682.0	9.7436	16.0435	18.9092	30.5120
74	W	L_1	183.9	12099.6	9.4042	15.4756	18.2332	29.3534
75	Re	L_1	186.2	12530.0	9.0784	14.9314	17.5860	28.2525
76	Os	L_1	190.2	12972.0	8.7666	14.4114	16.9683	27.2084
77	Ir	L_1	192.2	13423.0	8.4698	13.9173	16.3818	26.2230
78	Pt	L_1	195.1	13883.0	8.1872	13.4473	15.8245	25.2916
79	Au	L_1	197.0	14353.7	7.9170	12.9985	15.2927	24.4070
80	Hg	L_1	200.6	14842.0	7.6549	12.5637	14.7779	23.5545
81	Tl	L_1	204.4	15353.0	7.3987	12.1391	14.2754	22.7257
82	Pb	L_1	207.2	15855.0	7.1632	11.7492	13.8143	21.9680
83	Bi	L_1	209	16376.0	6.9542	11.3703	13.3665	21.2346
88	Ra	L_1	226	19236.0	5.8992	9.6621	11.3503	17.9590
90	Th	L_1	232	20464.0	5.5441	9.0772	10.6610	16.8480
92	U	L_1	238	21771.0	5.2103	8.5281	10.0141	15.8092

索　引

■欧　文

AES →オージェ電子分光
AEY →オージェ電子収量法
ambient pressure experiment　174
APW + lo法　51
Artemis　97, 106
Athena　97, 103
atomic XAFS　93
Bethe-Salpeter方程式　54
Born-Oppenheimer近似　11, 45
bounding sphere　31
CARS　267
CEY　162
Clebsch-Gordan係数　250, 260
Cook and Sayers法　79
Core-hole clock分光　302
DAFS　7, 285, 289
DFT　46
Dirac-Haraポテンシャル　38
disorder　19
DXAFS法　179
EELS →電子エネルギー損失分光
embedded-atom method　67
EXAFS →広域X線吸収微細構造
EXAFS振動　18, 75
extrinsic loss　20
FEFF　9, 48, 91, 106
Feynmanの経路積分　56
FPMSプログラム　39
Fujiwara-Hedinポテンシャル　39
F分布　88
GGA　47, 52

Hanning関数　82
Hartree-Fock近似　45
Hartree近似　45
Hedin-Lundqvistポテンシャル　38
Hellmann-Feynman力　47, 52
Hettrick型の分光器　139
ifeffit GUI　97
in situ測定　173, 231
intrinsic loss　20
Kirkpatrick-Baez配置　180, 187
KKR構造因子　30
Kohn-Sham方程式　47
Krappe-Rossner-Bayesian解析　95
Lambert-Beerの法則　143
Larch　97
LDA　38, 47
Lippmann-Schwinger方程式　26
Mansourの方法　110
Maximum Entropy Method　99
McMasterの式　81
moon region　31
nano-XAFS　172
NEXAFS　2, 6, 108
OLCAO法　50
operando測定法　173
order selecting aperture　193
PEY →部分電子収量法
PINフォトダイオード　177
Pulay力　47, 52
PWPP法　51
QXAFS法　175
Ramsauer-Townsend効果　92
Ratio法　89

REX2000　97
R-factor　86, 102
RIXS →共鳴非弾性X線散乱
RXDS →共鳴X線回折分光法
SASE　133
Slater行列式　46
small thickness limit　154
STXM →走査型透過X線顕微分光法
TEY →全電子収量法
Thickness effect　147
T行列　16
Victoreenの式　78, 145
WIEN2k　10, 52
Wolter光学系　187
Wronskian　32
XAFS →X線吸収微細構造
XANES →X線吸収端近傍構造
XAS →X線吸収分光
XES →発光X線分光
XFEL →X線自由電子レーザー
XMCD →X線磁気円二色性
XPS →X線光電子分光
XRF →蛍光X線分析
X線異常散乱　285
X線吸収端近傍構造　2, 6, 108, 170
X線吸収微細構造　2
X線吸収分光　2
X線共鳴発光　271
X線光電子分光　3
X線磁気円二色性　7, 247, 250, 259
X線磁気線二色性　252
X線自由電子レーザー　7, 130
X線弾性散乱　1

索引

X線定在波法　293
X線非弾性散乱　1
X線ラマン散乱　1, 269, 275
$Z+1$ 近似　50
$Z-1$ フィルター　156
μ-XAFS　172

■和文

ア

アインシュタインモデル　58
厚み効果　153, 170
アンジュレータ　131
イオン化閾値　116
イオンチェンバー　150
位相シフト　14, 84, 100
一電子近似　11
一般化勾配法　47
移動平均法　79
イメージングXAFS　230
インパルス近似　270
エキシトン　54
エッジジャンプ　75, 271
エネルギーの較正　149
エバネッセント波　209
オージェ過程　3
オージェ電子収量法　160
オージェ電子分光　4

カ

回折格子　138
カイ二乗検定　95
界面　217
化学シフト　52
影散乱効果　93
数え落とし　159
価電子準位　116
カプトン　167
カーブフィッティング　83, 100
基準振動解析　56
基底関数　27
軌道磁気モーメント　252

擬ポテンシャル　52
吸収端　77
球面波　17
キュムラント展開法　57, 90
共鳴X線回折分光法　285, 289
共鳴X線散乱　3
共鳴非弾性X線散乱　171, 226, 271
共鳴X線ラマン散乱　271
共鳴ラマン散乱　4
局所密度近似　38, 47
空間分解測定　186
区分キュービックスプライン法　79
グリッチ　147
グリーン関数　23, 26, 36
蛍光X線　3
蛍光X線分析　4
蛍光収量法　150, 170
形状共鳴　117
経路積分法　65
原子吸収項　40
検出深度　163
コアロス　270
硬X線 XANES　108
高圧下の測定　214
広域X線吸収微細構造　2
光学活性　249
光学ポテンシャル　38
交換相関ポテンシャル　47
交換ポテンシャル項　46
光子計数型　158
高次光の除去　148
光電子顕微鏡　196
後方散乱　17
後方散乱強度　84, 100
誤差　87, 94, 95
固体半導体検出器　158
混合軌道　114
コンプトン散乱　1, 270

サ

サイト間自由伝播演算子　30
サイトシフト　29
サジタル集光　274
サンプルカレント法　161
散漫散乱　1
散乱理論　9
時間分解測定　111, 175
磁気光学活性　249
磁気光学効果　248
磁気光学総和則　261
自己吸収効果　153, 163, 170
自己増幅自発放射　133
自己無撞着計算　47
実球面調和関数　44
主因子解析　113
周期的境界条件　48
自由グリーン関数　23, 26, 36
自由電子レーザー　133
状態選別XAFS　281
試料の位置合わせ　149
シンクロトロン放射光　6, 130
信頼度因子　86
隙間領域　23
スーパーセル　48
スピン磁気モーメント　252
スピン多重項状態　119
スムージングスプライン法　79, 98
摂動展開法　56, 63
全空間散乱波動関数　27
全電子収量法　161
全反射XAFS　209
相関ポテンシャル　46
双極子近似　11
双極子遷移　53
走査型透過X線顕微分光法　172
挿入光源　131
総和則　248, 259
外側球　24, 28
ソーラースリット　156

索 引

タ

ダイヤモンド・アンビル・セル 214
多項式フィッティング法 79
多重項分裂 119
多重散乱逆行列 35
多重散乱効果 93
多重散乱理論 23
多体効果(多電子効果) 11, 19, 38
単一プラズモンポール 38
短距離秩序理論 5
タンジェンシャル集光 274
断熱近似 45
チャンネルカット分光結晶 137
長距離秩序理論 5
ディフューザ 206
テーパアンジュレータ 176
デバイモデル 59
デバイ・ワラー因子 20, 56, 61, 63, 65, 90
転換電子収量法 162
電気化学測定 227
電子エネルギー損失分光 270, 312
電子収量法 160, 167, 169
電子状態理論 44
電子双極子近似 40
電子蓄積リング 131
伝播関数 23, 26
電離箱 150
等価内殻近似 50
透過法 143
動径分布関数 76, 286
動力学的手法 91
トムソン散乱 1
ドレインカレント法 161
トロイダルミラー 142

ナ

内殻空孔効果 40

内殻準位 116
ナイキストの定理 86
ナノビーム集光光学系 190
軟X線技術 166
軟X線XANES 115
二結晶分光器 136
2光子過程 267
熱振動 19

ハ

配位数の信頼性 94
配置間相互作用 46
パターンフィッティング 113
波長分散型SAFS法(DXAFS法) 179
バックグラウンドの除去 77, 155
発光X線分光 4
ハミルトン法 87, 95
微細構造定数 40
非走査型イメージング 195
非対称分布 56, 90
非弾性散乱 19, 267
非調和アインシュタインモデル 63
非調和振動 56
ビームライン 134
標準サンプル 84, 100
表面XAFS 6
表面積分恒等式 25
フェルミの黄金律 2, 9, 11
フォトンカウンティング 158
フォン・ハモス方式 274
深さ分解XAFS 200
部分電子収量法 161, 169
ブラッグの回折条件 1
プリエッジ 114, 117, 120
フーリエ変換 5, 81
フルポテンシャル 24
フレネルゾーンプレート 172, 187
分光結晶 135

分子動力学 56
分子力場計算 91
平面波近似 15
並列演算子 30
ヘリウムパス 174
ヘリカルアンジュレータ 254
偏光 122, 131
放射光 6, 130
ポリクロメータ 179
ボロノイ多面体 23
ホワイトライン 53, 55, 109, 119, 271
ポンプ・プローブ法 183

マ

マジック角 124, 257
マッフィンティン近似 10, 14, 23, 31
窓関数 82
窓材 167
マルチポールウィグラー 132
密度汎関数 46
ミラー 140
ミラーカレント 167
無原子セル 24
モースポテンシャル 61
モンテカルロ法 56, 68

ヤ・ラ

有限フーリエ変換 85
ライトル検出器 154
ラマンシフト 278
ラミノグラフィXAFS 205
リュードベリ準位 116
リュードベリ状態 25
臨界角 209
臨界角振動数 130
臨界波長 130
ローランド配置 274

NDC 433　　351 p　　21cm

XAFS の基礎と応用
（ザフス　きそ　おうよう）

2017 年 7 月 21 日　第 1 刷発行
2023 年 7 月 21 日　第 5 刷発行

編　者　日本 XAFS 研究会（にほん ザフス けんきゅうかい）
発行者　髙橋明男
発行所　株式会社　講談社　KODANSHA
　　　　〒112-8001　東京都文京区音羽 2-12-21
　　　　　　販　売　(03) 5395-4415
　　　　　　業　務　(03) 5395-3615

編　集　株式会社　講談社サイエンティフィク
　　　　代表　堀越俊一
　　　　〒162-0825　東京都新宿区神楽坂 2-14　ノービィビル
　　　　　　編　集　(03) 3235-3701

本文データ制作　株式会社　双文社印刷
印刷・製本　　　株式会社　KPS プロダクツ

落丁本・乱丁本は，購入書店名を明記のうえ，講談社業務宛にお送り下さい．送料小社負担にてお取替えします．なお，この本の内容についてのお問い合わせは講談社サイエンティフィク宛にお願いいたします．定価はカバーに表示してあります．

© The Japanese XAFS Society, 2017

本書のコピー，スキャン，デジタル化等の無断複製は著作権法上での例外を除き禁じられています．本書を代行業者等の第三者に依頼してスキャンやデジタル化することはたとえ個人や家庭内の利用でも著作権法違反です．

JCOPY　〈(社)出版者著作権管理機構　委託出版物〉
複写される場合は，その都度事前に (社) 出版者著作権管理機構 (電話 03-5244-5088, FAX 03-5244-5089, e-mail: info@jcopy.or.jp) の許諾を得て下さい．

Printed in Japan
ISBN 978-4-06-153295-3